Peter Dörsam

Mathematik
anschaulich dargestellt

für Studierende der
Wirtschaftswissenschaften

14. überarbeitete und erweiterte Auflage
mit zahlreichen Abbildungen

PD-Verlag Heidenau

Bibliografische Information Der Deutschen Bibliothek

Die Deutsche Bibliothek verzeichnet diese Publikation in der Deutschen Nationalbibliografie; detaillierte bibliografische Daten sind im Internet über http://dnb.ddb.de abrufbar.

1. Auflage Juni 1993
2. überarbeitete und erweiterte Auflage Dezember 1993
3. überarbeitete Auflage Februar 1994
4. überarbeitete und erweiterte Auflage Juli 1994 (ISBN 3-930737-00-0)
5. überarbeitete und erweiterte Auflage Juli 1995 (ISBN 3-930737-05-1)
6. überarbeitete und erweiterte Auflage Januar 1997 (ISBN 3-930737-06-X)
7. überarbeitete Auflage April 1997 (ISBN 3-930737-07-8)
8. überarbeitete und erweiterte Auflage August 1998 (ISBN 3-930737-08-6)
9. überarbeitete und erweiterte Auflage März 2000 (ISBN 3-930737-09-4)
10. überarbeitete und erweiterte Auflage Januar 2002 (ISBN 3-930737-30-2)
11. überarbeitete und erweiterte Auflage Juni 2003 (ISBN 3-930737-11-6)
12. überarbeitete Auflage November 2004 (ISBN 3-930737-27-2)
13. überarbeitete Auflage Dezember 2006, (ISBN 978-3-86707-013-3)
14. überarbeitete und erweiterte Auflage Dezember 2008, 79. - 92. Tausend

© 1993 - 2008 PD-Verlag, Everstorfer Str.19, 21258 Heidenau,
Tel. 04182/401037, FAX: 04182/401038
http://www.pd-verlag.de, e-mail: mail@pd-verlag.de
Druck: CPI books GmbH, Leck

ISBN 978-3-86707-014-0

Vorwort

Dieses Buch entstand über mehrere Semester, begleitend zu meinen Mathematikkursen an der Universität Hamburg. Seit längerer Zeit stößt es auch an zahlreichen anderen Universitäten auf großes Interesse. Daher wurde die Stoffauswahl immer wieder erweitert, detaillierte Informationen zu den Änderungen und Erweiterungen bei den jeweiligen Auflagen finden Sie am Ende dieses Vorworts. Ausgerichtet ist das Buch an den Mathematikkursen im Rahmen des Bachelor-Studiums.

In dem Buch wird versucht, die Grundideen der mathematischen Zusammenhänge darzustellen, denn es ist meine feste Überzeugung, dass sich viele Dinge in der Mathematik durchaus "begreifen lassen". Diese Grundideen werden in der Regel anhand von Aufgaben erläutert. Die formale Seite der Mathematik kommt hierbei aus der Sicht des Mathematikers sicherlich zu kurz. Formale Beweisführungen gibt es in diesem Buch nur dort, wo sie für das Verständnis der Zusammenhänge nützlich sind.

Für manch einen mag die Mathematikausbildung für Studierende der Wirtschaftswissenschaften als eine üble Hürde weltfremder Studienplaner erscheinen. Die Frage: "Wozu braucht man das alles?", ist nicht selten zu hören. Daher sei hier betont, dass die Mathematik für das Verständnis weiter Bereiche der Wirtschaftswissenschaften das elementare Handwerkszeug darstellt. Aus diesem Grund werden die für die Ökonomie besonders wichtigen Bereiche der Mathematik, wie etwa das Lagrange-Verfahren, besonders ausführlich behandelt. Außerdem werden für diese Gebiete typische Anwendungen in der Ökonomie besprochen.

Ich hoffe, dass dieses Buch sowohl für die Mathematikprüfungen als auch die Anwendung der Mathematik in der Ökonomie eine echte Hilfestellung bietet. Für Verbesserungsvorschläge oder Hinweise auf vorhandene Fehler bin ich stets dankbar. Informationen zu diesem Buch, zu gefundenen Fehlern, Neuauflagen usw. finden Sie unter:

http://www.pd-verlag.de/buecher/14.html

Nachfolgend sind die wichtigsten Änderungen an diesem Buch ab der 5. Auflage dargestellt, bei dieser wurden insbesondere Abschnitte zu Elastizitäten, die in der Ökonomie eine wichtige Rolle spielen, und zur Finanzmathematik aufgenommen. Bei der 6. Auflage wurden weiterhin Abschnitte zur linearen Optimierung und zu Folgen und Reihen hinzugefügt. Einige andere Kapitel wurden überarbeitet. Während bei der 7. Auflage lediglich einige Überarbeitungen vorgenommen wurden, sind bei der 8. Auflage insbesondere die Abschnitte 1.1, 1.2 und 1.4 neu ausgearbeitet und erweitert worden. Außerdem wurden in den Kapiteln 3, 4 und 8 mehrere Änderungen und Ergänzungen vorgenommen.

Bei der 9. Auflage wurde ein Abschnitt zum Newton-Verfahren (4.9.2) hinzugefügt, und der Abschnitt zur linearen Optimierung (1.8) wurde überarbeitet bzw. ergänzt. Weiterhin wurde ab Kapitel 2 eine neue Einteilung der Kapitel gewählt. Im 3. Kapitel werden jetzt Funktionen behandelt. In diesem Rahmen werden auch Grenzwerte von Funktionen betrachtet, diese wurden bisher im 2. Kapitel besprochen. Aufgrund des eigenen Kapitels für Funktionen erhöht sich bei den folgenden Kapiteln jeweils die Nummer. Schließlich sind die Differentialgleichungen jetzt direkt hinter der Integralrechnung angesiedelt; diese neue Anordnung wurde wegen des engen Zusammenhangs zwischen diesen Bereichen gewählt. Bei der 10. Auflage wurden wiederum Überarbeitungen vorgenommen. Erweitert wurden die Abschnitte zu Grenzwerten von Funktionen (3.9) und einige Bereiche zur Integralrechnung (5.4 und 5.5).

Bei der 11. Auflage wurden außer zahlreichen kleineren Überarbeitungen insbesondere die Abschnitte zur linearen Optimierung (1.8), Steigung einer Funktion (4.2) und Integralrechnung (5) erweitert und überarbeitet. Erweitert wurde der Bereich der Integralrechnung um eigene Abschnitte zur Flächenberechnung (5.4), zu Integralfunktionen (5.8) und zu uneigentlichen Integralen (5.9). Weiterhin wurden mit dem neuen Abschnitt zu Einheitsmatrizen und inversen Matrizen (1.2.3.3) einige grundlegende Inhalte aus dem Abschnitt zu inversen Matrizen (1.4.3) vorgezogen, denn diese werden bereits vorher im Buch benötigt. Schließlich wurde das Buch auf die neue Rechtschreibung umgestellt.

Bei der 12. Auflage und der 13. Auflage wurden einige kleinere Korrekturen und Ergänzungen vorgenommen.

Bei der vorliegenden 14. Auflage wurden einige Erweiterungen vorgenommen, neu sind Abschnitte zu Potenzreihen und Taylorpolynomen (4.9.5), Partialbruchzerlegung (5.6.3), Rotationskörpern (5.11) und kontinuierlicher Verzinsung (8.5). Ergänzungen gab es zudem bei Folgen und Reihen und bei der Differentialrechung mehrerer Variabler.

Vielen Dank an dieser Stelle an Krystian Bandzimiera, Matthias Brückner, Malte Claußen, Jens Cordelair, Ann-Christin Dähnke, Boris Dahlke, Renate Dörsam, Heike Hansen, Marco Hubrich, Jan Felix Kersten, Björn Lietz, Stefan Korbmacher, Claudia Lemke, Jessica Resch, Dennis Riepshoff, Philipp Spönemann, Christoph Terlinde, Stephan Tolksdorf, Andreas Trauner, Albrecht Trautmann und Sebastian Wolf für die Durchsicht und Hinweise zur Verbesserung. Vielen Dank auch an alle Studierenden aus meinen Mathekursen, die mir Hinweise auf Fehler oder Verbesserungsvorschläge gaben.

Für inspirierende und motivierende Musik beim oft stundenlangen Schreiben und Denken am Computer bedanke ich mich insbesondere bei:

REM, heroes del silencio, Fury in the Slaughterhouse, Deine Lakaien, New Model Army, Herman van Veen ...

Peter Dörsam

Inhaltsverzeichnis

1 Lineare Algebra

Algebra ist die Lehre der Gleichungen. Linear bedeutet, dass die Variablen in den Gleichungen nur in einfacher Potenz ($x^1, y^1, \ldots$; und nicht x^2, y^4, $x*y$ usw.) vorkommen. Graphisch bedeutet linear, dass die betrachteten Gebilde Geraden oder Ebenen sind. In der Oberstufe wird in der Regel schon einiges an Linearer Algebra behandelt, wobei es hier häufig unter dem Oberbegriff Vektorrechnung steht. Einiges von dem, was in Mathematik für Wirtschaftswissenschaftler behandelt wird, baut auf den Ideen der "Vektorrechnung" auf. Dabei ist es nicht nötig, den gesamten Stoff der Oberstufe zu beherrschen, aber die Grundideen sind doch zum weiteren Verständnis sehr wichtig. So lassen sich z.b. die meisten Eigenschaften von beliebig dimensionalen Vektorräumen "begreifen", wenn man sie sich anhand von zwei- oder dreidimensionalen Vektorräumen vorstellt.

Zunächst werden im Folgenden die grundlegenden Begriffe der "Vektorrechnung" dargelegt. Später werden dann die notwendigen Verallgemeinerungen durchgeführt, hierbei handelt es sich vor allem um die Erweiterung auf beliebig dimensionale Vektorräume und die Einführung von Matrizen und der für sie geltenden Rechenregeln.

1.1 Vektorrechnung

1.1.1 Grundlagen

Jeder kennt sicher noch Zeichnungen, in denen man Vektoren als Pfeile darstellt.

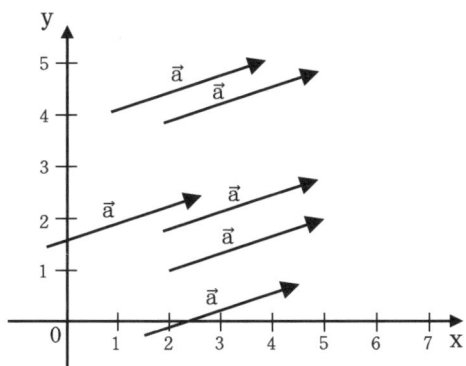

Wichtig ist es zu beachten, dass alle parallelen Pfeile mit gleicher Länge und dem Pfeil auf der gleichen Seite den gleichen Vektor repräsentieren.

Alle Pfeile in der nebenstehenden Abbildung sind somit mit **Repräsentanten** des gleichen Vektors $\vec{a}$.

Wenn zwei Vektoren addiert werden sollen, so kann man einfach den einen Vektor so verschieben, dass sie aneinandergereiht sind.

Um die beiden Vektoren in der nebenstehenden Zeichnung zu addieren, wird also einer der beiden Vektoren parallel verschoben. Nachfolgend wird der Vektor $\vec{b}$ so verschoben, dass er genau dort anfängt, wo der Vektor $\vec{a}$ endet.

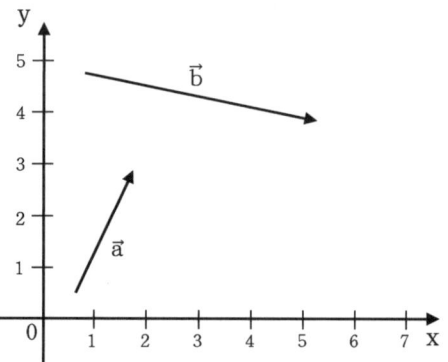

In der folgenden Zeichnung wurde dies durchgeführt.

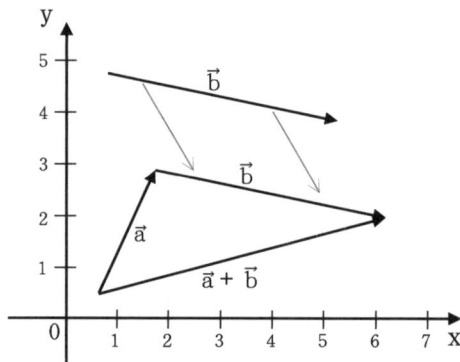

Der Summenvektor $(\vec{a} + \vec{b})$ ergibt sich nun, indem man einen Vektor direkt von dem Anfang von $\vec{a}$ zu der Pfeilspitze von $\vec{b}$ zeichnet.

Die zeichnerische Darstellung vermittelt zwar eine schöne Vorstellung von dem Problem, hilft aber bei konkreten Rechnungen nur wenig. Um Vektoren auch rechnerisch addieren zu können, müssen sie in derselben **Basis** dargestellt sein. (Der Begriff der Basis wird später noch genauer erläutert werden.) Bei den dargestellten zweidimensionalen Vektoren ist die günstigste Basis die der Einheitsvektoren (Vektoren mit der Länge 1) in x- und in y- Richtung. Diese Basis nennt man auch **kanonische Basis**. Durch die **Linearkombination** der Basisvektoren können nun alle anderen Vektoren in der xy- Ebene dargestellt werden. (Linearkombination bedeutet, dass ein bestimmtes Vielfaches des einen Vektors mit einem bestimmten Vielfachen des anderen Vektors addiert wird.)

Im folgenden Diagramm wird der Vektor $\vec{a}$ als Linearkombination der Einheitsvektoren dargestellt:

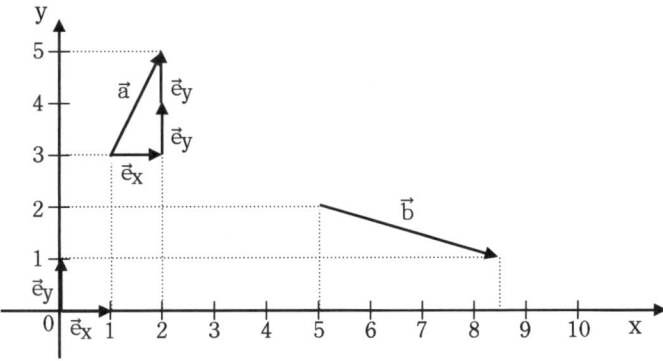

$\vec{e}_x$ steht hierbei für den Einheitsvektor in x–Richtung und $\vec{e}_y$ für den Einheitsvektor in y–Richtung. Der Vektor $\vec{a}$ lässt sich darstellen, indem man einmal den Vektor $\vec{e}_x$ und zweimal den Vektor $\vec{e}_y$ zusammenzählt. Formal gilt also:

$$\vec{a} = 1\vec{e}_x + 2\vec{e}_y$$

Anhand der gestrichelten Linien kann man sehen, dass man die entsprechenden Faktoren für die Linearkombination auch direkt an den Koordinatenachsen ablesen kann. Man muss hierzu jeweils den entsprechenden Koordinatenwert des Vektorendes nehmen und hiervon den Koordinatenwert des Vektoranfanges abziehen. Für den Vektor $\vec{b}$ ergibt sich somit:

$$\vec{b} = (8,5 - 5)\vec{e}_x + (1 - 2)\vec{e}_y$$

$$\Leftrightarrow \vec{b} = 3,5\ \vec{e}_x - 1\vec{e}_y$$

Die beiden Vektoren $\vec{e}_x$ und $\vec{e}_y$ bilden eine Basis der xy–Ebene. Man kann also jeden Vektor in der xy–Ebene, so wie an den beiden Beispielen gezeigt, als Linearkombination von $\vec{e}_x$ und $\vec{e}_y$ darstellen. Wenn man sich darauf einigt, Vektoren mittels einer bestimmten Basis darzustellen, kann man die vorherige Schreibweise vereinfachen. Man schreibt dann einfach:

$$\vec{b} = \begin{pmatrix} 3,5 \\ -1 \end{pmatrix}$$

Die Schreibweise ist eine abkürzende Form, es gilt:

$$\vec{b} = \begin{pmatrix} 3,5 \\ -1 \end{pmatrix} = 3,5\vec{e}_x - 1\vec{e}_y$$

Der obere Wert gibt also an, wie oft man bei der Darstellung des Vektors den Vektor $\vec{e}_x$ benötigt, und der untere Wert steht dafür, wie oft $\vec{e}_y$ benötigt wird. Man nennt diese Art der Darstellung **Koordinatenschreibweise.** Die einzelnen Zahlen wurden zuvor untereinander geschrieben, auf diese Weise stehen die Koordinaten in einer Spalte, deshalb nennt man derartige Vektoren auch **Spaltenvektoren.** Man könnte die Koordinaten auch in eine Zeile schreiben und würde auf diese Weise einen **Zeilenvektor** erhalten. Als Zeilenvektor würde $\vec{b}$ folgendermaßen lauten: $\vec{b} = (3,5; -1)$.

Für den Vektor $\vec{a}$ ergibt sich in Koordinatendarstellung:

$$\vec{a} = 1\vec{e}_x + 2\vec{e}_y = \begin{pmatrix} 1 \\ 2 \end{pmatrix}$$

Die beiden nachfolgend dargestellten Vektoren $\vec{a}$ und $\vec{b}$ sollen nun addiert werden. In der Zeichnung wurde auch schon gezeigt, wie die beiden Vektoren mittels der Basisvektoren dargestellt werden können.

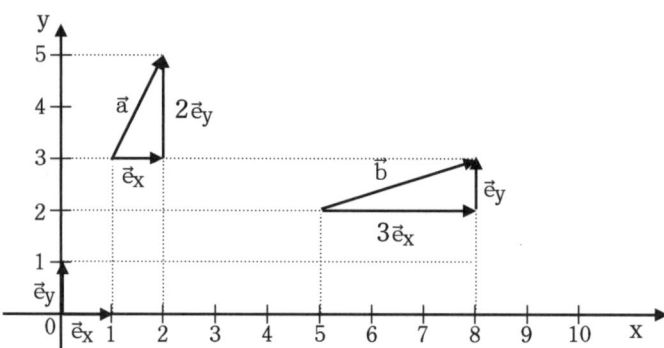

Zeichnerisch ergibt sich für $\vec{b} + \vec{a}$ Folgendes:

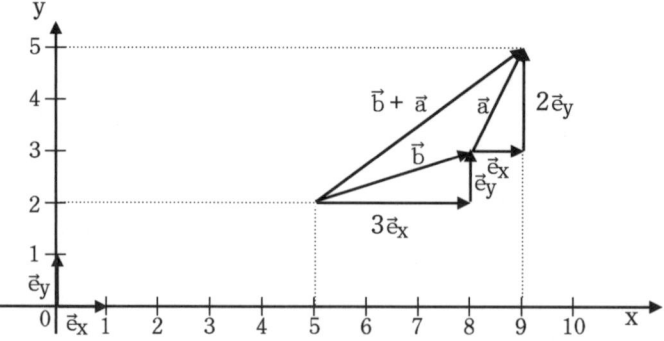

Als Linearkombination der Basisvektoren ausgedrückt, ergibt sich für die beiden Vektoren $\vec{a}$ und $\vec{b}$ Folgendes:

$$\vec{a} = \vec{e}_x + 2\vec{e}_y = \begin{pmatrix} 1 \\ 2 \end{pmatrix}$$

$$\vec{b} = 3\vec{e}_x + \vec{e}_y = \begin{pmatrix} 3 \\ 1 \end{pmatrix}$$

Für die Addition ergibt sich nun:

$$\vec{b} + \vec{a} = 3\vec{e}_x + \vec{e}_y + \vec{e}_x + 2\vec{e}_y$$

$$= 4\vec{e}_x + 3\vec{e}_y = \begin{pmatrix} 4 \\ 3 \end{pmatrix}$$

Bei der Addition der Einheitsvektoren konnten einfach die jeweiligen Einheitsvektoren addiert werden. Am Ende wurde der Vektor wieder in Koordinatenschreibweise dargestellt. Anhand der Zeichnung lässt sich auch gut erkennen, wie der Vektor „$\vec{b} + \vec{a}$" sich aus den einzelnen Basisvektoren ergibt.

Rechnerisch erfolgte die Addition zuvor, indem jeweils die $\vec{e}_x$, bzw. $\vec{e}_y$ addiert wurden. In der Koordinatenschreibweise steht nun aber jeweils in der ersten Komponente die entsprechende Anzahl von $\vec{e}_x$. Es reicht also aus, wenn man einfach die Komponenten der Vektoren addiert. Dies wird nachfolgend durchgeführt:

$$\vec{b} + \vec{a} = \begin{pmatrix} 3 \\ 1 \end{pmatrix} + \begin{pmatrix} 1 \\ 2 \end{pmatrix} = \begin{pmatrix} 3+1 \\ 1+2 \end{pmatrix} = \begin{pmatrix} 4 \\ 3 \end{pmatrix}$$

Die Subtraktion von zwei Vektoren verläuft vom Prinzip genauso.

Somit kann Folgendes festgehalten werden:

> Man addiert bzw subtrahiert Spaltenvektoren (Vektoren in Koordinatenschreibweise), indem man jeweils die einzelnen Komponenten addiert bzw. subtrahiert.

Die Multiplikation eines Vektors mit einer reellen Zahl funktioniert analog zu den zuvor für die Addition angeführten Zusammenhängen. Der Vektor $3\vec{a}$ lässt sich z.B. auch folgendermaßen schreiben: $3\vec{a} = \vec{a} + \vec{a} + \vec{a}$

Somit ergibt sich:

$$3\vec{a} = \begin{pmatrix} 1 \\ 2 \end{pmatrix} + \begin{pmatrix} 1 \\ 2 \end{pmatrix} + \begin{pmatrix} 1 \\ 2 \end{pmatrix} = \begin{pmatrix} 3 \\ 6 \end{pmatrix}$$

Wie man sieht, erhält man das Ergebnis direkt, indem man die jeweiligen Komponenten des Vektors mit dem Faktor multipliziert:

$$3\vec{a} = 3 * \begin{pmatrix} 1 \\ 2 \end{pmatrix} = \begin{pmatrix} 3*1 \\ 3*2 \end{pmatrix} = \begin{pmatrix} 3 \\ 6 \end{pmatrix}$$

Man nennt die angeführte Multiplikation von Vektoren mit reellen[1] Zahlen auch Skalar-Multiplikation oder kürzer S-Multiplikation. Insgesamt gilt für die Skalar-Multiplikation

> Man multipliziert einen Vektor mit einem Skalar λ, indem man jede Komponente des Vektors mit dem Skalar multipliziert.

Formal lautet diese Regel für Vektoren aus dem $\mathbb{R}^2$:

$$\lambda * \vec{a} = \lambda * \begin{pmatrix} a_1 \\ a_2 \end{pmatrix} = \begin{pmatrix} \lambda * a_1 \\ \lambda * a_2 \end{pmatrix}$$

---

[1]: Im Allgemeinen muss es sich bei der Skalar-Multiplikation nicht um reelle Zahlen handeln. Ein Skalar ist ein Element eines Körpers. Ein Körper ist eine Menge mit zwei Verknüpfungen, für die bestimmte Eigenschaften gelten. Die reellen Zahlen mit den Verknüpfungen "+" und "*" erfüllen diese Eigenschaften, so dass es sich bei den reellen Zahlen um einen Körper handelt. Aber auch die komplexen Zahlen $\mathbb{C}$ bilden mit "+" und "*" einen Körper. Somit kann ein Skalar im allgemeinen also auch eine komplexe Zahl sein. Im Rahmen dieses Buches werden aber komplexe Zahlen nicht behandelt. Daher werden nachfolgend auch keine Vektorräume über $\mathbb{C}$, sondern nur Vektorräume über $\mathbb{R}$ behandelt. Die betrachteten Skalare sind also stets reelle Zahlen.

1.1.2 Lineare Abhängigkeit

Eine Menge von Vektoren ist genau dann linear abhängig, wenn sich einer von ihnen durch Addition be-liebiger Vielfacher der ande-ren Vektoren darstellen lässt. In dem nebenstehen-den Diagramm sind die Vek-toren $\vec{a}$, $\vec{b}$ und $\vec{c}$ linear ab-hängig, denn der Vektor $\vec{c}$ lässt sich folgendermaßen als Linearkombination der Vektoren $\vec{a}$ und $\vec{b}$ darstellen:

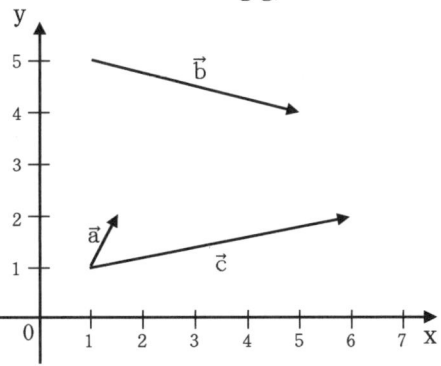

$$\vec{c} = 2 * \vec{a} + 1 * \vec{b}$$

In der nachfolgenden Zeichnung ist der entsprechende Zusammenhang zeichnerisch dargestellt.

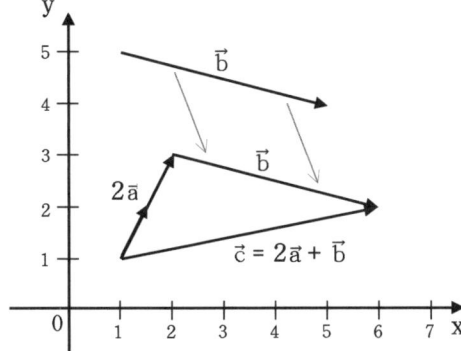

Mittels der Koordinaten-schreibweise lässt sich die lineare Abhängigkeit auch rechnerisch zeigen. Die drei Vektoren lauten in Koordinatenschreibweise:

$$\vec{a} = \begin{pmatrix} 0{,}5 \\ 1 \end{pmatrix}, \vec{b} = \begin{pmatrix} 4 \\ -1 \end{pmatrix}$$

und $\vec{c} = \begin{pmatrix} 5 \\ 1 \end{pmatrix}$

Es ergibt sich also:

$$\begin{pmatrix} 5 \\ 1 \end{pmatrix} = 2 * \begin{pmatrix} 0{,}5 \\ 1 \end{pmatrix} + 1 * \begin{pmatrix} 4 \\ -1 \end{pmatrix}$$

Zwei Vektoren sind genau dann linear abhängig, wenn sie parallel zuein-ander sind. Denn bei zwei Vektoren bedeutet lineare Abhängigkeit, dass sich der eine als ein Vielfaches des anderen darstellen lassen muss. Bei zwei Vektoren, die linear abhängig sind, spricht man auch von **kollinearen** Vektoren.

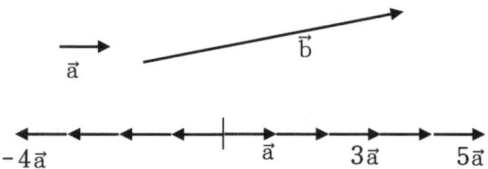

In obiger Skizze sind die Vektoren $\vec{a}$ und $\vec{b}$ linear unabhängig, denn egal mit welcher Zahl man den Vektor $\vec{a}$ multipliziert, man wird nie den Vektor $\vec{b}$ erhalten, sondern immer nur Vektoren, die wieder parallel zu $\vec{a}$ sind.

Drei Vektoren sind genau dann linear abhängig, wenn sie in einer Ebene liegen. Die nachfolgende Abbildung zeigt drei Vektoren in einer Ebene, die linear abhängig sind. Wie man sieht, ergibt sich $\vec{c} = 2\vec{a} + \vec{b}$. Man hätte aber z. B. auch den Vektor $\vec{a}$ durch die Vektoren $\vec{b}$ und $\vec{c}$ darstellen können, es hätte sich dann ergeben:

$$\vec{a} = \frac{1}{2}\vec{c} - \frac{1}{2}\vec{b}$$

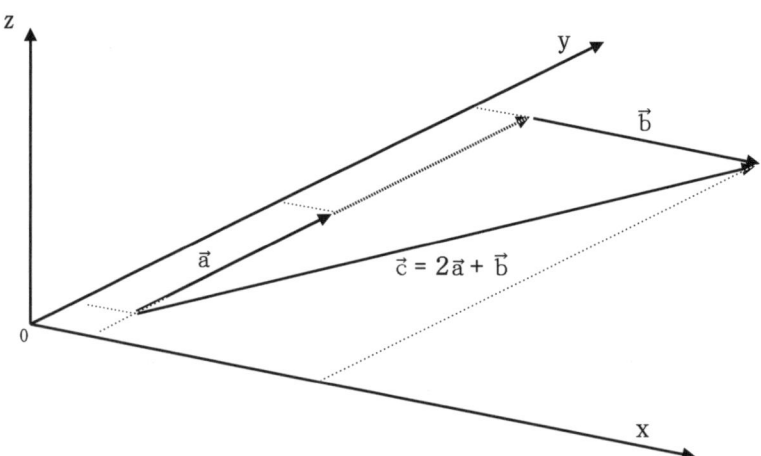

Durch geeignete Linearkombination der beiden Vektoren $\vec{a}$ und $\vec{b}$ lässt sich auch jeder andere Vektor in der xy-Ebene darstellen.

Die drei Vektoren liegen in dem Beispiel auf der xy-Ebene, im Allgemeinen können die drei Vektoren aber auf jeder beliebigen Ebene liegen, die xy-Ebene wurde nur wegen der einfacheren graphischen Darstellung gewählt.

Die nächste Abbildung zeigt ein Beispiel für drei Vektoren, die linear unabhängig sind. Die Vektoren $\vec{a}$ und $\vec{b}$ verlaufen sozusagen auf dem "Fußboden", egal wie oft man diese aneinanderreiht, man bleibt immer auf
dem Fußboden und kann nie den Vektor $\vec{c}$ bilden, der gewissermaßen in
den Raum hineinragt.

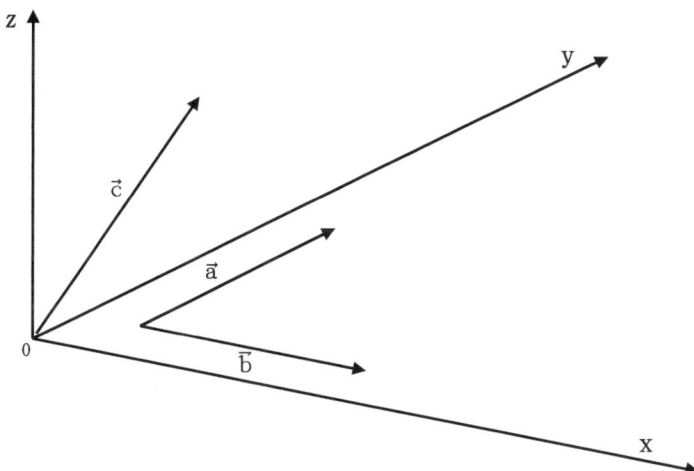

Vielleicht erinnert sich manch einer noch aus der Schulzeit daran, dass
man 3 Vektoren, die linear abhängig sind, auch **komplanare** Vektoren
nennt. In der Schule wurden zwei Komplanaritätsbedingungen angegeben:

$$\lambda\vec{a} + \mu\vec{b} = \vec{c} \quad \text{oder} \quad \vec{a} = \lambda\vec{b}$$

Komplanar bzw. linear abhängig sind drei Vektoren, wenn eine der beiden Bedingungen erfüllt ist. Die erste Gleichung allein reicht nicht aus,
denn wenn $\vec{a}$ und $\vec{b}$ schon untereinander linear abhängig sind, so liegen
die drei Vektoren immer in einer Ebene, auch wenn sich $\vec{c}$ nicht als Linearkombination durch $\vec{a}$ und $\vec{b}$ darstellen lässt. Statt dieser beiden Bedingungen kann man auch folgende Bedingung aufstellen:

> Die Vektoren $\vec{a}$, $\vec{b}$ und $\vec{c}$ sind genau dann komplanar, wenn die Glei-
> chung $\lambda\vec{a} + \mu\vec{b} + \nu\vec{c} = 0$ eine andere Lösung als die Triviallösung
> hat.

Bei der Triviallösung sind alle Parameter (λ, μ und ν) Null. Diese Lösung existiert natürlich immer. Wenn es eine andere Lösung gibt, so ist eine der beiden zuvor angeführten Bedingungen erfüllt. Somit sind die Vektoren dann linear abhängig. Die zuletzt angeführte Bedingung für lineare Abhängigkeit lässt sich auf eine beliebige Anzahl von Vektoren verallgemeinern. Es gilt:

Die Vektoren $\vec{a}_1$, $\vec{a}_2$ ... $\vec{a}_n$ sind genau dann **linear unabhängig**, wenn die Gleichung $\lambda_1\vec{a}_1 + \lambda_2\vec{a}_2 + ... + \lambda_n\vec{a}_n = 0$ nur erfüllbar ist, wenn alle λ_i gleich Null sind.

Die Vektoren sind also linear unabhängig, wenn die angeführte Gleichung nur die Triviallösung hat. Gibt es noch eine andere Lösung, so sind die Vektoren linear abhängig.

Mit Hilfe des Summenzeichens kann man die Gleichung auch folgendermaßen schreiben:

$$\sum_{i=1}^{n}\lambda_i\vec{a}_i = 0$$

Das Summenzeichen bedeutet, dass für i nacheinander alle Werte von 1 bis n eingesetzt werden müssen und die sich dann jeweils ergebenden Ausdrücke summiert werden sollen. Man kann es sich als eine abkürzende Schreibweise für den in der Definition verwendeten Ausdruck vorstellen.

1.1.3 Vektorräume

Ein Vektorraum ist eine Menge von Vektoren (die Elemente können auch Zahlen oder Matrizen sein), die bestimmte Eigenschaften erfüllt. Es ist also nicht jede Menge von Vektoren ein Vektorraum. Eine wichtige Bedingung ist zunächst, dass die Menge nicht leer sein darf.

Einen Vektorraum nennt man auch linearen Raum, dieses drückt schon die wesentliche Eigenschaft von Vektorräumen aus, sie müssen nämlich alle **Linearkombinationen**, die sich aus ihren Elementen bilden lassen, ebenfalls enthalten. Wie zuvor angeführt, werden bei Linearkombinationen die Vektoren mit Skalaren multipliziert und miteinander addiert. Man kann die angeführte Bedingung deshalb auch einzeln betrachten, d. h. ein Vektorraum muss alle Elemente, die sich durch Addition und Skalarmultiplikation seiner Elemente ergeben, ebenfalls enthalten. Man sagt hierzu auch, dass ein Vektorraum abgeschlossen bezüglich der **Addition und der Multiplikation mit einem Skalar sein muss.** D.h. wenn man beliebige Vektoren eines Vektoraumes addiert oder mit einem beliebigem Skalar multipliziert, so muss das Ergebnis dieser Operation stets wieder ein Element des Vektorraums sein. Es sei z.B. die Menge, die **nur**

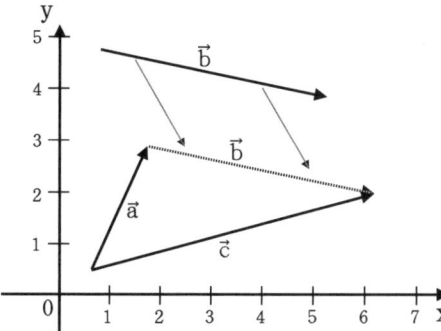

aus den beiden Vektoren $\vec{a}$ und $\vec{b}$ in der nebenstehenden Abbildung besteht, betrachtet. Diese Menge ist kein Vektorraum, denn der Vektor $\vec{c} = \vec{a} + \vec{b}$ ergibt sich mittels der Addition aus den Vektoren $\vec{a}$ und $\vec{b}$. Der Vektor $\vec{c}$ ist aber in der betrachteten Menge nicht enthalten, denn diese besteht ja nur aus den beiden Vektoren $\vec{a}$ und $\vec{b}$. Die Menge ist also nicht abgeschlossen bezüglich der Addition, und sie stellt somit auch keinen Vektorraum dar.

Genausogut hätte man zeigen können, dass die betrachtete Menge nicht abgeschlossen bezüglich der Skalarmultiplikation ist. Wenn man den Vektor $\vec{b}$ beispielsweise mit 2 multipliziert, ergibt sich der Vektor $2\vec{b}$, dieser Vektor ist aber auch nicht in der Menge, die nur aus $\vec{a}$ und $\vec{b}$ besteht, enthalten. Die Menge ist also auch nicht abgeschlossen bezüglich der

Skalarmultiplikation.

Dagegen ist die Menge **aller** Vektoren, die in der xy–Ebene liegen, ein Vektorraum, denn jede beliebige Linearkombination von Vektoren aus der xy–Ebene ergibt wieder einen Vektor in der xy–Ebene. Diesen Vektorraum nennt man auch $\mathbb{R}^2$ (sprich: R hoch zwei), denn wenn man die Elemente dieses Vektorraumes in Koordinatendarstellung angibt, so haben sie die Form:

$$\begin{pmatrix} x \\ y \end{pmatrix}$$

wobei sowohl x als auch y beliebige Elemente aus $\mathbb{R}$ sein können.

Wenn man drei beliebige Variable aus $\mathbb{R}$ frei wählen darf und so einen Vektorraum bildet, so spricht man von dem $\mathbb{R}^3$. Er besteht aus den Vektoren

$$\begin{pmatrix} x \\ y \\ z \end{pmatrix}$$ mit x,y und z $\in \mathbb{R}$ ($\in$ bedeutet Element)

Die Vektoren $\vec{a}$, $\vec{b}$ und $\vec{c}$ in der folgenden Abbildung spannen den $\mathbb{R}^3$ auf, das heißt, dass die Menge aller möglichen Linearkombinationen der Vektoren $\vec{a}$, $\vec{b}$ und $\vec{c}$ gerade der $\mathbb{R}^3$ ist. Jeder Punkt im Dreidimensionalen lässt sich durch eine Linearkombination der drei Vektoren darstellen.

Drei Vektoren, die in einer Ebene liegen, spannen dagegen nicht den $\mathbb{R}^3$, sondern "nur" den $\mathbb{R}^2$ auf, denn egal wie man Linearkombinationen dieser Vektoren bildet, man kommt nie aus der Ebene heraus. Nebenstehend ist der Zusammenhang noch einmal für drei Vektoren aus der xy–Ebene dargestellt.

Eine Menge ist nur dann ein Vektorraum, wenn sie alle möglichen Linearkombinationen ihrer Elemente enthält; wenn also z.B. die Vektoren $\vec{a}$ und $\vec{b}$ Elemente der

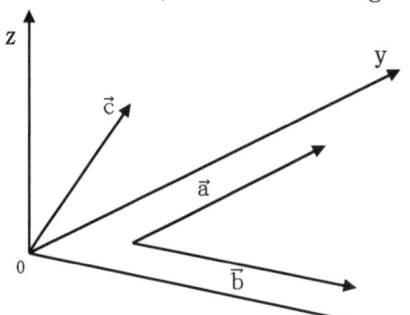

Menge sind, so müssen, damit diese Menge ein Vektorraum ist, auch alle Vektoren $\vec{x}$, die folgendermaßen gebildet werden,

$$\vec{x} = \lambda * \vec{a} + \mu * \vec{b} \quad (\text{ mit } \lambda, \mu \in \mathbb{R})$$

Elemente dieser Menge sein. Es handelt sich bei den Vektoren $\vec{x}$ gerade um alle möglichen Linearkombinationen der Vektoren $\vec{a}$ und $\vec{b}$.

1.1.4 Dimension und Basis

Die Dimension eines Vektorraumes gibt die Anzahl von linear unabhängigen Vektoren an, die nötig sind, um durch ihre Linearkombination alle Elemente des Vektorraumes zu bilden. Die Dimension des $\mathbb{R}^3$ ist z.B. 3, die des $\mathbb{R}^2$ ist 2 etc.. Der $\mathbb{R}^3$ ist gerade der Raum, der uns ständig umgibt, in ihm kann man sich die Zusammenhänge noch vorstellen, während z.B. der $\mathbb{R}^4$ bereits über unser Vorstellungsvermögen hinausgeht. Glücklicherweise gelten aber die Zusammenhänge, die wir uns im $\mathbb{R}^3$ vorstellen können, vom Prinzip her auch in höher dimensionalen Vektorräumen. Um den $\mathbb{R}^3$ aufzuspannen, reichen zwei linear unabhängige Vektoren nicht aus, deren Linearkombinationen ergeben stets nur eine Ebene. Es wird ein dritter linear unabhängiger Vektor benötigt, um den $\mathbb{R}^3$ aufzuspannen. Drei derartige linear unabhängige Vektoren aus dem $\mathbb{R}^3$ nennt man auch eine **Basis** des $\mathbb{R}^3$.

> Die **Basis** ist also eine Menge von Vektoren, durch deren Linearkombination sich **alle Vektoren des Vektorraumes darstellen lassen**. Gleichzeitig darf die Basis aber **keine überflüssigen Vektoren** enthalten. Daher müssen die Basisvektoren immer **linear unabhängig** sein.

Drei Vektoren aus dem $\mathbb{R}^2$ können z. B. keine Basis des $\mathbb{R}^2$ bilden. Die nebenstehenden drei Vektoren $\{\vec{a}, \vec{b}, \vec{c}\}$ liegen in der xy-Ebene. Sie spannen den $\mathbb{R}^2$ auf, alle anderen Vektoren der xy-Ebene lassen sich also als Linearkombination der drei Vektoren darstellen. Aber es würden auch zwei der drei Vektoren ausreichen. Eine Menge von Vektoren, die den Vektorraum

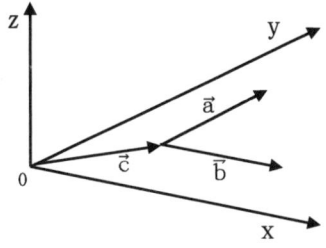

aufspannt, nennt man auch **Erzeugendensystem**. Die drei Vektoren $\{\vec{a}, \vec{b}, \vec{c}\}$ bilden also ein Erzeugendensystem des $\mathbb{R}^2$. Eine Basis des $\mathbb{R}^2$ bilden sie aber nicht, denn die drei Vektoren sind linear abhängig. Zwei der drei Vektoren würden ausreichen, um den $\mathbb{R}^2$ aufzuspannen. Die Vektoren $\{\vec{a}, \vec{b}\}$ bilden z. B. auch ein Erzeugendensystem des $\mathbb{R}^2$; da die beiden Vektoren außerdem linear unabhägig sind, stellen sie gleichzeitig auch eine Basis des $\mathbb{R}^2$ dar.

Es gilt:

> 1. Eine Menge von Vektoren, die einen Vektorraum aufspannt, nennt man ein **Erzeugendensystem** des Vektorraumes. Aufspannen bedeutet hierbei, dass der Vektoraum der Menge aller möglichen Linearkombinationen der Vektoren entspricht.
>
> 2. Ein Erzeugendensystem, dessen Vektoren linear unabhängig sind, ist eine Basis des entsprechenden Vektorraumes.

Zuvor wurde bereits der Begriff der Dimension benutzt, ohne diesen näher zu erläutern. Hierbei wurde darauf Bezug genommen, dass eine Ebene zweidimensional und der uns umgebende Raum dreidimensional ist. Im Zusammenhang mit der Basis eines Vektorraumes lässt sich nun folgende Aussage treffen:

> Die **Anzahl der Basisvektoren** einer Basis eines Vektorraumes entspricht stets der **Dimension** des Vektorraumes.

In diesem Abschnitt wurden die wesentlichen Begriffe für den Umgang mit Vektorräumen anhand von zwei- und dreidimensionalen Beispielen erläutert. Später werden auch Vektorräume mit mehr als drei Dimensionen behandelt. Aber auch bei diesen Vektorräumen sind die in diesem Kapitel angeführten graphischen Veranschaulichungen für zwei- und dreidimensionale Vektorräume sehr hilfreich, denn es gelten die gleichen prinzipiellen Zusammenhänge.

Bei konkreten Aufgaben zur linearen Abhängigkeit und zu Vektorräumen werden in der Regel Kenntnisse im Umgang mit Matrizen und Determinanten, die in den nächsten Abschnitten behandelt werden, benötigt. Deshalb wird auf die Behandlung derartiger Aufgaben erst in Abschnitt 1.6 und 1.7 eingegangen.

1.2 Matrizen

1.2.1 Definition einer Matrix

Ein sehr wichtiger Begriff der Linearen Algebra ist der der Matrix. Ganz einfach formuliert ist eine Matrix ein rechteckiges Zahlenschema, für das bestimmte Rechenregeln gelten. Man kann sich eine Matrix aber auch als eine Verallgemeinerung von Vektoren vorstellen.

Ein Vektor unterscheidet sich von einer "normalen" reellen Zahl (Skalar) dadurch, dass er mehrere Komponenten hat, die in einer "Richtung" durchnummeriert werden, wie bei nachfolgendem Dreiervektor dargestellt ist:

$$\vec{a} = \begin{pmatrix} a_1 \\ a_2 \\ a_3 \end{pmatrix}$$

Ein Vektor besteht also sozusagen aus mehreren Zahlen. Wenn man nun die Elemente nicht wie beim Vektor nur in eine "Richtung" nummeriert, sondern in zwei "Richtungen", so erhält man folgendes Gebilde:

$$A = \begin{pmatrix} a_{11} & a_{12} & a_{13} \\ a_{21} & a_{22} & a_{23} \\ a_{31} & a_{32} & a_{33} \end{pmatrix}$$

Ein derartiges Gebilde nennt man eine **Matrix**. Die erste Zahl, die als Index an den Elementen steht, gibt wie beim normalen Spaltenvektor die Zeile an, in der das Element steht. Der zweite Index steht für die zusätzliche "Nummerierungsrichtung", er gibt die Spalte an, in der das Element steht. Das Element a_{23} steht also in der zweiten Zeile in der dritten Spalte. In obigem Beispiel handelt es sich um eine 3 x 3 (sprich: 3 mal 3) Matrix, wobei die erste Zahl die Anzahl der Zeilen und die zweite die Anzahl der Spalten angibt. Ist wie in obigem Beispiel die Anzahl der Zeilen und der Spalten gleich, so spricht man von einer **quadratischen Matrix.** Im Allgemeinen muss eine Matrix aber nicht quadratisch sein.

Im Folgenden wird eine Matrix mit m Zeilen und n Spalten dargestellt:

$$A = \begin{pmatrix} a_{11} & a_{12} & a_{13} & \cdots & a_{1n} \\ a_{21} & a_{22} & a_{23} & \cdots & a_{2n} \\ a_{31} & a_{32} & a_{33} & \cdots & a_{3n} \\ \vdots & \vdots & \vdots & & \vdots \\ a_{m1} & a_{m2} & a_{m3} & \cdots & a_{mn} \end{pmatrix}$$

Die Punkte stehen für die ausgelassenen Zeilen und Spalten. Man würde für diese Matrix auch schreiben, dass es sich um eine (m, n)-Matrix handelt, auch in diesem Fall steht die erste Zahl für die Anzahl der Zeilen (m) und die zweite für die Anzahl der Spalten (n). Entsprechend kann man bei der vorherigen quadratischen Matrix schreiben, dass es sich um eine (3, 3)-Matrix handelt.

Matrizen (Singular: Matrix) bezeichnet man immer mit großen Buchstaben. Häufig wird auch von dem Matrixelement a_{ij} gesprochen. Z.B. könnte man eine Matrix folgendermaßen definieren:

Sei A eine 3 x 3 Matrix mit $a_{ij} = i + j$

Diese Matrix lässt sich auch explizit ausrechnen, hierzu muss man lediglich alle möglichen Werte für i und j einsetzen, z.B. $a_{23} = 2 + 3 = 5$. Wenn man dieses für die ganze Matrix macht, erhält man insgesamt:

$$A = \begin{pmatrix} 2 & 3 & 4 \\ 3 & 4 & 5 \\ 4 & 5 & 6 \end{pmatrix}$$

Eine Matrix kann auch lediglich aus einer Zeile oder einer Spalte bestehen. Die nachfolgend dargestellte Matrix ist eine (3, 1)-Matrix, sie besteht also nur aus einer einzigen Spalte:

$$B = \begin{pmatrix} 3 \\ 4 \\ 1 \end{pmatrix}$$

Die Matrix B entspricht einem Spaltenvektor. Die nachfolgend angeführte Matrix C entspricht einem Zeilenvektor.

$$C = (-2 \quad 5 \quad 1 \quad 9)$$

Es handelt sich bei C um eine (1, 4)-Matrix.

Matrizen mit nur einer Zeile bzw. nur einer Spalte kann man auch als Vektoren bezeichnen, man könnte also auch schreiben:

$$\vec{b} = \begin{pmatrix} 3 \\ 4 \\ 1 \end{pmatrix}; \quad \vec{c} = (-2 \quad 5 \quad 1 \quad 9)$$

1.2.2 Elementare Rechenregeln für Matrizen

Matrizen sind nicht nur von ihrer Definition her eine Art Verallgemeinerung des Vektorbegriffes, sondern die für sie geltenden Rechenregeln sind größtenteils wie bei Vektoren. Insbesondere werden die Addition und die Multiplikation mit einem Skalar analog zu den entsprechenden Operationen bei Vektoren durchgeführt. (Da die wesentliche Eigenschaft von Vektorräumen darin liegt, dass sie bezüglich dieser beiden Operationen abgeschlossen sein müssen, wird verständlich, dass Matrizen, genauso wie Vektoren, als Elemente von Vektorräumen behandelt werden können.)

1.2.2.1 Addition von Matrizen

Genauso wie Vektoren werden Matrizen komponentenweise zusammengezählt. Folgendes Beispiel macht dies deutlich:

$$\begin{pmatrix} 1 & -3 & 4 \\ 3 & 5 & 0 \\ 2 & 6 & 2 \end{pmatrix} + \begin{pmatrix} 4 & 1 & -1 \\ 3 & 1 & 1 \\ 5 & 3 & -3 \end{pmatrix} = \begin{pmatrix} 1+4 & -3+1 & 4+(-1) \\ 3+3 & 5+1 & 0+1 \\ 2+5 & 6+3 & 2+(-3) \end{pmatrix}$$

$$= \begin{pmatrix} 5 & -2 & 3 \\ 6 & 6 & 1 \\ 7 & 9 & -1 \end{pmatrix}$$

Beide Matrizen müssen hierbei dieselbe Zeilen- und Spaltenanzahl haben, ansonsten ist die Addition (Subtraktion) nicht definiert. Die Subtraktion wird vom Prinzip her genauso durchgeführt wie die Addition.

1.2.2.2 Multiplikation einer Matrix mit einer reellen Zahl

Auch hier wird genauso wie bei Vektoren vorgegangen, d.h. jedes Element der Matrix wird mit dem Skalar multipliziert:

$$a * \begin{pmatrix} 4 & 1 & -1 \\ 3 & 1 & 1 \\ 5 & 3 & -3 \end{pmatrix} = \begin{pmatrix} 4a & 1a & -1a \\ 3a & 1a & 1a \\ 5a & 3a & -3a \end{pmatrix}$$

Diese Operation entspricht der Skalar-Multiplikation bei Vektoren. Wichtig ist, dass das a hierbei natürlich keine Matrix ist.

1.2.2.3 Transposition von Matrizen

Die transponierte Matrix erhält man einfach, indem man die Zeilen mit den Spalten vertauscht. Hierbei wird aus einer (3, 4)-Matrix, wie in folgendem Beispiel, eine (4, 3)-Matrix. Das A^T vor der rechten Matrix drückt aus, dass dieses die transponierte Matrix der Matrix A ist.

$$A = \begin{pmatrix} 4 & 1 & -1 & 2 \\ 3 & 2 & 1 & 5 \\ 6 & 3 & -3 & 7 \end{pmatrix} \qquad A^T = \begin{pmatrix} 4 & 3 & 6 \\ 1 & 2 & 3 \\ -1 & 1 & -3 \\ 2 & 5 & 7 \end{pmatrix}$$

Wenn man die Matrix A^T hinschreiben will, nimmt man am besten zunächst die Zahlen in der ersten Spalte von A (4, 3, 6) und schreibt diese in die erste Zeile von A^T. Dann nimmt man die Zahlen der zweiten Spalte von A (1, 2, 3) und schreibt diese in die zweite Zeile von A^T usw.

Werden die Elemente von A mit a_{ij} bezeichnet, so lauten die Elemente der transponierten Matrix a_{ji}. Wenn es sich um quadratische Matrizen handelt, so kann man sich die Transposition auch als eine Spiegelung an der Hauptdiagonalen vorstellen. Die **Hauptdiagonale** ist die Diagonale, die von links oben nach rechts unten verläuft, in der folgenden Abbildung ist sie durch einen Strich gekennzeichnet.

$$A = \begin{pmatrix} -3 & 4 & 1 \\ 2 & 0 & 1 \\ 1 & 2 & 2 \end{pmatrix} \qquad A^T = \begin{pmatrix} -3 & 2 & 1 \\ 4 & 0 & 2 \\ 1 & 1 & 2 \end{pmatrix}$$

Man nennt eine Matrix **symmetrisch**, "wenn sie auf beiden Seiten der Hauptdiagonalen gleich aussieht", es muss gelten $A = A^T$. Folgendes Beispiel zeigt eine symmetrische Matrix:

$$\begin{pmatrix} 3 & -2 & 5 \\ -2 & 6 & 1 \\ 5 & 1 & -1 \end{pmatrix}$$

Natürlich können nur quadratische Matrizen symmetrisch sein, denn die Transposition macht ja aus einer (m, n)–Matrix eine (n, m)–Matrix, daher können Matrizen nur symmetrisch sein, wenn m = n gilt, sie also quadratisch sind.

Antisymmetrisch nennt man eine Matrix, wenn sich bei der Transposition alle Vorzeichen ändern. Hier muss also gerade gelten $A = -A^T$, oder anders ausgedrückt $a_{ij} = -a_{ji}$. Die Elemente der Hauptdiagonalen müssen bei einer Antisymmetrischen Matrix alle gleich Null sein, denn diese bleiben bei der Transposition an der gleichen Stelle stehen, und Null ist die einzige Zahl, die mit Minus malgenommen sich selbst ergibt. Nachfolgend ist eine antisymmetrische Matrix angeführt.

$$\begin{pmatrix} 0 & -2 & 5 \\ 2 & 0 & 1 \\ -5 & -1 & 0 \end{pmatrix}$$

1.2.3 Multiplikation von Matrizen mit Matrizen

1.2.3.1 Grundlagen

Die Multiplikation von Matrizen mit Matrizen ist etwas schwieriger als die Multiplikation von Vektoren mit Vektoren, aber auch hier gibt es Analogien. Wenn man das **Skalarprodukt** zweier Vektoren bilden will, so muss man die einzelnen Komponenten der Vektoren miteinander multiplizieren und die so entstandenen Produkte addieren. Folgendes Beispiel macht dies deutlich:

$$\begin{pmatrix} 2 \\ 3 \\ 4 \end{pmatrix} * \begin{pmatrix} -1 \\ 4 \\ 1 \end{pmatrix} := 2 * (-1) + 3 * 4 + 4 * 1 = 14$$

Die Berechnung des Skalarproduktes ist natürlich nur zwischen Vektoren möglich, die gleichviele Elemente haben. Bisweilen werden Skalarprodukt und **Skalar-Multiplikation** verwechselt. Sie klingen zwar ähnlich, meinen aber ganz unterschiedliche Dinge. Skalar bedeutet jeweils, dass eine "normale" Zahl beteiligt ist. Aber beim Skalarprodukt ist diese Zahl das Produkt zweier Vektoren, also das Ergebnis einer Vektormultiplikation, während bei der Skalar-Multiplikation ein Vektor mit einer Zahl multipliziert wird.

Für die Multiplikation zweier Matrizen verwendet man am besten das **Falksche Schema**, es seien die beiden folgenden Matrizen zu multiplizieren:

$$A = \begin{pmatrix} 1 & 5 & 0 \\ 1 & 3 & 1 \\ 0 & 2 & 3 \end{pmatrix} \qquad B = \begin{pmatrix} 1 & -2 \\ 0 & 1 \\ 2 & 3 \end{pmatrix}$$

Bei dem Falkschen Schema schreibt man nun, um $A * B = C$ zu berechnen, die Matrizen A und B entsprechend dem nebenstehenden Schema und erhält die Ergebnismatrix dort, wo C eingetragen wurde.

Wenn man hier nun die Matrizen A und B einträgt, ergibt sich Folgendes:

			1	-2
			0	1
			2	3
1	5	0		
1	3	1		
0	2	3		

Zur Berechnung zieht man die obere Matrix am besten etwas auseinander, wie es in folgender Abbildung geschehen ist:

			1		-2
			0		1
			2		3
1	5	0	$1*1 + 5*0 + 0*2$		
1	3	1			
0	2	3			

In obigem Schema ist zu sehen, wie das erste Element der Ergebnismatrix berechnet wird. Das erste Element ergibt sich quasi als Skalarprodukt des ersten Zeilenvektors von A und des ersten Spaltenvektors von B. Die Berechnung erfolgt hierbei gerade wie bei der Berechnung des Skalarproduktes zweier Vektoren. Entsprechend ergibt sich das Element in der zweiten Zeile und zweiten Spalte der Ergebnismatrix als "Skalarprodukt" des zweiten Zeilenvektors von A mit dem zweiten Spaltenvektor von B, u.s.w.. Nachfolgend sind alle Elemente der Ergebnismatrix berechnet:

			1	-2
			0	1
			2	3
1	5	0	$1*1 + 5*0 + 0*2$	$1*(-2) + 5*1 + 0*3$
1	3	1	$1*1 + 3*0 + 1*2$	$1*(-2) + 3*1 + 1*3$
0	2	3	$0*1 + 2*0 + 3*2$	$0*(-2) + 2*1 + 3*3$

Die einzelnen Elemente lassen sich nun noch ausrechnen:

A*B			1	-2
			0	1
			2	3
1	5	0	1	3
1	3	1	3	4
0	2	3	6	11

$$\text{bzw. } A*B = \begin{pmatrix} 1 & 3 \\ 3 & 4 \\ 6 & 11 \end{pmatrix}$$

Auch hier lassen sich die Skalarprodukte zwischen den Zeilen- und Spaltenvektoren nur berechnen, wenn die beiden Vektoren die gleiche Anzahl von Elementen haben. Daher kann man folgern, dass sich das **Produkt von Matrizen nur berechnen lässt, wenn die Anzahl der Spalten der ersten Matrix der Anzahl der Zeilen der zweiten Matrix entspricht.** Denn nur unter dieser Voraussetzung können die "internen Skalarprodukte" überhaupt berechnet werden.

Wenn man z.B. eine (2, 3)-Matrix (A) mit einer anderen Matrix (B) multiplizieren will, so ist dies nur möglich, wenn die andere Matrix eine (3, z)-Matrix ist, wobei z beliebig ist. Man kann sich diesen Zusammenhang auch folgendermaßen merken: Für beide zu multiplizierenden Matrizen schreibt man sich die Klammer mit der "Größenangabe" auf, hierbei ist darauf zu achten, dass man die Reihenfolge beibehält. Für das betrachtete Beispiel ergibt sich:

$$A \quad * \quad B$$
$$(2, \underline{3)} \ \underline{(3}, z)$$

Die Multiplikation ist nur dann möglich, wenn die beiden unterstrichenen Zahlen (die zweite Zahl in der ersten Klammer und die erste Zahl in der zweiten Klammer) identisch sind. Denn diese beiden Zahlen sind die Spaltenzahl der ersten und die Zeilenzahl der zweiten Matrix. Man kann anhand dieser Darstellung auch schon ablesen, wieviel Zeilen und Spalten die Ergebnismatrix hat, denn die Zeilenzahl der Ergebnismatrix entspricht der Zeilenzahl der ersten Matrix, während die Spaltenzahl identisch mit der Spaltenzahl der zweiten Matrix ist. In dem Beispiel gilt also:

$$A \quad * \quad B \quad = \quad C$$
$$(2, \underline{3)} \ \underline{(3}, z) \quad (2, z)$$

Im Rahmen von Matrizenaufgaben tauchen häufiger auch Matrizen auf, die nur aus einer Zeile oder einer Spalte bestehen. Derartige Matrizen werden bisweilen auch mit kleinen fetten Buchtaben oder kleinen Buchstaben mit einem Pfeil darüber gekennzeichnet, da es sich bei diesen Matrizen um Zeilen- bzw. Spaltenvektoren handelt. Bei der Multiplikation muss man diese Matrizen/Vektoren genauso wie ganz normale Matrizen behandeln. Auch in diesen Fällen sollte man also das Falksche Schema anwenden.

1.2.3.2 Inhaltliche Interpretation von Matrizenprodukten

Angenommen eine Firma benötigt für die Produktion der drei Endprodukte E_1, E_2 und E_3 die Zwischenprodukte Z_1, Z_2, Z_3 und Z_4, so kann man die entsprechenden Produktionszusammenhänge in einer Tabelle darstellen:

in [ME]	Z_1	Z_2	Z_3	Z_4
E_1	10	20	5	2
E_2	20	4	**10**	1
E_3	15	0	2	4

In der Tabelle ist jeweils angegeben, wieviele Mengeneinheiten (ME) von dem jeweiligen Zwischenprodukt für die Produktion des Endproduktes benötigt werden. Die hervorgehobene 10 in der Tabelle besagt z.B., dass 10 Mengeneinheiten des Zwischenproduktes 3 für die Produktion des Endproduktes 2 benötigt werden.

Die Tabelle kann man auch als Matrix darstellen:

$$A = \begin{pmatrix} 10 & 20 & 5 & 2 \\ 20 & 4 & 10 & 1 \\ 15 & 0 & 2 & 4 \end{pmatrix}$$

Die Matrix A gibt also jeweils an, wie viele Zwischenprodukte für die Produktion benötigt werden. Es sei nun weiterhin angenommen, dass die 4 Zwischenprodukte aus 2 Vorprodukten V_1 und V_2 hergestellt werden.

in [ME]	V_1	V_2
Z_1	1	4
Z_2	2	4
Z_3	2	1
Z_4	10	2

$$B = \begin{pmatrix} 1 & 4 \\ 2 & 4 \\ 2 & 1 \\ 10 & 2 \end{pmatrix}$$

In der Tabelle sind die nötigen Vorprodukte angegeben. In der Matrix B sind die entsprechenden Werte als Matrix wiedergegeben. Nun wird es sicherlich von Interesse sein, für die Endprodukte nicht nur die jeweils benötigten Zwischenprodukte, sondern die notwendigen Vorprodukte zu kennen. Eine Matrix, die die notwendigen Vorprodukte enthält, erhält man, indem man die Matrizen A und B miteinander multpliziert. Hierbei ergibt sich:

				1	4
A * B				2	4
				2	1
				10	2
10	20	5	2	$10*1+20*2+5*2+2*10$	
20	4	10	1		
15	0	2	4		

In der Matrix wurde die Berechnung des ersten Elementes der Ergebnismatrix aufgezeigt. Nachfolgend wird für die Zahlen jeweils angegeben, was sie bedeuten:

$$10 \quad * \quad 1 \quad + \quad 20 \quad * \quad 2 \quad + \quad 5 \quad * \quad 2 \quad + \quad 2 \quad * \quad 10$$

Z_1 für E_1 V_1 für Z_1 Z_2 für E_1 V_1 für Z_2 Z_3 für E_1 V_1 für Z_3 Z_4 für E_1 V_1 für Z_4

Für die Produktion von E_1 braucht man also 10 mal das Zwischenprodukt Z_1, für dieses braucht man wiederum 1 mal das Vorprodukt V_1. Somit braucht man für E_1 "auf diesem Weg" $10*1 = 10$ mal das Vorprodukt V_1. Für die Produktion von E_1 werden aber auch noch andere Zwischenprodukte benötigt. Auch für diese Zwischenprodukte wird jeweils wieder das Vorprodukt V_1 benötigt. Für E_1 werden 20 Einheiten Z_2 benötigt, für diese braucht man wiederum jeweils 2 Einheiten von V_1. Auf "dem Weg über" das Zwischenprodukt Z_2 werden also $20*2 = 40$ Einheiten von V_1 zur Produktion von E_1 benötigt. Über das Zwischenprodukt Z_3 ergeben sich entsprechend 10 Einheiten und über Z_4 20 Einheiten von V_1. Insgesamt werden für die Produktion von E_1 also 10+40+10+20 = 80 Einheiten von V_1 benötigt. Genau dieser Wert ergibt sich in der Matrix A*B als erstes Element.

Insgesamt ergibt sich für A*B:

				1	4
A*B				2	4
				2	1
				10	2
10	20	5	2	80	129
20	4	10	1	58	108
15	0	2	4	59	70

Man kann die Ergebnismatrix nun auch wieder als Tabelle schreiben, dabei ergibt sich folgende Tabelle:

in [ME]	V_1	V_2
E_1	80	129
E_2	58	108
E_3	59	70

Nun kann direkt abgelesen werden, wie viel von welchen Vorprodukten für welches Endprodukt benötigt wird.

In dem Beispiel konnte man die Matrizen A und B einfach miteinander multiplizieren, und es ergab sich die Matrix, die in den Zeilen die verschiedenen Endprodukte und in den Spalten die verschiedenen Vorprodukte hat. Dieses funktioniert aber nur, wenn bei der Multiplikation auch tatsächlich "über die Zwischenprodukte" multipliziert wird. Nachfolgend sind die zu multiplizierenden Matrizen noch einmal angeführt, wobei die Ergebnismatrix mit C benannt wurde:

$$A \quad * \quad B \quad = \quad C$$
$$(3, \underline{4)} \ \underline{(4}, 2) \qquad (3, 2)$$
$$(E_i, Z_j) \ (Z_j, V_k) \qquad (E_i, V_k)$$

Unterhalb der Matrizen wurden zunächst die Zeilen und Spaltenzahlen angeführt. In der Zeile darunter ist angegeben, für welche Produkte die Zeilen und Spalten der Matrizen jeweils stehen. Damit eine derartige

Matrizenmultiplikation überhaupt funktioniert, muss die Spaltenzahl der ersten Matrix der Zeilenzahl der zweiten Matrix entsprechen. In dem Beispiel ist die Bedingung erfüllt. Damit die Multiplikation inhaltlich auch ein sinnvolles Ergebnis liefert, muss in den Spalten der ersten Matrix außerdem das gleiche Produkt wie in den Zeilen der zweiten Matrix stehen. In diesem Fall ist auch diese Bedingung erfüllt, denn beidemal handelt es sich um die Zwischenprodukte. Bei der Multiplikation fallen die Zwischenprodukte dann aus der Matrix heraus, und es bleibt eine Matrix übrig, die in den Zeilen die Zeilen der ersten Matrix (die Endprodukte) und in den Spalten die Spalten der zweiten Matrix (die Vorprodukte) enthält.

Es seien nun die beiden nachfolgenden Tabellen gegeben:

in [ME]	Z_1	Z_2	Z_3
E_1	10	2	5
E_2	2	4	1
E_3	5	2	2

in [ME]	Z_1	Z_2	Z_3
V_1	2	1	1
V_2	1	5	1
V_3	4	2	3

Aus der linken Tabelle lässt sich die Matrix A und aus der rechten die Matrix B aufstellen. Da es sich bei beiden Matrizen um (3, 3)-Matrizen handelt, kann das Produkt A∗B berechnet werden. Inhaltlich ergibt dieses Produkt aber keinen Sinn, denn in den Spalten der Matrix A steht inhaltlich etwas anderes als in den Zeilen von B:

$$A \quad * \quad B \quad = \quad C$$
$$(3, \underline{3)\ (3}, 3) \qquad (3, 3)$$
$$(E_i, \underline{Z_j)\ (V_k}, Z_j) \qquad (?)$$

Man kann aber auch in diesem Fall mittels der Matrixmultiplikation eine Matrix erhalten, die den jeweiligen Bedarf an Vorprodukten für die Endprodukte enthält. Man muss zunächst dafür sorgen, dass in den Spalten der ersten Matrix und in den Zeilen der zweiten Matrix die Zwischenprodukte stehen. Dies erreicht man, indem man die zweite Matrix transponiert:

$$A \quad * \quad B^T \quad = \quad C$$
$$(3, \underline{3)\ (3}, 3) \qquad (3, 3)$$
$$(E_i, \underline{Z_j)\ (Z_j}, V_k) \qquad (E_i, V_k)$$

Rechnerisch ergibt sich:

$A*B^T$			2	1	4
			1	5	2
			1	1	3
10	2	5	27	25	59
2	4	1	9	23	19
5	2	2	14	17	30

Als Tabelle ergibt sich also folgender Zusammenhang:

in [ME]	V_1	V_2	V_3
E_1	27	25	59
E_2	9	23	19
E_3	14	17	30

Die der Tabelle entsprechende Matrix $A*B^T$ wird nachfolgend mit C bezeichnet.

Von Interesse könnte z.B. auch sein, welche Mengen der einzelnen Vorprodukte benötigt werden, wenn je eines der Endprodukte hergestellt werden soll. Den entsprechenden Wert erhält man, wenn man die Zahlen in der jeweiligen Spalte des Vorproduktes addiert. Diese Berechnung kann man aber auch mittels einer Matrixmultiplikation durchführen, Hierzu wird die vorherige Matrix C von links mit der Matrix (1 1 1) multipliziert, es ergibt sich hierbei:

			27	25	59
			9	23	19
			14	17	30
1	1	1	50	65	108

Ganz allgemein kann man festhalten, dass man die Spalten einer Matrix addieren kann, indem man von links mit einer Matrix multipliziert, die nur aus einer Zeile besteht, in der lauter Einsen stehen.

Die Zeilen einer Matrix kann man entsprechend addieren, indem man diese Matrix von rechts mit einer Matrix, die nur eine Spalte voller Einsen hat, multipliziert.

Es sei nun weiterhin angenommen, dass man die Preise der Vorprodukte kennt. Der nachfolgende Zeilenvektor (Matrix mit einer Zeile) enthält die entsprechenden Preise.

$$\vec{p} = (3 \quad 1 \quad 2)$$

In der einzigen Zeile dieser Matrix steht der Preis, und in den Spalten stehen die verschiedenen Vorprodukte.

Von Interesse ist nun natürlich, wieviel man bei der Produktion eines Endproduktes insgesamt für die Vorprodukte bezahlen muss. Um diese Werte zu erhalten, muss man die Matrix C mit dem Preisvektor multiplizieren, allerdings ist hierbei darauf zu achten, dass "über die Vorprodukte" multipliziert wird. Wenn man einfach $C * \vec{p}$ hinschreiben würde, ergäbe sich:

$$C \quad * \quad \vec{p}$$
$$(3, \underline{3)} \quad \underline{(1}, 3)$$
$$(E_i, V_j) \quad (P, V_j)$$

Man kann erkennen, dass dieses Matrizenprodukt gar nicht existiert (die vordere Matrix hat drei Spalten, die hintere Matrix aber nur eine Zeile). Aber selbst wenn das Produkt existieren würde, so ergäbe sich nichts inhaltlich Sinnvolles, wie man aus der unteren Zeile erkennen kann ($V_j \neq P$). Das richtige Ergebnis erhält man, wenn man den Preisvektor zunächst transponiert:

$$C \quad * \quad \vec{p}^T \quad = \quad D$$
$$(3, \underline{3)} \quad \underline{(3}, 1) \quad \quad (3, 1)$$
$$(E_i, V_j) \quad (V_j, P) \quad \quad (E_i, P)$$

Bei der Berechnung ergibt sich:

		3
$C * \vec{p}^T$		1
		2
27 25 59		224
9 23 19		88
14 17 30		119

Wenn man das Ergebnis wieder als Tabelle schreibt, ergibt sich:

	P
E_1	224
E_2	88
E_3	119

Die Preise für die jeweiligen Endprodukte lassen sich nun also einfach ablesen.

1.2.3.3 Einheitsmatrizen und Grundlagen zu inversen Matrizen

Ähnlich wie bei der normalen Multiplikation gibt es auch bei der Matrizenmultiplikation ein neutrales Element. Das **neutrale Element** der normalen Multiplikation ist die Eins, denn wenn man eine andere Zahl mit eins malnimmt, so erhält man die ursprüngliche Zahl auch wieder als Ergebnis. Das neutrale Element verändert also andere Elemente nicht. Auch bei der Matrizenmultiplikation gibt es ein neutrales Element, also eine Matrix, die, wenn sie mit einer anderen Matrix multipliziert wird, diese nicht verändert. Diese Matrix nennt man analog zur 1 der "normalen" Multiplikation auch **Einheitsmatrix**. Die 3x3 Einheitsmatrix lautet folgendermaßen:

$$I = \begin{pmatrix} 1 & 0 & 0 \\ 0 & 1 & 0 \\ 0 & 0 & 1 \end{pmatrix}$$

Sie wird im Allgemeinen mit I (identity Matrix) bezeichnet, manchmal aber auch mit E (Einheitsmatrix). Bisweilen wird auch die Größe der Einheitsmatrix mit angegeben, I_3 steht z.B. für die 3x3 Einheitsmatrix und I_2 für die 2x2 Einheitsmatrix. Allerdings ergibt sich die Größe aus dem Kontext, daher wird zumeist nur I geschrieben.

Dass die Einheitsmatrix andere Matrizen bei der Multiplikation wirklich nicht verändert, lässt sich sehr schön an einem Beispiel sehen:

$$A = \begin{pmatrix} 3 & 4 & 1 \\ 2 & -2 & 3 \\ 1 & 0 & -4 \end{pmatrix}
\quad
\begin{array}{ccc|ccc}
 & & & 1 & 0 & 0 \\
 & & & 0 & 1 & 0 \\
 & & & 0 & 0 & 1 \\
\hline
3 & 4 & 1 & 3 & 4 & 1 \\
2 & -2 & 3 & 2 & -2 & 3 \\
1 & 0 & -4 & 1 & 0 & -4
\end{array}
\quad = A * I = A$$

Es zeigt sich hier deutlich, warum die Einheitsmatrix andere Matrizen nicht verändert. Bei der Bildung der einzelnen "Skalarprodukte" sorgt die Einheitsmatrix gerade dafür, dass jeweils nur die Zahl in die Ergebnismatrix eingetragen wird, die auch bei der Ausgangsmatrix an der gleichen Stelle steht. Da bei der Matrizenmultiplikation die Spaltenzahl der ersten und die Zeilenzahl der zweiten Matrix identisch sein müssen, braucht man je nach Aufgabenstellung unterschiedliche Einheitsmatrizen (2x2, 3x3, 4x4 usw.). Dabei sehen natürlich alle Einheitsmatrizen von der Struktur her so aus wie die angeführte 3x3 Einheitsmatrix, d.h. sie haben in der Hauptdiagonalen überall Einsen stehen und ansonsten nur Nullen.

Bei der "normalen" Multiplikation gibt es auch **inverse Elemente.**Wenn eine Zahl gegeben ist, so muss diese Zahl multipliziert mit ihrem Inversen gerade das neutrale Element, also in diesem Fall 1 ergeben. Das inverse Element wird gekennzeichnet, indem man eine -1 in den Exponenten schreibt.

$$4 * 4^{-1} = 1 \cdot$$

Hier schreibt man statt 4^{-1} auch $\frac{1}{4}$ oder auch 1 geteilt durch 4. Bei Matrizen darf das Inverse nicht so ausgedrückt werden, denn wie später noch gezeigt werden wird, ist die Matrizen–Multiplikation nicht kommutativ, d.h. es macht einen Unterschied, ob von links oder von rechts mit einer anderen Matrix multipliziert wird. Dieser Unterschied würde durch den Ausdruck "geteilt" nicht berücksichtigt, wie folgendes Beispiel zeigt:

$$A * B^{-1} = \frac{A}{B} = B^{-1} * A$$

Daher darf es Brüche oder "geteilt durch" bei Matrizen nicht geben.

Bei Matrizen muss für die inverse Matrix im Prinzip das Gleiche gelten wie bei der "normalen Multiplikation", die inverse Matrix ist also durch folgenden Ausdruck definiert:

$$A * A^{-1} = I$$

Für die inverse Matrix zu A^{-1} gilt Folgendes:

$$A^{-1} (A^{-1})^{-1} = I \mid * A \text{ (von links)}$$

Diese Gleichung kann man umformen:

$$\Leftrightarrow A * A^{-1} (A^{-1})^{-1} = A * I$$

$$\Leftrightarrow I (A^{-1})^{-1} = A$$

$$\Leftrightarrow (A^{-1})^{-1} = A$$

Die Inverse Matrix zu A^{-1} ist also die Matrix A. Somit gilt auch der folgende Zusammenhang:

$$A^{-1} * A = I$$

Für eine einfache Matrix soll nachfolgend die Inverse bestimmt werden:

Es sei die folgende Matrix zu invertieren:

$$A = \begin{pmatrix} 1 & 0 \\ 2 & 1 \end{pmatrix}$$

Die Inverse Matrix muss auch eine (2, 2)–Matrix sein, dies lässt sich anhand der Definitionsgleichung erkennen:

$$\begin{array}{cc} A & * A^{-1} = I \\ (2,2) & (\ ,2) \end{array}$$

Da A eine (2, 2)–Matrix ist, muss I 2 Spalten haben. Da I aber immer eine quadratische Matrix ist, muss I auch 2 Zeilen haben. Damit dieses gilt und A mit A^{-1} multipliziert werden kann, muss A^{-1} eine (2, 2)–Matrix sein. Bezeichnet man die unbekannten Zahlen von A^{-1} x_{11} usw., ergibt sich für A^{-1}:

$$A^{-1} = \begin{pmatrix} x_{11} & x_{12} \\ x_{21} & x_{22} \end{pmatrix}$$

$A * A^{-1}$ kann jetzt berechnet werden:

$$
\begin{array}{c|cc}
 & \multicolumn{2}{c}{A^{-1}} \\
 & x_{11} & x_{12} \\
 & x_{21} & x_{22} \\
\hline
A \quad \begin{array}{cc} 1 & 0 \\ 2 & 1 \end{array} & \begin{array}{c} x_{11} \\ 2x_{11} + x_{21} \end{array} & \begin{array}{c} x_{12} \\ 2x_{12} + x_{22} \end{array}
\end{array}
$$

Das Ergebnis obiger Multiplikation muss gleich der Einheitsmatrix sein:

$$A * A^{-1} = I \quad \Leftrightarrow \quad \begin{pmatrix} x_{11} & x_{12} \\ 2x_{11} + x_{21} & 2x_{12} + x_{22} \end{pmatrix} = \begin{pmatrix} 1 & 0 \\ 0 & 1 \end{pmatrix}$$

Zwei Matrizen sind nur dann identisch, wenn jedes ihrer Elemente identisch ist. Daher lässt sich die Matrizengleichung in folgende 4 einzelne Gleichungen übertragen:

$$x_{11} = 1 \wedge x_{12} = 0 \wedge 2x_{11} + x_{21} = 0 \wedge 2x_{12} + x_{22} = 1$$

Aus den ersten beiden Gleichungen ergeben sich x_{11} und x_{12} direkt. Unter Verwendung dieser Ergebnisse ergibt sich aus den beiden anderen Gleichungen:

$$2 + x_{21} = 0 \Leftrightarrow x_{21} = -2 \text{ und } x_{22} = 1$$

Insgesamt lautet die inverse Matrix zu A also:

$$A^{-1} = \begin{pmatrix} 1 & 0 \\ -2 & 1 \end{pmatrix}$$

Bei nicht so einfachen Matrizen wird die Berechnung aber sehr kompliziert und die zuvor angeführte Methode zur Bestimmung der Inversen ist nicht besonders praktikabel. Es gibt spezielle Verfahren zur Berechnung von Inversen, diese setzen allerdings den Gaußalgorithmus bzw. die Berechnung von Determinanten voraus. Daher werden die Verfahren erst in Abschnitt 1.4.3, nach der Behandlung der notwendigen Grundlagen, angeführt.

1.2.3.4 Übungsaufgaben zur Matrizenmultiplikation

Es seien zwei 3x3 Matrizen A, B durch $a_{ij} = i - j$ bzw. $b_{ij} = i + j$ für i, j = 1, 2, 3 definiert. Geben Sie A, B explizit an und berechnen Sie A+B, $A^T * A$ und $A * B$.

Zunächst müssen hier die Matrizen A und B berechnet werden. Hierzu muss man für i und j alle möglichen Kombinationen einsetzen und erhält so die a_{ij}. Es ergibt sich z.B. $a_{23} = 2 - 3 = -1$ oder $b_{12} = 1 + 2 = 3$. Insgesamt ergeben sich die beiden folgenden Matrizen:

$$A = \begin{pmatrix} 0 & -1 & -2 \\ 1 & 0 & -1 \\ 2 & 1 & 0 \end{pmatrix} \qquad B = \begin{pmatrix} 2 & 3 & 4 \\ 3 & 4 & 5 \\ 4 & 5 & 6 \end{pmatrix}$$

Nun lassen sich A+B, $A^T * A$ und $A * B$ berechnen:

$$A + B = \begin{pmatrix} 0 & -1 & -2 \\ 1 & 0 & -1 \\ 2 & 1 & 0 \end{pmatrix} + \begin{pmatrix} 2 & 3 & 4 \\ 3 & 4 & 5 \\ 4 & 5 & 6 \end{pmatrix} = \begin{pmatrix} 2 & 2 & 2 \\ 4 & 4 & 4 \\ 6 & 6 & 6 \end{pmatrix}$$

$$A^T = \begin{pmatrix} 0 & 1 & 2 \\ -1 & 0 & 1 \\ -2 & -1 & 0 \end{pmatrix}$$

			0	-1	-2
			1	0	-1
			2	1	0
0	1	2	5	2	-1
-1	0	1	2	2	2
-2	-1	0	-1	2	5

$= A^T * A$

			2	3	4
			3	4	5
			4	5	6
0	-1	-2	-11	-14	-17
1	0	-1	-2	-2	-2
2	1	0	7	10	13

$= A * B$

1.3 Lineare Gleichungssysteme

1.3.1 Strukturiertes Additionsverfahren

Lineare Gleichungssysteme dürfte jeder noch aus der Schule kennen. Ein einfaches Beispiel ist:

$$x + y = 2$$
$$x - 3y = 1$$

Aus den einzelnen Gleichungen kann man noch keine Werte für x und y bestimmen. Man muss nun mit geeigneten Verfahren eine Gleichung produzieren, in der nur noch eine der Variablen vorkommt. Entweder kann eine Gleichung nach einer Variablen aufgelöst und das Ergebnis dann in die andere Gleichung eingesetzt werden, oder man kann das Additionsverfahren verwenden. Hierbei addiert oder subtrahiert man zu der einen Gleichung ein Vielfaches der anderen Gleichung, so dass eine der Variablen aus der entstehenden Gleichung herausfällt. In dem Beispiel kann man einfach von der ersten Gleichung die zweite abziehen.

$$x +\ \ y = 2$$
$$-\ (x - 3y = 1)$$
$$0 + 4y = 1$$

Aus der so entstandenen Gleichung kann nun y berechnet und das Ergebnis dann in eine der ursprünglichen Gleichungen eingesetzt werden:

$$4y = 1 \Leftrightarrow y = 0{,}25$$
$$\Rightarrow x + 0{,}25 = 2 \Leftrightarrow x = 1{,}75$$

Wenn die Anzahl der Gleichungen größer ist, kann vom Prinzip her genauso verfahren werden; es seien beispielsweise folgende 3 Gleichungen gegeben:

$$2x - 2y\ \ \ \ \ = 0$$
$$x + y - 1 = -2z$$
$$x + y +\ \ z = 1$$

Hier muss man zunächst zwei Gleichungen erzeugen, in denen nur noch zwei bestimmte Variable vorkommen. Die meisten werden bei derartigen Berechnungen schon einmal erlebt haben, dass man sehr schnell den Überblick verliert und sich verzettelt. Noch problematischer wird dies natürlich bei 4, 5 oder noch mehr Gleichungen. Daher erscheint es sinnvoll, zur Lösung dieser Gleichungen eine gewisse formale Strenge einzuhalten. Wie man dies macht, wird im Folgenden beschrieben, wobei es sich einfach um eine Anwendung des Additionsverfahrens handelt.

Zunächst formt man die Gleichungen so um, dass alle Variablen auf der linken Seite und alle einzelnen Zahlen oder Konstanten auf der rechten Seite stehen. In dem Beispiel sind die erste und dritte Gleichung bereits in der geforderten Form gegeben. Nur die zweite muss umgeformt werden:

$$x + y + 2z = 1$$

Jetzt schreibt man die Gleichungen untereinander, wobei man darauf achten muss, dass die geichen Variablen direkt untereinander stehen. Kommt in einer Gleichung eine Variable nicht vor, so fügt man dort eine 0 ein:

$$2x - 2y + 0 = 0 \mid : 2$$
$$x + \quad y + 2z = 1$$
$$x + \quad y + \quad z = 1$$

Nun wird zunächst dafür gesorgt, dass die erste Variable in allen Gleichungen in gleicher Anzahl vorkommt. Hierzu wird die erste Gleichung durch 2 geteilt:

$$x - \quad y + 0 = 0$$
$$x + \quad y + 2z = 1 \mid -\mathrm{I}$$
$$x + \quad y + \quad z = 1 \mid -\mathrm{I}$$

Nun wird in der zweiten und dritten Zeile das x eliminiert. Hierzu werden zu diesen Gleichungen geeignete Vielfache der ersten Gleichung addiert oder subtrahiert. In diesem Fall muss von der zweiten und dritten Gleichung gerade einmal die erste Gleichung abgzogen werden. Hinter den zuvor angeführten Gleichungen wird dies durch die römischen Zahlen hinter den Gleichungen angedeutet.

Werden die angegebenen Rechnungen ausgeführt, ergibt sich:

$$x - \quad y + 0 = 0$$
$$0 + 2y + 2z = 1 \mid : 2$$
$$0 + 2y + \quad z = 1 \mid -\mathrm{II}$$

Nun wird an sich dafür gesorgt, dass vor dem y in der zweiten Gleichung eine 1 steht, um danach das y in der dritten Gleichung zu eliminieren. In diesem Fall steht aber in der zweiten und der dritten Gleichung jeweils 2y, so dass es einfacher ist, zunächst die 2y in der dritten Gleichung zu eliminieren und erst dann die zweite Gleichung durch zwei zu teilen:

$$x - \quad y + 0 = 0$$
$$0 + \quad y + \quad z = 0{,}5$$
$$0 + \quad 0 - \quad z = 0$$

In der letzten Gleichung steht nun schon, wie groß z ist. Dieses Ergebnis kann man dann in die zweite Gleichung einsetzen, um y zu bestimmen, und durch Einsetzen des Ergebnisses für y in die erste Gleichung erhält man dann x:

$$z = 0$$
$$y + 0 = 0{,}5 \Leftrightarrow y = 0{,}5$$
$$x - 0{,}5 = 0 \Leftrightarrow x = 0{,}5$$

Man kann auch die Gleichungen mit dem Additionsverfahren noch weiter umformen und erhält schließlich auch so explizit die Werte der einzelnen Variablen:

$$x - \quad y + 0 = 0$$
$$0 + \quad y + \quad z = 0{,}5 \quad | +III$$
$$0 + \quad 0 - \quad z = 0$$

Hierzu eliminiert man zunächst z in der zweiten Gleichung, indem man die dritte Gleichung zu der zweiten addiert.

$$x - \quad y + 0 = 0 \,| +II$$
$$0 + \quad y + 0 = 0{,}5$$
$$0 + \quad 0 - \quad z = 0$$

Nun eliminiert man in der ersten Gleichung noch das y, indem man die zweite Gleichung zu der ersten addiert, und erhält somit für x, y und z:

$$x = 0{,}5$$
$$y = 0{,}5$$
$$z = 0$$

1.3.2   Der Gauß-Algorithmus

Der Gauß-Algorithmus ist vom Prinzip her nichts anderes als das im vorherigen Abschnitt vorgestellte strukturierte Additionsverfahren. In der Schule wird daher häufiger auch das strukturierte Additionsverfahren als Gauß-Algorithmus bezeichnet. In dieser Abhandlung bleibt der Begriff Gauß-Algorithmus aber der nachfolgend dargestellten Matrizendarstellung vorbehalten.

Betrachtet man die Berechnungen im vorherigen Abschnitt, so fällt auf, dass in allen Ausdrücken die Variablen und auch das Gleichheitszeichen immer an der gleichen Stelle stehen. Man kann sie also für die Berechnung auch weglassen und erst am Ende wieder hinschreiben. Bei dem Gleichungssystem des vorherigen Abschnitts, das in geordneter Form folgendermaßen aussah

$$2x - 2y + 0 = 0$$
$$x - y + 2z = 1$$
$$x + y + z = 1$$

würde man also schreiben:

$$
\begin{array}{cccc}
2 & -2 & 0 & 0 \\
1 & -1 & 2 & 1 \\
1 & 1 & 1 & 1
\end{array}
$$

Versieht man das Ganze noch mit einer Klammer, so hat man eine Matrix:

$$
\left(
\begin{array}{ccc|c}
2 & -2 & 0 & 0 \\
1 & -1 & 2 & 1 \\
1 & 1 & 1 & 1
\end{array}
\right)
$$

Den vorderen Teil der Matrix, bis zu der gestrichelten Linie, nennt man **Koeffizientenmatrix**, denn diese Matrix enthält die Zahlen, die in dem Gleichungssystem vor den Variablen stehen (die Koeffizienten) als Elemente. Die gesamte Matrix enthält zusätzlich zu den Koeffizienten des Gleichungssystems die Zahlen bzw. Konstanten der Gleichungen. Deshalb nennt man sie **erweiterte Koeffizientenmatrix** des Gleichungssystems. Diese Matrix wird nun genauso, wie es zuvor beschrieben wurde, umgeformt. Die Umformungen nennt man auch **Elementare Zeilenumformungen**. Diese Umformungen entsprechen gerade den Umformungen,

die man mit einem Gleichungssystem machen darf, ohne seine Lösungsmenge zu verändern. Im Prinzip bestehen die Elementaren Zeilenumformungen aus drei verschiedenen Operationen:

1. Multiplikation einer Zeile mit einem Skalar

2. Vertauschen zweier Zeilen

3. Addition des Vielfachen einer Zeile zu einer anderen Zeile

Nachfolgend wird das Verfahren an einem Beispiel gezeigt werden, wobei
noch einmal darauf hingewiesen sei, dass vom Prinzip her alles wie bei
dem "strukturierten Additionsverfahren" läuft, nur dass man hier eben
eine Matrix umformt.

Man bestimme mit dem Gauß–Verfahren alle Lösungen des linearen
Gleichungssystems:

$$x + y = 1, \quad x + z = 2, \quad x - y + z = 3$$

Zur Übersicht kann man zunächst in die Gleichungen noch Nullen eintra-
gen, wenn bestimmte Variable nicht vorkommen:

$$x + y + 0*z = 1$$
$$x + 0*y + z = 2$$
$$x - y + z = 3$$

Die erweiterte Koeffizientenmatrix lautet also:

$$\left(\begin{array}{cccc|c} 1 & 1 & 0 & 1 & \\ 1 & 0 & 1 & 2 & -\mathrm{I} \\ 1 & -1 & 1 & 3 & -\mathrm{I} \end{array} \right)$$

Die weiteren Umformungen werden nun durchgeführt, wobei hinter den
Zeilen der Matrix jeweils angegeben wird, welche Berechnungen durchgeführt werden.

$$\left(\begin{array}{cccc|c} 1 & 1 & 0 & 1 & \\ 0 & -1 & 1 & 1 & *(-1) \\ 0 & -2 & 1 & 2 & \end{array} \right)$$

$$\left(\begin{array}{cccc|c} 1 & 1 & 0 & 1 & \\ 0 & 1 & -1 & -1 & \\ 0 & -2 & 1 & 2 & + (2*\mathrm{II}) \end{array} \right)$$

$$\begin{pmatrix} 1 & 1 & 0 & 1 \\ 0 & 1 & -1 & -1 \\ 0 & 0 & -1 & 0 \end{pmatrix}$$

Eine Matrix wie diese nennt man eine obere Dreiecksmatrix. Eine derartige Matrix zeichnet sich dadurch aus, dass unterhalb der links oben beginnenden Diagonalen nur Nullen stehen. Die ersten Elemente in den Zeilen, die ungleich Null sind, bezeichnet man auch als **Pivotelemente**. In der nachfolgenden Matrix sind die Pivotelemente fett hervorgehoben:

$$\begin{pmatrix} \mathbf{1} & 1 & 0 & 1 \\ 0 & \mathbf{1} & -1 & -1 \\ 0 & 0 & \mathbf{-1} & 0 \end{pmatrix}$$

Die Anzahl der nun verbliebenen Zeilen, die nicht nur aus Nullen bestehen, gibt die Anzahl der **linear unabhängigen Gleichungen** an. Wenn die Anzahl der linear unabhängigen Gleichungen der Anzahl der Variablen entspricht und es eine Lösung gibt, so handelt es sich stets um eine eindeutige Lösung. Ist die Anzahl der linear unabhängigen Gleichungen kleiner als die Anzahl der Variablen, so ist das Gleichungssystem, wenn es lösbar ist, mehrdeutig lösbar. In diesem Fall liegen drei linear unabhängige Gleichungen und drei Variable vor. Da das Gleichungssystem lösbar ist, besitzt es also eine eindeutige Lösung. Zur Bestimmung dieser Lösung gibt es nun zwei verschiedene Möglichkeiten:

1. Die Gleichungen werden nacheinander, von unten beginnend, wieder hingeschrieben. Für die bereits berechneten Variablen werden die gefundenen Werte hierbei eingesetzt.

2. In der Matrix werden weitere Nullen produziert, bis auch oberhalb der links oben beginnenden Diagonalen Nullen stehen.

Das erste Verfahren dürfte einfacher sein und wird im Folgenden angewendet. Der Vollständigkeit halber wird danach die Lösung auch noch einmal mit dem anderen Verfahren berechnet.

Zunächst schreibt man sich die unterste Gleichung auf:

$$-z = 0 \quad \Leftrightarrow \quad z = 0$$

Nun schreibt man die zweitletzte Gleichung auf und setzt hierbei für den zuvor bestimmten Parameter ein:

$$y - z = -1 \Leftrightarrow y - 0 = -1 \Leftrightarrow y = -1$$

Nun wird die erste Gleichung aufgeschrieben, hierbei muss nun für alle Variablen außer x das bisher gefundene Ergebnis eingesetzt werden:

$$x + (-1) + 0 = 1 \mid +1$$
$$\Leftrightarrow x = 2$$

Als Lösung ergibt sich also: **x = 2, y = −1, z = 0**

Nachfolgend wird das zweite Verfahren durchgeführt:

$$\begin{pmatrix} 1 & 1 & 0 & 1 \\ 0 & 1 & -1 & -1 \\ 0 & 0 & -1 & 0 \end{pmatrix} *(-1)$$

$$\begin{pmatrix} 1 & 1 & 0 & 1 \\ 0 & 1 & -1 & -1 \\ 0 & 0 & 1 & 0 \end{pmatrix} + III$$

$$\begin{pmatrix} 1 & 1 & 0 & 1 \\ 0 & 1 & 0 & -1 \\ 0 & 0 & 1 & 0 \end{pmatrix} - II$$

$$\begin{pmatrix} 1 & 0 & 0 & 2 \\ 0 & 1 & 0 & -1 \\ 0 & 0 & 1 & 0 \end{pmatrix}$$

Überträgt man dies wieder in Gleichungen, so ergibt sich die Lösung:

$$x = 2, y = -1, z = 0$$

1.3.3 Mehrdeutige Lösungen

Nachfolgend wird ein Beispiel für die Lösung eines mehrdeutigen Gleichungssystems gegeben:

Man bestimme mit dem Gauß–Verfahren alle Lösungen des linearen Gleichungssystems:

$$x + y = 1, \quad x + 2y + z = 4, \quad 2x + 3y + z = 5.$$

Anhand der Gleichungen kann man noch nicht erkennen, ob das Gleichungssystem eine eindeutige oder mehrdeutige Lösung hat. Es kann aber in jedem Fall der Gauß-Algorithmus angewendet werden. Im Laufe der Berechnung lässt sich feststellen, ob die Lösung eindeutig oder mehrdeutig ist.

$$\begin{pmatrix} 1 & 1 & 0 & 1 \\ 1 & 2 & 1 & 4 \\ 2 & 3 & 1 & 5 \end{pmatrix} \begin{matrix} \\ - \mathrm{I} \\ - 2 * \mathrm{I} \end{matrix}$$

$$\begin{pmatrix} 1 & 1 & 0 & 1 \\ 0 & 1 & 1 & 3 \\ 0 & 1 & 1 & 3 \end{pmatrix} \begin{matrix} \\ \\ - \mathrm{II} \end{matrix}$$

$$\begin{pmatrix} 1 & 1 & 0 & 1 \\ 0 & 1 & 1 & 3 \\ 0 & 0 & 0 & 0 \end{pmatrix}$$

Wenn man die untere Zeile wieder in eine Gleichung umsetzte, so hätte man eine Gleichung, die immer erfüllt ist. Die Lösungsmenge wird also allein von den beiden oberen Zeilen bestimmt. Nun bleiben also nur **zwei** Gleichungen über, um die **drei** Variablen zu bestimmen. Hieraus lässt sich folgern, dass es sich, wenn es eine Lösung gibt, auf jeden Fall um eine mehrdeutige Lösung handelt. Dies bedeutet, dass die Lösung nur in Abhängigkeit eines frei wählbaren Parameters bestimmt werden kann. Hier muss ein freier Parameter gewählt werden, da bei 3 Variablen 2 linear unabhängige Gleichungen vorhanden sind (3-2 = 1). Wären z.B. 5 Variable und 3 linear unabhängige Gleichungen vorhanden, so müssten 2 freie Parameter gewählt werden. Die freien Parameter wählt man am besten von "hinten" beginnend. Im vorliegenden Fall wird also z als freier Parameter gewählt. x und y müssen nun durch z ausgedrückt werden.

Um nicht durcheinander zu kommen, kann man die frei zu wählende(n) Variable(n) auch anders benennen (etwa $z=\lambda$).

Die Lösungsmenge kann nun wieder durch sukzessives Einsetzen in die Gleichungen, von unten beginnend, erfolgen. Die vorletzte Zeile lautet als Gleichung:

$$y + z = 3 \Leftrightarrow y = -z + 3$$

Somit ist y durch z ausgedrückt worden, und es kann nun aus der ersten Gleichung x berechnet werden:

$$x + (-z + 3) = 1 \Leftrightarrow x = z - 2$$

Die Lösungsmenge lautet somit:

$$\mathbb{L} = \{(x,y,z) \mid x = z - 2 \wedge y = -z + 3 \, ; z \in \mathbb{R}\}$$

Diese Darstellung bedeutet Folgendes: Die geschweiften Klammern sind Mengenklammern. Die Lösungsmenge ist die Menge der (x,y,z), für die gilt, dass $x = z - 2$ und $y = -z + 3$ und $z \in \mathbb{R}$ ist.

Statt dem schrittweisen Einsetzen in die Gleichungen kann auch hier die Matrix noch weiter umgeformt werden. Es hatte sich folgende Matrix ergeben:

$$\begin{pmatrix} 1 & 1 & 0 & 1 \\ 0 & 1 & 1 & 3 \\ 0 & 0 & 0 & 0 \end{pmatrix}$$

Da das Gleichungssystem einfach unterbestimmt ist, wird beim weiteren "Nullenproduzieren" die letzte Spalte unberücksichtigt gelassen. Damit drückt sich aus, dass man z als freien Parameter wählt. Somit muss nur noch das zweite Element der ersten Zeile zu Null gemacht werden:

$$\begin{pmatrix} 1 & 1 & 0 & 1 \\ 0 & 1 & 1 & 3 \\ 0 & 0 & 0 & 0 \end{pmatrix} \begin{matrix} - \text{II} \\ \\ \\ \end{matrix}$$

$$\left(\begin{array}{cccc} 1 & 0 & -1 & -2 \\ 0 & 1 & 1 & 3 \\ 0 & 0 & 0 & 0 \end{array} \right)$$

Dieses muss man nun wieder in Gleichungen umsetzen. Danach könnte die Lösungsmenge wieder wie zuvor angegeben werden. Nachfolgend soll die Lösung aber als Vektorgleichung angegeben werden. Die nachfolgenden Schritte dienen dazu, diese Vektorgleichung zu erhalten.

In der letzten Zeile würde einfach $0 = 0$ stehen. Für die weiteren Umformungen ist es günstig, auf der linken Seite statt 0 $z-z$ zu schreiben:

$$\begin{aligned} x - z &= -2 \\ y + z &= 3 \\ z - z &= 0 \end{aligned}$$

Nun bringt man die z auf die rechte Seite, so dass auf der linken Seite jeweils nur noch x, y und z stehen:

$$\begin{aligned} x &= -2 + z \\ y &= 3 - z \\ z &= 0 + z \end{aligned}$$

Diese Gleichung kann man nun auch als Vektorgleichung schreiben:

$$\left(\begin{array}{c} x \\ y \\ z \end{array} \right) = \left(\begin{array}{c} -2 \\ 3 \\ 0 \end{array} \right) + z \left(\begin{array}{c} 1 \\ -1 \\ 1 \end{array} \right)$$

Dies ist eine Geradengleichung in Punkt-Richtungsform, der erste Vektor auf der rechten Seite gibt den Aufpunktvektor an, der zweite den Richtungsvektor. Die Lösungsmenge lautet nun folgendermaßen:

$$\mathbb{L} = \left\{ \left(\begin{array}{c} x \\ y \\ z \end{array} \right) \middle| \left(\begin{array}{c} x \\ y \\ z \end{array} \right) = \left(\begin{array}{c} -2 \\ 3 \\ 0 \end{array} \right) + z \left(\begin{array}{c} 1 \\ -1 \\ 1 \end{array} \right); z \in \mathbb{R} \right\}$$

Würde man aus der Vektorgleichung wieder Einzelgleichungen machen, so erhielte man natürlich genau die Gleichungen, die sich bei der vorherigen Berechnung ergeben hatten.

1.3.4   Schema für den Gauß-Algorithmus

1. Falls nötig, werden die **Gleichungen umgeformt**, so dass auf der einen Seite die Variablen nacheinander stehen und auf der anderen Seite alle Zahlen oder Konstanten.

2. Nun werden die Koeffizienten in die **erweiterte Koeffizientenmatrix** übertragen. (Wenn eine Variable in einer der Gleichungen nicht vorkommt, so ist eine Null einzutragen.)

3. Falls oben links in der Matrix eine Null steht, so muss dies durch Vertauschung zweier Zeilen verändert werden.

4. Durch Multiplikation der ersten Zeile mit einer Zahl wird dafür gesorgt, dass das erste **Element der Zeile eine 1** wird. Dann werden in der ersten Spalte unterhalb der ersten Zeile überall **Nullen produziert**, indem Vielfache der ersten Zeile zu den anderen Zeilen addiert oder von ihnen subtrahiert werden.

5. Analog zu Schritt 3 und 4 wird nun für die weiteren Zeilen vorgegangen, bis unterhalb der Hauptdiagonalen nur noch Nullen stehen. (Wenn man oberhalb der produzierten Nullen "Treppenstufen" einzeichnet, darf es keine "doppelte Stufe" nach unten mehr geben, sonst wurden noch nicht genug Nullen produziert.)

6. Die Anzahl der verbliebenen "Nichtnullzeilen" muss nun mit der Anzahl der Variablen verglichen werden. Ist die Anzahl identisch, so gibt es eine **eindeutige Lösung**. Ist die Anzahl der Variablen größer, so ist das Gleichungssystem **unterbestimmt**. Entsprechend dem Grad der Unterbestimmtheit müssen dann, von hinten beginnend, Variable als freie Parameter gewählt werden.

7. Nun kann die Matrix entweder wieder in Gleichungen übertragen werden, um dann durch Einsetzen die restlichen Variablen zu berechnen, oder es wird versucht, auch oberhalb der Hauptdiagonalen möglichst viele Nullen zu produzieren, um schließlich die Lösung direkt ablesen zu können.

8. Die **Lösungsmenge** muss angegeben werden

In dem Schema wurde noch nicht auf unlösbare Gleichungssysteme eingegangen, diese werden später behandelt.

Natürlich kann der Gauß-Algorithmus auch anders als zuvor beschrieben durchgeführt werden. Einige Schritte können z.B. vertauscht werden. Es können auch zunächst nicht in der ersten Spalte, sondern in einer hinteren Spalte Nullen produziert werden. Um nicht durcheinanderzukommen, scheint es aber sinnvoll zu sein, sich an das vorgegebene Schema zu halten.

1.3.5 Umgehen von Brüchen

Die zuvor betrachteten Aufgaben waren relativ leicht zu berechnen, weil sich immer ganze Zahlen ergaben. Dieses ist natürlich nicht immer der Fall. Bei dem zuvor beschriebenen Verfahren ergeben sich im Allgemeinen Brüche, deren Berechnung erfahrungsgemäß vielen Schwierigkeiten bereitet. Um diese Brüche zu vermeiden, bietet sich folgendes Verfahren an:

Angenommen, es sei folgendes Gleichungssystem mit dem Gauß- Algorithmus zu lösen:

$$2x_1 - 3x_2 + x_4 = 1 \quad \wedge -x_1 + 2x_3 = -2 \quad \wedge 4x_1 + x_2 - x_3 - 2x_4 = 0$$

Die erweiterte Koeffizientenmatrix lautet:

$$\begin{pmatrix} 2 & -3 & 0 & 1 & 1 \\ -1 & 0 & 2 & 0 & -2 \\ 4 & 1 & -1 & -2 & 0 \end{pmatrix} \begin{matrix} *2 \\ *4 \\ \\ \end{matrix}$$

Nun wird das kleinste gemeinsame Vielfache der Zahlen in der ersten Spalte gesucht. In diesem Fall ist dieses 4. Nun werden die Zeilen so mit Zahlen multipliziert, dass in der ersten Spalte nur noch Vieren stehen. Hier wird die erste Gleichung mit 2 und die zweite mit 4 multipliziert.

$$\begin{pmatrix} 4 & -6 & 0 & 2 & 2 \\ -4 & 0 & 8 & 0 & -8 \\ 4 & 1 & -1 & -2 & 0 \end{pmatrix} \begin{matrix} \\ +I \\ -I \end{matrix}$$

$$\begin{pmatrix} 4 & -6 & 0 & 2 & 2 \\ 0 & -6 & 8 & 2 & -6 \\ 0 & 7 & -1 & -4 & -2 \end{pmatrix} \begin{matrix} \\ *7 \\ *6 \end{matrix}$$

Nun müssen die unterlegten Zahlen der zweiten Spalte auf das kleinste gemeinsame Vielfache gebracht werden.

$$\begin{pmatrix} 4 & -6 & 0 & 2 & 2 \\ 0 & -42 & 56 & 14 & -42 \\ 0 & 42 & -6 & -24 & -12 \end{pmatrix} \begin{matrix} \\ \\ +II \end{matrix}$$

$$\begin{pmatrix} 4 & -6 & 0 & 2 & 2 \\ 0 & -42 & 56 & 14 & -42 \\ 0 & 0 & 50 & -10 & -54 \end{pmatrix} \begin{matrix} \\ /7 \\ /2 \end{matrix}$$

Damit die nachfolgende Rechnung nicht zu kompliziert wird, werden in den Zeilen vorhandene Faktoren "herausgeteilt".

$$\begin{pmatrix} 4 & -6 & 0 & 2 & 2 \\ 0 & -6 & 8 & 2 & -6 \\ 0 & 0 & 25 & -5 & -27 \end{pmatrix}$$

Nachfolgend wird die Matrix wieder in Gleichungen umgesetzt. Da 3 linear unabhängige Gleichungen und 4 Variable vorhanden sind, wird x_4 als freie Variable gewählt. Die unterste Zeile lautet als Gleichung:

$$25x_3 - 5x_4 = -27 \Leftrightarrow 25x_3 = 5x_4 - 27$$

$$\Leftrightarrow x_3 = \frac{1}{5}x_4 - \frac{27}{25} \Leftrightarrow x_3 = 0,2\,x_4 - 1,08$$

Nachfolgend wird mit Dezimalzahlen weitergerechnet. Es könnte natürlich auch mit Brüchen weitergerechnet werden. Aus der zweiten Zeile folgt:

$$-6x_2 + 8*(0,2x_4 - 1,08) + 2x_4 = -6$$

$$\Leftrightarrow -6x_2 + 1,6x_4 - 8,64 + 2x_4 = -6 \mid -3,6x_4 + 8,64$$

$$\Leftrightarrow -6x_2 = -3,6x_4 + 2,64 \mid / (-6)$$

$$\Leftrightarrow x_2 = 0,6x_4 - 0,44$$

Aus der ersten Gleichung ergibt sich schließlich:

$$4x_1 - 6(0,6x_4 - 0,44) + 2x_4 = 2$$

$$\Leftrightarrow 4x_1 - 3,6x_4 + 2,64 + 2x_4 = 2$$

$$\Leftrightarrow 4x_1 = 1,6x_4 - 0,64 \Leftrightarrow x_1 = 0,4x_4 - 0,16$$

Somit ergibt sich folgende Lösungsmenge:

$$\mathbb{L} = \{(x_1,x_2,x_3,x_4) \mid x_1 = 0,4x_4 - 0,16 \wedge x_2 = 0,6x_4 - 0,44 \wedge x_3 = 0,2x_4 - 1,08; x_4 \in \mathbb{R}\}$$

$$\Rightarrow \mathbb{L} = \left\{ \begin{pmatrix} x_1 \\ x_2 \\ x_3 \\ x_4 \end{pmatrix} \middle| \begin{pmatrix} x_1 \\ x_2 \\ x_3 \\ x_4 \end{pmatrix} = -\frac{1}{25}\begin{pmatrix} 4 \\ 11 \\ 27 \\ 0 \end{pmatrix} + \frac{1}{5}x_4 \begin{pmatrix} 2 \\ 3 \\ 1 \\ 5 \end{pmatrix}, x_4 \in \mathbb{R} \right\}$$

1.3.6 Lösbarkeit linearer Gleichungssysteme

Nicht jedes lineare Gleichungssystem ist lösbar, und falls es lösbar ist, so muss es – wie zuvor gezeigt – nicht unbedingt eine eindeutige Lösung haben. Manch einer wird vielleicht vermuten, dass ein lineares Gleichungssystem nur dann unlösbar sein kann, wenn es weniger Variablen als Gleichungen enthält. Dieses stimmt aber nicht.

Nachfolgend sei ein sehr einfaches lineares Gleichungssystem betrachtet:

$$2x + y = 2$$
$$4x + 2y = 12$$

Ein derartiges System kann man sich natürlich auch geometrisch veranschaulichen. Die beiden Gleichungen beschreiben jeweils eine Gerade, so dass die beiden Gleichungen zusammen gerade im Schnittpunkt der Geraden erfüllt sind. Wenn man die beiden Gleichungen nach y auflöst, kann man sie sehr einfach zeichnen:

$$y = -2x + 2$$
$$y = -2x + 6$$

Die Zahl vor dem x gibt die Steigung der Geraden an, die einzelne Zahl am Ende den Achsenabschnitt. Gezeichnet ergibt sich:

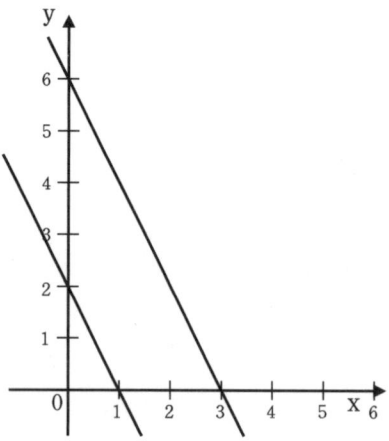

Die Geraden sind also parallel (dies hätte man auch schon daran sehen können, dass sie dieselbe Steigung, aber nicht denselben Achsenabschnitt haben). Da es keinen Schnittpunkt gibt, können die beiden Gleichungen nie gleichzeitig erfüllt sein. Was passiert nun in einem derartigen Fall, wenn man nichtsahnend den Gauß-Algorithmus anwendet?

Die erweiterte Koeffizientenmatrix lautet:

$$\begin{pmatrix} 2 & 1 & 2 \\ 4 & 2 & 12 \end{pmatrix} /2$$

$$\begin{pmatrix} 1 & 0{,}5 & 1 \\ 4 & 2 & 12 \end{pmatrix} -4*I$$

$$\begin{pmatrix} 1 & 0{,}5 & 1 \\ 0 & 0 & 8 \end{pmatrix}$$

Wenn man nun die letzte Zeile wieder in eine Gleichung umschreibt, ergibt sich:

$$0x + 0y = 8 \Leftrightarrow 0 = 8,$$

dieses ist aber ein Widerspruch, aus dem sich folgern lässt, dass das Gleichungssystem unlösbar ist.

Allgemein lässt sich festhalten:

Bei **nicht lösbaren Gleichungssystemen** führt der Gauß-Algorithmus zu **Widersprüchen,** an denen man erkennen kann, dass das Gleichungssystem nicht lösbar ist.

Zuvor wurde aus der letzten Zeile der Matrix wieder eine Gleichung erstellt. Allerdings hätte man den Widerspruch auch schon direkt an der Matrix erkennen können. In der untersten Zeile der Matrix stehen bis auf das Element ganz rechts nur Nullen, hieraus ergibt sich der Widerspruch.

Die erweiterte Koeffizientenmatrix hatte bei dem Beispiel 2 linear unabhängige Zeilen, da sich keine Nullzeile produzieren ließ. Die Koeffizientenmatrix des Gleichungssystems sieht folgendermaßen aus:

$$\begin{pmatrix} 2 & 1 \\ 4 & 2 \end{pmatrix} -2*1$$

$$\begin{pmatrix} 2 & 1 \\ 0 & 0 \end{pmatrix}$$

Es lässt sich eine Nullzeile produzieren, somit hat diese Matrix nur eine linear unabhängige Zeile. Allgemein gilt, dass ein lineares Gleichungssystem genau dann nicht lösbar ist, wenn die Anzahl der linear unabhängigen Zeilen der Koeffizientenmatrix kleiner als die der erweiterten Koeffizientenmatrix ist. (In diesen Fällen führt der Gauß-Algorithmus immer zu den zuvor beschriebenen Widersprüchen.) Wenn die Anzahl der linear unabhängigen Zeilen der beiden Matrizen identisch ist, ist das Gleichungssystem lösbar.

Die Anzahl der linear unabhängigen Zeilen einer Matrix nennt man auch den **Rang** der Matrix. (Näheres hierzu findet sich in Abschnitt 1.4.2) Somit gilt:

> **Ein lineares Gleichungssystem ist genau dann lösbar, wenn der Rang der Koeffizientenmatrix gleich dem Rang der erweiterten Koeffizientenmatrix ist.**

1.3.7 Weitere Zusammenhänge

Zuvor waren die Gleichungssysteme immer durch die Angabe der Gleichungen beschrieben worden. Man kann ein lineares Gleichungssystem aber auch mit Hilfe der Koeffizientenmatrix beschreiben. Z.B. wird auch durch die folgende Gleichung ein lineares Gleichungssystem beschrieben:

$$\begin{pmatrix} 4 & 1 \\ 4 & 2 \end{pmatrix} * \begin{pmatrix} x \\ y \end{pmatrix} = \begin{pmatrix} 1 \\ 4 \end{pmatrix}$$

Man kann das Matrizenprodukt auf der linken Seite auch ausrechnen, hierbei ergibt sich:

		x
		y
4	1	4x + y
4	2	4x + 2y

Wenn man das Matrizenprodukt durch dieses Resultat ersetzt, ergibt sich:

$$\begin{pmatrix} 4x + y \\ 4x + 2y \end{pmatrix} = \begin{pmatrix} 1 \\ 4 \end{pmatrix}$$

Diese Vektorgleichung kann auch wieder in Einzelgleichungen umgeformt werden, hierbei ergeben sich folgende Gleichungen:

$$4x + y = 1$$

$$4x + 2y = 4$$

Die ursprüngliche Matrizengleichung ist also mit dem linearen Gleichungssystem, das aus den beiden zuvor angegebenen Gleichungen besteht, identisch. Nachfolgend wird zum Vergleich noch einmal die Matrixgleichung aufgeführt:

$$\begin{pmatrix} 4 & 1 \\ 4 & 2 \end{pmatrix} * \begin{pmatrix} x \\ y \end{pmatrix} = \begin{pmatrix} 1 \\ 4 \end{pmatrix}$$

Bei dem Vergleich kann man erkennen, dass es sich bei der linken Matrix um die Koeffizientenmatrix des Gleichungssystems handelt. In dem rechten Vektor sind die einzelnen Zahlen (Konstanten) des Gleichungssystems enthalten. Bezeichnet man die Koeffizientenmatrix mit A, den Vektor der Variablen des Gleichungssystems mit $\vec{x}$ und den Vektor der einzelnen Zahlen mit $\vec{b}$, so kann man jedes Gleichungssystem in der folgenden Form schreiben:

$$A * \vec{x} = \vec{b}$$

Den Vektor $\vec{b}$ nennt man auch den **inhomogenen** Teil der Gleichungen. Besteht $\vec{b}$ nur aus Nullen, so bezeichnet man das Gleichungssystem auch als ein **homogenes** Gleichungssystem. Wenn man die einzelnen Gleichungen eines homogenen Gleichungssystems betrachtet und die Gleichungen so sortiert sind, dass alle Terme mit Variablen links und alle anderen Terme rechts des Gleichheitszeichens stehen, so müssen rechts also überall Nullen stehen.

Ein homogenes Gleichungssystem ist nie unlösbar, denn es gibt hier immer die **triviale Lösung**. Dieses ist die "Nulllösung". Denn wenn alle Variablen gleich Null gesetzt werden, ergibt die linke Seite immer Null, so dass dies auf jeden Fall eine Lösung für ein homogenes Gleichungssystem ist. (Dieser Sachverhalt ließe sich auch daran erkennen, dass bei einem homogenen Gleichungssystem der Rang der erweiterten Koeffizientenmatrix nie größer als der Rang der Koeffizientenmatrix sein kann.)

Die Lösungsmenge eines linearen homogenen Gleichungssystems bezeichnet man auch als **Kern**.

1.4 Determinanten, Rang und Inverse

1.4.1 Determinanten

1.4.1.1 Grundlagen

Determinanten sind ein sehr nützliches Hilfsmittel, sie werden im Folgenden bei der Überprüfung auf lineare Abhängigkeit und bei der Inversion von Matrizen verwendet werden. Bei der Determinante wird eine quadratische Matrix auf einen Skalar abgebildet. Man schreibt abkürzend für die Determinante auch det A. In ausgeschriebener Form drückt man die Determinante auch durch senkrechte Striche aus:

$$\det\begin{pmatrix} 2 & 5 \\ 6 & 1 \end{pmatrix} = \begin{vmatrix} 2 & 5 \\ 6 & 1 \end{vmatrix}$$

Für 2x2 und auch noch 3x3 Matrizen gibt es relativ einfache Regeln, um diese zu berechnen, diese sollen zunächst besprochen werden. Bei einer 2x2 Matrix ergibt sich die Determinante als das Produkt der Elemente der Hauptdiagonalen minus dem Produkt der Elemente der Nebendiagonalen. Die Nebendiagonale ist die Diagonale, die von links unten nach rechts oben läuft.

$$\det\begin{pmatrix} 2 & 5 \\ 6 & 1 \end{pmatrix} \quad = 2*1 - 6*5 = -28$$

Nebendiagonale

Hauptdiagonale

Die Berechnung von Determinanten von 3x3 Matrizen lässt sich in ähnlicher Weise durchführen. Zunächst erweitert man die Matrix, indem man die ersten beiden Spalten noch einmal hinter die Matrix schreibt, wie es im Folgenden geschehen ist:

$$A = \begin{pmatrix} 2 & 4 & -7 \\ 3 & 9 & 1 \\ 0 & -2 & 1 \end{pmatrix} \xrightarrow{\text{Erweitern}} \begin{pmatrix} 2 & 4 & -7 & 2 & 4 \\ 3 & 9 & 1 & 3 & 9 \\ 0 & -2 & 1 & 0 & -2 \end{pmatrix}$$

Das so entstandene Gebilde hat 3 Haupt- und 3 Nebendiagonalen:

Hauptdiagonalen   Nebendiagonalen

Nun werden die Produkte der Elemente der Diagonalen gebildet. Die Produkte der Hauptdiagonalelemente werden dann addiert und die der Nebendiagonalen subtrahiert:

det A = 2*9*1 + 4*1*0 + (−7)*3*(−2) − 0*9*(−7) − (−2)*1*2 − 1*3*4

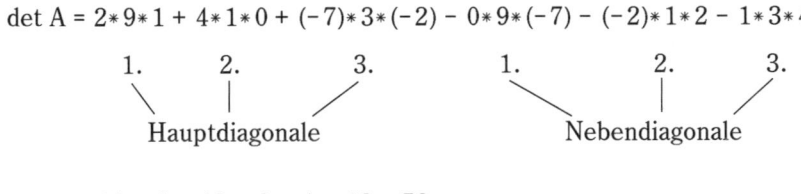

= 18 + 0 + 42 + 0 + 4 − 12 = 52

Dieses Verfahren zur Berechnung der Determinante einer 3x3 Matrix heißt **Sarrus'sche Regel.**

Nachfolgend soll anhand zweier Beispiele eine wesentliche Eigenschaft von Determinanten illustriert werden.

Man kann eine Matrix auch bilden, indem man mehrere Spaltenvektoren aneinanderreiht. In der Graphik sind drei Dreiervektoren gezeichnet:

Als Spaltenvektoren lauten diese Vektoren:

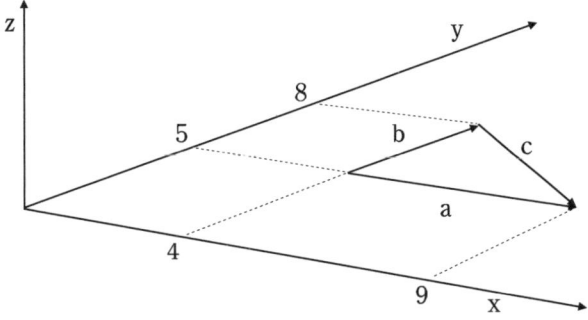

$$\vec{a} = \begin{pmatrix} 5 \\ 0 \\ 0 \end{pmatrix} \qquad \vec{b} = \begin{pmatrix} 0 \\ 3 \\ 0 \end{pmatrix} \qquad \vec{c} = \begin{pmatrix} 5 \\ -3 \\ 0 \end{pmatrix}$$

Wenn man sie nun zu einer Matrix zusammenfasst, ergibt sich:

$$\begin{pmatrix} 5 & 0 & 5 \\ 0 & 3 & -3 \\ 0 & 0 & 0 \end{pmatrix}$$

Berechnet man die Determinante dieser Matrix, ergibt sich Folgendes:

$$\det \begin{pmatrix} 5 & 0 & 5 \\ 0 & 3 & -3 \\ 0 & 0 & 0 \end{pmatrix} = 5*3*0 + 0*(-3)*0 + 5*0*0 - 0*3*5 - 0*(-3)*5 - 0*0*0 = 0$$

Wie sich leicht erkennen lässt, muss die Determinante Null werden, wenn, wie in diesem Beispiel, eine Zeile oder Spalte nur aus Nullen besteht. Denn in einem derartigen Fall wird in jedem Produkt mindestens einmal mit Null multipliziert.

Nachfolgend werden drei Dreiervektoren betrachtet, die nicht in einer Ebene liegen

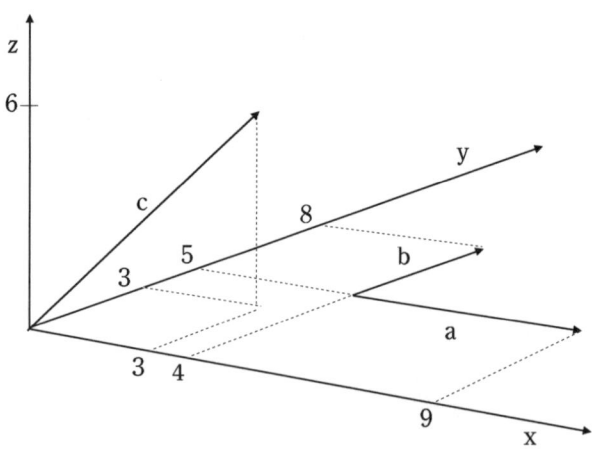

Die Vektoren lauten als Spaltenvektoren:

$$\vec{a} = \begin{pmatrix} 5 \\ 0 \\ 0 \end{pmatrix} \qquad \vec{b} = \begin{pmatrix} 0 \\ 3 \\ 0 \end{pmatrix} \qquad \vec{c} = \begin{pmatrix} 3 \\ 3 \\ 6 \end{pmatrix}$$

Für die Determinante der aus diesen Vektoren gebildeten Matrix ergibt sich:

$$\det \begin{pmatrix} 5 & 0 & 3 \\ 0 & 3 & 3 \\ 0 & 0 & 6 \end{pmatrix} = 5*3*6 + 0*3*0 + 3*0*0 - 0*3*3 - 0*3*5 - 6*0*0 = 90$$

In den Beispielen ist die Determinante für drei Vektoren, die in einer Ebene liegen, also linear abhängige Vektoren, Null. Für drei Vektoren, die nicht in einer Ebene liegen, also drei linear unabhängige Vektoren, ist sie ungleich Null. Es lässt sich zeigen, dass dies generell gilt:

> Eine **Determinante wird gerade dann Null,** wenn ihre Spaltenvektoren (und damit auch ihre Zeilenvektoren) **linear abhängig** sind.

1.4.1.2 Der Laplace Entwicklungssatz

Mit den bisher behandelten Verfahren lassen sich nur Determinanten von 2x2 und 3x3 Matrizen berechnen. Zur Berechnung der Determinanten von beliebig dimensionalen quadratischen Matrizen dient der **Laplace Entwicklungssatz**. Mit Hilfe dieses Satzes können Determinanten um eine Dimension reduziert werden. Hier soll das Verfahren an einem Beispiel kurz gezeigt werden. Es sei folgende Determinante zu berechnen:

$$\det \begin{pmatrix} 2 & 5 & 1 & 0 \\ 1 & 1 & 0 & 5 \\ 1 & 2 & 3 & -1 \\ 2 & 1 & -1 & 1 \end{pmatrix}$$

Die Determinante kann man nun nach verschiedenen Zeilen (oder auch Spalten) entwickeln. Nachfolgend wird die Determinante nach der ersten

Zeile entwickelt:

$$\det \begin{pmatrix} 2 & 5 & 1 & 0 \\ 1 & 1 & 0 & 5 \\ 1 & 2 & 3 & -1 \\ 2 & 1 & -1 & 1 \end{pmatrix}$$

Die Elemente der ersten Zeile werden nun mit den Unterdeterminanten multipliziert, die sich ergeben, wenn die erste Zeile und die Spalte des jeweiligen Elements aus der Matrix gestrichen werden.

$$\begin{pmatrix} \boxed{2} & 5 & 1 & 0 \\ 1 & \boxed{1 & 0 & 5} \\ 1 & 2 & 3 & -1 \\ 2 & 1 & -1 & 1 \end{pmatrix} \quad \begin{pmatrix} 2 & \boxed{5} & 1 & 0 \\ 1 & 1 & 0 & 5 \\ 1 & 2 & 3 & -1 \\ 2 & 1 & -1 & 1 \end{pmatrix} \quad \begin{pmatrix} 2 & 5 & \boxed{1} & 0 \\ 1 & 1 & 0 & 5 \\ 1 & 2 & 3 & -1 \\ 2 & 1 & -1 & 1 \end{pmatrix} \quad \begin{pmatrix} 2 & 5 & 1 & \boxed{0} \\ 1 & 1 & 0 & 5 \\ 1 & 2 & 3 & -1 \\ 2 & 1 & -1 & 1 \end{pmatrix}$$

So erhält man 4 Terme, die nach folgendem Vorzeichenschema verknüpft werden.

$$\begin{pmatrix} + & - & + & - & . & . \\ - & + & - & + & . & . \\ + & - & + & - & . & . \\ - & + & - & + & . & . \\ . & . & . & . & . & . \\ . & . & . & . & . & . \end{pmatrix}$$

Wenn man also nach der ersten Zeile entwickelt, so erhält der erste Term ein Plus, der zweite ein Minus, der dritte ein Plus und der vierte ein Minus. Würde man nach der zweiten Zeile entwickeln, so müsste man mit einem Minus beginnen. Insgesamt ergibt sich für die Determinante der 4x4 Matrix, wie zuvor beschrieben:

$$2 * \begin{vmatrix} 1 & 0 & 5 \\ 2 & 3 & -1 \\ 1 & -1 & 1 \end{vmatrix} - 5 * \begin{vmatrix} 1 & 0 & 5 \\ 1 & 3 & -1 \\ 2 & -1 & 1 \end{vmatrix} + 1 * \begin{vmatrix} 1 & 1 & 5 \\ 1 & 2 & -1 \\ 2 & 1 & 1 \end{vmatrix} - 0 * \begin{vmatrix} 1 & 1 & 0 \\ 1 & 2 & 3 \\ 2 & 1 & -1 \end{vmatrix}$$

Die 3x3 Determinanten können nun nach der Regel von Sarrus berechnet werden. Es ergibt sich insgesamt:

$$2 * (-23) - 5 * (-33) + 1 * (-15) = 104$$

Besonders einfach wird die Berechnung natürlich, wenn in der Zeile oder

Spalte, nach der entwickelt wird, sehr viele Nullen stehen.

Für Dreiecksmatrizen folgt aus dem Laplacen Entwicklungssatz eine sehr einfache Regel, um ihre Determinanten zu bestimmen. Eine (obere) Dreiecksmatrix ist eine Matrix, bei der unterhalb der Hauptdiagonalen nur Nullen stehen. Also eine Matrix in Zeilen-Stufenform.

$$\det A = \begin{vmatrix} 2 & 5 & 7 & 9 & 0 \\ 0 & 1 & 2 & 1 & 1 \\ 0 & 0 & 3 & 2 & 0 \\ 0 & 0 & 0 & -1 & 2 \\ 0 & 0 & 0 & 0 & 1 \end{vmatrix}$$

Diese Matrix entwickelt man am besten nach der ersten Spalte (oder auch der vierten Zeile). Da nur ein einziges Element dieser Spalte ungleich Null ist, ergibt sich nur eine einzige Unterdeterminante bei der Entwicklung. Diese wurde im Folgenden dann nach dem gleichen Prinzip weiter zerlegt:

$$\det A = 2 * \begin{vmatrix} 1 & 2 & 1 & 1 \\ 0 & 3 & 2 & 0 \\ 0 & 0 & -1 & 2 \\ 0 & 0 & 0 & 1 \end{vmatrix} = 2 * 1 * \begin{vmatrix} 3 & 2 & 0 \\ 0 & -1 & 2 \\ 0 & 0 & 1 \end{vmatrix} = 2 * 1 * 3 * (-1) * 1 = -6$$

Allgemein ergibt sich die **Determinante einer Dreiecksmatrix** also als das **Produkt der Elemente der Hauptdiagonalen.**

1.4.1.3 Der Zahlenwert einer Determinante

Bisher wurde zu dem Zahlenwert, den die Determinante liefert, überhaupt noch nichts gesagt. Für die Determinante einer 3x3-Matrix lässt
sich zeigen, dass dieser Zahlenwert identisch mit dem Volumen des von
den drei Vektoren aufgespannten Spats ist. Ein Spat ist gewissermaßen
ein in den Raum erweitertes Parallelogramm. In der folgenden Zeichnung ist ein Spat dargestellt.

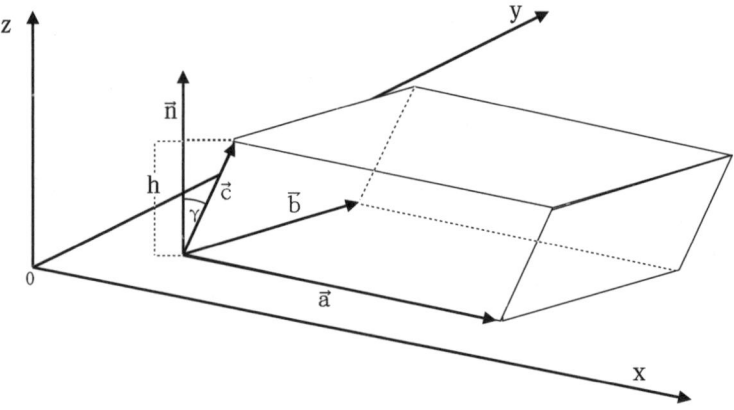

Das Volumen des durch die Vektoren $\vec{a}$, $\vec{b}$ und $\vec{c}$ aufgespannten Spats
entspricht dem Betrag der Determinante der drei Vektoren:

$$V_{\text{Spat}} = |\det(\vec{a},\vec{b},\vec{c})|$$

1.4.1.4 Rechenregeln für Determinanten

Für Determinanten gelten bestimmte **Rechenregeln**, diese Rechenregeln können viele Aufgaben, bei denen Determinanten auftreten, stark vereinfachen.

0 Determinanten existieren nur von quadratischen Matrizen

1 $\det(A * B) = \det(A) * \det(B)$

2 $\det(A^{-1}) = \frac{1}{\det(A)}$

Diese Regel ergibt sich unter Ausnutzung der vorherigen Regel:

$$\det(A) * \det(A^{-1}) = \det(A * A^{-1}) = \det(I) = 1 \Leftrightarrow \det(A^{-1}) = \frac{1}{\det(A)}$$

3 $\det(A) = \det(A^T)$

4 Werden zwei Zeilen der Matrix vertauscht, so wechselt das Vorzeichen der Determinante.

An einem ganz einfachen Beispiel wird diese Regel nachfolgend veranschaulicht:

$$\det\begin{pmatrix} 3 & 1 \\ 4 & 2 \end{pmatrix} = 3 * 2 - 4 * 1 = 2 = -\det\begin{pmatrix} 4 & 2 \\ 3 & 1 \end{pmatrix} = -(4 * 1 - 3 * 2) = 2$$

5 Wenn zu einer Zeile der Matrix das λ-fache einer anderen Zeile addiert wird, verändert sich der Wert der Determinante nicht.

6 Es kann eine Konstante in eine beliebige Zeile hineinmultipliziert werden:

$$\lambda * \det\begin{pmatrix} 2 & -2 & 0 \\ 1 & -1 & 2 \\ 1 & 1 & 1 \end{pmatrix} = \det\begin{pmatrix} 2 & -2 & 0 \\ \lambda*1 & -\lambda*1 & \lambda*2 \\ 1 & 1 & 1 \end{pmatrix} \quad \lambda \in \mathbb{R}$$

Hier wurde das λ in die zweite Zeile "hineinmultipliziert". Es hätte natürlich auch in die erste oder dritte Zeile multipliziert werden können.

7 $\det(\lambda * A) = \lambda^n * \det A$ A sei hier eine $(n*n)$ Matrix

Diese Regel folgt aus der vorherigen, denn wenn das λ direkt vor der Matrix steht, müssen alle Elemente der Matrix mit λ multipliziert werden. Aus jeder Zeile kann dann aber das λ entsprechend der Regel 6 nach vorne gezogen werden.

Aufgrund der angeführten Regeln ergibt sich eine zusätzliche **Methode zur Berechnung von Determinanten:**

Mit dem Gauß-Algorithmus wird die Matrix umgeformt, bis sich eine **obere Dreiecksmatrix** ergibt. Wenn man hierbei zwei Zeilen vertauscht, muss man sich ein Minus notieren, und wenn man eine Zeile mit einem Faktor multipliziert, so muss dieser Faktor notiert werden.

Die Determinante der oberen Dreiecksmatrix ergibt sich dann, wie zuvor beschrieben, als das **Produkt der Elemente der Hauptdiagonalen.** Den Wert dieser Determinante multipliziert man dann mit dem Kehrwert der notierten Faktoren. Wenn die Anzahl der notierten Minuszeichen ungerade ist, verändert man außerdem das Vorzeichen. Als Ergebnis hat man nun den Wert der Determinante der ursprünglichen Matrix.

1.4.2 Rang einer Matrix

Der Rang einer Matrix gibt die Anzahl der linear unabhängigen Zeilen an. Deren Anzahl ist immer identisch mit der Anzahl der linear unabhängigen Spalten. Der Rang einer Matrix kann mittels des Gauß–Algorithmus berechnet werden. Mittels der elementaren Zeilenumformungen wird die Matrix solange umgeformt, bis sie in Zeilenstufenform ist. Die Anzahl der verbliebenen "nicht Nullzeilen" gibt dann den Rang der Matrix an. Wie in dem Abschnitt zum Gauß–Algorithmus beschrieben, bestehen die elementaren Zeilenumformungen aus folgenden Operationen:

1. Multiplikation einer Zeile mit einem Skalar

2. Vertauschen zweier Zeilen

3. Addition des Vielfachen einer Zeile zu einer anderen Zeile

Diese Operationen verändern die Matrix, aber sie verändern ihren Rang nicht. Mit Hilfe dieser Operationen muss man nun möglichst viele Zeilen produzieren, die nur aus Nullen bestehen. Lassen sich keine weiteren Zeilen produzieren, die nur aus Nullen bestehen, so gibt die Anzahl der verbleibenden Zeilen, die nicht nur aus Nullen bestehen, den Rang der Matrix an. An folgendem Beispiel wird das Verfahren aufgezeigt.

Es sei der Rang der Matrix A zu bestimmen:

$$A = \begin{pmatrix} 1 & 0 & 1 \\ 1 & 2 & 0 \\ 2 & 2 & 1 \end{pmatrix} \begin{matrix} I \\ II \\ III \end{matrix}$$

Hinter der Matrix sind die Zeilennummern als römische Zahlen angegeben. Die Zahlen in dem gestrichelten Kästchen sollen zunächst zu Nullen gemacht werden. Hierzu müssen geeignete Vielfache der ersten Zeile von den unteren Zeilen abgezogen werden. Nachfolgend ist hinter der Zeile jeweils angegeben, das Wievielfache welcher Zeile von ihr abgezogen werden muss, um in dem gestrichelten Kästchen überall Nullen zu erhalten.

$$\begin{pmatrix} 1 & 0 & 1 \\ 1 & 2 & 0 \\ 2 & 2 & 1 \end{pmatrix} \begin{matrix} \\ -I \\ -2*I \end{matrix}$$

Von jedem Element der zweiten Zeile muss also das darüberstehende Element der ersten Zeile und von jedem Element der dritten Zeile das 2 fache des darüberstehenden Elements der ersten Zeile abgezogen werden.

$$\begin{pmatrix} 1 & 0 & 1 \\ 0 & 2 & -1 \\ 0 & 2 & -1 \end{pmatrix} - II$$

Jetzt müssen in der zweiten Spalte Nullen produziert werden. Die erste Zeile darf nun nirgendwo mehr abgezogen werden, denn dadurch würden ja die Nullen in der ersten Spalte wieder zerstört werden. Daher wird von der dritten Zeile die zweite Zeile abgezogen. Dadurch wird das zweite Element der dritten Zeile zu Null. In diesem speziellen Fall wird auch das dritte Element der dritten Zeile Null, und es ergibt sich:

$$\begin{pmatrix} 1 & 0 & 1 \\ 0 & 2 & -1 \\ 0 & 0 & 0 \end{pmatrix}$$

Die dritte Zeile besteht nun nur aus Nullen. Weitere Zeilen, die nur aus Nullen bestehen, können nicht mehr produziert werden. Eine solche Darstellung einer Matrix nennt man **Zeilenstufenform**. Da nur zwei Zeilen der Matrix andere Elemente als Nullen enthalten, ist der Rang der Matrix 2. Man schreibt **rg(A) = 2**, oder auch **rang(A)=2**. Dies bedeutet, dass die Matrix zwei linear unabhängige Zeilenvektoren enthält. Dies bedeutet auch, dass der durch die Zeilenvektoren aufgespannte Vektorraum zweidimensional ist.

Eine **quadratische** Matrix hat genau dann vollen Rang, wenn alle ihre Zeilen linear unabhängig sind. Wie zuvor gezeigt wurde, gilt dies gerade dann, wenn ihre Determinante ungleich Null ist. Ist die Determinante einer quadratischen Matrix ungleich Null, so ist ihr Rang also gerade identisch mit der Anzahl der Zeilen der Matrix. Ist die Determinante Null, so ist der Rang der Matrix kleiner als die Anzahl ihrer Zeilen. Wie groß er dann genau ist, kann mit Hilfe der Determinante aber nicht berechnet werden. Um dies festzustellen, verwendet man Elementare Zeilenumformungen, wie es zuvor beschrieben wurde.

Nachfolgend seien noch einige Zusammenhänge für den Rang einer Matrix angeführt, A sei hierbei eine (m, n)-Matrix und B eine (n, n)-Matrix, also eine quadratische Matrix:

1 $\text{rang(A)} = \text{rang}(A^T)$

Wenn man die Zeilen und Spalten einer Matrix vertauscht, ändert sich der Rang der Matrix nicht. Man sagt zu diesem Zusammenhang auch, dass der Zeilenrang einer Matrix gleich ihrem Spaltenrang ist.

2 $\text{rang(A)} \leq \min\{m, n\}$

Der Rang einer Matrix kann höchstens der Anzahl der Zeilen der Matrix entsprechen. Nach der vorherigen Regel hat die transponierte Matrix aber denselben Rang wie die Ausgangsmatrix, die Zeilenanzahl der transponierten Matrix entspricht nun aber gerade der Spaltenanzahl der Ausgangsmatrix. Somit entspricht der kleinere Wert der Spaltenzahl und der Zeilenzahl einer Matrix ihrem maximalen Rang.

3 $\text{rang(B)} = n$
   falls $\det(B) \neq 0$

Man sagt in diesem Fall auch, dass die Matrix vollen Rang (den maximal möglichen Rang) hat. Quadratische Matrizen haben also genau dann vollen Rang, wenn ihre Determinante ungleich Null ist.

4 $\text{rang}(A * B) = \text{rang(A)}$
   falls $\det(B) \neq 0$

Wenn die Matrix B eine quadratische Matrix mit vollem Rang ist, entspricht der Rang von $A * B$ also gerade dem Rang von A.

1.4.3 Inverse Matrizen

1.4.3.1 Grundlagen

Zunächst werden nochmals die wichtigsten Grundlagen, die bereits in Abschnitt 1.2.3.3 behandelt worden sind, zusammengefasst.

Die inverse Matrix zur Matrix A ist durch die folgende Gleichung definiert:

$$A * A^{-1} = I$$

Hierbei ist I die Einheitsmatrix, dies ist eine quadratische Matrix, die auf der Hauptdiagonalen nur Einsen und ansonsten nur Nullen enthält, und A^{-1} die inverse Matrix.

I ist das neutrale Element der Matrizenmultiplikation, die inverse Matrix ist also gerade die Matrix, die bei einer Multiplikation mit der Ausgangsmatrix die Einheitsmatrix ergibt.

Aus der angeführten Gleichung kann die inverse Matrix berechnet werden. Die einzelnen Elemente der Matrix A^{-1} werden z. B. mit x_{11}, x_{12} usw. bezeichnet, dann kann das Matrizenprodukt $A * A^{-1}$ berechnet werden. Aus dem Gleichsetzen mit der Einheitsmatrix ergibt sich dann ein Gleichungssystem. Ein Beispiel für eine 2x2 Matrix wurde in Abschnitt 1.2.3.3 betrachtet, hierbei war ein Gleichungssystem mit 4 Gleichungen und 4 Unbekannten zu lösen. Bei einer 3x3 Matrix sind es schon 9 Gleichungen mit 9 Unbekannten. Da die Berechnungen sehr aufwändig werden, bieten sich spezielle Verfahren an, mittels derer direkt die inverse Matrix bestimmt werden kann. Letztlich stellen diese Verfahren eine schematische Methode dar, um das entsprechende Gleichungssystem zu lösen.

Von der Struktur her sehr schön ist das Verfahren über den Gauß-Algorithmus, aber wenn die zu invertierende Matrix mehrere Variable enthält, verrechnet man sich aufgrund der vielen auftretenden Brüche sehr leicht. Hier soll daher, nachdem die Existenz von inversen Matrizen betrachtet wurde, zunächst das Verfahren über die adjungierte Matrix behandelt werden.

1.4.3.2 Existenz der inversen Matrix

Inverse Matrizen gibt es nur zu quadratischen Matrizen. Hat aber nun jede quadratische Matrix eine inverse Matrix? Folgendes Beispiel zeigt, dass dem nicht so ist:

$$
\begin{array}{ccc}
x_{11} & x_{12} & x_{13} \\
x_{21} & x_{22} & x_{23} \\
x_{31} & x_{32} & x_{33}
\end{array}
$$

$$
\begin{array}{ccc|ccc}
2 & 5 & 1 & 1 & 0 & 0 \\
0 & 0 & 0 & 0 & 1 & 0 \\
1 & 0 & 2 & 0 & 0 & 1
\end{array}
$$

Die links angeführte Matrix ist nicht invertierbar, denn die in der Einheitsmatrix eingerahmte 1 lässt sich nicht produzieren; egal wie die Elemente x_{12}, x_{22} und x_{32} gewählt werden, das "Skalarprodukt" der beiden eingerahmten Vektoren ergibt immer Null. Die angeführte Matrix, die in einer Zeile nur Nullen enthält, ist ein spezielles Beispiel für Matrizen, deren Zeilenvektoren linear abhängig sind. Im Allgemeinen müssen Matrizen, deren Zeilenvektoren linear abhängig sind, keine Zeilen enthalten, die nur aus Nullen bestehen. Es lässt sich aber zeigen, dass auch für diese Matrizen keine inverse Matrix existiert. Insgesamt gilt also:

> Matrizen, deren Zeilenvektoren (und damit auch Spaltenvektoren) **linear abhängig** sind, sind nicht invertierbar. Derartige Matrizen nennt man **singulär**.

Wie in Abschnitt 1.4.1 gezeigt wurde, gilt:

> **Die Determinante singulärer Matrizen ist Null.**

Denn die Determinante ist gerade dann Null, wenn die Zeilenvektoren der Matrix linear abhängig sind.

> Matrizen, deren Zeilenvektoren **linear unabhängig** sind, deren Determinante also ungleich Null ist, nennt man **regulär**.

Wenn eine Matrix invertiert wird, sollte also zunächst mit der Determinante überprüft werden, ob die Matrix überhaupt invertierbar ist. Dieses ist nur dann der Fall, wenn die Determinante ungleich Null ist.

1.4.3.3 Bestimmung der Inversen mittels der adjungierten Matrix

An einem Beispiel wird nun gezeigt, wie man die Inverse mittels der adjungierten Matrix berechnet.

Es sei folgende Matrix A zu invertieren:

$$A = \begin{pmatrix} 1 & 4 & 3 \\ 2 & 0 & 0 \\ 3 & 5 & 4 \end{pmatrix}$$

Zunächst muss die Determinante berechnet werden, die Matrix im gestrichelten Rahmen dient als Hilfestellung zur Anwendung der Sarrus' schen Regel.

$$\det A = \begin{vmatrix} 1 & 4 & 3 \\ 2 & 0 & 0 \\ 3 & 5 & 4 \end{vmatrix} = 30 - 32 = -2 \qquad \begin{pmatrix} 1 & 4 & 3 & 1 & 4 \\ 2 & 0 & 0 & 2 & 0 \\ 3 & 5 & 4 & 3 & 5 \end{pmatrix}$$

Da die Determinante ungleich Null ist, existiert die Inverse.

Die Inverse ergibt sich durch: $\qquad A^{-1} = \dfrac{1}{\det A} * \mathrm{adj}(A)$

adj(A) steht für die **adjungierte Matrix** (oder auch die **Adjunkte**), wie diese berechnet wird, wird nun behandelt. Zunächst muss man die ursprüngliche Matrix transponieren. (Es wäre auch möglich, die Matrix erst zu einem späterem Zeitpunkt zu transponieren.):

$$A^T = \begin{pmatrix} 1 & 2 & 3 \\ 4 & 0 & 5 \\ 3 & 0 & 4 \end{pmatrix}$$

Nun stellt man die Vorzeichenmatrix auf, diese wurde schon bei dem Laplacen Entwicklungssatz benutzt. Da in diesem Fall eine 3x3 Matrix zu invertieren ist, braucht man auch eine 3x3 Vorzeichenmatrix, diese sieht folgendermaßen aus:

$$
\begin{pmatrix}
+ & - & + \\
- & + & - \\
+ & - & +
\end{pmatrix}
$$

Wäre eine 4x4 Matrix zu invertieren, so müsste eine 4x4 Vorzeichenmatrix aufgestellt werden, man müsste in obiger Matrix nach unten und nach rechts jeweils das "andere" Vorzeichen ergänzen. In das Vorzeichenschema trägt man nun Unterdeterminanten ein und erhält so die Adjungierte Matrix:.

$$
\text{adj(A)} =
\begin{pmatrix}
+ \det_{11} & - \det_{12} & + \det_{13} \\
- \det_{21} & + \det_{22} & - \det_{23} \\
+ \det_{31} & - \det_{32} & + \det_{33}
\end{pmatrix}
$$

Die Unterdeterminanten erhält man aus der transponierten Matrix, indem man dort Zeile und Spalte entsprechend dem Index der Unterdeterminante streicht. Am besten kann man dies Verfahren an folgenden Beispielen verstehen:

1. Spalte

1. Zeile
$$
\begin{pmatrix}
1 & 2 & 3 \\
4 & 0 & 5 \\
3 & 0 & 4
\end{pmatrix}
\Rightarrow \det_{11} =
\begin{vmatrix}
0 & 5 \\
0 & 4
\end{vmatrix}
$$

1. Spalte

2. Zeile
$$
\begin{pmatrix}
1 & 2 & 3 \\
4 & 0 & 5 \\
3 & 0 & 4
\end{pmatrix}
\Rightarrow \det_{21} =
\begin{vmatrix}
2 & 3 \\
0 & 4
\end{vmatrix}
$$

2. Spalte

2. Zeile
$$
\begin{pmatrix}
1 & 2 & 3 \\
4 & 0 & 5 \\
3 & 0 & 4
\end{pmatrix}
\Rightarrow \det_{22} =
\begin{vmatrix}
1 & 3 \\
3 & 4
\end{vmatrix}
$$

Nach dem gleichen Prinzip werden auch alle anderen Unterdeterminanten ausgerechnet.

So erhält man schließlich für die Adjungierte Matrix:

$$
\text{adj}(A) =
\begin{pmatrix}
+\begin{vmatrix} 0 & 5 \\ 0 & 4 \end{vmatrix} & -\begin{vmatrix} 4 & 5 \\ 3 & 4 \end{vmatrix} & +\begin{vmatrix} 4 & 0 \\ 3 & 0 \end{vmatrix} \\[2mm]
-\begin{vmatrix} 2 & 3 \\ 0 & 4 \end{vmatrix} & +\begin{vmatrix} 1 & 3 \\ 3 & 4 \end{vmatrix} & -\begin{vmatrix} 1 & 2 \\ 3 & 0 \end{vmatrix} \\[2mm]
+\begin{vmatrix} 2 & 3 \\ 0 & 5 \end{vmatrix} & -\begin{vmatrix} 1 & 3 \\ 4 & 5 \end{vmatrix} & +\begin{vmatrix} 1 & 2 \\ 4 & 0 \end{vmatrix}
\end{pmatrix}
$$

Die einzelnen Unterdeterminanten können nun berechnet werden. Hierzu bildet man das Produkt der Hauptdiagonalelemente und zieht dann das Produkt der Nebendiagonalelemente ab, wie es bereits in Kapitel 1.4.1 besprochen wurde. (Es ist darauf zu achten, dass das Vorzeichen auf die ganze Determinante anzuwenden ist.) Die einzelnen Elemente der adjungierten Matrix nennt man auch Kofaktoren.

$$
\text{adj}(A) =
\begin{pmatrix}
0 & -1 & 0 \\
-8 & -5 & 6 \\
10 & 7 & -8
\end{pmatrix}
$$

Wäre insgesamt eine 4x4 Matrix zu invertieren, so wären die Unterdeterminanten alle 3x3 Determinanten, die nach der Regel von Sarrus berechnet werden könnten.

Insgesamt ergibt sich nun für die inverse Matrix:

$$
A^{-1} = \frac{1}{\det A} * \text{adj}(A) = \frac{1}{-2} *
\begin{pmatrix}
0 & -1 & 0 \\
-8 & -5 & 6 \\
10 & 7 & -8
\end{pmatrix}
=
\begin{pmatrix}
0 & 0.5 & 0 \\
4 & 2.5 & -3 \\
-5 & -3.5 & 4
\end{pmatrix}
$$

Zur Überprüfung kann man noch das Produkt aus A und A^{-1} berechnen. Ergibt dieses nicht die Einheitsmatrix, so liegt ein Rechenfehler vor.

$$A^{-1}$$

$$
\begin{array}{ccc}
0 & 0.5 & 0 \\
4 & 2.5 & -3 \\
-5 & -3.5 & 4
\end{array}
$$

$$
A \quad
\begin{array}{ccc|ccc}
1 & 4 & 3 & 1 & 0 & 0 \\
2 & 0 & 0 & 0 & 1 & 0 \\
3 & 5 & 4 & 0 & 0 & 1
\end{array}
$$

1.4.3.4 Bestimmung der Inversen mittels des Gauß-Algorithmus

Nachfolgend wird anhand eines Beispiels die Inversion einer Matrix mit Hilfe des **Gauß-Algorithmus** beschrieben. Bei diesem Verfahren schreibt man hinter die zu invertierende Matrix die Einheitsmatrix und muss dann mit elementaren Zeilenumformungen so lange umformen, bis vorne die Einheitsmatrix steht. Hinter der Einheitsmatrix steht dann die inverse Matrix.

Angenommen, es sei folgende Matrix zu invertieren:

$$
\begin{pmatrix}
1 & -2 & 0 \\
-1 & 7 & 1 \\
2 & 1 & -1
\end{pmatrix}
$$

Die Matrix wird nun zunächst um die Einheitsmatrix ergänzt und dann so lange umgeformt, bis vorne statt der Ausgangsmatrix die Einheitsmatrix steht.

$$
\left(
\begin{array}{ccc:ccc}
1 & -2 & 0 & 1 & 0 & 0 \\
-1 & 7 & 1 & 0 & 1 & 0 \\
2 & 1 & -1 & 0 & 0 & 1
\end{array}
\right)
\begin{array}{l}
 \\
+\mathrm{I} \\
-2*\mathrm{I}
\end{array}
$$

$$
\left(
\begin{array}{ccc:ccc}
1 & -2 & 0 & 1 & 0 & 0 \\
0 & 5 & 1 & 1 & 1 & 0 \\
0 & 5 & -1 & -2 & 0 & 1
\end{array}
\right)
\begin{array}{l}
 \\
 \\
-\mathrm{II}
\end{array}
$$

$$\begin{pmatrix} 1 & -2 & 0 & \vdots & 1 & 0 & 0 \\ 0 & 5 & 1 & \vdots & 1 & 1 & 0 \\ 0 & 0 & -2 & \vdots & -3 & -1 & 1 \end{pmatrix} /(-2)$$

$$\begin{pmatrix} 1 & -2 & 0 & \vdots & 1 & 0 & 0 \\ 0 & 5 & 1 & \vdots & 1 & 1 & 0 \\ 0 & 0 & 1 & \vdots & 1,5 & 0,5 & -0.5 \end{pmatrix} -III$$

$$\begin{pmatrix} 1 & -2 & 0 & \vdots & 1 & 0 & 0 \\ 0 & 5 & 0 & \vdots & -0,5 & 0,5 & 0,5 \\ 0 & 0 & 1 & \vdots & 1,5 & 0,5 & -0,5 \end{pmatrix} /5$$

$$\begin{pmatrix} 1 & -2 & 0 & \vdots & 1 & 0 & 0 \\ 0 & 1 & 0 & \vdots & -0,1 & 0,1 & 0,1 \\ 0 & 0 & 1 & \vdots & 1,5 & 0,5 & -0,5 \end{pmatrix} +2*II$$

$$\begin{pmatrix} 1 & 0 & 0 & \vdots & 0,8 & 0,2 & 0,2 \\ 0 & 1 & 0 & \vdots & -0,1 & 0,1 & 0,1 \\ 0 & 0 & 1 & \vdots & 1,5 & 0,5 & -0,5 \end{pmatrix}$$

Die Inverse lautet somit:

$$\begin{pmatrix} 0,8 & 0,2 & 0,2 \\ -0,1 & 0,1 & 0,1 \\ 1,5 & 0,5 & -0,5 \end{pmatrix}$$

1.4.3.5 Einige spezielle inverse Matrizen

Nachfolgend sind für einige spezielle Fälle die inversen Matrizen angegeben. Für (2, 2)-Matrizen kann mit den zuvor angeführten Verfahren relativ leicht eine allgemeine Formel für die inverse Matrix errechnet werden. Für die Inverse der (2, 2)-Matrix A ergibt sich hierbei:

$$A = \begin{pmatrix} a & b \\ c & d \end{pmatrix} \quad \Rightarrow \quad A^{-1} = \frac{1}{a*d-c*b} \begin{pmatrix} d & -b \\ -c & a \end{pmatrix}$$

Natürlich gilt dieses nur für den Fall, dass überhaupt eine inverse Matrix
existiert, also für $a*d - c*b \neq 0$. Man kann die angegebene Formel natürlich leicht überprüfen, indem man $A*A^{-1}$ berechnet und zeigt, dass sich
hierbei die Einheitsmatrix ergibt.

Besonders einfach sind die inversen Matrizen von **Diagonalmatrizen** zu
berechnen. Eine Diagonalmatrix hat nur auf der Hauptdiagonalen Elemente stehen, die ungleich Null sind. Nachfolgend ist ein Beispiel für
eine Diagonalmatrix angegeben:

$$A = \begin{pmatrix} 4 & 0 & 0 \\ 0 & 2 & 0 \\ 0 & 0 & -5 \end{pmatrix}$$

Die Inverse ergibt sich zu:

$$A^{-1} = \begin{pmatrix} \frac{1}{4} & 0 & 0 \\ 0 & \frac{1}{2} & 0 \\ 0 & 0 & -\frac{1}{5} \end{pmatrix}$$

Wie man erkennen kann, wurde auf der Hauptdiagonalen jeweils der
Kehrwert gebildet. Durch Multiplikation der beiden Matrizen kann man
leicht nachweisen, dass es sich tatsächlich um die Inverse handelt. Der
angeführte Zusammenhang gilt nicht nur für (3, 3)-Diagonalmatrizen,
sondern für alle Diagonalmatrizen.

1.4.4 Übungsaufgaben

1) Man betrachte die Matrizen

$$U = \begin{pmatrix} a & b & 0 \\ 0 & a & b \\ 0 & 0 & a \end{pmatrix}$$

mit $a, b \in \mathbb{R}$ und bestimme

a) rang (U), det(U) sowie U^{-1}, sofern dies existiert.

2) Gegeben seien die Matrizen

$$A = \begin{pmatrix} 1 & 2 & -3 \\ 0 & 2 & 0 \\ 2 & 0 & -5 \end{pmatrix} \quad \text{und} \quad B = \begin{pmatrix} 1 & -1 & 5 \\ 7 & 2 & 1 \\ -6 & -3 & 4 \end{pmatrix}.$$

Berechnen Sie

   a) det(A)

   b) det(B)

   c) $\det(A^{-1})$

   d) det(A∗B)

   e) det(3∗A)

   f) rang(A)

   g) rang(B)

   h) rang(A∗B)

Lösungsvorschläge:

1) Am besten berechnet man hier zuerst die Determinante, weil man damit auch schon Aussagen über den Rang der Matrix machen kann.

$$
\det U = \begin{vmatrix} a & b & 0 \\ 0 & a & b \\ 0 & 0 & a \end{vmatrix} = a^3
\qquad
\left(\begin{array}{ccc:cc} a & b & 0 & a & b \\ 0 & a & b & 0 & a \\ 0 & 0 & a & 0 & 0 \end{array} \right)
$$

Hieraus lassen sich zwei Aussagen ziehen:

1. Nur für a ungleich Null ist die Matrix invertierbar.

2. Für a ungleich Null ist der Rang der Matrix 3

Wenn a gleich Null ist, kann aus der Determinante nur gefolgert werden, dass der Rang kleiner als 3 sein muss. Wie groß er dann genau ist, muss untersucht werden. Dies hängt nun wiederum davon ab, ob b gleich Null ist.

$$
a = 0 \text{ und } b \neq 0 \quad \begin{pmatrix} 0 & b & 0 \\ 0 & 0 & b \\ 0 & 0 & 0 \end{pmatrix}
\qquad
a = 0 \text{ und } b = 0 \quad \begin{pmatrix} 0 & 0 & 0 \\ 0 & 0 & 0 \\ 0 & 0 & 0 \end{pmatrix}
$$

Im ersten Fall ist der Rang der Matrix 2, denn sie hat zwei linear unabhängige Zeilen. Hier können durch elementare Zeilenumformungen keine weiteren Zeilen erzeugt werden, die nur aus Nullen bestehen. Im zweiten Fall bestehen alle Zeilen nur aus Nullen, so dass der Rang der Matrix gerade 0 ist. Insgesamt gilt also:

Für $a \neq 0$ rg (U) = 3

Für $a = 0$ und $b \neq 0$ rg (U) = 2

Für $a = 0$ und $b = 0$ rg (U) = 0

Für $a \neq 0$ muss die Matrix nun invertiert werden. Hierzu wird zunächst die transponierte Matrix gebildet:

$$
U^T = \begin{pmatrix} a & 0 & 0 \\ b & a & 0 \\ 0 & b & a \end{pmatrix}
$$

Nun müssen die Unterdeterminanten in die Vorzeichenmatrix eingesetzt werden, um so die Adjungierte Matrix zu erhalten

$$\text{adj}(A) = \begin{pmatrix} +\det_{11} & -\det_{12} & +\det_{13} \\ -\det_{21} & +\det_{22} & -\det_{23} \\ +\det_{31} & -\det_{32} & +\det_{33} \end{pmatrix}$$

Werden die Unterdeterminanten durch Streichung der jeweiligen Zeile und Spalte der transponierten Matrix gebildet, so ergibt sich:

$$\text{adj}(A) = \begin{pmatrix} +\begin{vmatrix} a & 0 \\ b & a \end{vmatrix} & -\begin{vmatrix} b & 0 \\ 0 & a \end{vmatrix} & +\begin{vmatrix} b & a \\ 0 & b \end{vmatrix} \\ -\begin{vmatrix} 0 & 0 \\ b & a \end{vmatrix} & +\begin{vmatrix} a & 0 \\ 0 & a \end{vmatrix} & -\begin{vmatrix} a & 0 \\ 0 & b \end{vmatrix} \\ +\begin{vmatrix} 0 & 0 \\ a & 0 \end{vmatrix} & -\begin{vmatrix} a & 0 \\ b & 0 \end{vmatrix} & +\begin{vmatrix} a & 0 \\ b & a \end{vmatrix} \end{pmatrix}$$

Die Unterdeterminanten müssen nun ausgerechnet werden

$$\text{adj}(U) = \begin{pmatrix} a^2 & -a*b & b^2 \\ 0 & a^2 & -a*b \\ 0 & 0 & a^2 \end{pmatrix}$$

Die Inverse ergibt sich nun folgendermaßen:

$$U^{-1} = \frac{1}{\det U} * \text{adj}(U) = \frac{1}{a^3} * \begin{pmatrix} a^2 & -a*b & b^2 \\ 0 & a^2 & -a*b \\ 0 & 0 & a^2 \end{pmatrix}$$

$$= \begin{pmatrix} \dfrac{1}{a} & -\dfrac{b}{a^2} & \dfrac{b^2}{a^3} \\ 0 & \dfrac{1}{a} & -\dfrac{b}{a^2} \\ 0 & 0 & \dfrac{1}{a} \end{pmatrix}$$

Schließlich sei noch die Probe angeführt:

$$\begin{vmatrix} \dfrac{1}{a} & -\dfrac{b}{a^2} & \dfrac{b^2}{a^3} \\[2mm] 0 & \dfrac{1}{a} & -\dfrac{b}{a^2} \\[2mm] 0 & 0 & \dfrac{1}{a} \end{vmatrix}$$

$$\left.\begin{array}{ccc|ccc} a & b & 0 & 1 & 0 & 0 \\ 0 & a & b & 0 & 1 & 0 \\ 0 & 0 & a & 0 & 0 & 1 \end{array}\right. \quad = U * U^{-1} = I$$

2) Die Determinanten von A und B müssen zunächst berechnet werden:

a) $\det(A) = \det \begin{pmatrix} 1 & 2 & -3 \\ 0 & 2 & 0 \\ 2 & 0 & -5 \end{pmatrix} = 1*2*(-5) + 0 + 0 - 2*2*(-3) - 0 - 0 = 2$

b) $\det(B) = \det \begin{pmatrix} 1 & -1 & 5 \\ 7 & 2 & 1 \\ -6 & -3 & 4 \end{pmatrix} = 8 + 6 - 105 + 60 + 3 + 28 = 0$

Für die folgenden Berechnungen könnte man natürlich zunächst A^{-1} bzw. $A*B$ bzw. $3*A$ ausrechnen und dann die Determinanten bzw Ränge bestimmen. Mittels der Rechenregeln für Determinanten und Ränge lässt sich die Rechnung aber stark vereinfachen:

c) $\det(A^{-1}) = \dfrac{1}{\det(A)} = \dfrac{1}{2}$ (Regel 2)

d) $\det(A*B) = \det(A) * \det(B) = 2 * 0 = 0$ (Regel 1)

e) $\det(3*A) = 3^3 * \det(A) = 27 * 2 = 54$ (Regel 7)

(Die Regeln sind in Abschnitt 1.4.1.4 aufgeführt.)

f) $\text{rang}(A) = 3$ (Da $\det(A) \neq 0$ ist, hat A vollen Rang, in diesem Fall also den Rang 3.)

g) Den Rang der Matrix B muss man mit dem Gauß–Algorithmus bestimmen. Da die Determinante von B gleich Null ist, weiß man zwar, dass B keinen vollen Rang (in diesem Fall also nicht den Rang 3) hat, wie groß der Rang aber genau ist, muss noch berechnet werden.

$$\begin{pmatrix} 1 & -1 & 5 \\ 7 & 2 & 1 \\ -6 & -3 & 4 \end{pmatrix} \begin{matrix} \\ -7*\text{I} \\ +6*\text{I} \end{matrix}$$

$$\begin{pmatrix} 1 & -1 & 5 \\ 0 & 9 & -34 \\ 0 & -9 & 34 \end{pmatrix} \begin{matrix} \\ \\ +\text{II} \end{matrix}$$

$$\begin{pmatrix} 1 & -1 & 5 \\ 0 & 9 & -34 \\ 0 & 0 & 0 \end{pmatrix}$$

Die Matrix B ist nun in Zeilen–Stufenform, es sind zwei nicht Nullzeilen übrig geblieben, der Rang von B ist also zwei:

$$\text{rang(B)} = 2$$

h) rang(A*B) = rang(B) = 2 (4. Regel für den Rang einer Matrix)

1.4.5 Anwendungen auf lineare Gleichungssysteme

1.4.5.1 Mehrdeutige Lösungen und Lösbarkeit von linearen Gleichungssystemen

Mit Hilfe des Ranges kann auch ein allgemeines Kriterium dafür angegeben werden, wann ein lineares Gleichungssystem eine mehrdeutige Lösung hat. In Abschnitt 1.3 wurde gezeigt, dass ein lösbares lineares Gleichungssystem genau dann eine mehrdeutige Lösung hat, wenn die Anzahl der linear unabhängigen Gleichungen kleiner als die Anzahl der Variablen ist. Also gilt:

> **Ein lineares Gleichungssystem ist genau dann mehrdeutig lösbar, wenn der Rang der Koeffizientenmatrix gleich dem Rang der erweiterten Koeffizientenmatrix (Lösbarkeitsbedingung) ist und dieser Rang kleiner als die Anzahl der Variablen ist.**

Es kann auch eine allgemeine Bedingung für die Lösungsmenge von linearen Gleichungssystemen angeführt werden:

Es sei das lineare Gleichungssystem

$$A * \vec{x} = \vec{b}$$

gegeben. A sei hierbei eine (m, n)−Matrix, also eine Matrix mit m Zeilen und n Spalten. Dies bedeutet, dass m Gleichungen und n Variable vorliegen. Das Gleichungssystem hat die Koeffizientenmatrix (A) und die erweiterte Koeffizientenmatrix $(A|\vec{b})$. Für die Lösung des Gleichungssystems gilt:

$rang(A) = rang(A|\vec{b})$ $\Rightarrow$ lösbar		$rang(A) < rang(A|\vec{b})$ $\Rightarrow$ **unlösbar**
$rang(A) = rang(A|\vec{b}) < n$ $\Rightarrow$ **mehrdeutig lösbar**	$rang(A) = rang(A|\vec{b}) = n$ $\Rightarrow$ **eindeutig lösbar**	
Die Dimension des Lösungsraumes entspricht: $n - rang(A|\vec{b})$		

Wenn das Gleichungssystem **genauso viele Gleichungen wie Variable** enthält, ist A eine quadratische Matrix. In diesen Fällen kann man sich die Berechnungen mittels der **Determinanten** vereinfachen. Nachfolgend wird das Schema mit den entsprechenden Modifikationen dargestellt, hierbei sei A eine (n, n)-Matrix:

det(A) = 0		det(A) ≠ 0 $\Rightarrow$ rang(A) = rang(A$\mid$$\vec{b}$) = n $\Rightarrow$ **eindeutig lösbar**
rang(A$\mid$$\vec{b}$) < n	rang(A$\mid$$\vec{b}$) = n $\Rightarrow$ rang(A) < rang(A$\mid$$\vec{b}$) $\Rightarrow$ **unlösbar**	
rang(A) = rang(A$\mid$$\vec{b}$) $\Rightarrow$ **mehrdeutig lösbar**	rang(A) < rang(A$\mid$$\vec{b}$) $\Rightarrow$ **unlösbar**	

Dieses zweite Schema sieht zwar zunächst etwas komplizierter aus, aber bei der konkreten Berechnung ist es in den meisten Fällen deutlich schneller, in vielen Fällen wird det(A) ≠ 0 gelten, so dass man mittels der Berechnung einer einzigen Determinante über die Lösbarkeit des Gleichungssystems Bescheid weiß. Zudem wird die Berechnung mittels dieses Schemas deutlich einfacher, wenn in dem Gleichungssystem bestimmte Konstanten als Faktoren auftreten. Allerdings ist zu beachten, dass man es nur anwenden kann, wenn das Gleichungssystem genauso viele Gleichungen wie Variable hat.

Wenn man bei einem eindeutig lösbaren linearen Gleichungssystem die inverse Matrix zu der Koeffizientenmatrix bereits kennt, kann man die Lösung des Gleichungssystems mittels der folgenden Umformung relativ einfach bestimmen:

$$A * \vec{x} = \vec{b} \quad \mid * A^{-1} \text{ von links}$$

$$\Leftrightarrow A^{-1} * A * \vec{x} = A^{-1} * \vec{b}$$

$$\Leftrightarrow \vec{x} = A^{-1} * \vec{b}$$

In diesem Fall muss man also lediglich den Vektor $\vec{b}$ von links mit A^{-1}

multiplizieren und erhält auf diese Weise den Lösungsvektor $\vec{x}$.

1.4.5.2 Die Cramersche Regel

Abschließend wird noch die Cramersche Regel angeführt. Mit dieser Regel können **eindeutig lösbare** lineare Gleichungssysteme relativ elegant gelöst werden. Wie zuvor gezeigt, kann ein lineares Gleichungssystem durch folgende Gleichung beschrieben werden:

$$A * \vec{x} = \vec{b}$$

Weiterhin war bereits gezeigt worden, dass man die Gleichung, falls die inverse Matrix von A existiert, auch folgendermaßen umformen kann:

$$\vec{x} = A^{-1} * \vec{b}$$

Bei einem eindeutig lösbaren Gleichungssystem, das keine überflüssigen Gleichungen enthält, ist A eine reguläre quadratische Matrix, die inverse Matrix zu A existiert also. Man könnte diese inverse Matrix nun über die adjungierte Matrix berechnen und dann mit dem Vektor $\vec{b}$ multiplizieren. Aus diesem Zusammenhang kann man die nachfolgend beschriebene Cramersche Regel ableiten.

Die einzelnen Spalten der Matrix A seien nun mit $\vec{a}_1$, $\vec{a}_2$, $\vec{a}_3$ etc. bezeichnet. Nach der Cramerschen Regel ergibt sich die Lösung des Gleichungssystems folgendermaßen:

$$x_1 = \frac{\det(\vec{b}, \vec{a}_2 ...)}{\det A}$$

Im Zähler wird also bei der Matrix, deren Determinante berechnet wird, die Spalte der gerade zu berechnenden Variablen durch $\vec{b}$ ersetzt. Hier war dies die erste Spalte. x_2 lautet somit:

$$x_2 = \frac{\det(\vec{a}_1, \vec{b}, ...)}{\det A}$$

Nachfolgend wird das Verfahren an einem Beispiel verdeutlicht:

Es sei folgendes Gleichungssystem gegeben:

$$x + y - z = 1 \;\wedge\; 2x - 3y + z = 0 \;\wedge\; x - z = 2$$

Die Koeffizientenmatrix und $\vec{b}$ lauten somit:

$$A = \begin{pmatrix} 1 & 1 & -1 \\ 2 & -3 & 1 \\ 1 & 0 & -1 \end{pmatrix} \qquad \vec{b} = \begin{pmatrix} 1 \\ 0 \\ 2 \end{pmatrix}$$

Für die Determinante von A ergibt sich:

$$\det(A) = 3 + 1 - 3 + 2 = 3$$

Die einzelnen Variablen ergeben sich nun folgendermaßen:

$$x = \det \begin{pmatrix} 1 & 1 & -1 \\ 0 & -3 & 1 \\ 2 & 0 & -1 \end{pmatrix} * \frac{1}{3} = (3 + 2 - 6) * \frac{1}{3} = -\frac{1}{3}$$

$$y = \det \begin{pmatrix} 1 & 1 & -1 \\ 2 & 0 & 1 \\ 1 & 2 & -1 \end{pmatrix} * \frac{1}{3} = (1 - 4 - 2 + 2) * \frac{1}{3} = -1$$

$$z = \det \begin{pmatrix} 1 & 1 & 1 \\ 2 & -3 & 0 \\ 1 & 0 & 2 \end{pmatrix} * \frac{1}{3} = (-6 + 3 - 4) * \frac{1}{3} = -\frac{7}{3}$$

Also insgesamt $\mathbb{L} = \{-\frac{1}{3}, -1, -\frac{7}{3}\}$

(Bei einem unterbestimmten Gleichungssystem kann diese Methode natürlich nicht funktionieren, denn in diesem Fall hat die Koeffizientenmatrix keinen vollen Rang, so dass sich für ihre Determinante der Koeffizientenmatrix Null ergibt.)

1.5   Formales Rechnen mit Matrizen

1.5.1 Grundlagen

Formale Gleichungen geben bestimmte Beziehungen zwischen den in ihnen enthaltenen Variablen an. Ein Beispiel mit "normalen" Variablen (also noch keine Matrizen) ist folgende Gleichung

$$2 * y + 3 = x$$

Gut möglich ist es, dass man diese Gleichung nach y aufgelöst haben möchte. Hierzu bringt man zunächst alles, was auf der Seite, auf der y steht, addiert oder subtrahiert wird, auf die andere Seite, also

$$2 * y + 3 = x \mid -3$$

$$\Leftrightarrow 2 * y = x - 3$$

Nun beseitigt man alles, was mit y multiplikativ verbunden ist

$$2 * y = x - 3 \mid /2$$

$$\Leftrightarrow y = 0,5 * x - 1,5$$

Vieles geht bei Matrizengleichungen genauso. Es gibt aber einen entscheidenden Unterschied:

Die Matrizenmultiplikation ist nicht kommutativ

Bei der "normalen" Multiplikation gilt $a * b = b * a$. Dieses gilt bei Matrizen nicht. Dass dies für nicht quadratische Matrizen nicht gilt, lässt sich sehr einfach erkennen. Es sei z.B. A eine 2x3 Matrix und B eine 3x4 Matrix. $A * B$ ((2x**3**) * (**3**x4)) lässt sich für diese Matrizen berechnen, denn die Spaltenzahl der ersten Matrix entspricht der Zeilenzahl der zweiten. $B * A$ ((3x**4**) * (**2**x3)) lässt sich dagegen gar nicht berechnen, denn hier müsste eine 3x4 Matrix mit einer 2x3 Matrix multipliziert werden. Dies geht aber nicht, denn Spaltenzahl der ersten Matrix und Zeilenzahl der zweiten Matrix sind hier nicht identisch.

Aber auch bei quadratischen Matrizen gilt zumeist nicht $A * B = B * A$, wie auch folgendes Gegenbeispiel zeigt:

$$A = \begin{pmatrix} 2 & 2 \\ 0 & 1 \end{pmatrix} \qquad B = \begin{pmatrix} 0 & 3 \\ 1 & 0 \end{pmatrix}$$

$$
\begin{array}{cc|cc}
 & & 0 & 3 \\
 & & 1 & 0 \\
\hline
2 & 2 & 2 & 6 \\
0 & 1 & 1 & 0
\end{array} = A * B
\qquad
\begin{array}{cc|cc}
 & & 2 & 2 \\
 & & 0 & 1 \\
\hline
0 & 3 & 0 & 3 \\
1 & 0 & 2 & 2
\end{array} = B * A
$$

Im Allgemeinen gilt also für Matrizen: $A * B \neq B * A$

Aus dieser nicht vorhandenen Kommutativität folgt weit mehr, als man im ersten Moment vermuten würde. Viele Operationen führt man bei der normalen Multiplikation ganz automatisch aus, ohne sich dabei bewusst zu sein, dass diese Operationen nur aufgrund der Kommutativität gestattet sind. Nachfolgend werden wichtige Konsequenzen aus der bei Matrizen nicht geltenden Kommutativität angeführt:

– Da die Matrizenmultiplikation nicht kommutativ ist, macht es einen sehr großen Unterschied, ob eine Matrizengleichung mit einer Matrix von links oder von rechts multipliziert wird. Entweder muss auf beiden Seiten von links, oder auf beiden Seiten von rechts multipliziert werden.

– Auch beim Ausklammern und Ausmultiplizieren muss man immer auf die Reihenfolge achten:

$$XA + CA = (X + C)A$$

Wenn z.B. eine Klammer quadriert werden soll, folgt:

$$(A + B)^2 = (A + B) * (A + B) = A^2 + BA + AB + B^2$$

Die beiden mittleren Terme können nun nicht zu $2AB$ zusammengefasst werden. Auf dieser Zusammenfassung beruhen aber die Binomischen Formeln, die somit für Matrizen nicht gelten.

– Aus der fehlenden Kommutativität folgt auch, dass es ein "geteilt durch" bei Matrizen nicht geben kann. Dieses wurde bereits in Abschnitt 1.4.3 behandelt. Hier sei dies nur noch einmal an einem Beispiel erläutert, es gelte folgende Matrizengleichung nach X aufzulösen:

$$A * X = B$$

hier darf man nun **nicht** wie folgt rechnen :

$$A * X = B \mid : A \quad \Leftrightarrow \quad X = \frac{B}{A} \quad \text{denn die rechte Seite könnte nun sowohl}$$

$A^{-1} * B$ als auch $B * A^{-1}$ lauten.

Das richtige Ergebnis erhält man, indem man beide Seiten der Gleichung von links mit A^{-1} multipliziert:

$$A * X = B \mid * A^{-1} \text{ von links}$$

$$\Leftrightarrow \quad A^{-1} * A * X = A^{-1} * B$$

$$\Leftrightarrow \quad I * X = A^{-1} * B \quad \Leftrightarrow \quad X = A^{-1} * B$$

Beim Auflösen von "Klammern", die als Ganzes transponiert oder invertiert werden, gilt es bestimmte Regeln zu beachten.

Wird die Transposition auf eine Summe oder eine Differenz von Matrizen angewendet, so kann sie auch einfach auf die einzelnen Matrizen angewendet werden:

$$(A - B)^{T} = A^{T} - B^{T}$$

Ein einfaches Beispiel zeigt, dass diese Regel sehr nahe liegend ist:

$$\left(\begin{pmatrix} 2 & 2 \\ 0 & 1 \end{pmatrix} + \begin{pmatrix} 0 & 3 \\ 1 & 0 \end{pmatrix} \right)^{T} = \left(\begin{pmatrix} 2 & 5 \\ 1 & 1 \end{pmatrix} \right)^{T} = \begin{pmatrix} 2 & 1 \\ 5 & 1 \end{pmatrix}$$

$$\left(\begin{pmatrix} 2 & 2 \\ 0 & 1 \end{pmatrix} + \begin{pmatrix} 0 & 3 \\ 1 & 0 \end{pmatrix} \right)^{T} = \begin{pmatrix} 2 & 2 \\ 0 & 1 \end{pmatrix}^{T} + \begin{pmatrix} 0 & 3 \\ 1 & 0 \end{pmatrix}^{T} = \begin{pmatrix} 2 & 0 \\ 2 & 1 \end{pmatrix} + \begin{pmatrix} 0 & 1 \\ 3 & 0 \end{pmatrix} = \begin{pmatrix} 2 & 1 \\ 5 & 1 \end{pmatrix}$$

Wird ein Produkt von Matrizen transponiert, so darf die Transposition nicht einfach auf die einzelnen Matrizen angewendet werden, wie folgendes Gegenbeispiel zeigt:

$$A = \begin{pmatrix} 1 & 1 \\ 0 & 3 \end{pmatrix}$$

$$B = \begin{pmatrix} 0 & 2 \\ 1 & 0 \end{pmatrix}$$

$$\begin{array}{cc|cc} & & 0 & 2 \\ & & 1 & 0 \\ \hline 1 & 1 & 1 & 2 \\ 0 & 3 & 3 & 0 \end{array} = A*B \Rightarrow (A*B)^T = \begin{pmatrix} 1 & 3 \\ 2 & 0 \end{pmatrix}$$

$$\begin{array}{cc|cc} & & 0 & 1 \\ & & 2 & 0 \\ \hline 1 & 0 & 0 & 1 \\ 1 & 3 & 6 & 1 \end{array} = A^T * B^T$$

Dass das "Transponiert" bei der Multiplikation nicht einfach in die Klammern gezogen werden kann, lässt sich auch folgendermaßen zeigen. Es sei $(A*B)^T$ zu berechnen, wobei A eine 2x3 und B eine 3x4 Matrix sei. Diese Aufgabe ist lösbar. Würde nun aber das "Transponiert" einfach in die Klammer gezogen werden, so müsste eine 3x2 Matrix mit einer 4x3 Matrix multipliziert werden. Dieses ist aber nicht möglich, da die Spaltenzahl der ersten Matrix nun nicht mehr der Zeilenzahl der zweiten entspräche. Würde man die Matrizen zusätzlich bei dem Hereinziehen vertauschen, so wäre die Aufgabe lösbar. Es lässt sich zeigen, dass sich hierbei auch immer die richtige Lösung ergibt. Also gilt:

Wird bei einem Produkt die Transposition in die Klammer gezogen, so muss die **Reihenfolge der Matrizen vertauscht** werden:

$$(A*B)^T = B^T * A^T$$

Wird für das zuvor behandelte Beispiel $B^T * A^T$ berechnet, so ergibt sich das richtige Ergebnis für $(A*B)^T$:

$$\begin{array}{cc|cc} & & 1 & 0 \\ & & 1 & 3 \\ \hline 0 & 1 & 1 & 3 \\ 2 & 0 & 2 & 0 \end{array} = B^T * A^T = (A*B)^T$$

Die zuvor angeführte Regel für die Transposition von Produkten gilt analog auch für die Inversion von Ausdrücken:

$$(A * B)^{-1} = B^{-1} * A^{-1}$$

Bei Summen und Differenzen kann keine Vereinfachung durchgeführt
werden. Es gilt also im Allgemeinen **nicht** $(A + B)^{-1} = A^{-1} + B^{-1}$.
Dieser Zusammenhang gilt ja auch bei der normalen Multiplikation nicht.

Nachfolgend seien die **wichtigsten Rechenregeln für Matrizen** angeführt.
Sie sind aus dem bisher Dargelegten ableitbar:

1. $A^{-1^T} = A^{T^{-1}}$

2. $A^{-1^{-1}} = A$

3. $A^{T^T} = A$

4. $A * A^{-1} = I = A^{-1} * A$

5. $I * A = A * I = A$

6. $\lambda * A = A * \lambda$ mit $\lambda \in \mathbb{R}$

7. $A + A*B = A * (I + B)$ hier muss beim Ausklammern die Einheitsmatrix eingefügt werden, eine Eins wäre zwar an sich auch richtig, aber dann würde in der Klammer die
Eins mit einer Matrix addiert werden, und dies ist nicht definiert.

8. $A * (B + C) = A*B + A*C$ hier ist die Reihenfolge zu beachten

9. $(A + B)^T = A^T + B^T$

10. $(A * B)^T = B^T * A^T$

11. $(A * B)^{-1} = B^{-1} * A^{-1}$

12. $(A + B)^2 = A^2 + AB + BA + B^2$

Verboten sind folgende Umformungen (das Ungleichheitszeichen darf in den nachfolgenden Bezeichnungen nicht zu stark gedeutet werden, denn es kann z.b. in einem Spezialfall durchaus $A*B = B*A$ gelten. Das Ungleichheitszeichen soll nur bedeuten, dass im Allgemeinen derartige Umformungen verboten sind):

1. $A * B \neq B * A$

2. $A*B - A*C \neq (B - C) * A$

3. $(A + B)^{-1} \neq A^{-1} + B^{-1}$

4. $A*B - A \neq A * (B - 1)$

5. $(A * B)^T \neq A^T * B^T$

6. $(A + B)^2 \neq A^2 + 2AB + B^2$

Am besten wird man durch Aufgaben mit diesen Zusammenhängen vertraut. Daher sind im nächsten Abschnitt zwei Aufgaben hierzu angeführt.

1.5.2 Übungsaufgaben

1) *Man löse die folgende Matrizengleichung formal nach X auf:*

$$2X*(I - A) = (C\,X^T)^T + X - B$$

2) Lösen Sie die Matrixgleichung $2X + XR = (L^T * X^T)^T - G$ formal nach X auf!

Lösungsvorschläge:

1) $2X*(I - A) = (C\,X^T)^T + X - B$ Zunächst werden die Klammern aufgelöst

   $\Leftrightarrow 2X - 2XA = X^{T^T}* C^T + X - B$

   $\Leftrightarrow 2X - 2XA = X * C^T + X - B \;\mid -X \; -X * C^T$ Alle X werden auf eine Seite gebracht.

   $\Leftrightarrow X - 2XA - X * C^T = -B$ X wird nach links ausgeklammert

   $\Leftrightarrow X*(I - 2A - C^T) = -B \quad \mid * (I-2A-C^T)^{-1}$ Es wird mit dem Inversen multipliziert, dadurch wird erreicht, dass X danach alleine steht.

   $\Leftrightarrow \mathbf{X = -B * (I - 2A - C^T)^{-1}}$

2) $2X + XR = (L^T * X^T)^T - G$ | Zunächst wird die Klammer aufgelöst

   $\Leftrightarrow 2X + XR = X * L - G \quad\quad\quad \mid - X*L$

   $\Leftrightarrow 2X + XR - X * L = -G \quad\quad$ | Nun wird auf der linken Seite X ausgeklammert

   $\Leftrightarrow X * (2I + R - L) = -G \quad\quad \mid * (2I + R - L)^{-1}$

   $\Leftrightarrow \mathbf{X = -G * (2I + R - L)^{-1}}$

1.6 Konkrete Überprüfung auf lineare Abhängigkeit

1.6.1 Grundlagen

Die Grundlagen dieser Gebiete wurden bereits in Abschnitt 1.1 behandelt. Hier soll es nun um die konkrete Berechnung von Aufgaben gehen.

Die formale Definition der linearen Unabhängigkeit lautete folgendermaßen:

> Die Vektoren $\vec{a}_1$, $\vec{a}_2$ .... $\vec{a}_n$ sind genau dann **linear unabhängig**, wenn die Gleichung $\lambda_1 \vec{a}_1 + \lambda_2 \vec{a}_2 + ... + \lambda_n \vec{a}_n = 0$ nur erfüllbar ist, wenn alle λ_i gleich Null sind.

Hier sei angemerkt, dass man statt Vektoren auch Matrizen in die Bedingung einsetzen kann. Matrizen können also auch linear abhängig sein.

Die in dem Kasten angeführte Gleichung stellt ein linear homogenes Gleichungssystem dar. Es muss untersucht werden, ob dieses Gleichungssystem nur die triviale Lösung (Nulllösung) hat. Nachfolgend wird die Problemstellung anhand eines Beispiels erörtert.

Prüfen Sie die Vektoren $(3, 1, 2, 2)^T$, $(5, 2, 1, 4)^T$ und $(5, 1, 8, 2)^T$ auf lineare Unabhängigkeit.

Das Transponiert drückt aus, dass es sich hier um Spaltenvektoren handelt. (Für die lineare Abhängigkeit ist es allerdings egal, ob es sich um Zeilen- oder Spaltenvektoren handelt.) Die zu untersuchende Gleichung lautet:

$$\lambda (3, 1, 2, 2)^T + \mu (5, 2, 1, 4)^T + \nu (5, 1, 8, 2)^T = 0$$

Hieraus ergeben sich 4 Gleichungen, da eine Vektorgleichung immer in allen Komponenten gelten muss. Die einzelnen Gleichungen lauten:

$$3\lambda + 5\mu + 5\nu = 0 \quad \wedge \lambda + 2\mu + \nu = 0$$

$$\wedge 2\lambda + \mu + 8\nu = 0 \quad \wedge 2\lambda + 4\mu + 2\nu = 0$$

Wenn dieses Gleichungssystem eindeutig lösbar ist, so hat es nur die

Nulllösung. Eindeutig lösbar ist es aber immer dann, wenn der Rang der Koeffizientenmatrix gleich der Anzahl der Variablen ist. In diesem Fall handelt es sich um 3 Variable (λ, μ und ν). Wenn der Rang der Koeffizientenmatrix 3 ist, sind die Vektoren also linear unabhängig. Ist der Rang kleiner als 3, sind sie linear abhängig.

Die Koeffizientenmatrix lautet:

$$\begin{pmatrix} 3 & 5 & 5 \\ 1 & 2 & 1 \\ 2 & 1 & 8 \\ 2 & 4 & 2 \end{pmatrix} \quad \text{I und II vertauschen}$$

Die Spalten dieser Matrix sind gerade die zu untersuchenden Spaltenvektoren. (Bei einer konkreten Berechnung könnte man also gleich die Vektoren zu einer Matrix zusammenfassen.) Nun wird der Rang der Matrix bestimmt:

$$\begin{pmatrix} 1 & 2 & 1 \\ 3 & 5 & 5 \\ 2 & 1 & 8 \\ 2 & 4 & 2 \end{pmatrix} \quad \begin{matrix} \\ -3*I \\ -2*I \\ -2*I \end{matrix}$$

$$\begin{pmatrix} 1 & 2 & 1 \\ 0 & -1 & 2 \\ 0 & -3 & 6 \\ 0 & 0 & 0 \end{pmatrix} \quad \begin{matrix} \\ \\ -3*II \\ \end{matrix}$$

$$\begin{pmatrix} 1 & 2 & 1 \\ 0 & -1 & 2 \\ 0 & 0 & 0 \\ 0 & 0 & 0 \end{pmatrix}$$

Da nur zwei Zeilen nicht nur aus Nullen bestehen, ist der Rang 2. Da der Rang kleiner als die Anzahl der Vektoren ist, sind die Vektoren linear abhängig.

Da der Zeilenrang einer Matrix immer dem Spaltenrang entspricht, hätte man die Vektoren auch in die Zeilen der Matrix schreiben können und wäre zu demselben Ergebnis gekommen.

Insgesamt ergibt sich also folgendes Verfahren zur **Überprüfung von linearer Abhängigkeit** von Vektoren:

> Die Vektoren werden in eine Matrix geschrieben. Dann wird der Rang der Matrix bestimmt. Entspricht der Rang der Matrix der Anzahl der Vektoren, so sind diese linear unabhängig. Ansonsten sind sie linear abhängig.

Unter bestimmten Bedingungen kann die Rangbestimmung mittels der Determinante durchgeführt werden:

> Die Determinante kann zur Untersuchung auf lineare Abhängigkeit immer dann verwendet werden, wenn die Anzahl der zu untersuchenden Vektoren und die Anzahl der Komponenten der Vektoren identisch sind. (Dies folgt schon daraus, dass die Determinante nur für quadratische Matrizen definiert ist.) Ist die **Determinante** in diesen Fällen **Null**, so sind die Vektoren **linear abhängig**; ist sie **ungleich Null**, so sind sie **linear unabhängig**.

In der Regel ist es sinnvoll, den Rang mittels der Determinante zu bestimmen, falls dies möglich ist. Insbesondere dann, wenn in den Vektoren Variable auftauchen, ist dies ratsam. Ab vier Vektoren bereitet aber die Berechnung der Determinante größere Schwierigkeiten (siehe Laplacer Entwicklungssatz), so dass man sich jeweils überlegen muss, welche Methode geschickter ist.

Die zuvor gezeigten Methoden können auch benutzt werden, wenn Matrizen auf lineare Abhängigkeit überprüft werden sollen. Es seien die folgenden 3 Matrizen gegeben:

$$A = \begin{pmatrix} 1 & 2 \\ 3 & 4 \end{pmatrix}, \quad B = \begin{pmatrix} 1 & 0 \\ 0 & 1 \end{pmatrix} \quad \text{und} \quad C = \begin{pmatrix} 0 & 2 \\ 1 & 0 \end{pmatrix}$$

Bezüglich linearer Abhängigkeit gelten für Matrizen alle Zusammenhänge genauso wie für Vektoren. Einerseits kann untersucht werden, ob folgendes Gleichungssystem nur die Triviallösung (Nulllösung) hat:

$$\lambda \begin{pmatrix} 1 & 2 \\ 3 & 4 \end{pmatrix} + \mu \begin{pmatrix} 1 & 0 \\ 0 & 1 \end{pmatrix} + \nu \begin{pmatrix} 0 & 2 \\ 1 & 0 \end{pmatrix} = \begin{pmatrix} 0 & 0 \\ 0 & 0 \end{pmatrix}$$

Alternativ zu der Lösung dieses Gleichungssystems kann aber auch der Rang der Koeffizientenmatrix bestimmt werden. Ist dieser Rang gleich 3, so ist das Gleichungssystem eindeutig lösbar. Da es ein homogenes Gleichungssystem ist, hat es dann nur die Triviallösung. Zunächst können also die Matrizen in die Zeilen (oder auch Spalten) einer "großen" Matrix geschrieben werden. Nachfolgend werden die Elemente der einzelnen Matrizen zeilenweise hingeschrieben. Sie könnten auch spaltenweise hingeschrieben werden, wichtig ist allerdings, dass die Elemente für alle Matrizen in derselben Sortierung aufgeschrieben werden:

$$\begin{pmatrix} 1 & 2 & 3 & 4 \\ 1 & 0 & 0 & 1 \\ 0 & 2 & 1 & 0 \end{pmatrix} \; -\mathrm{I}$$

$$\begin{pmatrix} 1 & 2 & 3 & 4 \\ 0 & -2 & -3 & -3 \\ 0 & 2 & 1 & 0 \end{pmatrix} \; +\mathrm{II}$$

$$\begin{pmatrix} 1 & 2 & 3 & 4 \\ 0 & -2 & -3 & -3 \\ 0 & 0 & -2 & -3 \end{pmatrix}$$

Der Rang der Matrix ist also 3. Somit sind die 3 gegebenen Matrizen linear unabhängig.

1.6.2 Übungsaufgaben

1. Gibt es ein a ∈ ℝ, so dass die Vektoren **x** = (2a; 1; 2), **y** = (a; 2; 4) und **z** = (1−a; 3; 5) linear abhängig sind? Wenn ja, bestimmen Sie ein solches a.

Die Determinante dreier Vektoren ist genau dann gleich Null, wenn die Vektoren linear abhängig sind. Für die Determinante ergibt sich:

$$\begin{vmatrix} 2a & 1 & 2 \\ a & 2 & 4 \\ 1-a & 3 & 5 \end{vmatrix} \qquad \begin{vmatrix} 2a & 1 & 2 \\ a & 2 & 4 \\ 1-a & 3 & 5 \end{vmatrix} \begin{matrix} 2a & 1 \\ a & 2 \\ 1-a & 3 \end{matrix}$$

= 2a∗2∗5 + 1∗4∗(1−a) + 2∗a∗3 − (1−a)∗2∗2 −3∗4∗2a − 5∗a∗1

= 20a + 4 − 4a + 6a − 4 + 4a − 24a − 5a = −3a

Die Determinante wird also gerade für a=0 Null. Somit sind die drei Vektoren für a=0 linear abhängig.

---

2. Es sei ℝ die Menge der reellen Zahlen. Geben Sie zu a^T = (1, 1, 1, 1), b^T = (0, 1, 1, 0) sowie c^T = (1, 0, 0, 0) einen Vektor des ℝ⁴ an, so dass alle vier Vektoren linear unabhängig sind.

Das Transponiert drückt einfach die Schreibweise für Spaltenvektoren aus, ohne das ^{T} wären Zeilenvektoren gemeint. Hier kann auch die Determinante benutzt werden. Für den vierten Vektor wird dann x^T = (x_1, x_2, x_3, x_4) angesetzt. Wenn man dann von den vier Vektoren die Determinante bildet und gleich Null setzt, erhält man alle möglichen Lösungen. In der Aufgabe war aber nur gefordert, eine bestimmte Lösung zu finden. Hier gibt es ein einfacheres Verfahren: Der Rang einer Matrix gibt an, wieviele Zeilen bzw. Spalten linear unabhängig sind. Die vier Vektoren sind also genau dann linear unabhängig, wenn der Rang der von ihnen gebildeten Matrix 4 ist.

Durch geschickte Anordnung der gegebenen Vektoren lässt sich die Aufgabe leicht lösen:

$$\begin{pmatrix} 1 & 0 & 1 \\ 0 & 1 & 1 \\ 0 & 1 & 1 \\ 0 & 0 & 1 \end{pmatrix}$$

Bei dieser Anordnung der drei Vektoren kann man erkennen, dass die Matrix schon fast in Zeilenstufenform ist. Bei geschickter Wahl des vierten Vektors ist die Matrix in Zeilenstufenform:

$$\begin{pmatrix} 1 & 1 & 0 & 1 \\ 0 & 1 & 1 & 1 \\ 0 & 0 & 1 & 1 \\ 0 & 0 & 0 & 1 \end{pmatrix}$$

Hier wurde eine mögliche Wahl für den vierten Vektor getroffen. Der Rang der Matrix ist 4, und somit ist der Vektor $(1, 1, 0, 0)^T$ mit den anderen drei Vektoren linear unabhängig.

Nachfolgend wird die Berechnung über die Determinante auch noch angeführt. Bei der gegebenen Aufgabenstellung ist dieses die komplizierterere Lösungsmöglichkeit. Wenn aber alle möglichen Lösungen ermittelt werden sollen, ist der Weg über die Determinante besser:

$$\begin{vmatrix} 1 & 1 & 1 & 1 \\ 0 & 1 & 1 & 0 \\ 1 & 0 & 0 & 0 \\ x_1 & x_2 & x_3 & x_4 \end{vmatrix}$$

Diese Determinante kann man nun nach dem Laplacen Entwicklungssatz entwickeln. Hierbei entwickelt man am besten nach der dritten Zeile. Da diese Zeile drei Nullen enthält, wird die Entwicklung sehr einfach, die einzige Unterdeterminante, die man betrachten muss, ist die, bei der die erste Spalte und die dritte Zeile gestrichen werden:

$$
\begin{vmatrix}
1 & 1 & 1 & 1 \\
0 & 1 & 1 & 0 \\
1 & 0 & 0 & 0 \\
x_1 & x_2 & x_3 & x_4
\end{vmatrix}
$$

Nach dem Vorzeichenschema ergibt sich für die Eins ein + als Vorzeichen:

$$
\begin{vmatrix}
1 & 1 & 1 & 1 \\
0 & 1 & 1 & 0 \\
1 & 0 & 0 & 0 \\
x_1 & x_2 & x_3 & x_4
\end{vmatrix}
= 1 *
\begin{vmatrix}
1 & 1 & 1 \\
1 & 1 & 0 \\
x_2 & x_3 & x_4
\end{vmatrix}
- 0 * \ldots + 0 * \ldots - 0 * \ldots
$$

Die 3x3 Determinante kann man nun nach der Regel von Sarrus ausrechnen:

$$
\begin{array}{ccc|cc}
1 & 1 & 1 & 1 & 1 \\
1 & 1 & 0 & 1 & 1 \\
x_2 & x_3 & x_4 & x_2 & x_3
\end{array}
$$

$$
\begin{vmatrix}
1 & 1 & 1 \\
1 & 1 & 0 \\
x_2 & x_3 & x_4
\end{vmatrix}
= x_4 + x_3 - x_2 - x_4 = x_3 - x_2
$$

Wenn die Determinante ungleich Null ist, sind die vier Vektoren linear unabhängig. Es muss also gelten:

$$
x_3 - x_2 \neq 0 \;\Rightarrow\; x_3 \neq x_2
$$

Es erfüllen also alle Vektoren x^T, bei denen x_3 und x_2 nicht identisch sind, die gestellte Bedingung. Da in der Aufgabenstellung nur nach einem bestimmten Vektor gefragt wurde, der diese Bedingung erfüllt, kann man nun einen beliebigen Vektor wählen, der die Bedingung erfüllt. Also z.B. folgenden Vektor: d = (0, 1, 0, 0)

3.   *Für welche Werte* $c \in \mathbb{R}$ *sind die Vektoren*

$$\begin{pmatrix} 1 \\ 0 \\ 1 \end{pmatrix}, \qquad \begin{pmatrix} c \\ c \\ 0 \end{pmatrix}, \qquad \begin{pmatrix} 0 \\ 1 \\ c \end{pmatrix}$$

linear abhängig? Begründen Sie dies.

Hier lässt sich zur Überprüfung auf lineare Abhängigkeit am besten die Determinante benutzen:

$$\det \begin{pmatrix} 1 & c & 0 \\ 0 & c & 1 \\ 1 & 0 & c \end{pmatrix} = c^2 + c$$

Wenn die Determinante Null ist, sind die Vektoren linear abhängig.

$$c^2 + c = 0 \iff c*(c+1) = 0 \iff c = 0 \vee c+1 = 0$$

$$\iff c = 0 \vee c = -1$$

Die Vektoren sind für c=0 und für c=−1 linear abhängig.

1.7 Überprüfung auf Vektorraumeigenschaften

1.7.1 Grundlagen

Vektorräume wurden bereits in Abschnitt 1.1.3 behandelt. Dort ging es um den $\mathbb{R}^2$ und den $\mathbb{R}^3$. Geometrisch stellt der $\mathbb{R}^2$ eine Ebene und der $\mathbb{R}^3$ den normalen dreidimensionalen Raum dar. Die Dimension dieser Vektorräume entspricht gerade der Anzahl der freien Parameter ihrer Vektoren.

Ein Vektorraum ist eine Menge mit einer Verknüpfung (+) und einer Skalarmultiplikation (für reelle Vektorräume ist dies die Multiplikation mit einer reellen Zahl). Allerdings ist nicht jede Menge, auf der diese Verknüpfungen definiert sind, ein Vektorraum. Es müssen bestimmte Axiome erfüllt sein:

1) die Menge darf nicht leer sein

　　Für die Verknüpfung + muss:
2) ein neutrales Element (der Nullvektor) existieren
3) ein inverses Element existieren
4) und $\vec{a} + \vec{b} = \vec{b} + \vec{a}$ gelten (sie muss also kommutativ sein).

　　Außerdem muss die Skalarmultiplikation assoziativ sein:
5) $(\lambda * \mu) * \vec{a} = \lambda * (\mu * \vec{a})$　　　　　　$\lambda, \mu \in \mathbb{R}$

　　Es muss für alle $\vec{a}$ gelten:
6) $1 * \vec{a} = \vec{a}$

　　Es muss für die Vektoren und die Skalare das Distributivgesetz gelten:
7) $\lambda * (\vec{a} + \vec{b}) = \lambda * \vec{a} + \lambda * \vec{b}$

8) $(\lambda + \mu) * \vec{a} = \lambda * \vec{a} + \mu * \vec{a}$

Diese Bedingungen sind relativ abstrakt. Streng genommen muss bei einem Vektorraum nachgewiesen werden, dass diese Bedingungen gelten. Sofern bei der Mathematik für Wirtschaftswissenschaftler Vektorraumaufgaben behandelt werden, gibt es oft eine einfachere Möglichkeit, sie zu lösen, als durch den Nachweis all dieser Bedingungen. Häufig handelt es sich um Unterraumaufgaben (die im nächsten Abschnitt behandelt werden), oder Aufgaben, bei denen relativ leicht festgestellt werden kann, ob es sich um einen Vektorraum handelt (Der $\mathbb{R}^n$ mit $n \in \mathbb{N}$ ist ein Vektorraum, während andere Mengen meist die im Folgenden beschriebene Abgeschlossenheitsforderung nicht erfüllen.)

Für einen Vektorraum lassen sich auch folgende Forderungen herleiten:

Abgeschlossenheit bezüglich der Addition
Abgeschlossenheit bezüglich der skalaren Multiplikation

Die beiden angeführten Bedingungen bedeuten, dass, wenn bei einer Menge, die Vektorraumeigenschaft besitzt, zwei beliebige Elemente aus der Menge addiert werden, das Ergebnis der Addition auch Element der Menge ist (=Abgeschlossenheit der Addition), und wenn ein beliebiges Element der Menge mit einer beliebigen reellen Zahl (Skalar) multipliziert wird, das Ergebnis ebenfalls Element der Menge ist (=Abgeschlossenheit der skalaren Multiplikation). Diese beiden Eigenschaften kann man auch in einer Forderung zusammenfassen:

Ein Vektorraum muss alle Linearkombinationen seiner Elemente enthalten.

Angenommen, es soll untersucht werden, ob die Menge der geraden Zahlen ein Vektorraum ist. Wenn man zwei gerade Zahlen addiert, so erhält man immer als Ergebnis eine gerade Zahl. Also ist diese Menge abgeschlossen bezüglich der Addition. Wenn man aber eine gerade Zahl mit einem beliebigen Skalar multipliziert, so muss das Ergebnis keinesfalls wieder eine gerade Zahl sein. Wird z.B. 2 (Element der geraden Zahlen) mit 1,5 multipliziert, so ist das Ergebnis 3, und dies ist keine gerade Zahl. Da die Bedingungen der Abgeschlossenheit immer erfüllt sein müssen, reicht ein solches Gegenbeispiel, um zu zeigen, dass es sich um keinen Vektorraum handelt. Die Menge der geraden Zahlen ist also kein Vektorraum.

In diesem Zusammenhang treten oft zwei Missverständnisse auf, diese sollen nachfolgend anhand eines Beispiels demonstriert werden:

Ist die Menge der rationalen Zahlen $\mathbb{Q}$ ein Vektorraum?

Die Menge der rationalen Zahlen umfasst alle Zahlen, die man als Bruch darstellen kann. Diese Menge ist nicht leer, weiterhin ist sie abgeschlossen bezüglich der Addition, denn wenn man zwei Brüche addiert, ergibt sich als Ergebnis stets wieder ein Bruch.[1] Ist die Menge aber auch abgeschlossen bezüglich der Skalar–Multiplikation? Zu dieser Frage werden nachfolgend zwei verschiedene Antworten angeboten:

1) "Wenn man einen Bruch mit einem Skalar, in diesem Fall also einem anderen Bruch, multipliziert, ergibt sich stets wieder ein Bruch, die Menge ist also abgeschlossen bezüglich der Skalar–Multiplikation"

2) "Wenn man z. B. $\sqrt{2}$ mit dem Skalar 1 multipliziert, erhält man als Ergebnis $\sqrt{2}$, dieses ist aber keine rationale Zahl. Somit wurde gezeigt, dass $\mathbb{Q}$ nicht abgeschlossen bezüglich der Skalar–Multiplikation ist."

Beide Argumentationen sind falsch! Dies wird nachfolgend begründet:

1) Die Aussage "mit einem Skalar, in diesem Fall also einem anderen Bruch" ist falsch, der Skalar kann eine beliebige reelle Zahl sein[2], unabhängig davon, welche Menge man auf Vektorraumeigenschaften untersucht. Der Skalar könnte also auch eine irrationale Zahl sein, die man nicht als Bruch darstellen kann. Somit ist also auch die zuvor angestellte Folgerung, dass die Menge abgeschlossen bezüglich der Skalar–Multiplikation ist, falsch.

2) In diesem Fall stimmt die Folgerung, aber die Argumentationskette ist falsch (und kann im Allgemeinen auch zu falschen Folgerungen führen). Um die Abgeschlossenheit einer Menge zu überprüfen, muss man immer einen Wert aus der Menge wählen und diesen dann mit einem Skalar multiplizieren. Es wurde aber folgendermaßen argumentiert: "Wenn man z. B. $\sqrt{2}$ mit dem Skalar 1 multipli-

---

1: Hierbei ist zu beahten, dass auch die ganzen Zahlen zu $\mathbb{Q}$ gehören, also in diesem Sinne Brüche sind. Es gilt z.B.:
$$2 = \frac{2}{1}$$

2: Dies gilt, weil in dieser Abhandlung nur Vektorräume über $\mathbb{R}$ betrachtet werden. Wenn man Vektorräume über den komplexen Zahlen betrachten würde, würde der Skalar eine beliebige komplexe Zahl sein.

ziert ..." $\sqrt{2}$ ist aber keine rationale Zahl und daher kein Element von ℚ.

Man kann tatsächlich ein Gegenbeispiel zur Abgeschlossenheit bezüglich der Skalar-Multiplikation finden, allerdings muss die Argumentation gerade "anders herum" als bei der zweiten Argumentation laufen:

$$ \underset{\in\,\mathbb{Q}}{1} \;\; * \;\; \underset{\in\,\mathbb{R}}{\sqrt{2}} \;\; = \;\; \underset{\notin\,\mathbb{Q}}{\sqrt{2}} $$

In diesem Fall wird also ein Element aus ℚ (1 ist in diesem Sinne auch ein Bruch, denn man kann z.b. schreiben $1 = \frac{1}{1}$) mit dem Skalar (der reellen Zahl) $\sqrt{2}$ multipliziert. Das Ergebnis dieser Multiplikation ist kein Element aus ℚ, somit ist ℚ nicht abgeschlossen bezüglich der Skalar-Multiplikation, und es handelt sich folglich bei ℚ um keinen Vektorraum.

Elemente von Vektorräumen können nicht nur Zahlen oder Vektoren, sondern auch Matrizen sein. Der $\mathbb{R}^4$ kann als Elemente entweder Vektoren mit 4 Komponenten haben oder auch (2, 2)-Matrizen, denn diese haben ja auch 4 unabhängige Komponenten. Allerdings nennt man diesen Vektorraum in der Regel den $\mathbb{R}^{2,\,2}$. Entsprechend stellt die Menge aller (3, 4)-Matrizen mit Elementen aus ℝ den $\mathbb{R}^{3,\,4}$ dar. Die Elemente dieses Vektorraumes enthalten 12 unabhängige Komponenten aus ℝ, somit entspricht dieser Vektorraum weitgehend dem $\mathbb{R}^{12}$.

Nachfolgend noch eine weitere Beispielaufgabe:

Bildet die Menge $\mathbb{G}_3$ aller reellen ganzrationalen Funktionen 3. Grades einen Vektorraum über ℝ ? Wenn ja, geben Sie eine Basis und die Dimension an.

Im vorliegenden Fall lässt sich leicht ein Gegenbeispiel konstruieren. Es sei $f(x) = x^3$ und $g(x) = -x^3 + x^2$, dann ist $f(x) + g(x) = x^2$ kein Element der ganzrationalen Funktionen 3. Grades, denn dieses sind nur Funktionen, bei denen das x auch tatsächlich in dritter Potenz vorkommt. Die Menge ist also nicht abgeschlossen bezüglich der Addition und bildet somit keinen Vektorraum.

1.7.2　Unterräume

Wenn der $\mathbb{R}^n$ gewissen einschränkenden Bedingungen unterliegt und die durch die Einschränkungen entstehende Menge Vektorraumeigenschaften hat, so bezeichnet man diesen Vektorraum auch als Unterraum des $\mathbb{R}^n$. Jeder Unterraum ist somit ein Vektorraum. Aber nicht alle einschränkenden Bedingungen führen dazu, dass die entstehende Menge Vektorraumeigenschaften hat. Die entstehende Menge ist genau dann ein Vektorraum (bzw. Unterraum), wenn sie nicht leer und **abgeschlossen** bezüglich der Addition und der skalaren Multiplikation ist.

Nachfolgend werden einige Beispiele betrachtet:

1 $V = \{ (x, y) \mid x + y = 1 \text{ sowie } x, y \in \mathbb{R} \}$

Hier lässt sich sehr leicht zeigen, dass es sich bei dieser Menge um keinen Vektorraum handelt, denn der Nullvektor ist nicht Element der Menge, da $0 + 0 \neq 1$ ist. (Es wäre hier auch leicht, ein Gegenbeispiel bezüglich der Abgeschlossenheit zu finden.) Die obige Nebenbedingung ist eine **inhomogene** Gleichung. (Würde statt der 1 eine 0 stehen, wäre sie homogen). Die zuvor angeführte Betrachtung lässt sich bei allen inhomogenen Nebenbedingungen durchführen. Denn inhomogene Gleichungen sind gerade dadurch gekennzeichnet, dass, wenn alle Variablen auf der einen Seite stehen, auf der anderen Seite keine 0 steht. Dann können aber nicht alle Variablen gleichzeitig Null sein.

2 $V = \{ (x, y) \mid y = x^3 \text{ sowie } x, y \in \mathbb{R} \}$

Hier ist die angeführte Nebenbedingung homogen. Dennoch lässt sich leicht ein Gegenbeispiel bezüglich der Abgeschlossenheit finden:

$$(1, 1) \quad + \quad (2, 8) \quad = \quad (3, 9)$$
$$\in V \qquad\qquad \in V \qquad\qquad \notin V$$
$$1^3 = 1 \qquad\quad 2^3 = 8 \qquad\quad 3^3 = 27 \neq 9$$

Bei derartigen **nicht linearen** Nebenbedingungen lassen sich fast immer Gegenbeispiele finden. Graphisch ist die zuvor betrachtete Menge nebenstehend dargestellt.

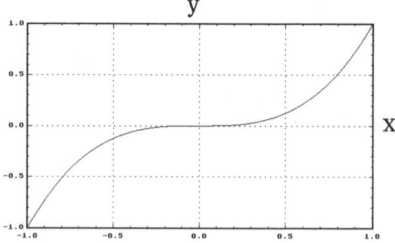

Es dürfte anschaulich klar sein,

dass, wenn man Vektoren, die vom Ursprung auf die Kurve führen, addiert oder mit einem Skalar multipliziert, der sich ergebende Vektor nicht mehr auf der Kurve endet. Daher ist er kein Element der Menge. Bei nicht linearen Gleichungen ergeben sich derartige "Kurven".

3 $V = \{ (x, y) \mid 24x - y = 0 \text{ sowie } x, y \in \mathbb{R} \}$

Hier ist die Nebenbedingung **linear** und **homogen**. Gezeichnet ergibt sich für diese Menge:

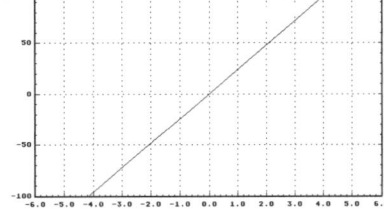

Es handelt sich also um eine Gerade (linear), die durch den Ursprung geht (homogen). Addiert man Vektoren, die vom Ursprung auf die Gerade führen, (oder multipiziert man sie mit einem Skalar), so ergibt sich ein Vektor, der wieder auf der Geraden endet.

Allgemein gilt:

Sind die einschränkenden Bedingungen linear und homogen (handelt es sich also um ein linear homogenes Gleichungssystem)**, so ist die betrachtete Menge ein Vektorraum, sind sie es nicht, so handelt es sich meist um keinen Vektorraum.**

Nachfolgend noch ein Beispiel:

Zeigen Sie, dass $V = \{ (u, v, w, s) \mid 2u + v = w + s \text{ sowie } u, v, w, s \in \mathbb{R} \}$ ein Vektorraum ist, und bestimmen Sie seine Dimension.

Es ist also die Menge der u, v, w und s, die alle Element aus $\mathbb{R}$ sind und der beschränkenden Bedingung 2u+v = w+s unterliegen, auf Vektorraumeigenschaft zu untersuchen. Wäre diese Aufgabe ohne beschränkende Bedingung gestellt, so würde es sich um den $\mathbb{R}^4$ handeln. Die Frage ist also, ob die beschränkende Bedingung die Vektorraumeigenschaft zerstört. Um dies festzustellen, kann man die Bedingung untersuchen. Linear ist sie dann, wenn alle Variablen nur in einfacher Potenz erscheinen und auch nicht miteinander multipliziert werden (also z.B. kein v^2 oder u^{-1} oder u∗v), homogen ist sie, wenn keine einzelne Zahl oder Konstante als Glied in der Gleichung auftaucht (Zahlen oder Konstanten dürfen also nur auftauchen, wenn sie mit den Variablen multipliziert werden). Man kann auch sagen, dass die Gleichung genau dann homogen ist, wenn sie sich so umstellen lässt, dass auf der einen Seite nur Variable stehen und auf der anderen Seite dann eine Null steht. In obigem Beispiel ist beides erfüllt, so dass es sich um einen Vektorraum handelt. Würde die Bedingung z.B. $2u+v = w+s+3$ lauten, so wäre die Homogenität der Gleichung nicht erfüllt, und es würde sich um keinen Vektorraum handeln. Bei derartigen inhomogenen Nebenbedingungen lässt es sich sehr leicht verstehen, dass die eingeschränkte Menge keine Vektorraumeigenschaft hat: Wie zu Anfang angeführt, muss jeder Vektorraum das neutrale Element der Addition, also den Nullvektor, enthalten. Bei dem Nullvektor sind u, v, w und s alle Null. Die Gleichung $2u+v = w+s+3$ ist aber dann nicht erfüllt. Der Nullvektor ergibt sich nur bei homogenen Gleichungen als Lösung. Alle inhomogenen Nebenbedingungen "produzieren" also eine Menge, in der der Nullvektor nicht enthalten ist und die somit auch keinen Vektorraum darstellt.

Für die vorherige Aufgabe wird nachfolgend die Abgeschlossenheit der Addition und der skalaren Multiplikation nachgewiesen (dieses ist die umständlichere Methode):

Es wird die Linearkombination zweier Elemente der angegebenen Menge gebildet:

$$\lambda * \begin{pmatrix} u_1 \\ v_1 \\ w_1 \\ s_1 \end{pmatrix} + \mu * \begin{pmatrix} u_2 \\ v_2 \\ w_2 \\ s_2 \end{pmatrix} = \begin{pmatrix} \lambda u_1 + \mu u_2 \\ \lambda v_1 + \mu v_2 \\ \lambda w_1 + \mu w_2 \\ \lambda s_1 + \mu s_2 \end{pmatrix}$$

Damit es sich um einen Vektorraum handelt, muss die rechte Seite dieser Gleichung Element der betrachteten Menge sein, dies bedeutet, dass die Elemente der rechten Seite die geforderte Nebenbedingung erfüllen müssen, also:

$$2\lambda u_1 + \lambda v_1 + 2\mu u_2 + \mu v_2 = \lambda w_1 + \mu w_2 + \lambda s_1 + \mu s_2$$

Diese Bedingung lässt sich nun umformen:

$$\Leftrightarrow \lambda(2u_1 + v_1) + \mu(2u_2 + v_2) = \lambda(w_1 + s_1) + \mu(w_2 + s_2)$$

$$\Leftrightarrow \lambda(2u_1 + v_1) - \lambda(w_1 + s_1) = -\mu(2u_2 + v_2) + \mu(w_2 + s_2)$$

$$\Leftrightarrow \lambda(2u_1 + v_1 - w_1 - s_1) = -\mu(2u_2 + v_2 - w_2 - s_2)$$

Da die beiden anfänglichen Vektoren beliebige Vektoren aus der gegebenen Menge waren, müssen sie die gegebene Nebenbedingung erfüllen.

Dies bedeutet aber gerade, dass die Klammern auf der rechten und linken Seite Null sind. Die Nebenbedingung ist also auch für die Linearkombinationen zweier Vektoren der gegebenen Menge erfüllt. Somit handelt es sich um einen Vektorraum.

Dieser Nachweis lässt sich immer führen, wenn die Nebenbedingungen linear und homogen sind.

Somit kann bei Unterraum–Aufgaben (Aufgaben mit einschränkender Bedingung) folgendermaßen verfahren werden:

> Die Nebenbedingungen werden auf Linearität und Homogenität überprüft:
>
> 1. Sind die Nebenbedingungen **linear und homogen**, so handelt es sich um einen **Unterraum** (bzw. Vektorraum).
>
> 2. Sind die Nebenbedingungen **nicht linear oder/und nicht homogen**, so muss noch gezeigt werden, dass es sich auch tatsächlich um **keinen Vektorraum** handelt. Dieses geschieht durch ein Gegenbeispiel bezüglich der Abgeschlossenheit der Addition oder der skalaren Multiplikation. Bei inhomogenen Nebenbedingungen kann man auch feststellen, dass der Nullvektor kein Element der eingeschränkten Menge ist.

Das Verfahren mit einem Gegenbeispiel wird nun noch einmal an einem Beispiel gezeigt:

Ist $V = \{ (x, y, z) \mid x^2 = y$ sowie $x, y, z \in \mathbb{R}\}$ ein Unterraum des $\mathbb{R}^3$?

Die Nebenbedingung ist nicht linear. Durch ein Gegenbeispiel kann nun bewiesen werden, dass es sich um keinen Vektorraum handelt:

Es werden zwei Vektoren gebildet, die die Nebenbedingung erfüllen, also Elemente von V sind. Diese beiden Vektoren werden dann addiert:

$$\begin{pmatrix} 1 \\ 1 \\ 1 \end{pmatrix} + \begin{pmatrix} 2 \\ 4 \\ 1 \end{pmatrix} = \begin{pmatrix} 3 \\ 5 \\ 2 \end{pmatrix}$$

$$\begin{array}{ccc} \in V & \in V & \notin V \\ 1^2 = 1 & 2^2 = 4 & 3^2 \neq 5 \end{array}$$

Die Menge ist also bezüglich der Addition nicht abgeschlossen.

1.7.3 Bestimmung von Dimension und Basis des Vektorraumes

Wenn es sich bei einer Menge um einen Vektorraum handelt, so können Dimension und Basis des Vektorraumes bestimmt werden. Die Dimension gibt die Anzahl der frei wählbaren Parameter an. Die Dimension des Unterraumes ist genau um soviel kleiner als die Dimension des uneingeschränkten Raumes, wie es linear unabhängige Nebenbedingungen gibt.

Im vorherigen Abschnitt war folgende Aufgabe behandelt worden:

Zeigen Sie, dass $V = \{ (u, v, w, s) \mid 2u + v = w + s$ sowie $u, v, w, s \in \mathbb{R}\}$ ein Vektorraum ist, und bestimmen Sie seine Dimension.

Es wurde gezeigt, dass es sich um einen Vektorraum handelt. Ohne einschränkende Bedingung würde es sich um den $\mathbb{R}^4$ handeln. Hier gibt es eine einschränkende Gleichung, so dass die Dimension des Unterraumes 3 ist.

Mittels der Bedingung kann eine Variable durch die anderen Variablen ausgedrückt werden:

$$2u + v = w + s \Leftrightarrow v = w + s - 2u$$

Dieser Ausdruck kann für v eingesetzt werden, so dass die Menge auch durch $(u, w+s-2u, w, s)$ mit $u, w, s \in \mathbb{R}$ beschrieben werden kann. Hier kann man erkennen, dass drei Parameter notwendig sind, um die Menge zu beschreiben.

Die Anzahl der Basiselemente entspricht gerade der Dimension des Vektorraumes. Man könnte nun einfach 3 Vektoren aus der Menge wählen und prüfen, ob diese linear unabhängig sind. Wenn sie es sind, bilden sie eine Basis. Geschickter ist aber nachfolgende Methode, mit der man garantiert linear unabhängige Vektoren konstruiert:

Man setzt jeweils einen Parameter gleich 1 und alle anderen Parameter gleich Null. Auf diese Weise können drei Vektoren gebildet werden. Die Menge dieser Vektoren ist eine Basis des Vektorraumes:

$$B = \{(1; -2; 0; 0), (0; 1; 1; 0), (0; 1; 0; 1)\}$$

Nachfolgend noch eine Aufgabe mit mehreren Nebenbedingungen:

Untersuchen Sie, ob

$U = \{ (a, b, c, d) \mid a + b = 0 \land b + c + d = 0 \land c = 2d \}$

ein Unterraum des $\mathbb{R}^4$ ist.

Geben Sie ggf. die Dimension und eine Basis von U an!

In diesem Fall sind alle Nebenbedingungen linear und homogen. Linear sind sie, weil alle Variablen nur in einfacher Potenz vorkommen und auch nicht miteinander multipliziert werden, und homogen sind die Gleichungen, weil in ihnen keine einzelnen Zahlen oder Konstanten auftauchen. Der Unterraum ist also die Lösungsmenge eines linearen homogenen Gleichungssystems, daher handelt es sich um einen Vektorraum.

Wenn alle drei einschränkenden Gleichungen linear unabhängig sind, so schränkt jede Gleichung die Dimension um 1 ein. Es würde sich dann bei dem Unterraum um den $\mathbb{R}^1$ handeln. Man könnte also nun die Dimension ermitteln, indem man die drei Gleichungen auf lineare Abhängigkeit überprüft.

Es kann aber auch die allgemeine Lösung der Gleichungen ermittelt werden. Die Anzahl der dann noch vorhandenen Parameter gibt die Dimension des Vektorraumes an.

c = 2d in die zweite Gleichung einsetzen:

b + 2d + d = 0 $\Leftrightarrow$ b = $-$ 3d in die erste Gleichung einsetzen:

a + $-$ 3d = 0 $\Leftrightarrow$ a = 3d

Somit können alle Variablen nur durch die eine Variable d ausgedrückt werden. Die Elemente der Menge lauten somit:

(3d, $-$3d, 2d, d) mit d $\in \mathbb{R}$

Da nur ein Parameter frei gewählt werden kann, ist die Dimension des Vektorraumes 1. Daher besteht die Basis aus einem einzigem Element, für das nun einfach ein beliebiger Wert für d eingesetzt werden kann. Also z.B. : Basis: {(3; $-$3; 2; 1)}

1.8 Lineare Optimierung

1.8.1 Grundlagen

Häufig treten in der Ökonomie Ungleichungen statt Gleichungen auf. Auch in zahlreichen BWL-Klausuren tauchen daher Aufgaben zur linearen Optimierung auf.

Die optimale Lösung für ein System von Ungleichungen zu bestimmen ist deutlich schwerer als die Lösung eines Gleichungssystems zu ermitteln. Denn es gibt in der Regel viele verschiedene Lösungsmöglichkeiten für ein Ungleichungssystem, die sich auch nicht so einfach beschreiben lassen wie der lineare Raum, der sich bei einem unterbestimmten linearen Gleichungssystem als Lösungsmenge ergibt.

Nachfolgend wird zunächst an einem Beispiel der ökonomische Bezug dargestellt:

Es sei angenommen, dass ein Betrieb seinen Gewinn maximieren will. Er stellt Sonnenschirme und Regenschirme her. Für die Herstellung der beiden Produkte werden Facharbeiter und Maschinenkapazität benötigt. Die gesamte zur Verfügung stehende Maschinenkapazität beträgt 1.000 Stunden, für einen Sonnenschirm wird 1 Stunde und für einen Regenschirm werden 2,5 Stunden der Maschinenkapazität benötigt. Die Kapazität an Facharbeiterstunden beträgt 500 Stunden. Für die Herstellung eines Sonnenschirmes muss ein Facharbeiter 1 Stunde und für die Herstellung eines Regenschirmes 0,5 Stunden arbeiten. Weiterhin sei angenommen, dass maximal 700 Sonnenschirme und 500 Regenschirme abgesetzt werden können. Der Gewinn beträgt pro Sonnenschirm 300 EUR und pro Regenschirm 200 EUR. Welche Produktionsaufteilung ist gewinnoptimal?

Zunächst müssen die angeführten Zusammenhänge in Form von formalen Aussagen dargestellt werden. Die Menge der produzierten Sonnenschirme sei mit x und die der Regenschirme mit y bezeichnet. Für die Absatzgrenzen ergeben sich dann folgende Bedingungen:

$$x \leq 700$$
$$y \leq 500$$

Aus der begrenzten Maschinenkapazität ergibt sich dann folgende Bedingung:

$$1x + 2{,}5y \leq 1.000$$

In dieser Bedingung kommt zum Ausdruck, dass die Maschinenstunden für die Produktion von Sonnenschirmen und Regenschirmen zusammen höchstens 1.000 Stunden betragen können. Entsprechend ergibt sich für die Kapazität an Facharbeiterstunden:

$$1x + 0{,}5y \leq 500$$

Außerdem kann es natürlich auch keine negativen Produktionsmengen geben. Somit muss gelten:

$$x \geq 0$$
$$y \geq 0$$

Derartige nicht-Negativitäts-Bedingungen müssen bei den meisten ökonomischen Fragestellungen erfüllt sein.

Außer den zuvor angeführten Bedingungen, die den zulässigen Raum beschreiben, gibt es bei einem Optimierungsproblem auch eine Größe, die maximiert oder minimiert werden soll. In diesem Fall soll der Gewinn maximiert werden. Für den Gewinn gilt in diesem Fall:

$$G(x, y) = 300x + 200y$$

Die Lösungsmenge der angeführten Ungleichungen, die man auch **zulässigen Bereich** nennt, ist nicht so einfach wie die Lösungsmenge eines linearen Gleichungssystems zu beschreiben. Gesucht ist die Lösung aus dem Lösungsraum, bei der der Gewinn maximal wird.

Im nachfolgenden Abschnitt wird gezeigt, wie man den zulässigen Bereich und die optimale Lösung für den vorliegenden Fall von nur zwei Variablen graphisch darstellen kann.

1.8.2   Graphische Lösung

Nachfolgend ist ein Koordinatensystem für die beiden Variablen x und y dargestellt. In dieses Koordinatensystem wurden zunächst die beiden Absatzgrenzen (x $\leq$ 700 und y $\leq$ 500) eingezeichnet.

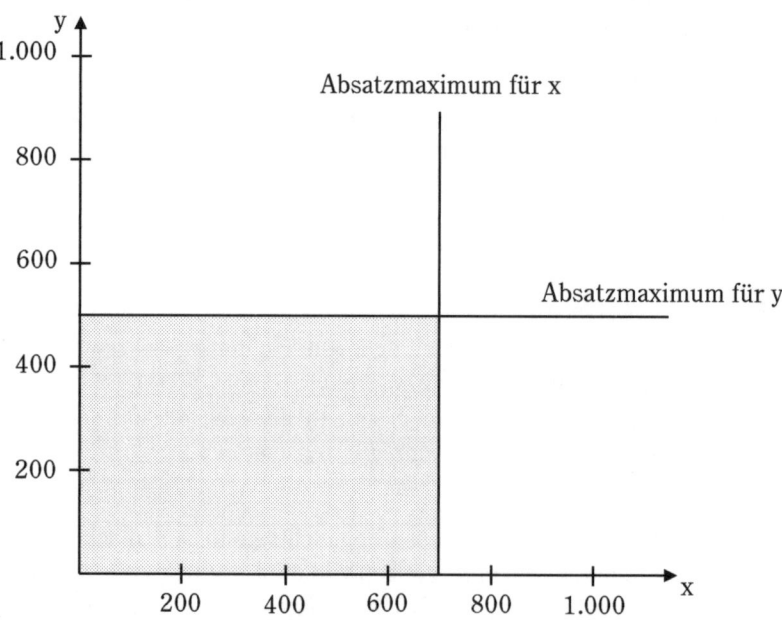

Aufgrund der Absatzbegrenzungen und der nicht-Negativitäts-Bedingungen ist nur der grau dargestellte Bereich zulässig. Nun müssen aber auch die anderen beiden Ungleichungen (Maschinen- und Facharbeiterkapazität) erfüllt sein. Die erste dieser Ungleichungen lautete:

$$x + 2,5y \leq 1.000$$

Wie schon zuvor bei den Absatzgrenzen zeichnet man die durch diese Ungleichung dargestellte Begrenzung in die Zeichnung ein, indem man aus der Ungleichung eine Gleichung macht und die sich so ergebende Gerade einzeichnet.

$$x + 2,5y = 1.000$$

Um diese Gerade zu zeichnen, bestimmt man am besten zwei Punkte, indem man zuerst x und dann y gleich Null setzt. Wenn man x gleich Null setzt, ergibt sich:

$$0 + 2{,}5y = 1.000$$
$$\Leftrightarrow y = 400$$

Die Gerade geht also durch den Punkt (0; 400). Wenn man y gleich Null setzt, ergibt sich:

$$x + 2{,}5 * 0 = 1.000$$
$$\Leftrightarrow x = 1.000$$

Also geht die Gerade auch durch den Punkt (1.000, 0). Indem man die beiden Punkte einzeichnet und verbindet, erhält man die entsprechende Gerade:

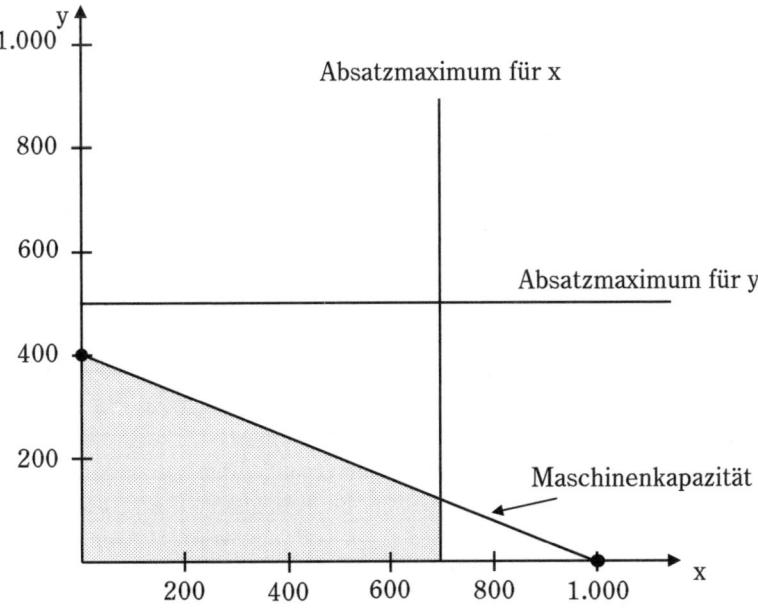

Wiederum wurde in der Zeichnung der aufgrund der eingezeichneten Bedingungen verbleibende zulässige Bereich grau dargestellt. Für die Facharbeiterkapazität ergibt sich nun analog folgendes:

$$x + 0{,}5y = 500$$
$$\Rightarrow \text{für } x=0 \quad 0 + 0{,}5y = 500 \;\Leftrightarrow\; y = 1.000 \;\Rightarrow\; P_1(0; 1.000)$$
$$\Rightarrow \text{für } y=0 \quad x + 0{,}5 * 0 = 500 \;\Leftrightarrow\; x = 500 \;\Rightarrow\; P_2(500; 0)$$

Mittels der beiden gefundenen Punkte kann nun auch die Gerade eingezeichnet werden, die die Facharbeiterkapazität beschreibt:

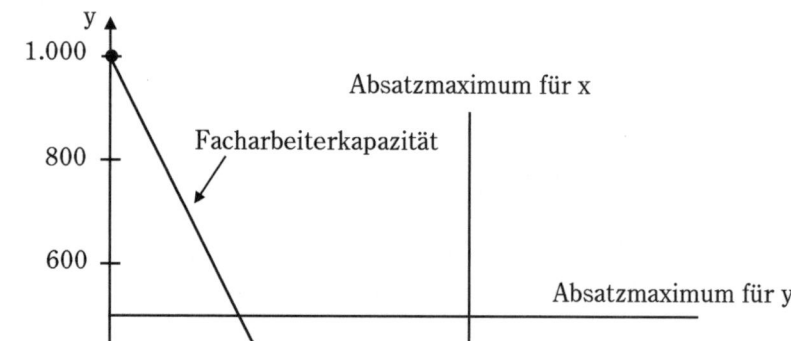

Nun sind alle Bedingungen eingezeichnet. Die grau dargestellte Fläche stellt den zulässigen Bereich bzw. den Lösungsraum des Systems von Ungleichungen dar. Nur innerhalb des grauen Bereiches ist keine der geforderten Bedingungen verletzt. Hierbei ist zu beachten, dass auch die Bedingungen $x \geq 0$ und $y \geq 0$ erfüllt werden mussten. Die Lösungsmenge eines linearen Programms ist immer ein Gebilde, das wie in dem Beispiel mehrere Eckpunkte hat und dessen Begrenzungen durch die Verbindungslinien[1] zwischen den Eckpunkten gebildet werden. Man nennt ein derartiges Gebilde auch ein **Polytop**.

Welcher Punkt aus dem Lösungsraum ist aber nun der gewinnoptimale Punkt?

Der Gewinn ergibt sich aus der zuvor anfgeführten Gewinnfunktion:

$$G(x, y) = 300x + 200y$$

Es sei nun zunächst für den Gewinn ein bestimmter Wert angenommen,

---

1: Bei dem betrachteten Fall mit zwei Variablen handelt es sich um Verbindungslinien. Im Falle von 3 Variablen wären es Verbindungsflächen usw.

nachfolgend ein Wert von 60.000 (60.000 ergibt sich gerade, wenn die Koeffizienten vor dem x und dem y miteinander multipliziert werden), dann ergibt sich:

$$300x + 200y = 60.000$$

Durch diese Gleichung werden alle Punkte beschrieben, bei denen der Gewinn genau 60.000 beträgt. Man kann auch diese Gerade einzeichnen, indem man zwei Punkte auf der Geraden bestimmt:

$\Rightarrow$ für x=0 $\quad$ 200y = 60.000 $\quad \Leftrightarrow$ y = 300 $\quad \Rightarrow$ $P_1(0; 300)$

$\Rightarrow$ für y=0 $\quad$ 300x = 60.000 $\quad \Leftrightarrow$ x = 200 $\quad \Rightarrow$ $P_2(200; 0)$

In der nachfolgenden Zeichnung ist die sich ergebende Isogewinngerade (Iso heißt gleich, es handelt sich also um eine Gerade, auf der der Gewinn überall gleichgroß ist) eingezeichnet:

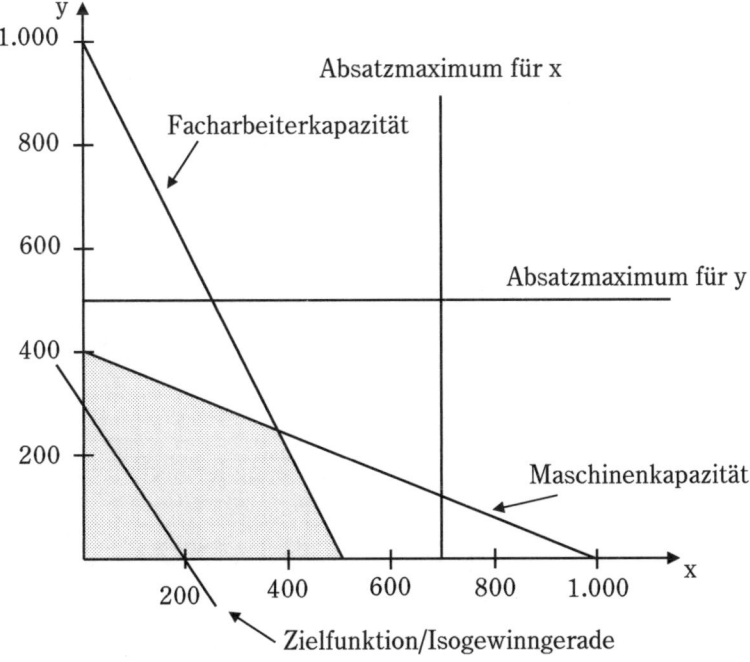

Die Punkte der Isogewinngeraden auf den Koordinatenachsen hätte man auch erhalten, wenn man auf der x-Achse einfach den Wert, der vor dem y steht (200), und auf der y-Achse den Wert, der vor dem x steht (300), abgetragen hätte.

Wenn man für den Gewinn zunächst einen größeren Wert als 60.000 ausgesucht hätte, so würde die Gerade weiter nach rechts-oben liegen, hätte man einen kleineren Wert gewählt, so würde die Gerade entsprechend weiter links-unten liegen. Auf jeden Fall würden die Geraden aber parallel zu der eingezeichneten Geraden liegen. Gesucht ist der größtmögliche Gewinn. Wie zuvor beschrieben, sind alle Geraden, die weiter rechts-oben liegen, Isogewinngeraden zu einem höheren Gewinnwert. Daher muss die Isogewinngerade so weit nach rechts-oben verschoben werden, bis es keinen Punkt in dem zulässigen Bereich mehr gibt, der auf der Isogewinngeraden liegt. Der Punkt des zulässigen Bereichs, der die höchste Isogewinngerade erreicht, stellt die optimale Lösung dar. In der nachfolgenden Zeichnung ist die Verschiebung dargestellt:

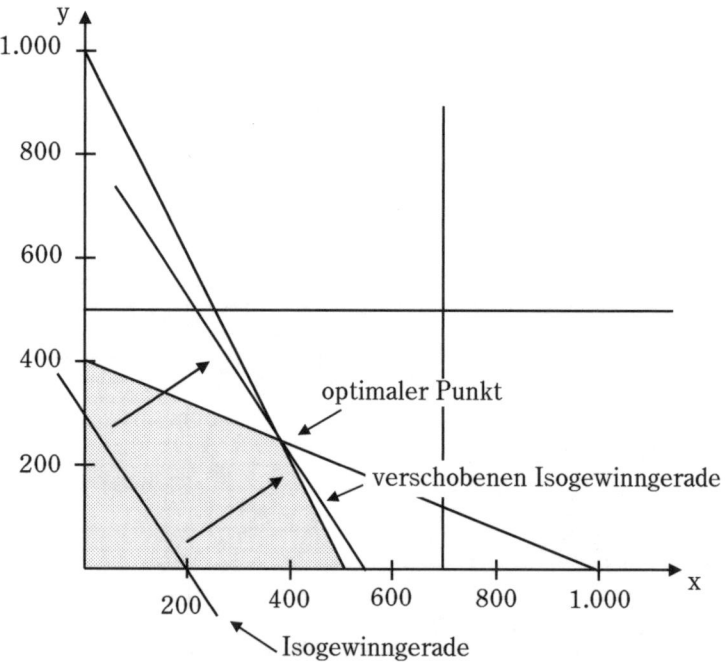

Aus der Zeichnung kann man nun schon erkennen, dass bei der optimalen Lösung x etwas kleiner als 400 ist und y etwa bei 250 liegt. Man kann natürlich die Zeichnung ausmessen, um möglichst exakte Werte zu bekommen. Allerdings liegt in einer derartigen Zeichnung immer eine gewisse Ungenauigkeit, daher ist es besser, die exakten Werte zu errechnen. Der Lösungspunkt liegt auf zwei Geraden, beide Geradengleichungen müssen also erfüllt sein. Somit muss gelten:

$$x + 2,5y = 1.000$$
$$\wedge\, x + 0,5y = 500$$

Dieses Gleichungssystem kann man nun lösen, nachfolgend wird die zweite Gleichung von der ersten subtrahiert:

$$x + 2,5y = 1.000$$
$$-(x + 0,5y = 500)$$
$$2y = 500$$
$$\Leftrightarrow y = 250$$

Aus der zweiten Gleichung folgt nun für x:

$$x + 0,5*250 = 500$$
$$\Leftrightarrow x = 375$$

Die optimale Lösung liegt also bei x = 375 und y = 250.

Den zugehörigen maximalen Gewinn erhält man, indem man die gefundenen Werte in die Zielfunktion einsetzt:

$$G_{max} = 300 * 375 + 200 * 250 = 162.500$$

Die zuvor beschriebene graphische Methode zur Lösung eines linearen Optimierungsproblems funktioniert natürlich nur in den Fällen, bei denen nur zwei Variable auftauchen oder das System sich durch zusätzlich gegebene Gleichungen auf zwei Variable reduzieren lässt. Ansonsten ist es nicht möglich, die beschränkenden Bedingungen graphisch, also zweidimensional, abzubilden.

Als optimaler Punkt aus dem Lösungsraum hatte sich zuvor ein Eckpunkt des Lösungsraumes (des Lösungspolytops) ergeben. Wenn man die Gerade maximal nach rechts–oben verschiebt, wird man immer bei einem Eckpunkt des Lösungsraumes landen.[1] Somit stellen die Eckpunkte die möglichen Lösungen des Optimierungsproblems dar.

1: Als Spezialfall kann man noch den Fall betrachten, bei dem die Zielgerade parallel zu einer der Nebenbedingungsgeraden ist. In diesem Fall ergibt sich auf einem Streckenabschnitt der entsprechenden Nebenbedingungsgeraden der optimale Wert. Die ganze Strecke zwischen zwei Eckpunkten des Lösungsraums ist dann also optimal.

Alternativ zu dem zuvor betrachteten Verfahren könnte man auch alle Eckpunkte des Lösungsraums und jeweils den zugehörigen Wert der Zielfunktion bestimmen. Der Eckpunkt mit dem höchsten Zielfunktionswert ist die optimale Lösung. Allerdings müsste man zunächst den Lösungsraum graphisch darstellen, um dann aus den jeweiligen Gleichungen die Eckpunkte des Lösungsraums zu bestimmen. Allen Eckpunkten gemeinsam ist, dass sich bei ihnen zwei Geraden schneiden. Die Geraden werden durch die Nebenbedingungen bestimmt (auch $x \geq 0$ und $y \geq 0$ sind Nebenbedingungen). Nachfolgend sind für das vorherige Beispiel alle derartigen Schnittpunkte gekennzeichnet:

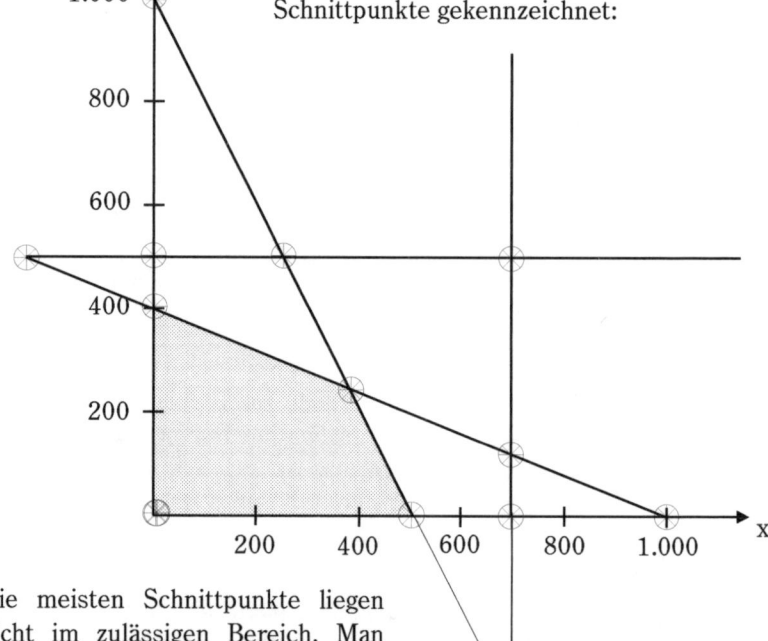

Die meisten Schnittpunkte liegen nicht im zulässigen Bereich. Man könnte also die Schnittpunkte alle bestimmen und dann überprüfen, welche von ihnen im zulässigen Bereich liegen. Für diese würde man dann die Funktionswerte berechnen und so den optimalen Schnittpunkt ermitteln. Allerdings müssten bei dem Beispiel insgesamt 13 Schnittpunkte berechnet und auf Zulässigkeit überprüft werden.

Prinzipiell könnten auf die beschriebene Weise auch Lösungen bei Problemstellungen mit mehr als zwei Variablen ermittelt werden. Bei 3 Variablen ergeben sich z. B. durch die Nebenbedingungen Ebenen als Begrenzungen des Lösungsraums. Die Eckpunkte des Lösungspolytops ergeben sich in diesem Fall als die Schnittpunkte dreier Ebenen. In diesem Fall wäre schon die Berechnung der einzelnen Schnittpunkte mit der Lösung eines Gleichungssystems mit drei Unbekannten verbunden.

Insgesamt wird deutlich, dass es zwar prinzipiell möglich ist, alle Schnittpunkte zu bestimmen und aus den zulässigen Schnittpunkten dann die optimale Lösung zu ermitteln, dass dieses aber mit einem erheblichen Rechenaufwand verbunden ist. Der im Weiteren behandelte Simplex–Algorithmus verringert diesen Rechenaufwand, indem er nur zulässige Eckpunkte in die Betrachtung einbezieht. Allerdings ist der Simplex–Algorithmus nur unter bestimmten Voraussetzungen anwendbar, diese werden im nächsten Abschnitt erläutert.

1.8.3 Spezifizierung der Optimierungsprobleme

In dem vorherigen Beispiel war folgendes System von Ungleichungen betrachtet worden:

$$
\begin{aligned}
x & \leq 700 \\
y & \leq 500 \\
x + 2{,}5y & \leq 1.000 \\
x + 0{,}5y & \leq 500
\end{aligned}
$$

Außerdem sollten die beiden Bedingungen $x \geq 0$ und $y \geq 0$ gelten.

Bei der Behandlung von linearen Gleichungssystemen war gezeigt worden, dass man für ein Gleichungssystem auch abkürzend $A * \vec{x} = \vec{b}$ schreiben kann. A ist hierbei die Koeffizientenmatrix des Gleichungssystems. Analog kann man auch für das gegebene Ungleichungssystem abkürzend schreiben:

$$A * \vec{x} \leq \vec{b} \ \wedge \ \vec{x} \geq 0$$

Für das Beispiel lauten die Koeffizientenmatrix und die Vektoren:

$$
A = \begin{pmatrix} 1 & 0 \\ 0 & 1 \\ 1 & 2{,}5 \\ 1 & 0{,}5 \end{pmatrix}
\qquad
\vec{b} = \begin{pmatrix} 700 \\ 500 \\ 1.000 \\ 500 \end{pmatrix}
\qquad
\vec{x} = \begin{pmatrix} x \\ y \end{pmatrix}
$$

Die Zielfunktion lautete in dem Beispiel:

$$Z(\vec{x}) = 300x + 200y$$

Mittels des Vektors der Koeffizienten der Zielfunktion $\vec{c} = \begin{pmatrix} 300 \\ 200 \end{pmatrix}$

kann die Zielfunktion auch folgendermaßen geschrieben werden:

$$Z(\vec{x}) = \vec{c}^{T} * \vec{x}$$

Mittels der vorher gezeigten Zusammenhänge ergibt sich folgende Definition:

Die Bestimmung des Maximums einer linearen Zielfunktion

$$Z(\vec{x}) = \vec{c}^T * \vec{x} = c_1x_1 + \dots + c_nx_n \rightarrow max$$

unter den Nebenbedingungen

$$a_{11}x_1 + \dots a_{1n}x_n \leq b_1$$
$$a_{21}x_1 + \dots a_{2n}x_n \leq b_2$$
$$\text{\textquotedbl} \qquad\qquad \text{\textquotedbl}$$
$$a_{m1}x_1 + \dots a_{mn}x_n \leq b_m$$

und

$$x_1 \geq 0, \dots, x_n \geq 0$$

nennt man ein **lineares Programm (LP) oder lineares Optimierungsproblem.**

Mittels der Darstellung durch Matrizen und Vektoren kann abkürzend geschrieben werden:

$$A * \vec{x} \leq \vec{b} \wedge \vec{x} \geq 0$$

Wenn die Koeffizienten des Vektors $\vec{b}$ alle nicht negativ ($\vec{b} \geq 0$) sind, so spricht man von einem linearen **Programm in Standardform.**

Nachfolgend werden **nur lineare Programme in Standardform** betrachtet. Die getroffenen Einschränkungen sind nicht ganz so restriktiv, wie sie zunächst aussehen. Denn mittels der beiden nachfolgend angeführten Transformationen können viele **Aufgaben zur linearen Optimierung** in Standardform gebracht werden:

1) Die Minimierung einer Funktion $Z(\vec{x})$ ist äquivalent zur Maximierung der negativen Funktion $-Z(\vec{x})$:

$$c_1x_1 + \dots + c_nx_n \rightarrow min \Leftrightarrow -c_1x_1 - \dots - c_nx_n \rightarrow max$$

2) Nebenbedingungen mit einem $\geq$ lassen sich durch die Multiplikation mit -1 zu Ungleichungen mit einem $\leq$ umwandeln:

$$a_{i1}x_1 + \dots + a_{in}x_n \geq b_i \Leftrightarrow -a_{i1}x_1 - \dots - a_{in}x_n \leq -b_i$$

Es sei z. B. folgendes Optimierungsproblem gegeben:

$$-x_1 - 2x_2 \geq -600$$
$$x_1 + 4x_2 \leq 500$$
$$x_1 \geq 0, x_2 \geq 0$$
$$-4x_1 - 3x_2 \rightarrow \min$$

Mittels der angegebenen Transformationen ergibt sich:

$$x_1 + 2x_2 \leq 600$$
$$x_1 + 4x_2 \leq 500$$
$$x_1 \geq 0, x_2 \geq 0$$
$$4x_1 + 3x_2 \rightarrow \max$$

Nun handelt es sich um ein lineares Programm in Standardform. Allerdings ergibt sich auf diese Weise nicht immer ein lineares Programm in Standardform, denn hierbei müssen ja alle b_i positiv sein.

Für die Lösung von linearen Programmen in Standardform ist der nachfolgend behandelte Simplex-Algorithmus geeignet.

1.8.4 Simplex Algorithmus

Im Abschnitt zur graphischen Lösung (1.8.2) war bereits angeführt worden, dass sich als Lösung des Optimierungsproblems immer ein Eckpunkt des Lösungsraums ergibt.[1] Der Simplex-Algorithmus ist eine formale Methode, um den optimalen Eckpunkt auszuwählen. Der Simplex-Algorithmus beginnt immer mit dem Eckpunkt links-unten (dem Ursprung). Ausgehend von diesem Eckpunkt werden andere Eckpunkte des Lösungsraumes, für die sich ein höherer Funktionswert der Zielfunktion ergibt, bestimmt. Der Simplex-Algorithmus wählt also den „richtigen" Eckpunkt aus.

Das Vorgehen beim Simplex-Algorithmus wird nachfolgend an dem bereits zuvor betrachteten Beispiel verdeutlicht, bei dem es sich um ein lineares Programm in Standardform handelt:

$$x \quad\quad\quad \leq 700$$
$$y \leq 500$$
$$x + 2{,}5y \leq 1.000$$
$$x + 0{,}5y \leq 500$$
$$x \geq 0, y \geq 0$$

$$Z(\vec{x}) = 300x + 200y \rightarrow max$$

Durch die Einführung von je einer **Schlupfvariablen** in die einzelnen Gleichungen werden die Nebenbedingungen zu Gleichungen gemacht, so dass sich folgende Gleichungen ergeben:

$$x \quad\quad + u_1 \quad\quad\quad\quad\quad = 700$$
$$y \quad + u_2 \quad\quad\quad\quad = 500$$
$$x + 2{,}5y \quad\quad + u_3 \quad\quad = 1.000$$
$$x + 0{,}5y \quad\quad\quad\quad + u_4 = 500$$

Die Schlupfvariablen geben jeweils an, um wie viel die jeweilige Nebenbedingung unterschritten wird. Sie geben also den „Schlupf" an, der bei den einzelnen Gleichungen existiert. Ist u_1 z. B. Null, so ergibt sich aus der ersten Gleichung für x ein Wert von 700. In diesem Fall würden also 700 Sonnenschirme produziert und die Absatzgrenze für Sonnenschirme von 700 würde voll ausgeschöpft werden. In der Zeichnung würde sich ergeben, dass der betrachtete Punkt auf der Geraden, die für x = 700

1: Auf den Spezialfall, dass zwei Eckpunkte und der zwischen ihnen liegende Streckenabschnitt eine Lösung sein können, war bereits verwiesen worden.

eingezeichnet wurde, liegt. Wenn u_1 z. B. einen Wert von 100 hätte, so würde die Absatzgrenze für Sonnenschirme nicht voll ausgeschöpft werden, denn es würden lediglich 600 Sonnenschirme produziert werden.

Damit die ursprünglichen Ungleichungen erfüllt sind, dürfen die Schlupfvariablen nicht negativ sein. Somit wird durch die 4 Gleichungen genau derselbe Sachverhalt wie zuvor durch die 4 Ungleichungen beschrieben. Man bezeichnet diese Darstellung des linearen Programms auch als **kanonische Form**.

Den Ausgangspunkt für den Simplexalgorithmus bildet die erweiterte Koeffizientenmatrix des Gleichungssystems. Die Elemente der erweiterten Koeffizientenmatrix sind nachfolgend in einem Tableau dargestellt:

1	0	1	0	0	0	700
0	1	0	1	0	0	500
1	2,5	0	0	1	0	1.000
1	0,5	0	0	0	1	500

Das zugrunde liegende Gleichungssystem ist zweifach unterbestimmt, denn es sind 4 Gleichungen[1] und 6 Variable vorhanden. Eine spezielle Lösung des Gleichungssystems ergibt sich, indem man die Werte von zwei Variablen festlegt, die Werte der anderen Variablen ergeben sich dann aus den Gleichungen. Setzt man x und y beide gleich Null, so kann man die Lösung aus den vorhandenen Gleichungen direkt bestimmen.

$$
\begin{aligned}
u_1 &&&= 700 \\
&u_2 &&= 500 \\
&&u_3 &= 1.000 \\
&&&u_4 = 500
\end{aligned}
$$

---

[1]: Entscheidend ist natürlich nicht die Anzahl der Gleichungen, sondern die Anzahl der linear unabhängigen Gleichungen. Da in jeder der Gleichungen aber genau eine, und jeweils eine unterschiedliche Schlupfvariable auftritt, sind die Gleichungen immer linear unabhängig.

Auch aus dem Tableau kann man diese Lösung direkt ablesen:

1	0	1	0	0	0	700
0	1	0	1	0	0	500
1	2,5	0	0	1	0	1.000
1	0,5	0	0	0	1	500

u_2

In dem Tableau wurde das Vorgehen für u_2 verdeutlicht. Bei den Einheitsvektoren in dem Tableau sucht man, in welcher Zeile die 1 steht. Bei u_2 steht die 1 in der zweiten Zeile, somit ergibt sich für u_2 der Wert 500. Insgesamt lautet die durch das Tableau beschriebene Lösung:

$$(x = 0, y = 0, u_1 = 700, u_2 = 500, u_3 = 1.000, u_4 = 500)$$

Man nennt eine derartige Lösung eine Basislösung. Die Basislösungen sind dadurch gekennzeichnet, dass so viele Variable, wie das Gleichungssystem unterbestimmt ist, gleich Null gesetzt werden. Die Variablen, die man gleich Null setzt, in dem Ausgangstableau also x und y, nennt man Nichtbasisvariable, die anderen Variablen, in dem Ausgangstableau also u_1 bis u_4, nennt man Basisvariable.

Da x und y beide Null sind, stellt die beschriebene Basislösung den Ursprung des xy-Koordinatensystems dar. Dieser Punkt ist ein Eckpunkt des Lösungsraums. Von entscheidender Bedeutung ist nun, dass auch die anderen Eckpunkte des Lösungsraums Basislösungen sind. Die Eckpunkte sind gerade dadurch charakterisiert, dass sich genau zwei Geraden schneiden.[1] Die zu den Geraden gehörigen Variablen sind somit gleich Null. Handelt es sich um die Koordinatenachsen, so sind x bzw. y gleich Null, handelt es sich um eine der aus den Ungleichungen resultierende Gerade, so ist die zugehörige Schlupfvariable gleich Null, denn in diesem Fall wird die vorhandene Kapazität für x und y voll verwendet.

Mit dem Simplex-Algorithmus wird ein Eckpunkt des Lösungsraums, also eine Basislösung, gesucht, der zu einem höheren Wert der Zielfunktion führt. Eine andere Basislösung kann man aus dem Tableau direkt ermitteln, wenn die Einheitsvektoren in den Spalten des Tableaus „ver-

---

1: Dies gilt für den Fall von zwei Ausgangsvariablen. Bei drei Ausgangsvariablen schneiden sich bei einem Eckpunkt des Lösungsraums drei Ebenen usw. Stets sind aber die Eckpunkte Basislösungen.

tauscht" werden. Diese „Vertauschung" wird mittels der beim Gauß-Algorithmus verwendeten Methodik erreicht. Der Simplex-Algorithmus ermittelt aber nicht nur eine andere Basislösung, sondern er sorgt auch dafür, dass es eine zulässige Lösung ist, die zu einem höheren Zielfunktionswert führt. Damit dieses funktioniert, muss in dem Tableau natürlich noch die Zielfunktion berücksichtigt werden, insgesamt ergibt sich das folgende Simplextableau:

1	0	1	0	0	0	700
0	1	0	1	0	0	500
1	2,5	0	0	1	0	1.000
1	0,5	0	0	0	1	500
300	200	0	0	0	0	-0

In der untersten Zeile wurden zunächst die Koeffizienten der Zielfunktion eingetragen, also in der x-Spalte die 300 und in der y-Spalte die 200. In die Spalten der Schlupfvariablen wird in der untersten Zeile überall eine Null eingetragen. Den Wert, der in die rechte untere Ecke (unterhalb der b_i) einzutragen ist, erhält man, indem man in der Zielfunktion entsprechend der Basislösung, die das Ausgangstableau beschreibt, alle Variablen gleich Null setzt. In diesem Fall ergibt sich:

$$300 * 0 + 200 * 0 = 0$$

Das **Negative** dieses Wertes trägt man in die untere rechte Ecke ein. Häufig ergibt sich an dieser Stelle eine Null, dann kann man das negative Vorzeichen natürlich auch gleich weglassen.

Bei der Aufstellung des Tableaus kann auch auf den Zwischenschritt, bei dem man die Schlupfvariablen einführt, verzichtet werden. Man kann also auch direkt aus den Ungleichungen die Koeffizienten der Variablen (hier x und y) in das Tableau übertragen. Rechts der Koeffizienten schreibt man dann eine Einheitsmatrix und wiederum rechts von dieser Einheitsmatrix den inhomogenen Teil der Ungleichungen (b_i). Schließlich ermittelt man noch aus der Zielfunktion die Werte in der untersten Zeile.

Mit dem Simplextableau wird nun ein anderer Eckpunkt (eine andere Basislösung) gesucht. Zunächst muss entschieden werden, ob man den nächsten Eckpunkt in x- oder in y-Richtung sucht. Hierzu sucht man in der letzten Zeile den größten positiven Wert[1]. In diesem Fall ist es die 300. Die 300 steht in der ersten Spalte, somit wird in x-Richtung nach einem anderen Eckpunkt gesucht. Die zugehörige Spalte in dem Tableau nennt man **Pivotspalte.** Nachfolgend ist nochmals die zuvor bereits angeführte Zeichnung für das betrachtete Beispiel angeführt:

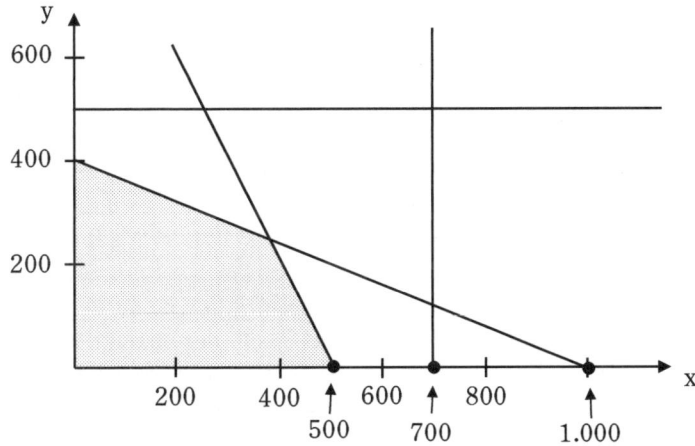

In der Zeichnung erkennt man, dass es 3 Schnittpunkte der x-Achse mit den sich aus den Nebenbedingungen ergebenden Geraden gibt, diese liegen bei 500, 700 und 1.000. Allerdings ist nur der Wert bei 500 im zulässigen Bereich. Bei x=500 scheidet sich die x-Achse mit der Nebenbedingung, die die stärkste Restriktion für x darstellt. Die jeweiligen Werte kann man ermitteln, indem man die b_i jeweils durch den Koeffizienten in der Pivotspalte (x-Spalte) teilt. In dem Tableau wird also das letzte Element der Zeile durch den Wert in der Pivotspalte geteilt. In der ersten Zeile wird beispielsweise 700 durch 1 geteilt. Die sich ergebenden Werte, die man auch **charakteristische Quotienten** nennt, sind nachfol-

---

1: An sich muss man nicht unbedingt das größte Element zuerst wählen, es reicht aus, wenn man eine Spalte zur Pivotspalte wählt, bei der ein positiver Wert in der untersten Zeile steht. Andererseits ist es nicht immer am geschicktesten den größten Wert zu wählen. Um das Vorgehen zu schematisieren und sich eine eingehendere Überprüfung zu sparen, ist es aber sinnvoll, generell den größten Wert zu wählen.

gend am Ende des Tableaus notiert:

1	0	1	0	0	0	700	$\frac{700}{1} = 700$
0	1	0	1	0	0	500	
1	2,5	0	0	1	0	1.000	$\frac{1.000}{1} = 1.000$
1	0,5	0	0	0	1	500	$\frac{500}{1} = 500$
300	200	0	0	0	0	0	

In der zweiten Zeile ergibt sich kein Wert, denn 500/0 ist nicht definiert. Im Prinzip passt die 0 aber beliebig oft in die 500, daher kann sich an dieser Stelle nicht der kleinste Wert ergeben. In der Zeichnung ist die zugehörige Gerade die Parallele zur x-Achse, so dass sich kein Schnittpunkt und somit auch keine Restriktion ergibt. Auch wenn in der Pivotspalte ein negativer Wert steht, liefert die Restriktion keine Begrenzung, so dass man auch dann keinen Wert in die Spalte der charakteristischen Quotienten einträgt. Die errechneten Werte geben an, wieviel von dem Produkt auf Grund des jeweiligen Engpasses maximal produziert werden kann. Hierbei wird also unterstellt, dass die gesamte Kapazität des Engpasses nur für dieses Produkt verwendet wird. Der niedrigste Wert stellt die stärkste Restriktion dar. In diesem Fall ergibt sich in der vierten Zeile der niedrigste Wert von 500. Die entsprechende Zeile nennt man **Pivotzeile**.

Das Element, das sowohl in der Pivotspalte als auch in der Pivotzeile liegt, nennt man **Pivotelement**. In diesem Fall ist das Pivotelement 1 (wie im nachfolgenden Tableau fett hervorgehoben). Mittels des beim Gauß-Algorithmus verwendeten Verfahrens werden nun in der Pivotspalte Nullen produziert, so dass in dieser Spalte nur das Pivotelement ungleich Null ist:

1	0	1	0	0	0	700	$-$IV
0	1	0	1	0	0	500	
1	2,5	0	0	1	0	1.000	$-$IV
1	0,5	0	0	0	1	500	
300	200	0	0	0	0	0	$-300*$IV

In der letzten Spalte ist angegeben, das Wievielfache welcher Zeile von der jeweiligen Zeile abgezogen wird. Auf diese Weise ergibt sich:

0	-0,5	1	0	0	-1	200
0	1	0	1	0	0	500
0	2	0	0	1	-1	500
1	0,5	0	0	0	1	500
0	50	0	0	0	-300	-150.000

Das Tableau stellt nun eine neue Basislösung dar, wobei der Einheitsvektor von der u_4-Spalte in die x-Spalte getauscht worden ist. Man erhält die Basislösung, indem man y und u_4 gleich 0 setzt (in diesen beiden Spalten stehen keine Einheitsvektoren). Die Basislösung lautet:

$$(x = 500, y = 0, u_1 = 200, u_2 = 500, u_3 = 500, u_4 = 0)$$

Auch den Wert der Zielfunktion bei dieser Basislösung kann man aus dem Tableau ablesen, dies ist das Negative des Wertes, der rechts-unten im Tableau steht, also in diesem Fall 150.000.

Nun wird wiederum das größte positive Element in der untersten Zeile ausgewählt. In diesem Fall ist es die 50. Da dieses Element positiv ist, kann der Wert der Zielfunktion weiter erhöht werden, denn bei der folgenden Berechnung wird von der untersten Zeile etwas abgezogen, somit wird auch von den -150.000 etwas abgezogen werden und es wird sich insgesamt ein größerer Wert für die Zielfunktion ergeben. Nun ist die zweite Spalte die Pivotspalte. Am Ende des nachfolgenden Tableaus sind die charakteristischen Quotienten für die neue Pivotspalte berechnet:

0	-0,5	1	0	0	-1	200	
0	1	0	1	0	0	500	$\frac{500}{1} = 500$
0	2	0	0	1	-1	500	$\frac{500}{2} = 250$
1	0,5	0	0	0	1	500	$\frac{500}{0,5} = 1.000$
0	50	0	0	0	-300	-150.000	

Der kleinste charakteristische Quotient ergibt sich in der dritten Zeile, die somit zur Pivotzeile wird. Das Pivotelement ist also die nachfolgend fett hervorgehobene 2.

0	-0,5	1	0	0	-1	200	
0	1	0	1	0	0	500	
0	**2**	0	0	1	-1	500	/2
1	0,5	0	0	0	1	500	
0	50	0	0	0	-300	-150.000	

Indem man die dritte Zeile durch 2 teilt, erhält man eine 1 als Pivotelement:

0	-0,5	1	0	0	-1	200	+0,5III
0	1	0	1	0	0	500	-III
0	1	0	0	0,5	-0,5	250	
1	0,5	0	0	0	1	500	-0,5III
0	50	0	0	0	-300	-150.000	-50III

Mittels des Pivotelementes werden nun Nullen in der Pivotspalte produziert. In dem vorherigen Tableau ist am Ende angegeben, das Wievielfache jeweils addiert oder subtrahiert wird:

0	0	1	0	0,25	-1,25	325	
0	0	0	1	-0,5	0,5	250	
0	1	0	0	0,5	-0,5	250	
1	0	0	0	-0,25	1,25	375	
0	0	0	0	-25	-275	-162.500	

Jetzt gibt es in der untersten Zeile kein positives Element mehr, der Wert für die Zielfunktion kann daher nicht weiter erhöht werden. Der Simplex-Algorithmus ist nun beendet, und die Lösung lässt sich an dem Tableau ablesen.

Zur besseren Übersicht wurden die zu den Spalten gehörenden Variablen x und y nachfolgend unter das Tableau geschrieben:

0	0	1	0	0,25	-1,25	325	
0	0	0	1	-0,5	0,5	250	
0	1	0	0	0,5	-0,5	250	
1	0	0	0	-0,25	1,25	375	
0	0	0	0	-25	-275	-162.500	
x	y						

Den Wert für x findet man, indem man in der zugehörigen Spalte, hier
der ersten Spalte, das Pivotelement sucht. In diesem Fall steht die 1 in
der vierten Zeile. Die 375, die in der letzten Spalte der vierten Zeile
steht, ist der Wert für x. Für y ergibt sich aus dem Tableau entsprechend
y = 250. Auch den optimalen Wert der Zielfunktion kann man an dem
Tableau ablesen. Dieser ist das Negative des Wertes, der rechts-unten
steht. Der optimale Wert lautet also 162.500.

Oft reicht es bei Aufgaben, so wie zuvor angeführt, nur die Lösungen für
die Ausgangsvariablen und den Wert der Zielfunktion anzugeben, denn
für die Werte der Schlupfvariablen interessiert man sich zumeist nicht.
Natürlich kann man aus dem Tableau aber auch die komplette Basislösung ablesen, diese lautet:

$$(x = 375, y = 250, u_1 = 325, u_2 = 250, u_3 = 0, u_4 = 0)$$

In der folgenden Zeichnung werden die einzelnen Lösungsschritte nochmals graphisch veranschaulicht:

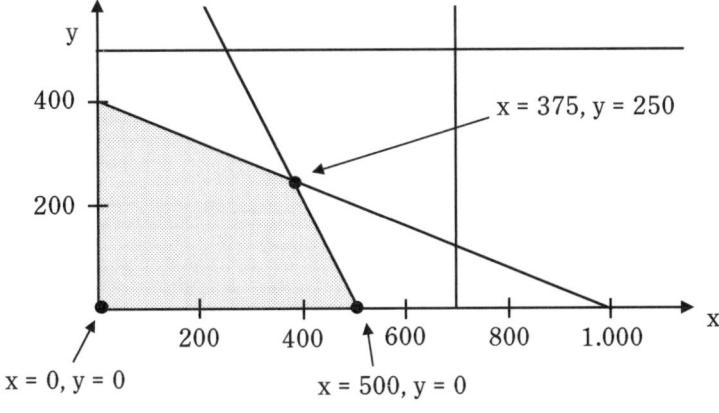

Die drei zuvor betrachteten Basislösungen wurden in der Zeichnung dargestellt. Da in der Zeichnung nur die xy–Ebene dargestellt ist, sind nur die x– und y–Werte der jeweiligen Basislösung für das Einzeichnen wichtig. Ausgangspunkt war die Basislösung mit x=0 und y=0, diese Basislösung liegt gerade im Ursprung des Koordinatensystems. Als nächstes ergab sich der rechts–unten liegende Eckpunkt (500; 0) und dann als optimale Lösung der Eckpunkt (375; 250).

In der folgenden Graphik sind nochmals alle Schnittpunkte der aus den Nebenbedingungen resultierenden Geraden aufgeführt. Insgesamt sind es 13 Schnittpunkte.

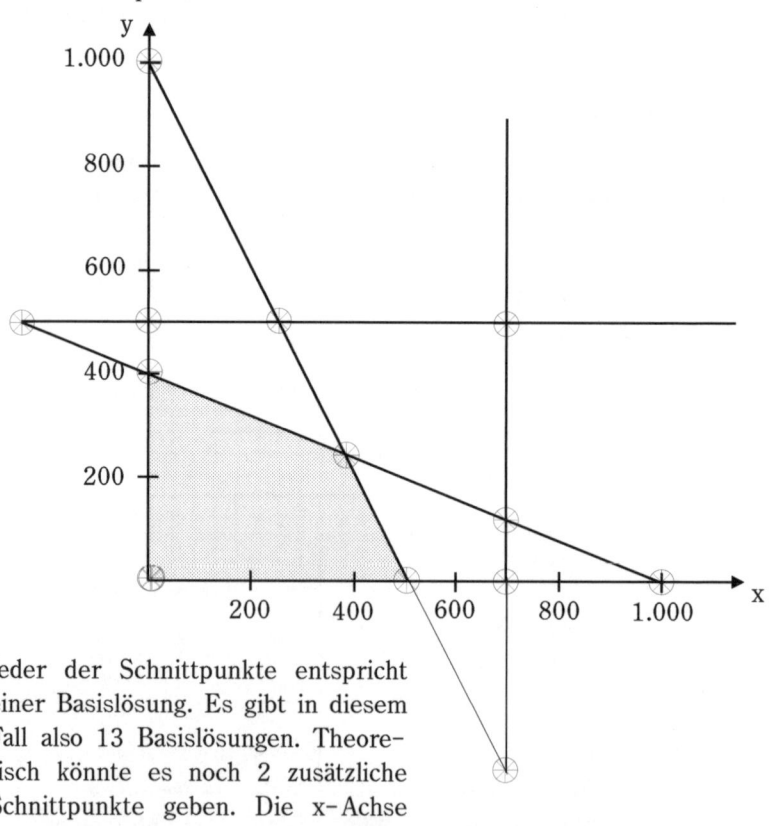

Jeder der Schnittpunkte entspricht einer Basislösung. Es gibt in diesem Fall also 13 Basislösungen. Theoretisch könnte es noch 2 zusätzliche Schnittpunkte geben. Die x–Achse und die Gerade y=500 sind parallel und schneiden sich daher nicht. Das Gleiche gilt für die y–Achse und die Gerade x=700.

Die maximale Anzahl an Basislösungen korrespondiert mit der Anzahl an Möglichkeiten, die 4 Einheitsvektoren auf die 6 Spalten in dem Simplextableau zu verteilen bzw. die 4 Basisvariablen aus den 6 Variablen auszuwählen. Diese Anzahl kann man mittels des Binomialkoeffizienten berechnen:

$$\text{maximale Anzahl der Basislösungen} = \binom{6}{4} = \frac{6!}{4! * (6-4)!} = 15$$

Im Allgemeinen gilt:

$$\text{maximale Anzahl der Basislösungen} = \binom{n}{k} = \frac{n!}{k! * (n-k)!}$$

wobei n die Anzahl der Variablen (inkl. der Schlupfvariablen) und k die Anzahl der Nebenbedingungen (ohne die Bedingungen $x \geq 0$ und $y \geq 0$) ist.

1.8.5 Schema zum Simplex Algorithmus

Nachfolgend soll allgemein beschrieben werden, wie man ein lineares Programm in Standardform mit dem Simplexalgorithmus löst.

1. Es sei das Standardprogramm $A * \vec{x} \leq \vec{b} \wedge \vec{x} \geq 0$ mit der Zielfunktion $Z(\vec{x}) = \vec{c}^T * \vec{x} = c_1 x_1 + \dots + c_n x_n \to \max$ gegeben, wobei A eine (m, n)-Matrix ist.

   Durch das Hinzufügen der Schlupfvariablen $(u_1, \dots, u_m)$ erhält man ein Gleichungssystem, für das sich folgendes Tableau aufstellen lässt:

a_{11}	$\dots$	a_{1n}	1	0	$\dots$	0	b_1
a_{21}	$\dots$	a_{2n}	0	1	$\dots$	0	b_2
$\dots$	$\dots$	$\dots$	$\dots$	$\dots$	$\dots$	$\dots$	$\dots$
a_{m1}	$\dots$	a_{mn}	0	0	$\dots$	1	b_m
c_1	$\dots$	c_n	0	0	0	0	$-Z(0)$

2. Man bestimmt das größte c_j. Die entsprechende Spalte wird zur Pivotspalte. *Wenn es kein c_j gibt, das größer als Null ist, dann hat man die optimale Lösung bereits gefunden und ist mit dem Simplex-Algorithmus fertig. Die Lösung wird dann entsprechend der Beschreibung unter Schritt 5 ermittelt.*

3. Man berechnet die charakteristischen Quotienten zu den Elementen der Pivotspalte. Diese ergeben sich, indem das jeweilige b_i durch das zugehörige a_{ij} geteilt wird ($\frac{b_i}{a_{ij}}$). Diese Quotienten werden nur dort berechnet, wo a_{ij} größer als Null ist. Die Zeile, für die der kleinste charakteristische Quotient berechnet wurde, wird zur Pivotzeile. *Wenn kein einziges a_{ij} in der Pivotspalte größer als Null ist, so dass kein einziger charakteristischer Quotient berechnet werden kann, existiert keine optimale Lösung. Der zulässige Bereich ist in diesem Fall unbeschränkt.*

4. Das Element, das in der Pivotspalte und Pivotzeile steht, ist das Pivotelement. Wenn das Pivotelement keine 1 ist, wird die Pivotzeile durch das Pivotelement geteilt. Nun ist das Pivotelement eine 1. Durch Addition oder Subtraktion entsprechender Vielfacher der Pivotzeile werden in der Pivotspalte alle Werte außer dem Pivotelement zu Nullen transformiert. Nun wird mit dem entstandenen Tableau wie unter Schritt 2 beschrieben fortgefahren.

5. Lösung: Wenn kein c_j größer als Null ist, ist die Berechnung fertig. Nun schaut man in dem Tableau in den Spalten der Variablen nach. Wenn in der Spalte ein Basisvektor steht, sucht man die Zeile, in der das Pivotelement (die 1) steht. Der Wert, der in dieser Zeile ganz rechts steht, ist die optimale Lösung für diese Variable. Wenn in der Spalte der Variablen kein Basisvektor steht, ist der Wert der entsprechenden Variablen 0.

Ganz unten rechts in dem Tableau steht der negative Wert des maximalen Wertes der Zielfunktion.

Die beiden kursiv geschriebenen Bedingungen stellen die Abbruchbedingungen für den Simplexalgorithmus dar.

Der angeführte 4. Schritt des Simplex-Algorithmus wird häufig auch als Basisaustausch bezeichnet.

Natürlich handelt es sich bei den dargestellten Zusammenhängen nur um eine Einführung in das Gebiet der linearen Optimierung. Insbesondere auf das duale Programm wurde hier nicht eingegangen.

2 Folgen und Reihen

2.1 Grundlagen

Wenn man eine bestimmte Anzahl von Zahlen in einer Reihenfolge anordnet, so nennt man dies eine **Folge** (oder auch Zahlenfolge). Die einzelnen Zahlen der Folge nennt man **Glieder**. Nachfolgend ein Beispiel für eine Folge:

$$1, 4, 7, 10, 13, 16, 19, \ldots$$

Die Folge kann, wie in dem vorherigen Beispiel, einer bestimmten Vorschrift unterliegen, wie die einzelnen Folgenglieder gebildet werden. In dem Beispiel entsteht ein Folgenglied jeweils, indem zu dem vorherigen Glied eine 3 addiert wird. Natürlich kann der Zusammenhang zwischen den Folgengliedern auch wesentlich komplizierter sein.

Man nummeriert die Folgenglieder der Reihe nach durch und bezeichnet die einzelnen Glieder mit a_i, wobei der Index die jeweilige Nummer angibt. Für die vorherige Folge würde man also auch schreiben:

$$a_1=1, a_2=4, a_3=7, a_4=10, a_5=13, a_6=16, a_7=19, \ldots$$

Bei einer Folge wird also jeder Natürlichen Zahl eine bestimmte Zahl zugeordnet. Wird allgemein von irgendeinem Folgenglied gesprochen, so bezeichnet man dieses auch mit a_n. Statt eine Folge durch die Auflistung der Folgenglieder zu beschreiben, kann man häufig auch eine Vorschrift angeben, wie sich aus der jeweiligen Natürlichen Zahl das entsprechende Folgenglied ergibt. Bei der angegebenen Folge ist das nächste Folgenglied immer um 3 größer als das vorherige. Es lässt sich folgende Vorschrift aufstellen:

$$a_n = 1 + 3(n - 1) \quad \text{oder auch} \quad a_n = -2 + 3n$$

Die beiden Darstellungen sind gleichwertig, und natürlich kann man den Ausdruck auch noch anders schreiben. Für die Konstruktion der Vorschrift muss man darauf achten, dass die Glieder jeweils um 3 größer werden, daher muss n mit 3 multipliziert werden. Weiterhin muss dafür gesorgt werden, dass sich tatsächlich die richtigen Werte ergeben. Würde man einfach nur $a_n = 3n$ schreiben, so würde sich als erstes Folgenglied $3*1=3$ ergeben. Um das vorgegebene Folgenglied zu erhalten, muss man noch die 2 abziehen.

Schließlich hätte man die Folge auch durch die Angabe des ersten Folgengliedes und der Vorschrift, wie sich das jeweils nächste Glied aus dem vorherigen ergibt, beschreiben können. In diesem Fall würde die Beschreibung lauten:

$$a_1 = 1, \ a_n = a_{n-1} + 3$$

Auf die beschriebene Weise ergibt sich das jeweilige Folgenglied immer aus dem vorherigen. Eine derartige Formel nennt man auch **Rekursionsformel**.

Die **Summe der ersten n Folgenglieder** bezeichnet man mit s_n, entsprechend ergibt sich für die zuvor betrachtete Folge der Zusammenhang:

n	1	2	3	4	5	6	7	...
a_n	1	4	7	10	13	16	19	...
s_n	1	5	12	22	35	51	70	...

Anhand der Darstellung lässt sich erkennen, dass die s_n selber wieder eine Folge ergeben. Eine derartige Folge, bei der sich die einzelnen Folgenglieder als Summe über die Folgenglieder einer anderen Folge ergeben, nennt man eine **Reihe.**

Formal gilt für die Elemente der Reihe:

$$s_n = \sum_{i=1}^{n} a_i$$

Wenn eine Folge ein Ende hat, so nennt man sie eine **endliche** Folge. Andernfalls handelt es sich um eine **unendliche** Folge. Bei unendlichen Folgen ist von Interesse, ob diese **beschränkt** sind. Man nennt eine Zahlenfolge nach oben (unten) beschränkt, wenn alle Glieder kleiner oder größer als ein bestimmter Wert sind. Die Folge

$$a_n = 2 + n$$

ist z. B. nach unten beschränkt, denn kein Wert der Folge ist kleiner als 3. Nach oben ist sie aber unbeschränkt, denn wenn man n beliebig groß wählt, werden auch die Folgenglieder unendlich groß. Die Folge

$$a_n = \frac{2}{n}$$

ist nach oben und unten beschränkt. Der größte Wert (2) ergibt sich für n=1. Für große n nähern sich die Werte immer mehr an 0, erreichen die

Null aber nie. Formal kann man schreiben:

$$0 < a_n \leq 2$$

Weiterhin nennt man eine Zahlenfolge **streng monoton steigend**, wenn die Glieder ständig größer werden. Es muss also gelten:

$$a_{n+1} > a_n$$

Wenn die Werte immer kleiner werden, nennt man die Folge entsprechend **streng monoton fallend**. In diesem Fall muss also für alle Folgenglieder gelten:

$$a_{n+1} < a_n$$

Wenn man zusätzlich erlaubt, dass das nächste Glied auch genau so groß wie das vorherige ist, so spricht man einfach nur von **monoton steigenden (fallenden)** Folgen. In diesem Fall muss also gelten:

$$a_{n+1} \geq a_n \text{ (bzw. bei monoton fallend: } a_{n+1} \leq a_n)$$

Bei dem Anfangsbeispiel ergab sich das nächste Folgenglied, indem immer ein konstanter Betrag addiert wurde. In dem Beispiel war es ein Betrag von 3. Allgemein nennt man Folgen, bei denen sich das nächste Glied durch Addition oder Subtraktion eines konstanten Betrages ergibt, **arithmetische Folgen**.

Man kann für arithmetische Folgen auch eine allgemeine Formel ermitteln, wie man eine derartige Vorschrift aufstellen kann. Wenn man die Differenz zwischen den Folgengliedern mit d bezeichnet, so kann die Folge allgemein folgendermaßen geschrieben werden:

a_1	a_2	a_3	a_4	a_5	...	a_n
a_1	a_1+d	a_1+2d	a_1+3d	a_1+4d	...	$a_1+(n-1)d$

Bei jedem Term taucht ein a_1 auf, und es werden gerade $(n-1)\,d$ addiert. Daher ergibt sich der zuvor für a_n angegebene Ausdruck.

Allgemein gilt also für das n-te Folgenglied einer arithmetischen Folge:

$$a_n = a_1 + (n-1)d$$

> Die Summe der ersten n–Folgenglieder einer arithmetischen Folge lautet:
> $$s_n = \frac{1}{2} n \, (a_1 + a_n)$$

Bei einer **geometrischen Folge** ist der Faktor zwischen zwei Gliedern immer konstant. Diesen Faktor kürzt man auch mit q ab. Nachfolgend drei Beispiele für geometrische Folgen:

$$1, \frac{1}{2}, \frac{1}{4}, \frac{1}{8}, \dots$$

$$256, 64, 16, 4, 1, \frac{1}{4}, \dots$$

$$3, -6, 12, -24, 48, -96, \dots$$

Bei der ersten angegebenen Folge gilt $q = \frac{1}{2}$, bei der zweiten $q = \frac{1}{4}$ und bei der dritten $q = -2$. Bei der dritten Folge wechselt das Vorzeichen ständig, derartige Folgen nennt man **alternierende** (lat. abwechselnde) Folgen. Wenn q negativ ist, so ergeben sich generell alternierende Folgen.

> Für das n–te Glied einer geometrischen Folge ergibt sich:
> $$a_n = a_1 * q^{n-1}$$

> Für die Summe der ersten n Folgenglieder einer geometrischen Reihe ergibt sich:
> $$s_n = a_1 * \frac{q^n - 1}{q - 1}$$

Die Folge der s_n nennt man auch **geometrische Reihe.**

2.2 Grenzwerte von Folgen

Grenzwerte sind Werte, denen sich eine Folge (oder allgemeiner eine Funktion, eine Folge ist lediglich ein bestimmter Typ von Funktion, siehe Kapitel 3) immer mehr annähert. Ein Beispiel für den Grenzwert einer Folge wäre z.B. folgender Ausdruck:

$$\lim_{n \to \infty} \frac{1}{n} \text{ mit } n \in \mathbb{N}$$

$\frac{1}{n}$ ist hierbei eine Folge mit den einzelnen Folgengliedern:

$$a_1 = 1; a_2 = \frac{1}{2}; a_3 = \frac{1}{3}; a_4 = \frac{1}{4}; \dots$$

Der Ausdruck $\lim_{n \to \infty}$ bedeutet, dass der Wert gesucht wird, dem sich die Folge für immer größer werdende n immer mehr annähert. lim steht hierbei für limes (lat.: Grenze).

Ein Grenzwert existiert, wenn die folgende Bedingung erfüllt ist:

> In einer beliebig kleinen Umgebung des Grenzwertes liegen immer unendlich viele Folgenglieder und nur endlich viele außerhalb dieser Umgebung.

Bei der vorherigen Folge ist diese Bedingung für den Wert 0 erfüllt. Es wird durch immer größere Zahlen geteilt, so dass das Ergebnis immer kleiner wird. Die Folge geht für immer größere Werte von n immer näher an 0 heran. In jeder Umgebung um 0 herum, und sei sie auch noch so klein, werden unendlich viele Folgenglieder liegen, und es werden nur endlich viele außerhalb dieser Umgebung liegen. Daher ist Null der **Grenzwert** dieser Folge.

Man würde also schreiben:

$$\lim_{n \to \infty} \frac{1}{n} = 0$$

Derartige Folgen, deren Grenzwert Null ist, nennt man auch **Nullfolgen.**

Folgen, die einen Grenzwert haben, nennt man **konvergente Folgen.** Hat die Folge keinen Grenzwert, so spricht man von einer **divergenten** Folge.

Einen Punkt, um den herum immer unendlich viele Folgenglieder liegen, nennt man einen **Häufungspunkt.** Man könnte meinen, dass der

Häufungspunkt einer Folge auch ihr Grenzwert ist. Dies gilt aber nur, wenn die Folge nur einen einzigen Häufungspunkt hat. Es sei z. B. die folgende Folge betrachtet:

$$\lim_{n \to \infty} (-1)^n + \frac{1}{n}$$

Die ersten Glieder der Folge lauten

$$0,\ 1\frac{1}{2},\ -\frac{2}{3},\ 1\frac{1}{4},\ -\frac{4}{5},\ 1\frac{1}{6},\ -\frac{6}{7},\ \dots$$

Man kann erkennen, dass die Folge zwei Häufungspunkte, und zwar bei 1 und bei -1, besitzt. Sowohl bei 1 als auch bei -1 liegen in einer beliebig kleinen Umgebung unendlich viele Folgenglieder. Es liegen aber auch unendlich viele Folgenglieder außerhalb der Umgebung. Die zuvor angeführte Bedingung für einen Grenzwert ist hier also nicht erfüllt, somit divergiert die Folge.

Zusammenfassend kann man Folgendes festhalten:

> Eine konvergente Folge hat nur einen einzigen Häufungspunkt, der gerade dem Grenzwert entspricht.

Nachfolgend ist noch ein weiteres Beispiel für eine divergente Folge angeführt:

$$\lim_{n \to \infty} n^2$$

Diese Folge ist nach oben unbeschränkt und überschreitet jeden Wert. Daher geht sie gegen unendlich, und es existiert kein Grenzwert.

Für die Grenzwerte von Summen, Differenzen, Produkten und Quotienten von konvergenten Folgen gilt, dass man diese einzeln berechnen kann. Formal gilt also:

$$\lim_{n \to \infty} (a_n + b_n) = \lim_{n \to \infty} a_n + \lim_{n \to \infty} b_n$$

$$\lim_{n \to \infty} (a_n - b_n) = \lim_{n \to \infty} a_n - \lim_{n \to \infty} b_n$$

$$\lim_{n \to \infty} (a_n * b_n) = \lim_{n \to \infty} a_n * \lim_{n \to \infty} b_n$$

$$\lim_{n \to \infty} \left(\frac{a_n}{b_n}\right) = \frac{\lim\limits_{n \to \infty} a_n}{\lim\limits_{n \to \infty} b_n} \quad \text{für } b \neq 0$$

Diese zuvor aufgeführten Zusammenhänge, die sehr naheliegend sind, bezeichnet man auch als **Grenzwertsätze.**

Nachfolgend werden zwei Beispiele für die Anwendung der Grenzwertsätze angeführt:

1) $\lim\limits_{n \to \infty} \dfrac{12 + \frac{1}{n}}{3}$

Nach den Grenzwertsätzen können die Grenzwerte aus den einzelnen Termen gebildet werden, so dass sich ergibt:

$$\lim\limits_{n \to \infty} \frac{12 + \frac{1}{n}}{3} = \frac{12 + 0}{3} = 4$$

2) Es soll der Grenzwert der geometrischen Reihe bestimmt werden:

$$\lim\limits_{n \to \infty} a_1 * \frac{q^n - 1}{q - 1}$$

Das „n" taucht nur bei dem Term q^n auf. Für $|q| > 1$ geht der Ausdruck gegen unendlich, denn jedesmal wenn mit q multipliziert wird, nimmt der Ausdruck zu. In disem Fall gibt es keinen reellen Grenzwert und die geometrische Reihe divergiert.

Gilt hingegen $|q| < 1$, so lässt jede weitere Multiplikation mit q den Betrag sinken und für n gegen unendlich geht q^n gegen 0. Für den Grenzwert der geometrischen Reihe ergibt sich in diesem Fall:

$$\lim\limits_{n \to \infty} a_1 * \frac{q^n - 1}{q - 1} = \lim\limits_{n \to \infty} a_1 * \frac{0 - 1}{q - 1}$$

$$= \lim\limits_{n \to \infty} a_1 * \frac{-1}{q - 1} = a_1 * \frac{1}{-(q - 1)}$$

$$= a_1 * \frac{1}{-q + 1} = a_1 * \frac{1}{1 - q}$$

3   Funktionen

Die nachfolgend dargestellten Zusammenhänge für Funktionen müssten alle in der Schule behandelt worden sein. Wer bei den behandelten Gebieten noch relativ fit ist, kann die entsprechenden Abschnitte ruhig auslassen.

3.1   Begriff der Funktion

Eine Funktion stellt eine Zuordnung zwischen verschiedenen Mengen dar. Dabei ist nicht jede Zuordnung eine Funktion, sondern nur **eindeutige** Zuordnungen sind Funktionen. D.h. jedem Element der Definitionsmenge wird genau ein Element der Wertemenge zugeordnet. Eine Funktion wäre z.B. folgende Zuordnung:

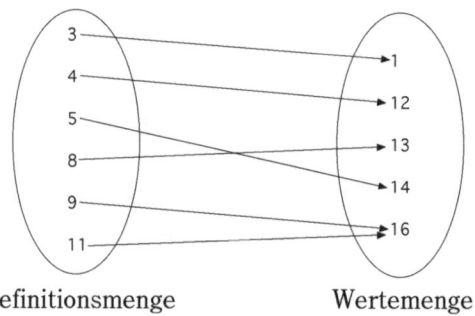

Definitionsmenge   Wertemenge

Die linke Menge ist die **Definitionsmenge.** In obigem Fall wird jedem Element der Definitionsmenge nur ein Element der **Wertemenge** zugeordnet, daher handelt es sich bei dieser Zuordnung um eine Funktion.

Nebenstehend ist das Beispiel leicht geändert, der 4 werden nun zwei verschiedene Werte zugeordnet, daher handelt es sich in diesem Fall um keine Funktion.

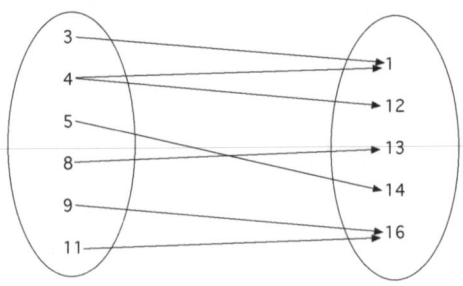

Auch wenn von einem

Element der Definitionsmenge kein Pfeil ausgehen würde, wäre die beschriebene Zuordnung keine Funktion.

In den beiden dargestellten Fällen wurde die Zuordnung durch Pfeile dargestellt, und es handelte sich um ziemlich "kleine" Mengen. Die meisten relevanten Funktionen haben als Definitions- und Wertemengen die Menge der reellen Zahlen ($\mathbb{R}$) oder Teilmengen von $\mathbb{R}$. Da $\mathbb{R}$ unendlich viele Elemente enthält, wäre es ein hoffnungsloses Unterfangen, die Funktion durch einzelne Abbildungspfeile beschreiben zu wollen. Stattdessen wird die Funktion durch eine Abbildungsvorschrift festgelegt, die vorschreibt, welches Element der Wertemenge den jeweiligen Elementen der Definitionsmenge zugeordnet wird. Also etwa $f(x) = x^2$. $f(x)$ steht hierbei für das Element der Wertemenge, das dem jeweiligen x zugordnet wird. Häufiger schreibt man statt $f(x) = x^2$ auch $y = x^2$, wobei y einfach nur ein anderer Name für $f(x)$ ist. Schließlich gibt es noch eine dritte Möglichkeit, eine Funktionsvorschrift darzustellen: $f: x \mapsto x^2$, auch dieses beschreibt genau die gleiche Funktion. Die Schreibweise bedeutet, dass f die Funktion ist, die x auf x^2 abbildet. Eine Funktion kann man zeichnen, indem man waagerecht die x-Werte und senkrecht die jeweiligen y-Werte abträgt. Zunächst müssen also Wertepaare berechnet werden, die dann in ein Koordinatensystem eingetragen werden. Nachfolgend wurde dies für die Funktion $f(x) = x^2$ durchgeführt:

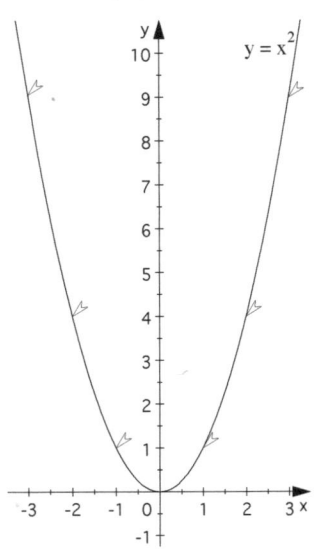

x	f(x)
-3	9
-2	4
-1	1
0	0
1	1
2	4
3	9

Die dargestellte Funktion stellt die Normalparabel dar. Nachfolgend werden die wichtigsten Klassen von Funktionen eingehender betrachtet.

3.2 Ganzrationale Funktionen

Die Normalparabel ist ein Spezialfall einer ganzrationalen Funktion. Ganzrationale Funktionen nennt man auch **Polynomfunktionen** (oder auch **Parabeln**). Sie bestehen aus einzelnen Termen mit ganzzahligen Potenzen der Variablen. Sie haben also folgende Form:

$$f(x) = a_n x^n + a_{n-1} x^{n-1} + \ldots + a_1 x^1 + a_0 x^0$$

Die höchste tatsächlich auftretende Potenz von x bestimmt den **Grad** der Funktion. Eine ganzrationale Funktion 1. Grades hat also die Form: $f(x) = a_1 x^1 + a_0 x^0$ mit $a_1 \neq 0$. Dies ist eine Geradengleichung. Eine Gerade ist also ebenfalls ein Spezialfall einer ganzrationalen Funktion.

Enthält eine ganzrationale Funktion nur gerade Exponenten, so ist die Funktion **achsensymmetrisch** zur y-Achse. Nebenstehend ist die Funktion $f(x) = 0,3x^4 - x^2 - 0,4$ dargestellt. Formal gilt für eine Funktion, die achsensymmetrisch zur y-Achse ist: $f(x) = f(-x)$

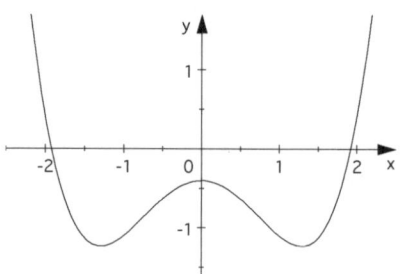

Enthält eine ganzrationale Funktion nur ungerade Exponenten, so ist sie **punktsymmetrisch** zum Ursprung. Nebenstehend ist die Funktion $f(x) = -0,7x^3 + 2x$ abgebildet. Formal gilt in diesem Fall:

$$f(x) = -f(-x)$$

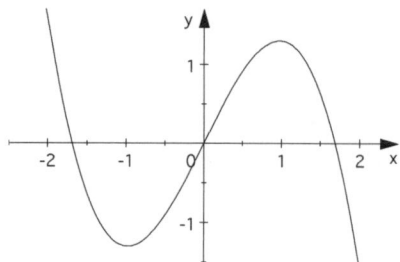

3.3 Nullstellen von Funktionen

Als Nullstellen einer Funktion bezeichnet man die Stellen, bei denen der Funktionswert Null ist. Hier gilt also $f(x) = 0$. Grafisch sind die Nullstellen der Funktion die Schnittpunkte der Funktion mit der x-Achse.

Die nebenstehend angeführte Funktion 2. Grades ($f(x) = x^2 - 4$) hat z. B. zwei Nullstellen, denn sie schneidet zweimal die x-Achse.

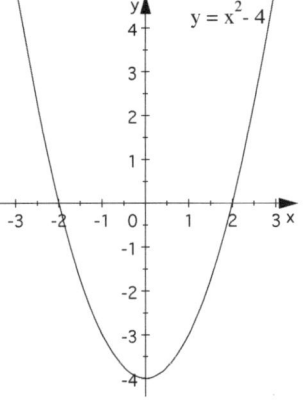

Nullstellen bestimmt man, indem man die Funktion gleich Null setzt. Es seien beispielsweise die Nullstellen der angeführten Funktion zu bestimmen:

$$f(x) = x^2 - 4 = 0$$

$$\Leftrightarrow x^2 = 4$$

$$\Leftrightarrow x = 2 \lor x = -2$$

Die Berechnung von Nullstellen kann natürlich auch wesentlich komplizierter sein. Verfahren zum Lösen von Gleichungen sind im Anhang dargestellt.

Bei **ganzrationanlen Funktionen** gilt weiterhin:

> **Die Anzahl der Nullstellen entspricht höchstens dem Grad der Funktion.**

Eine Funktion 3. Grades hat also höchstens 3 Nullstellen.

Nachfolgend wird die Funktion $f(x) = -2x^3 + 3x^2$ betrachtet. Wie sich auf der nebenstehenden Zeichnung erkennen lässt, hat diese Funktion 2 Nullstellen, bei x=0 und bei x=1,5.

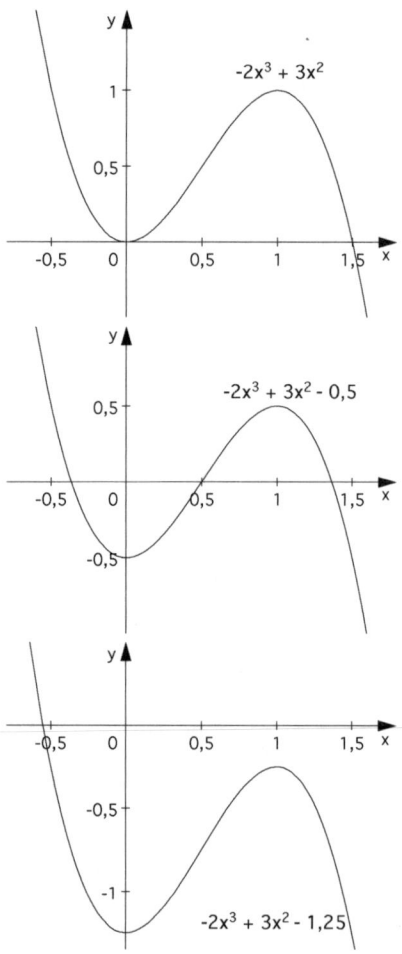

In der zweiten Zeichnung ist die Funktion um 0,5 Einheiten im Koordinatensystem nach unten verschoben worden. Nun ergeben sich 3 Nullstellen.

In der dritten Zeichnung wurde die Funktion um insgesamt 1,25 Einheiten nach unten verschoben, nun ergibt sich nur eine Nullstelle.

Egal, wie die Funktion verschoben wird, mehr als drei Nullstellen würden sich nie ergeben.

Analytisch ergibt sich die Beschränkung der Anzahl der Nullstellen von ganzrationalen Funktionen aus der Anzahl der Lösungen von Gleichungen. Eine quadratische Gleichung hat höchstens 2 Lösungen, eine Gleichung dritten Gerades höchstens 3 usw.

Bisweilen wird bei Aufgaben nach den Schnittpunkten der Funktion mit den Koordinatenachsen gefragt. Die Schnittpunkte der Funktion mit der x-Achse sind gerade die Nullstellen der Funktion. Der Schnittpunkt der Funktion mit der y-Achse, den man auch Achsenabschnitt nennt, ergibt sich, indem man in die Funktionsgleichung für x Null einsetzt. Er entspricht daher der einzelnen Zahl bzw. der Konstanten, die in der Funktionsgleichung auftritt.

3.4 Gebrochenrationale Funktionen

Funktionen, die man in der folgenden Form darstellen kann, nennt man rationale Funktionen:

$$f(x) = \frac{a_0 x^0 + a_1 x^1 + \dots + a_n x^n}{b_0 x^0 + b_1 x^1 + \dots + b_m x^m} \qquad n, m \in \mathbb{N}$$

Wichtig ist, dass diese Funktionen an den Stellen, wo der Nenner Null wird, nicht definiert sind.

Wenn der Ausdruck im Nenner eine Konstante ist, handelt es sich um eine ganzrationale Funktion. Wenn der Nenner hingegen wirklich eine Funktion von x ist, spricht man von einer gebrochenrationalen Funktion.

Nebenstehend ist die Funktion

$$f(x) = \frac{1}{x}$$

gezeichnet. Hierbei handelt es sich um ein sehr einfaches Beispiel für eine gebrochenrationale Funktion. (Bei der Funktion handelt es sich um eine **Hyperbel**.)

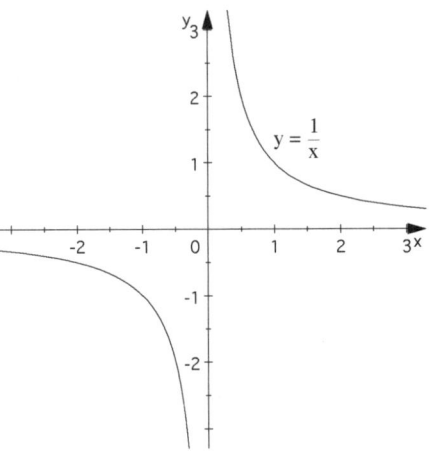

Bei x=0 ist die Funktion nicht definiert. Hier geht sie auf der einen Seite gegen − ∞ und auf der anderen gegen + ∞. Man nennt dies auch eine **Polstelle** mit Vorzeichenwechsel.

3.5   Wurzelfunktionen

Bei den bisher angeführten Funktionen kamen nur ganzzahlige Exponenten der Variablen vor. Lässt man zusätzlich auch nicht ganzzahlige Exponenten zu, so erhält man auch Wurzelfunktionen.

Ein Beispiel für eine Wurzelfunktion ist etwa $f(x) = x^{\frac{1}{2}} = +\sqrt[2]{x}$, oder auch $f(x) = x^{\frac{1}{3}} = \sqrt[3]{x}$

Zweite Wurzel aus x bedeutet, dass die Zahl gesucht wird, die mit sich selbst multipliziert x ergibt. (Häufig spricht man bei der zweiten Wurzel auch einfach von der Wurzel.) Hierbei gilt es zweierlei zu beachten:

> – die zweite Wurzel einer negativen Zahl existiert (in $\mathbb{R}$) nicht
>
> – die zweite Wurzel ist mehrdeutig, wenn es eine Lösung gibt, so gibt es **immer eine positive und eine negative Lösung,** nur die zweite Wurzel von Null ist eindeutig, denn $+0$ ist das gleiche wie -0.

Die angeführten Eigenschaften gelten für alle geradzahligen Wurzeln. Nicht geradzahlige Wurzeln sind dagegen auch für negative Zahlen definiert und sind immer eindeutig. Die $\sqrt[3]{-8}$ ist die Zahl, die dreimal mit sich selbst multipliziert -8 ergibt. Hier gibt es eine (und nur eine) Lösung, und zwar:

$$\sqrt[3]{-8} = -2, \text{ denn es gilt: } (-2)*(-2)*(-2) = -8.$$

Nachfolgend ist eine Zeichnung der Funktion f(x) = $^3\sqrt{x}$ dargestellt. (Alle ungradzahligen Wurzeln ergeben vom Prinzip her einen ähnlichen Verlauf):

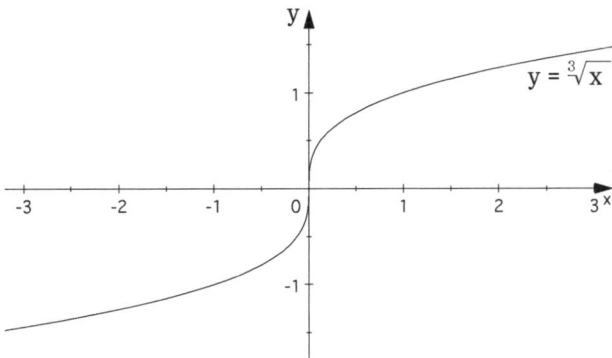

Bei der Darstellung von geradzahligen Wurzeln müssen die beiden angeführten Besonderheiten beachtet werden, Zum einen sind geradzahlige Wurzelfunktionen für negative x-Werte nicht definiert, und zum anderen muss man sich für die Darstellung der negativen oder der positiven Wurzel entscheiden, denn sonst würde es sich um keine Funktion mehr handeln, da jedem positiven x-Wert sonst **zwei** y-Werte zugeordnet würden. Nachfolgend ist die Funktion f(x) = $+^2\sqrt{x}$ dargestellt:

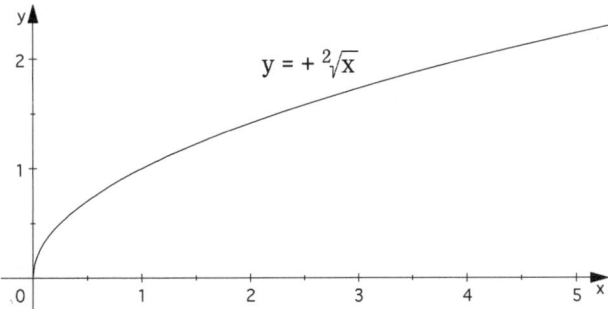

3.6   Umkehrfunktionen

Eine Umkehrfunktion ist so etwas Ähnliches wie das inverse Element einer Verknüpfung. Bei einer Verknüpfung ist das inverse Element so definiert, dass sich bei der Verknüpfung des Elements mit seinem inversen Element das neutrale Element ergibt. So ist etwa bei der "normalen" Multiplikation x^{-1} das inverse Element zu x, denn es gilt $x*x^{-1} = x * \frac{1}{x}$ = 1, und 1 ist gerade das neutrale Element der Multiplikation. (Bei der Matrizenmultiplikation gilt entsprechend: $A * A^{-1} = I$).

Die Umkehrfunktion zu einer Funktion ist die Funktion, die die Abbildung der Funktion rückgängig macht. Wenn man also die Funktion mit ihrer Umkehrfunktion verknüpft (die Verknüpfung zweier Funktionen bedeutet einfach, dass diese nacheinander ausgeführt werden müssen), so erhält man als Ergebnis die Funktion f(x) = x als eine Funktion, die als Ergebniswert immer den x-Wert hat, also eine Funktion, die "nichts verändert" und die man somit auch das neutrale Element der Funktionen nennen könnte.

Aufgrund des zuvor Dargelegten ist es nahe liegend, dass die Umkehrfunktion mit f^{-1} bezeichnet wird. Dies ist keinesfalls mit dem Ausdruck $\frac{1}{f}$ identisch, denn hier ist ja nicht das inverse Element der Multiplikation, sondern die inverse Funktion zu f gesucht. Angenommen, es sei die Funktion f(x) = $^2\sqrt{x}$ gegeben. Wie lautet die Umkehrfunktion zu dieser Funktion? Wenn auf den Funktionswert der Funktion die Umkehrfunktion angewendet wird, so muss einfach x dabei herauskommen. Man könnte also auch fragen, was man mit $^2\sqrt{x}$ machen muss, damit wieder x herauskommt. Es wird gerade die Funktion gesucht, die das Wurzelziehen rückgängig macht. Diese Funktion ist $f^{-1}(x) = x^2$. Für die Verknüpfung von Umkehrfunktion und Funktion gilt nun: $f^{-1} \circ f = (^2\sqrt{x})^2$ = x. (Der Kreis steht für "verknüpft")

Anschaulich dürfte das Ergebnis klar sein: Die Wurzel aus x ist die Zahl, die mit sich selbst multipliziert x ergibt, wenn man die Wurzel aus x nun quadriert, also mit sich selbst multipliziert, kommt wieder x heraus. In dem angegebenen Fall lässt sich die Umkehrfunktion sehr einfach ohne Rechnung bestimmen. Wie erhält man aber z.B. die Umkehrfunktion zu f: $\mathbb{R} \rightarrow \mathbb{R}$ mit f(x) = x^3 + 4 ?

Um die Umkehrfunktion zu erhalten, vertauscht man die Variablen und löst dann wieder nach y auf. Die vorliegende Funktion lautet f(x) = y = x^3 + 4. Nun werden x und y vertauscht, und die sich dabei ergebende Gleichung wird nach y aufgelöst:

$$x = y^3 + 4 \quad \Leftrightarrow \quad x - 4 = y^3 \quad \Leftrightarrow \quad y = \sqrt[3]{x-4}$$

Gezeichnet ergibt sich die Umkehrfunktion als Spiegelung der Funktion an der 45° Linie. Nachfolgend ist der positive Ast der Normalparabel und die entsprechende Umkehrfunktion, also die Wurzelfunktion, dargestellt:

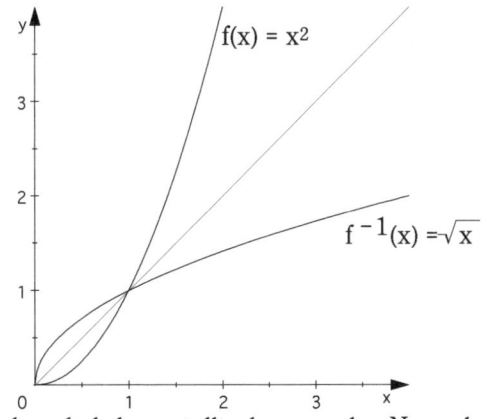

Der Definitionsbereich der Funktion entspricht immer dem Wertebereich der Umkehrfunktion. Entsprechend ist der Wertebereich der Funktion immer der Definitionsbereich der Umkehrfunktion.

Zuvor wurde bewusst nur die Umkehrfunktion zum positiven Ast der Normalparabel dargestellt, denn zu der Normalparabel als Ganzes existiert keine Umkehrfunktion. Würde man die gesamte Normalparabel an der Diagonalen spiegeln, so ergäbe sich eine Abbildung, bei der den x-Werten nicht nur ein y-Wert zugeordnet würde. Dieses wäre keine eindeutige Zuordnung und damit auch keine Funktion.

Da beim Bilden der Umkehrfunktion x- und y-Achse vertauscht werden, ergibt sich immer dann eine eindeutige Umkehrabbildung, wenn bei der Ausgangsfunktion auch jedem y-Wert nur ein x-Wert zugeordnet ist. Graphisch gesprochen darf die Funktion also jede Parallele zur x-Achse nur einmal schneiden. Eine derartige Funktion nennt man **injektiv.**

Da bei einer Funktion jedem x-Wert aus dem Definitionsbereich ein y-Wert zugordnet werden muss, ergibt sich weiterhin, dass eine Umkehrfunktion nur dann existiert, wenn sich jeder Wert aus der Wertemenge auch als Funktionswert ergibt. Eine Funktion, die diese Voraussetzung erfüllt, nennt man **surjektiv**. Eine Funktion, die sowohl injektiv als auch surjektiv ist, nennt man **bijektiv**. Für die gesamte Funktion existiert also immer nur eine Umkehrfunktion, wenn die Funktion bijektiv ist. Wenn die Funktion nur auf einem bestimmten Intervall bijektiv ist, so existiert nur für dieses Intervall eine Umkehrfunktion.

3.7 Exponentialfunktion und Logarithmus

3.7.1 Exponentialfunktionen

Diese beiden Funktionen haben in der Ökonomie relativ große Bedeutung. Exponentialfunktionen werden zur Beschreibung von Wachstumsprozessen benötigt, während manche makroökonomischen Modelle nur in logarithmierter Form untersucht werden, weil sie dann mathematisch sehr viel einfacher zu behandeln sind.

Exponentialfunktionen sind Funktionen, bei denen die Variable im Exponenten steht. Ein sehr einfaches Beispiel ist etwa die Funktion $y = 2^x$. Diese Funktion verdoppelt jeweils ihren Wert, wenn die Variable um eins zunimmt. Das dadurch entstehende rasante Anwachsen geht über das an der alltäglichen Umgebung geschulte menschliche Vorstellungsvermögen hinaus. Zunächst eine Darstellung der Funktion $y = 2^x$, wobei sich gut erkennen lässt, dass der Funktionswert sich jeweils verdoppelt, wenn x um eins zunimmt:

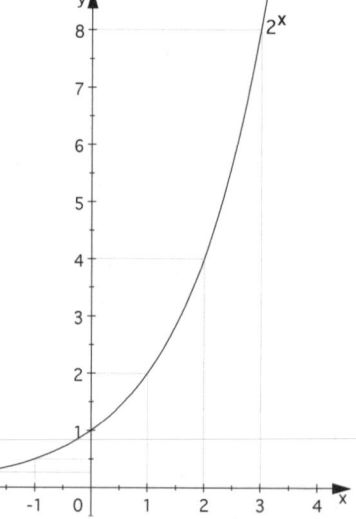

Ein schönes Beispiel für exponentielles Wachstum liefert auch folgende Überlegung: *Angenommen Maria und Josef hätten bei der Geburt ih–*

res Sohnes Jesus einen Cent auf die Bank gebracht, und dieser wäre
bis heute zu 5% *verzinst worden. Jetzt soll das Geld auf alle Men-*
schen gerecht verteilt werden. Wieviel erhält jeder Mensch?

Eine Verzinsung von 5% bedeutet, dass das Geld sich jährlich um den
Faktor 1,05 vermehrt. Es handelt sich also um exponentielles Wachstum, und berechnet werden muss der Ausdruck: $1,05^{2004}$. Das Ergebnis
ist so astronomisch, dass es sich kaum fassen lässt: Jeder Mensch würde
etwa 1.000 mal die Erde dicht gepackt aus Fünfhunderteuroscheinen erhalten!

Es gibt unter den Exponentialfunktionen eine, die sich gegenüber allen
anderen Exponentialfunktionen auszeichnet, dies ist die e-Funktion
($y = e^x$). e ist die Eulersche Zahl und steht für eine irrationale Zahl (die
Zahl lässt sich also nicht als Bruch darstellen, und wird sie als Dezimal-
zahl dargestellt, so endet sie nie, und es gibt auch nie eine Periode). Die
ersten Stellen von e lauten: 2,7182. Wie kommt man auf eine derartig
"krumme" Zahl?

Dies liegt daran, dass dies die einzige Zahl ist, bei der der Funktionswert
und die Steigung in jedem Punkt identisch sind. Die e-Funktion liefert
als Funktionswert also immer ihre Steigung. Diese Eigenschaft zeichnet
die e-Funktion gegenüber allen
anderen Exponentialfunktionen
aus und sorgt dafür, dass viele
Berechnungen mit der e-Funktion sehr viel einfacher sind als
mit anderen Exponentialfunktionen. (Die genaue Bedeutung der
Steigung wird im nächsten Abschnitt behandelt)

Man schreibt für die e-Funktion
$f(x) = e^x$ oder $f(x) = \exp(x)$. In der
Darstellung unterscheidet sich
die e-Funktion nicht wesentlich
von anderen Exponentialfunktionen.

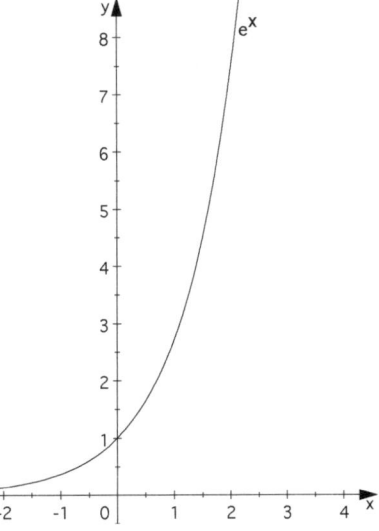

3.7.2 Darstellung des Taschenrechners für sehr große und sehr kleine Zahlen

Der Taschenrechner bedient sich bei der Darstellung von sehr großen und sehr kleinen Zahlen der Exponentialfunktion 10^x. So steht der

Ausdruck: 4,3 -04 für $4,3 * 10^{-4} = \dfrac{4,3}{10^4} = 0,00043$

und 2,76 11   steht für $2,76 * 10^{11} = 276.000.000.000$

3.7.3 Rechenregeln für Exponenten

$$1)\ a^n * a^m = a^{n+m}$$

Diese Regel lässt sich an einem Beispiel gut verdeutlichen:

$a^2 * a^3 = a*a * a*a*a = a^5$ (es soll gerade 5 mal a mit sich selbst malgenommen werden)

Manchmal wird auch eine extra Regel für Quotienten definiert:

$$\frac{a^n}{a^m} = a^{n-m}$$

diese ergibt sich aber sofort aus der zuerst angeführten Regel (da die Division die inverse Operation zur Multiplikation ist, lassen sich auf ähnliche Weise alle "extra" Regeln für Quotienten auf die Regeln für die Multiplikation zurückführen):

$$\frac{a^n}{a^m} = a^n * a^{-m} = a^{n+(-m)} = a^{n-m}$$

$$2)\ (a^n)^m = a^{n*m}$$

Auch diese Regel kann gut an einem Beispiel verdeutlicht werden:

$$(a^4)^3 = (a*a*a*a)^3 = \underbrace{(a*a*a*a)}_{4\ a's} * \underbrace{(a*a*a*a)}_{4\ a's} * \underbrace{(a*a*a*a)}_{4\ a's} = a^{4*3} = a^{12}$$

3 mal 4 a's

3.7.4 Umkehrfunktion zur Exponentialfunktion

Die Umkehrfunktion erhält man, indem man die Variablen vertauscht und dann wieder nach y auflöst. Für die Funktion $y = 10^x$ ergibt sich demnach:

$$x = 10^y$$

Wie kann dieser Ausdruck nun nach y aufgelöst werden?

Mit den bisher behandelten mathematischen Verfahren ist dies nicht möglich. Für viele Problemstellungen ist es aber notwendig, eine Umkehrfunktion zur Exponentialfunktion zu haben. Da sich der Ausdruck aber mit schon bekannten Umformungen nicht auflösen lässt, muss eine neue Funktion definiert werden, die dies tut. Diese neu zu definierende Funktion ist der **Logarithmus.**

Man schreibt nun statt $10^y = x$:

$$\log_{10}(x) = y$$

Wobei der Logarithmus eben als die Funktion definiert wird, die den vorherigen Ausdruck nach y auflöst. Die Fragestellung bei dem Logarithmus bleibt also weiterhin: 10 hoch wieviel ist gleich x? Dies sei an drei Beispielen verdeutlicht:

$\log_{10} 100 = 2$ (10 hoch wieviel ist gleich 100? 10^2 ist gleich 100)

$\log_{10}(10.000) = 4$

$\log_{10}(0,01) = -2$ ($10^{-2} = \dfrac{1}{10^2} = 0,01$)

Die nach unten gesetzte Zahl gibt an, zu welcher Exponentialfunktion der jeweilige Logarithmus die Umkehrfunktion ist. Diese Zahl nennt man auch die Basis des Logarithmus. Nachfolgend wird noch ein Logarithmus zur Basis 2 berechnet:

$$\log_2(32) = 5 \text{ (denn } 2^5 \text{ ist 32)}$$

Wenn nur "log" ohne Angabe einer Basis oder auch lg geschrieben wird, so ist dies eine abkürzende Schreibweise für $\log_{10}$. Für den Logarithmus zur Basis e gibt es auch noch eine besondere Bezeichnung:

$$\log_e(x) = \ln(x)$$

Diesen Logaritmus nennt man auch den natürlichen Logarithmus. Aus den gleichen Gründen, aus denen die e–Funktion die wichtigste Exponentialfunktion ist, ist der natürliche Logarithmus (er ist gerade die Umkehrfunktion zur e-Funktion) der wichtigste Logarithmus. Die Taschenrechner haben den 10er Logaritmus und den natürlichen Logarithmus als Funktion.

Nachfolgend eine Zeichnung des natürlichen Logarithmus:

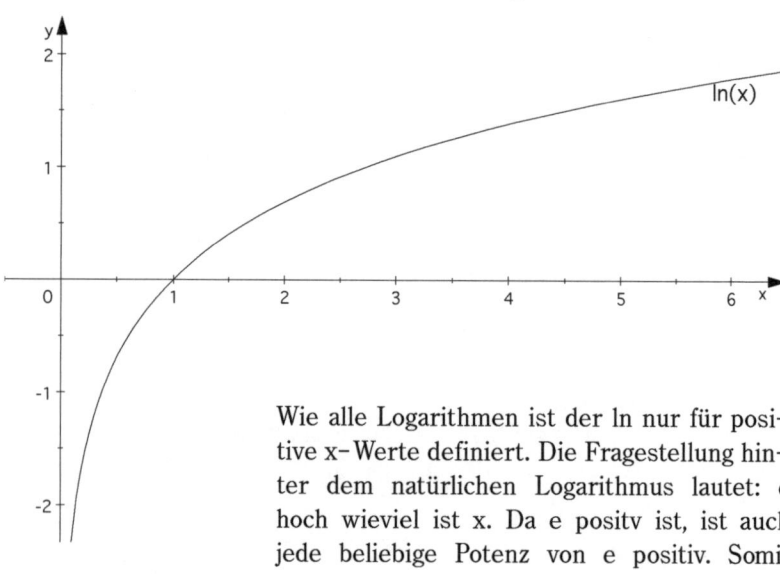

Wie alle Logarithmen ist der ln nur für positive x-Werte definiert. Die Fragestellung hinter dem natürlichen Logarithmus lautet: e hoch wieviel ist x. Da e positv ist, ist auch jede beliebige Potenz von e positiv. Somit kann x nur positiv sein.

Wie bei allen Funktionen ergibt sich die Umkehrfunktion als Spiegelung der Funktion an der 45^0 Linie:

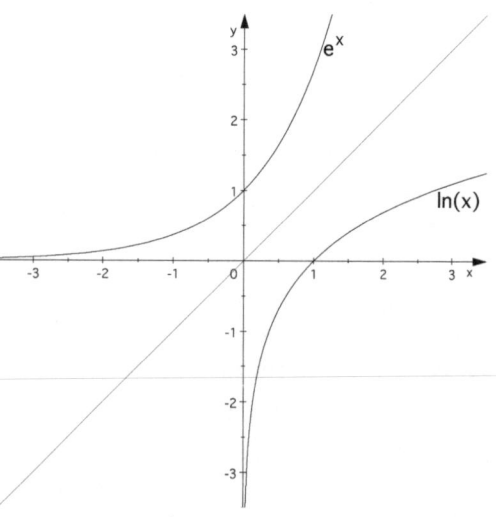

3.7.5 Rechenregeln für Logarithmen

Diese Regeln werden nachfolgend aus den Rechenregeln für die Exponentialfunktion hergeleitet:

1) $\ln(x) + \ln(y) = \ln(e^{\ln(x)+\ln(y)})$

Es wurden der Logarithmus und die e–Funktion eingefügt. Da diese beiden Funktion und zugehörige Umkehrfunktion sind, heben sie sich in ihrer Wirkung gerade auf, so dass die Umformumg korrekt ist.

$$\ln(e^{\ln(x)+\ln(y)}) = \ln(e^{\ln(x)} * e^{\ln(y)})$$

Hier wurde die 1. Rechenregel für Exponentialfunktionen angewendet.

$$\ln(e^{\ln(x)} * e^{\ln(y)}) = \ln(x*y)$$

Funktion und Umkehrfunktion heben sich gerade auf.

Es gilt also:

$$\ln(x*y) = \ln(x) + \ln(y)$$

Für einen Quotienten ergibt sich auf analoge Weise:

$$\ln(\tfrac{x}{y}) = \ln(x) - \ln(y)$$

2) $\ln(x^y) = \ln((e^{\ln(x)})^y)$

Hier wurden wieder e–Funktion und Logarithmus eingefügt. $e^{\ln(x)}$ ist gerade x.

$$\ln((e^{\ln(x)})^y) = \ln(e^{y*\ln(x)})$$

Hier wurde die zweite Regel für Exponentialfunktionen benutzt.

$$\ln(e^{y*\ln(x)}) = y*\ln(x)$$

ln und e–Funktion heben sich wieder gegenseitig auf. Es gilt also folgende Regel:

$$\ln(x^y) = y*\ln(x)$$

3.8   Trigonometrische Funktionen

Dies sind die Funktionen sin(x), cos(x) und tan(x). Diese Funktionen zeichnen sich vor allem durch ihr periodisches Verhalten aus. In der Ökonomie spielen die Trigonometrischen Funktionen daher eigentlich nur in der Konjunkturtheorie eine Rolle.

3.8.1 Die Sinusfunktion

Bei der nachfolgenden Abbildung der Sinusfunktion ist der periodische Verlauf sehr gut zu erkennen. Nach 2Π (360^0) wiederholt sich der Verlauf der Funktion. Wenn man also zu dem Argument der Funktion (dem x-Wert) 2Π addiert, so ergibt sich der gleiche Funktionswert (y-Wert) wie zuvor. Die Funktionswerte schwanken zwischen -1 und 1.

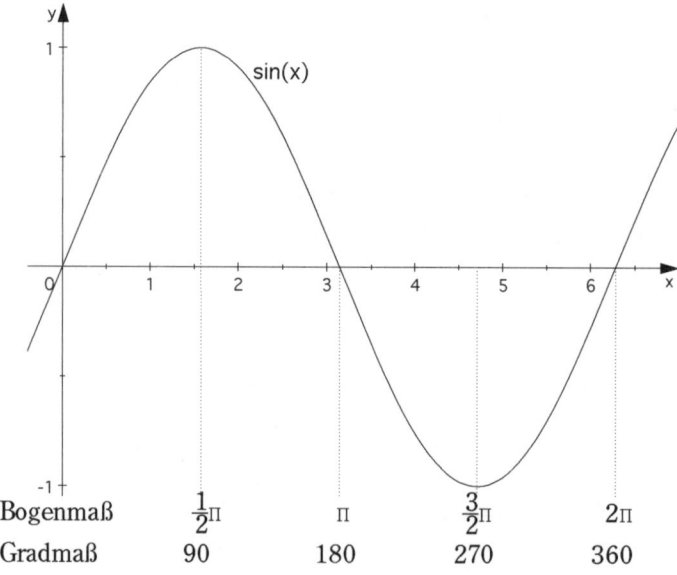

Bogenmaß	$\frac{1}{2}\Pi$	Π	$\frac{3}{2}\Pi$	2Π
Gradmaß	90	180	270	360

3.8.2 Winkelmaße - Bogenmaß (rad) und Gradmaß (deg)

Winkel können in verschiedenen Einheiten gemessen werden. Den meisten ist das Gradmaß wohl vertraut, hierbei wird "einmal ganz rum" als $360°$ definiert. Wenn der Taschenrechner auf deg gestellt ist, rechnet er im Gradmaß. Beim Bogenmaß wird der Winkel durch die Länge des Bogens auf dem Einheitskreis (Kreis mit dem Radius 1), die er überstreicht, festgelegt. "Einmal ganz rum" ist hierbei also gerade als der Umfang des Einheitskreises definiert. Da für den Umfang eines Kreises gerade gilt $U = 2\pi r$ und hier r gleich 1 ist, ergibt sich also im Bogenmaß für einen Winkel von $360°$ ein Wert von 2π. Wenn etwa bei Integralaufgaben Trigonometrische Funktionen auftauchen, so muss im Bogenmaß gerechnet werden, der Taschenrechner muss also auf "rad" geschaltet sein.

3.8.3 Cosinus und Tangens

Der Cosinus verläuft fast genauso wie der sinus, er ist nur um $\frac{\pi}{2}$ nach links verschoben. Dies bedeutet, dass, wenn man zum Argument des sinus $\frac{\pi}{2}$ addiert, sich gerade der cosinus ergibt:

$$\sin(x + \frac{\pi}{2}) = \cos(x)$$

Somit hat auch der cosinus eine Periode von 2π.

Der tangens ist als Quotient aus dem sinus und cosinus definiert:

$$\tan x = \frac{\sin x}{\cos x}$$

3.8.4 Trigonometrische Umkehrfunktionen

Die Umkehrfunktionen zu den Trigonometrischen Funktionen sind natürlich nur für injektive (eindeutige) Abschnitte der jeweiligen Trigonometrischen Funktion definiert. Für das betrachtete Intervall ergibt sich auch hier die Umkehrfunktion als die Spiegelung an der Winkelhalbierenden. Die Umkehrfunktionen nennt man:

arcsin, arccos und arctan

Bei dem Taschenrechner kann man diese Funktionen meist anwählen,

indem man zuerst die Inverstaste und dann die jeweilige Funktionstaste
wählt. Hierbei liefert der Taschenrechner den jeweiligen Winkel aus dem
Intervall zwischen -90^0 und 90^0. D.h. er hat die Umkehrfunktion zu diesem Intervall gespeichert. Z.B. ergibt sich (mit der Einstellung „deg"):

$$\arcsin(-1) = -90^0,$$

denn der sinus von -90^0 ergibt -1.

Allerdings ist z. B. auch der sinus von 270^0 -1.

3.9   Grenzwerte von Funktionen

3.9.1 Grenzwerte für x gegen unendlich

Ähnlich wie bei einer Folge kann man auch bei einer Funktion untersuchen, ob die Funktionswerte sich für große x–Werte einem bestimmten
Wert annähern. Die Untersuchung verläuft hierbei genauso wie bei einer
entsprechenden Folge. Anhand eines Beispiels wird dies nachfolgend betrachtet:

$$f(x) = \frac{1}{x}$$

$$\lim_{x \to \infty} f(x) = \lim_{x \to \infty} \frac{1}{x} = 0$$

Auch für Grenzwerte von Funktionen gelten die **Grenzwertsätze**, die zuvor schon für die Grenzwerte von Folgen angeführt wurden.

Nachfolgend wird ein Beispiel zur Anwendung der Grenzwertsätze angeführt. Es sei folgender Grenzwert zu bestimmen:

$$\lim_{x \to \infty} \frac{3x^2 - 7x}{4x^2 - 5x + 9}$$

Zunächst wird die höchste gemeinsame x–Potenz in Zähler und Nenner
ausgeklammert:

$$= \lim_{x \to \infty} \frac{x^2}{x^2} * \frac{3 - \frac{7}{x}}{4 - \frac{5}{x} + \frac{9}{x^2}}$$

Für die Grenzwertbetrachtung kann nun der Term mit den x–Potenzen
gekürzt werden:

$$= \lim_{x \to \infty} \frac{3 - \frac{7}{x}}{4 - \frac{5}{x} + \frac{9}{x^2}}$$

Nach den Grenzwertsätzen können nun die jeweiligen Grenzwerte einzeln bestimmt werden:

$$= \frac{\lim\limits_{x\to\infty} 3 - \lim\limits_{x\to\infty} \frac{7}{x}}{\lim\limits_{x\to\infty} 4 - \lim\limits_{x\to\infty} \frac{5}{x} + \lim\limits_{x\to\infty} \frac{9}{x^2}} = \frac{3-0}{4-0+0} = \frac{3}{4}$$

3.9.2 Grenzwerte gegen eine reelle Zahl

Bei Funktionen gibt es aber auch noch die Möglichkeit, dass der Grenzwert für x gegen einen bestimmten Wert, eine reelle Zahl a, gesucht wird. Z.B. könnte folgender Grenzwert zu bestimmen sein:

$$\lim\limits_{x\to 0} (x^2 - 4x + 2)$$

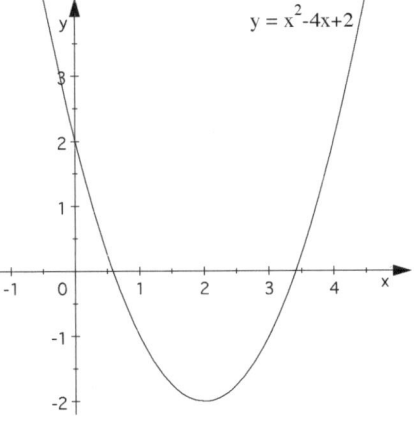

In der nebenstehenden Zeichnung ist die Funktion, von der der Grenzwert bestimmt werden soll, dargestellt. Man erkennt, dass der Grenzwert 2 sein muss, denn egal ob man sich von links oder von rechts an die Stelle x=0 nähert, man kommt immer näher an den Funktionswert 2 heran. Es gilt also:

$$\lim\limits_{x\to 0} (x^2 - 4x + 2) = 2$$

Nun kann man sich natürlich fragen, was das denn für eine Erkenntnis ist. Wenn man 0 in die Funktion einsetzt, kommt ja 2 heraus:

$$0^2 - 4*0 + 2 = 2$$

Wie sieht es aber mit dem folgenden Grenzwert aus:

$$\lim\limits_{x\to 0} \frac{x^3 - 4x^2 + 2x}{x}$$

Hier kann man nicht einfach 0 einsetzen, denn hierbei würde durch 0 geteilt werden, und es würde sich somit ein Ausdruck ergeben, der nicht definiert ist. Allerdings kann man bei der Grenzwertbetrachtung x kürzen, denn es wird ja nur der Grenzwert für x gegen Null betrachtet, x nähert sich also beliebig nahe an 0 an, wird aber nicht 0. Somit ergibt sich:

$$\lim_{x \to 0} \frac{x^3 - 4x^2 + 2x}{x} = \lim_{x \to 0} \frac{x^2 - 4x + 2}{1} = \lim_{x \to 0} (x^2 - 4x + 2) = 2$$

Nach dem Kürzen hat sich der gleiche Grenzwert ergeben, wie er zuvor bereits betrachtet wurde. Wenn man die ursprünglich in dem Grenzwert stehende Funktion zeichnen würde, so würde die Zeichnung mit einer einzigen Ausnahme genau so aussehen wie die oben dargestellte Zeichnung: Bei der Stelle x=0 hat der Graph der Funktion eine Unterbrechung. Allerdings ist es schwer, eine derartige Unterbrechung in einer Zeichnung darzustellen. Man spricht in diesem Fall von einer Definitionslücke der Funktion.

Aus den bisherigen Betrachtungen kann man Folgendes erkennen: Wenn die Funktion, deren Grenzwert betrachtet wird, an der untersuchten Stelle definiert ist und die Funktion an dieser Stelle keine Sprünge macht[1], so kann der Grenzwert einfach durch Einsetzen ermittelt werden. Allerdings sind auch ganz andere Fälle möglich, dazu sei die folgende Funktion betrachet:

$$f(x) = \begin{cases} x^2 - 1 & \text{für } x \leq 2 \\ -\frac{1}{4}x^2 + 3 & \text{für } x > 2 \end{cases}$$

Diese Funktion ist abschnittsweise definiert. Nachfolgend ist sie dargestellt worden. Sie macht an der Stelle x = 2 einen Sprung. Es sei nun der folgende Grenzwert betrachtet:

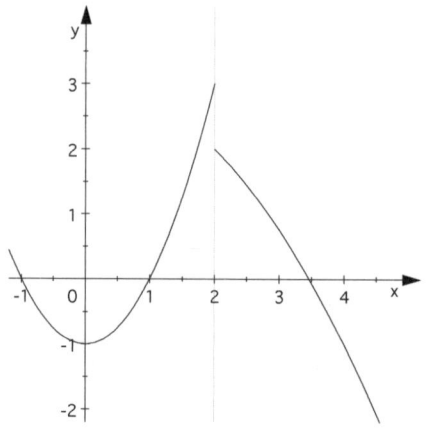

$$\lim_{x \to 2} f(x)$$

Man kann anhand der Zeichnung schon erkennen, dass die Funktion sich, wenn man von links kommt, immer mehr an den Wert 3 annähert, und wenn man von rechts kommt, an den Wert 2. Da die beiden

---

1: Wenn die angeführten Bedingungen erfüllt sind, sagt man auch, dass die Funktion an der entsprechenden Stelle stetig ist. Siehe hierzu auch Kapitel 3.10.

Werte unterschiedlich sind, existiert der angeführte Grenzwert nicht, obwohl der Wert der Funktion an der Stelle x=2 bestimmt werden kann, für diesen ergibt sich:

$$f(2) = 2^2 - 1 = 3$$

Man kann allerdings auch die Grenzwerte von links und von rechts getrennt betrachten. Für den Grenzwert von links schreibt man:

$$\lim_{\substack{x \to 2 \\ x < 2}} f(x) = \lim_{x \uparrow 2} f(x)$$

Beide Varianten beschreiben den linksseitigen Grenzwert. Im ersten Fall wird beschrieben, dass x gegen 2 geht, aber gleichzeitig kleiner als 2 ist. Im zweiten Fall drückt der von unten nach oben laufende Pfeil aus, dass es sich um den linksseitigen Grenzwert handelt. Für den linksseitigen Grenzwert ergibt sich:

$$\lim_{x \uparrow 2} f(x) = \lim_{x \uparrow 2} (x^2 - 1) = 2^2 - 1 = 3$$

Für den rechtsseitigen Grenzwert ergibt sich entsprechend:

$$\lim_{\substack{x \to 2 \\ x > 2}} f(x) = \lim_{x \downarrow 2} f(x) = \lim_{x \downarrow 2} (-\tfrac{1}{4}x^2 + 3) = -\tfrac{1}{4} * 2^2 + 3 = 2$$

Bei dem Beispiel existiert also sowohl der linksseitige als auch der rechtsseitige Grenzwert. Da die beiden aber verschieden sind, existiert der „gesamte" Grenzwert [$\lim_{x \to 2} f(x)$] nicht.

Um den Grenzwert einer Funktion gegen eine reelle Zahl zu bestimmen, muss man also, um genau zu sein, immer den linksseitigen und den rechtsseitigen Grenzwert bestimmen und prüfen, ob diese identisch sind. Allerdings sind diese Grenzwerte in vielen Fällen identisch. Wenn die Funktionen nicht abschnittsweise (wie in dem vorherigen Ausdruck) definiert sind und die Funktionen oder Terme innerhalb der Funktionen nicht gegen $\pm\infty$ gehen, sind die linksseitigen und rechtsseitigen Grenzwerte zumeist identisch.

Auch bei Grenzwerten von Funktionen gegen eine reelle Zahl gelten die Grenzwertsätze, sie lauten für diesen Fall:

Wenn die Grenzwerte $\lim\limits_{x \to a} f(x) = b$ und $\lim\limits_{x \to a} g(x) = c$ existieren, so gilt:

$$\lim\limits_{x \to a} (f(x) + g(x)) = \lim\limits_{x \to a} f(x) + \lim\limits_{x \to a} g(x) = b + c$$

$$\lim\limits_{x \to a} (f(x) - g(x)) = \lim\limits_{x \to a} f(x) - \lim\limits_{x \to a} g(x) = b - c$$

$$\lim\limits_{x \to a} (f(x) * g(x)) = \lim\limits_{x \to a} f(x) * \lim\limits_{x \to a} g(x) = b * c$$

$$\lim\limits_{x \to a} \frac{f(x)}{g(x)} = \frac{\lim\limits_{x \to a} f(x)}{\lim\limits_{x \to a} g(x)} = \frac{b}{c} \quad \text{für } c \neq 0$$

Zahlreiche Funktionen kann man bei der Grenzwertbildung aus dem Grenzwert herausziehen. Dies geht z. B. bei Wurzeln, Potenzen, Exponentialfunktionen, Logarithmen. Im Folgenden sind einige derartige Regeln angeführt:

$$\lim\limits_{x \to a} (f(x))^k = (\lim\limits_{x \to a} f(x))^k = b^k$$

$$\lim\limits_{x \to a} \sqrt[k]{f(x)} = \sqrt[k]{\lim\limits_{x \to a} f(x)} = \sqrt[k]{b} \quad \text{falls } f(x) \geq 0,\, b \geq 0$$

$$\lim\limits_{x \to a} e^{f(x)} = e^{(\lim\limits_{x \to a} f(x))} = e^b$$

$$\lim\limits_{x \to a} \ln(f(x)) = \ln(\lim\limits_{x \to a} f(x)) = \ln(b)$$

$$\lim\limits_{x \to a} (f \circ g)(x) = \lim\limits_{x \to a} f(g(x)) = f(\lim\limits_{x \to a} g(x)) = f(c)$$

Die folgende Funktion ist für für x=1 und x=−1 nicht definiert, an diesen Stellen sollen nachfolgend die Grenzwerte bestimmt werden:

$$f(x) = \frac{x^2 + 2x + 1}{x^2 - 1}$$

Für die weiteren Untersuchungen ist es sinnvoll, die Funktion mittels der Binomischen Formeln umzuformen:

$$f(x) = \frac{x^2 + 2x + 1}{x^2 - 1} = \frac{(x+1)(x+1)}{(x+1)(x-1)}$$

Für den Grenzwert gegen −1 ergibt sich nun Folgendes:

$$\lim_{x \to -1} \frac{(x+1)(x+1)}{(x+1)(x-1)}$$

Der Term (x + 1) kann gekürzt werden. In der Funktion hätte man diesen Ausdruck nicht einfach kürzen können, denn dieses Kürzen ist nur erlaubt, wenn der Term im Nenner nicht Null ist. Bei der Grenzwertbetrachtung wird zwar der Grenzwert gegen −1 betrachtet, aber man geht hierbei gewissermaßen nur beliebig nahe an −1 heran, ohne die −1 zu erreichen. Daher ist das Kürzen dieses Termes hier erlaubt.

$$= \lim_{x \to -1} \frac{(x+1)}{(x-1)}$$

Nach den Grenzwertsätzen ergibt sich nun:

$$= \lim_{x \to -1} \frac{(x+1)}{(x-1)} = \frac{(-1+1)}{(-1-1)} = \frac{0}{-2} = 0$$

Die Funktion hat also an der Stelle −1 einen Grenzwert von 0, sie ist zwar an der Stelle selber nicht definiert, nähert sich aber von beiden Seiten beliebig nahe an 0 an. Eine derartige Stelle nennt man eine **Definitionslücke** (oder auch kürzer Lücke) der Funktion. Man kann die Funktion an dieser Stelle durch das Hinzufügen eines Punktes (−1, 0) stetig ergänzen.

Für den Grenzwert gegen 1 ergibt sich:

$$\lim_{x \to 1} \frac{(x+1)(x+1)}{(x+1)(x-1)}$$

$$= \lim_{x \to 1} \frac{(x+1)}{(x-1)}$$

Bei diesem Ausdruck ist an der Stelle x = 1 der Nenner Null, aber der Zähler ungleich Null (1+1=2). Wenn man eine Zahl, die ungleich Null ist, durch Zahlen teilt, die immer näher an Null herankommen, so ergibt sich ein immer größerer Zahlenwert. Somit geht die Funktion gegen + oder − ∞. Wenn ein Grenzwert gegen + oder − ∞ geht, spricht man von einem **uneigentlichen Grenzwert**. Ein uneigentlicher Grenzwert liegt also vor, wenn sowohl der linksseitige, als auch der rechtsseitige Grenzwert entweder gegen $+\infty$ oder gegen $-\infty$ gehen. Für die weitere Untersuchung muss entsprechend unterschieden werden, ob man den Grenzwert von links (x<1) oder von rechts (x>1) betrachtet:

$$\text{Für } x < 1 \quad \lim_{x \to 1} \frac{(x+1)}{(x-1)} = \lim_{x \uparrow 1} \frac{(x+1)}{(x-1)} = -\infty$$

Der Zähler geht gegen 2, während der Nenner gegen Null geht, da in diesem Fall aber x<1 gilt, ist der Nenner stets kleiner als 0, so dass der Zähler durch immer kleinere (vom Betrag her) negative Zahlen geteilt wird. Der ganze Ausdruck geht also gegen $-\infty$.

Entsprechend folgt:

$$\text{Für } x > 1 \quad \lim_{x \to 1} \frac{(x+1)}{(x-1)} = \lim_{x \downarrow 1} \frac{(x+1)}{(x-1)} = \infty$$

Die Funktion geht also auf der einen Seite von 1 gegen $-\infty$ und auf der anderen gegen $+\infty$. Es existieren also die uneigentlichen Grenzwerte von links und von rechts. Allerdings sind diese verschieden, daher existiert der „gesamte" Grenzwert nicht.

Eine derartige Stelle, wie sie sich ergeben hat, nennt man einen **Pol mit Vorzeichenwechsel** (oder auch Zeichenwechsel). Wenn die Funktion auf beiden Seiten gegen + oder auf beiden gegen $-\infty$ gehen würde, so läge ein Pol ohne Vorzeichenwechsel vor.

In der nebenstehenden Zeichnung der Funktion lässt sich die Polstelle der Funktion gut erkennen. Man zeichnet an Polstellen senkrechte Geraden durch den x–Wert des Pols, die man **Polgeraden** nennt. Bei der Polgeraden handelt es sich um einen Spezialfall einer **Asymptote**. Eine Asymptote ist eine Gerade (oder im Allgemeinen auch eine andere Funktion), an die sich die Funktion immer mehr annähert (anschmiegt).

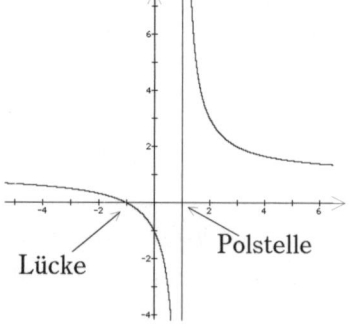

3.9.3 Regel von de l´ Hospital

Diese Regel bietet eine weitere Möglichkeit, um Grenzwerte von Quotienten zu bestimmen. Sie kann angewendet werden, wenn Nenner und Zähler entweder **beide gegen Null** oder **beide gegen unendlich** gehen (und die Ableitungen von Nenner und Zähler existieren). Die Regel von de l' Hospital besagt in diesen Fällen, dass der Grenzwert gleich dem Grenzwert des Quotienten der Ableitungen[1] von Zähler und Nenner ist. Also gilt in diesen Fällen:

$$\lim \frac{f(x)}{g(x)} = \lim \frac{f'(x)}{g'(x)}$$

Anhand der Grenzwerte der zuvor angeführten gebrochenrationalen Funktion lässt sich dieses Verfahren gut verdeutlichen:

$$\lim_{x \to -1} \frac{x^2 + 2x + 1}{x^2 - 1}$$

Wenn man hier für x −1 einsetzt, werden sowohl der Nenner als auch der Zähler Null, und man kann die Regel von de l' Hospital anwenden:

$$\lim_{x \to -1} \frac{x^2 + 2x + 1}{x^2 - 1} = \lim_{x \to -1} \frac{2x + 2}{2x}$$

Da nun ein Grenzwert entstanden ist, bei dem der Nenner an der Stelle −1 nicht mehr Null wird, kann man einfach einsetzen:

$$\lim_{x \to -1} \frac{2x + 2}{2x} = \frac{0}{-2} = 0$$

Für den Grenzwert gegen 1

$$\lim_{x \to 1} \frac{x^2 + 2x + 1}{x^2 - 1}$$

ergibt sich, wenn man 1 in den Nenner einsetzt, auch Null; wenn man 1 in den Zähler einsetzt, ergibt sich aber 4. Da hier zwar der Nenner, aber nicht der Zähler Null wird, darf man die Regel von de l' Hospital **nicht anwenden.** Es existiert kein reeller Grenzwert, denn während der Zähler immer mehr gegen 4 geht, nähert sich der Nenner immer mehr an 0 an. Je näher aber nun der Nenner an Null herankommt, desto größer wird

---

1: Ableitungen werden erst im nächsten Kapitel behandelt, wer mit Ableitungen nicht vertraut ist, sollte zunächst den entsprechenden Stoff im nächsten Kapitel nachlesen.

der ganze Ausdruck. Nähert sich x von links an die 1, so ist der Ausdruck im Nenner negativ, und der Ausdruck geht gegen $-\infty$. Nähert sich x hingegen von rechts an die 1, so ist der Nenner positiv und der Ausdruck geht gegen $+\infty$.

Für $x \rightarrow \pm \infty$ gehen sowohl der Nenner als auch der Zähler gegen unendlich, so dass hier die Regel von de l' Hospital angewendet werden kann.

$$\lim_{x \to \infty} \frac{x^2 + 2x + 1}{x^2 - 1} = \lim_{x \to \infty} \frac{2x + 2}{2x}$$

Bei dem Ausdruck, der sich nun ergibt, gehen auch wieder Nenner und Zähler gegen unendlich, so dass das gleiche Verfahren noch einmal angewendet werden kann:

$$\lim_{x \to \infty} \frac{2x + 2}{2x} = \lim_{x \to \infty} \frac{2}{2} = 1$$

Für den Grenzwert gegen $-\infty$ ergibt sich analog:

$$\lim_{x \to -\infty} \frac{x^2 + 2x + 1}{x^2 - 1} = \lim_{x \to -\infty} \frac{2x + 2}{2x} = \lim_{x \to -\infty} \frac{2}{2} = 1$$

3.9.4 Schema zur Regel von de l´ Hospital

Schematisch kann man zur Bestimmung des Grenzwertes eines Quotienten folgendermaßen vorgehen:

1) Es sei a eine reelle Zahl oder $+\infty$ oder $-\infty$

und der Grenzwert $\lim\limits_{x \to a} \dfrac{f(x)}{g(x)}$ zu bestimmen.

Weiterhin sei angenommen, dass sowohl f(x) als auch g(x) an der Stelle a differenzierbar sind. Falls a eine reelle Zahl ist, wird weiterhin vorausgesetzt, dass f(a) und g(a) existieren.

2) Es ist zu prüfen, ob an der Stelle a der Zähler und der Nenner beide 0 oder beide $\pm\infty$ ergeben. Hierzu setzt man a ein, es sind folgende Fälle zu unterscheiden (c und d sind nachfolgend reelle Zahlen, die ungleich Null sind):

2.1) Es ergibt sich $\dfrac{0}{0}$ oder $\dfrac{\pm\infty}{\pm\infty}$.

In diesen Fällen kann die Regel von l' Hospital angewendet werden. Es gilt also:

$$\lim\limits_{x \to a} \frac{f(x)}{g(x)} = \lim\limits_{x \to a} \frac{f'(x)}{g'(x)}$$

Man muss somit zunächst die Ableitung des Zählers und die Ableitung des Nenners bestimmen. Für die Bestimmung des neu entstandenen Grenzwertes kann man jetzt wieder mit Schritt 1) weitermachen, es kann also durchaus sein, dass man nochmals die Regel von de l' Hospital anwendet.

2.2) Es ergibt sich $\dfrac{0}{c}$, $\dfrac{0}{\pm\infty}$ oder $\dfrac{c}{\pm\infty}$.. Der Grenzwert ist 0.

2.3) Es ergibt sich $\dfrac{d}{c}$. Der Grenzwert lautet $\dfrac{d}{c}$.

2.4) Es ergibt sich $\dfrac{c}{0}$, $\dfrac{\pm\infty}{0}$.oder $\dfrac{\pm\infty}{c}$ Es existiert kein reeller Grenzwert. (es kann überprüft werden, ob ein uneigentlicher Grenzwert vorliegt.)

Nachfolgend noch einige Anmerkungen zu dem Vorgehen:

- Es kann auch sein, dass ein Ausdruck zunächst in einen Quotienten umgewandelt werden muss, damit die Regel von de l' Hospital angewendet werden kann. Es sei z. B. der folgende Grenzwert betrachtet:

$$\lim_{x \to 0} (1 - \cos(x)) * x^{-2}$$

Als Quotient lautet der Ausdruck:

$$= \lim_{x \to 0} \frac{1 - \cos(x)}{x^2}$$

Dieser Ausdruck kann mittels de l' Hospital gelöst werden. Als Ergebnis für den Grenzwert ergibt sich hierbei:

$$= \lim_{x \to 0} \frac{\sin(x)}{2x} = \lim_{x \to 0} \frac{\cos(x)}{2} = \frac{1}{2}$$

- In dem Schema sind nur Lösungen mittels der Regel von l' Hospital angeführt. In vielen Fällen kann man die Grenzwerte aber auch anders, z. B. durch geeignetes Kürzen, bestimmen. Wenn Grenzwerte von gebrochenrationalen Funktionen betrachtet werden und die Variable hierbei gegen unendlich geht, ist es zumeist am sinnvollsten, zunächst die höchste gemeinsame Potenz der Variablen auszuklammern, wie es in Abschnitt 3.9.1 gezeigt wurde.

3.9.5 Übungsaufgaben

Bestimmen Sie die folgenden Grenzwerte:

a) $\quad \lim\limits_{x \to -\infty} \dfrac{-2x^3 - x^2}{2 + x^2 + 3x^3}$

b) $\quad \lim\limits_{x \to \infty} \dfrac{4x^3 - 2x^2 + 1}{1 + x^2 - x^3}$

c) $\quad \lim\limits_{x \to -5} \dfrac{x^2 + 4x - 5}{x + 5}$

d) $\quad \lim\limits_{x \to 0} \dfrac{\ln(1+x) - e^{2x+1}}{(x-1)^2}$

Lösungsvorschläge:

a) $\quad \lim\limits_{x \to -\infty} \dfrac{-2x^3 - x^2}{2 + x^2 + 3x^3}$

Nun wird die höchste gemeinsame Potenz im Zähler und Nenner ausgeklammert (alternativ könnte die Regel von de l' Hospital angewendet
werden, allerdings müsste hierbei ziemlich oft abgeleitet werden, bis
nicht mehr Nenner und Zähler beide gegen unendlich gehen):

$$= \lim\limits_{x \to -\infty} \frac{x^3}{x^3} * \frac{-2 - \frac{1}{x}}{\frac{2}{x^3} + \frac{1}{x} + 3}$$

Der vordere Term kürzt sich weg, und für x gegen unendlich werden im
hinteren alle Glieder, bei denen x im Nenner steht, Null. Nach den
Grenzwertsätzen können diese Grenzübergänge einzeln durchgeführt
werden, so dass sich ergibt:

$$= \frac{-2 - 0}{0 + 0 + 3} = -\frac{2}{3}$$

b) Nenner und Zähler gehen für x gegen unendlich auch gegen unendlich,
so dass de l' Hospital angewendet werden kann:

$$\lim\limits_{x \to \infty} \frac{4x^3 - 2x^2 + 1}{1 + x^2 - x^3} = \lim\limits_{x \to \infty} \frac{12x^2 - 4x}{2x - 3x^2}$$

Da weiterhin Nenner und Zähler für x gegen unendlich jeweils gegen un–

endlich gehen, kann weiter abgeleitet werden:

$$\lim_{x \to \infty} \frac{12x^2 - 4x}{2x - 3x^2} = \lim_{x \to \infty} \frac{24x - 4}{2 - 6x} = \lim_{x \to \infty} \frac{24}{-6} = -4$$

---

c) für -5 werden Nenner und Zähler beide Null, so dass die Regel von de l' Hospital angewendet werden kann:

$$\lim_{x \to -5} \frac{x^2 + 4x - 5}{x + 5} = \lim_{x \to -5} \frac{2x + 4}{1}$$

Da der Nenner bei $x = -5$ nun nicht mehr Null ist, kann einfach eingesetzt werden:

$$\lim_{x \to -5} \frac{x^2 + 4x - 5}{x + 5} = \lim_{x \to -5} \frac{2x + 4}{1} = \frac{-10 + 4}{1} = -6$$

---

d) Hier sind für $x = 0$ sowohl der Zähler als auch der Nenner definiert, und der Nenner ist ungleich Null, daher kann einfach eingesetzt werden:

$$\lim_{x \to 0} \frac{\ln(1+x) - e^{2x+1}}{(x-1)^2} = \frac{\ln(1+0) - e^{20+1}}{(0-1)^2} = \frac{\ln 1 - e^1}{1} = -e$$

3.10 Stetige und unstetige Funktionen

Eine Funktion ist auf einem Intervall stetig, wenn sie in dem ganzen Intervall definiert ist und keine "Sprungstellen" aufweist. Eine Funktion ist also sozusagen stetig, wenn man sie "ohne den Stift abzusetzen" zeichnen kann. Die nachfolgend dargestellte Funktion ist an der Stelle x=0,7 unstetig. Beim Zeichnen der Funktion müsste man an dieser Stelle den Stift absetzen.

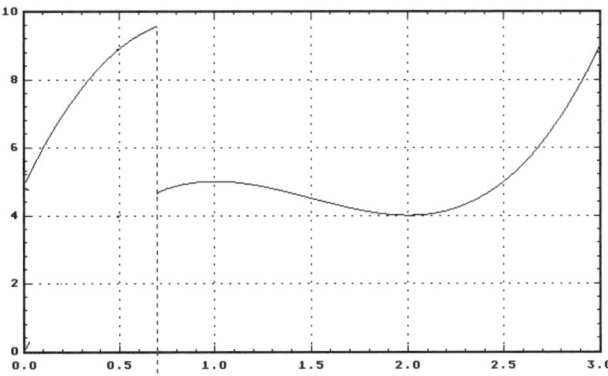

Der Grenzwert für x gegen 0,7 existiert nicht. Zwar existieren die Grenzwerte für x gegen 0,7 von unten, also für x < 0,7, und von oben, also für x > 0,7, aber die beiden Grenzwerte sind nicht identisch. Die Funktion hat bei bei x=0,7 eine Sprungstelle.

Formal formuliert muss Folgendes gelten:

Eine Funktion ist an der Stelle x = a stetig, wenn f(a) existiert und

$$\lim_{\substack{x \to a \\ x < a}} f(x) = f(a) = \lim_{\substack{x \to a \\ x > a}} f(x) \qquad \text{gilt.}$$

Der Grenzwert einer Funktion an der Stelle a existiert genau dann, wenn die Grenzwerte von links und von rechts existieren und identisch sind. Daher kann man die Bedingung für die Stetigkeit einer Funktion auch folgendermaßen definieren:

$$\lim_{x \to a} f(x) \text{ und } f(a) \text{ existieren und}$$

$$\lim_{x \to a} f(x) = f(a)$$

Eine Funktion ist stetig, wenn die angeführten Bedingungen für alle x-Werte gelten. Entsprechend ist eine Funktion auf einem Intervall stetig, wenn die Bedingung für alle Werte des Intervalls gilt.

Die meisten "normalen Funktionen" sind für ihren Definitionsbereich stetig. So z.B. alle ganz rationalen Funktionen, $\sin(x)$, $\cos(x)$, e^x, $\ln(x)$ und $\sqrt{x}$. Auch viele Verknüpfungen stetiger Funktionen sind wieder stetig:

> **Werden stetige Funktionen addiert, subtrahiert oder miteinander multipliziert, so ergibt sich wieder eine stetige Funktion.**

Für Quotienten (Brüche) von stetigen Funktionen gilt die angeführte Regel aber nicht. Diese Funktionen sind überall dort unstetig, wo der Nenner Null wird, denn dort sind sie nicht definiert.

Wenn man eine Funktion an einer bestimmten Stelle auf Stetigkeit untersuchen soll, so muss man $\lim_{x \to a} f(x)$ berechnen. Hierbei ist zu beachten, dass der Grenzwert für eine Näherung von links oder rechts an das a unterschiedlich sein kann. Daher muss man im Allgemeinen, wie zu Anfang angeführt, die folgenden beiden Grenzwerte bestimmen:

$$\lim_{\substack{x \to a \\ x < a}} f(x) \quad \text{und} \quad \lim_{\substack{x \to a \\ x > a}} f(x)$$

Wenn die beiden Grenzwerte identisch sind und der Wert $f(a)$ entspricht, ist die Funktion stetig in a.

An einem Beispiel soll das Vorgehen nachfolgend nochmals beschrieben werden:

Gegeben sei die Funktion $f : \mathbb{R} \to \mathbb{R}$, mit

$$f : \begin{cases} \dfrac{1 - \cos(x)}{x^2} & \text{für } x < 0 \\ 0 & \text{für } x = 0 \\ x^3 \ln(x) & \text{für } x > 0 \end{cases}$$

Ist f an der Stelle $x = 0$ stetig?

Für die gegebene Funktion müssen f(0) und die Grenzwerte für x gegen 0 und x kleiner bzw. x größer Null berechnet werden. Wenn alle drei Berechnungen denselben Wert ergeben, ist die Funktion bei x = 0 stetig:

$$f(0) = 0$$

$$\lim_{\substack{x \to 0 \\ x < 0}} \frac{1 - \cos(x)}{x^2} = \lim_{\substack{x \to 0 \\ x < 0}} \frac{\sin(x)}{2x} = \lim_{\substack{x \to 0 \\ x < 0}} \frac{\cos(x)}{2} = \frac{1}{2}$$

es wurde zweimal l´Hospital angewendet

Der Grenzwert von links entspricht also nicht dem Funktionswert an der Stelle 0:

$$f(0) = 0 \neq \frac{1}{2} = \lim_{\substack{x \to 0 \\ x < 0}} f(x)$$

Die Funktion ist daher bei x = 0 nicht stetig.

Anmerkung: Der Grenzwert für x größer Null braucht in diesem Fall nicht mehr berechnet zu werden.

4 Differentialrechnung einer Veränderlichen

4.1 Einführung

Die Differentialrechnung ist das wohl wichtigste Gebiet der Mathematik für die Ökonomie. Denn mittels der Differentialrechnung können Funktionen auf ihre **Maxima** bzw. **Minima** untersucht werden. Sobald es also in den Wirtschaftswissenschaften gelingt, einen Zusammenhang durch eine Funktion anzunähern, tritt die Differentialrechnung in Erscheinung, um die Zielgrößen zu optimieren.

Bei diesem Gebiet dürfte es sich wirklich für jeden lohnen, sich um grundlegendes Verständnis und nicht nur um Punkte bei den Klausuren zu bemühen. (Wobei diese beiden Aspekte häufig sowieso nicht unabhängig voneinander sind).

Die meisten dürften den Großteil der nachfolgenden Ausführungen bereits in der Schule gehabt haben. Wer direkt von der Schule kommt und mit Mathe nicht gerade auf Kriegsfuß stand, kann daher im nächsten Abschnitt vielleicht manches auslassen.

In dem nächsten Abschnitt (4.2) wird die prinzipielle Bedeutung der Steigung und die Herleitung der Ableitung über den Differentialquotienten behandelt. Die Ableitungen der wichtigsten Funktionen werden unter 4.3 behandelt. Darauf aufbauend stellt Abschnitt 4.4 die Ableitungsregeln für verknüpfte Funktionen dar. Hier werden die Produkt-, Quotienten- und Kettenregel behandelt. In Abschnitt 4.7 wird die Anwendung der Differentialrechnung zur Bestimmung von Extremwerten beschrieben.

Weitere wichtige Zusammenhänge aus dem Bereich der Differentialrechnung werden in Abschnitt 4.9 behandelt. Insbesondere wird hier auf den Begriff der Elastizität eingegangen.

4.2 Steigung einer Funktion

4.2.1 Steigung einer Geraden

Die Steigung einer Funktion gibt an, wie steil sie ist, also wie viele Einheiten sie nach oben geht, wenn man eine Einheit nach rechts geht. Eine Gerade hat überall die gleiche Steigung, so dass man diese einfach über ein **Steigungsdreieck** bestimmen kann.

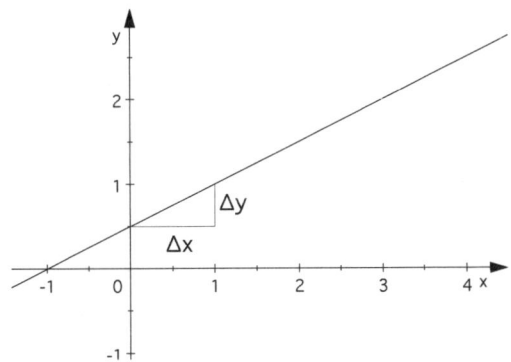

Die abgebildete Gerade geht pro Schritt nach rechts ($\triangle x=1$) einen halben Schritt nach oben ($\triangle y=\frac{1}{2}$), daher ist die Steigung $\frac{1}{2}$. Formal ergibt sich die Steigung als der folgende Quotient:

$$\frac{\triangle y}{\triangle x}$$

4.2.2 Steigung von Sekante und Tangente

Bei anderen Funktionen als Geraden ist die Steigung überall unterschiedlich. In der folgenden Abbildung ist der positive Ast der Parabel
$y = \frac{1}{4} x^2$ dargestellt. Es ist klar, dass diese Funktion keine einheitliche
Steigung besitzt. Je weiter man nach rechts geht, desto steiler wird die
Funktion. Gesucht sei die Steigung bei dem Punkt P.

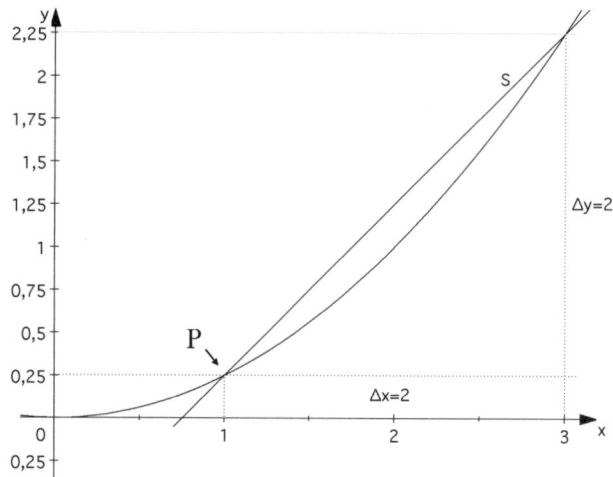

Zwischen x=1 und x=3 ist ein Steigungsdreieck eingezeichnet. Über dieses Steigungsdreieck ergibt sich die Steigung der eingezeichneten Geraden S. Eine derartige Gerade, die eine Funktion in zwei Punkten schneidet, nennt man eine **Sekante**. Allerdings erkennt man, dass die Steigung
von S nicht mit der Steigung der Funktion bei P identisch ist, denn die
Sekante hat eine weitaus größere Steigung als die Funktion bei P.

Für die Steigung der Sekante ergibt sich:

$$\frac{\Delta y}{\Delta x} = \frac{2{,}25 - 0{,}25}{3 - 1} = \frac{2}{2} = 1$$

Bei der Berechnung werden im Zähler und Nenner Differenzen berechnet und es handelt sich insgesamt um einen Quotienten (Bruch), daher
nennt man den Ausdruck $\frac{\Delta y}{\Delta x}$ auch den **Differenzenquotient**.

In der nächsten Zeichnung wurde die vorherige Sekante mit S_1 bezeichnet und es wurde zusätzlich eine weitere Sekante S_2 mit dem zugehörigen Steigungsdreick eingezeichnet.

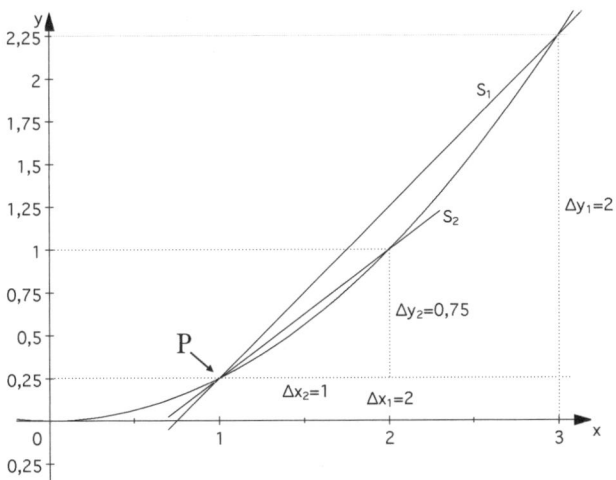

Für die die Steigung von S_2 ergibt sich:

$$\triangle x_2 = 1 \text{ und } \triangle y_2 = 0,75$$

$$\Rightarrow \frac{\triangle y_2}{\triangle x_2} = \frac{0,75}{1} = 0,75$$

Die eingezeichneten Geraden sind beide steiler als die Funktion in dem Punkt P. Die Gerade S_2 weicht aber weniger von dem richtigen Wert ab als die Gerade S_1. Wenn man sich nun vorstellt, immer kleinere Steigungsdreiecke einzuzeichnen, so wird die Steigung der dazugehörigen Geraden immer kleiner, wobei sie aber immer noch größer als die Steigung der Funktion in dem Punkt P sein wird. Je kleiner die Steigungsdreiecke werden, destso näher kommt man an den Wert für die Steigung der Funktion in dem Punkt P heran. **Als Grenzwert für unendlich kleine Steigungsdreiecke erhält man also den richtigen Wert für die Steigung im Punkt P.** Bei diesem Grenzübergang wird aus der Sekante eine **Tangente** (Berührende). In der nachfolgenden Zeichnung ist die Tangente an

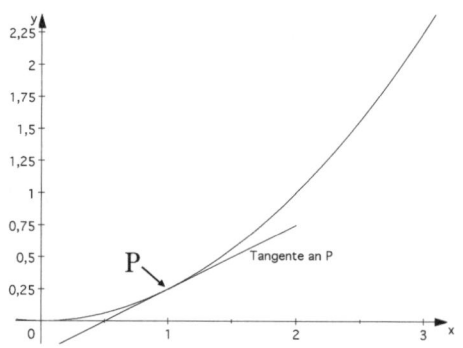

den Punkt P eingezeichnet. Die Steigung dieser Geraden ist mit der Steigung der Funktion im Punkt P identisch.

4.2.3 Bestimmung der Steigung einer Funktion

Um die Steigung in einem Punkt zu bestimmen, muss der Grenzwert des Differenzenquotienten für $\triangle x$ gegen Null bestimmt werden. Es ist also folgender Grenzwert zu untersuchen:

$$\lim_{\triangle x \to 0} \frac{\triangle y}{\triangle x}$$

Um diesen Grenzwert konkret zu bestimmen, wird nachfolgend der x-Wert des Punktes mit x_0 bezeichnet und $\triangle y$ wird entsprechend der nachfolgenden Darstellung mittels der entsprechenden Funktionswerte ausgedrückt.

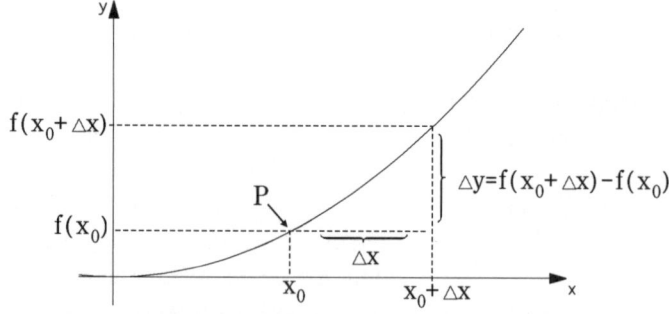

Die Breite des Steigungsdreiecks beträgt $\triangle x$, daher geht das Steigungsdreieck von der Stelle x_0 bis zur Stelle $x_0 + \triangle x$. Hieraus ergeben sich die Funktionswerte $f(x_0)$ und $f(x_0 + \triangle x)$. $\triangle y$ ergibt sich als die Differenz dieser beiden Funktionswerte: $\triangle y = f(x_0 + \triangle x) - f(x_0)$

Für den Grenzwert ergibt sich somit Folgendes:

$$\lim_{\triangle x \to 0} \frac{\triangle y}{\triangle x} = \lim_{\triangle x \to 0} \frac{f(x_0 + \triangle x) - f(x_0)}{\triangle x}$$

Für die Funktion $f(x) = x^2$ soll nun die Steigung bestimmt werden. Für $f(x_0 + \triangle x)$ ergibt sich:

$$f(x_0 + \triangle x) = (x_0 + \triangle x)^2 = x_0^2 + 2x_0\triangle x + \triangle x^2$$

Insgesamt ergibt sich für den Grenzwert des Differenzenquotienten somit:

$$\lim_{\triangle x \to 0} \frac{\triangle y}{\triangle x} = \lim_{\triangle x \to 0} \frac{f(x_0 + \triangle x) - f(x_0)}{\triangle x}$$

$$= \lim_{\triangle x \to 0} \frac{x_0^2 + 2x_0\triangle x + \triangle x^2 - x_0^2}{\triangle x}$$

$$= \lim_{\triangle x \to 0} \frac{2x_0\triangle x + \triangle x^2}{\triangle x}$$

Da $\triangle x$ zwar gegen Null geht, aber nicht Null wird, kann $\triangle x$ gekürzt werden. Es ergibt sich:

$$= \lim_{\triangle x \to 0} (2x_0 + \triangle x) = 2x_0$$

Somit ergibt sich also für die Funktion $f(x)=x^2$ an der Stelle x_0 die Steigung $2x_0$. Da x_0 ein beliebiger Wert sein kann, gilt dieser Zusammenhang auch für die ganze Funktion. Die Steigung einer Funktion nennt man auch die **Ableitung** der Funktion und bezeichnet sie mit $f'(x)$ (sprich: f Strich von x). Für die Funktion $f(x)=x^2$ gilt also $f'(x) = 2x$.

Für die Ableitung gibt es noch eine andere Bezeichnung. Sie ergibt sich als der Grenzwert des Differenzenquotienten:

$$\lim_{\triangle x \to 0} \frac{\triangle y}{\triangle x}$$

Bei diesem Grenzübergang gehen sowohl $\triangle x$ als auch $\triangle y$ gegen 0. Für derartige unendlich kleine Abschnitte gibt es eine eigene Bezeichnung, man nennt sie dx und dy und schreibt deshalb auch:

$$\lim_{\triangle x \to 0} \frac{\triangle y}{\triangle x} = \frac{dy}{dx} = f'(x) \qquad \text{oder auch } \frac{df}{dx}$$

dx und dy nennt man auch **Differentiale**. Daher bezeichnet man den

Quotienten $\dfrac{dy}{dx}$ auch als **Differentialquotient**.

Ableitungen nach der Zeit, diese treten insbesondere in der Physik häufig auf, werden oft mit einem Punkt gekennzeichnet. Hier gilt also folgende Konvention:

$$\frac{dy}{dt} = \dot{y}$$

Bei der vorherigen Berechnung wurde der Grenzübergang für $\triangle x$ gegen Null betrachtet. Es ist auch üblich, $\triangle x$ durch h zu ersetzen, auf diese Weise wird der Ausdruck etwas übersichtlicher. Außerdem wurde nachfolgend die Stelle, an der die Steigung bestimmt werden soll, einfach x statt x_0 genannt. In der nebenstehenden Grafik sind diese Bezeichnungen verwendet worden.

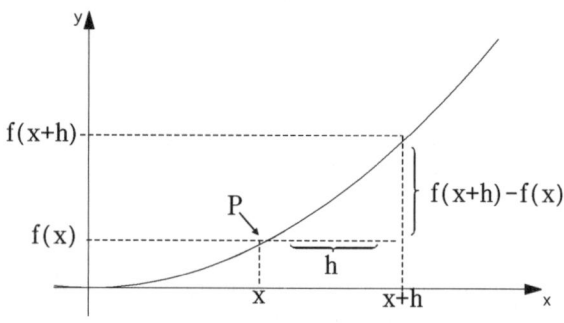

In dieser Darstellung lautet der Grenzwert des Differentialquotienten:

$$\lim_{h \to 0} \frac{f(x+h) - f(x)}{h}$$

Dieser Grenzwert wird nun für die Funktion: $f(x) = x^2 + 4$ berechnet:

$$\lim_{h \to 0} \frac{(x+h)^2 + 4 - (x^2 + 4)}{h}$$

$$= \lim_{h \to 0} \frac{x^2 + 2xh + h^2 + 4 - x^2 - 4}{h}$$

$$= \lim_{h \to 0} \frac{2xh + h^2}{h}$$

$$= \lim_{h \to 0} (2x + h) = 2x$$

Nachfolgend wird das Verfahren nochmals für die Funktion
$f(x) = x^3$ durchgeführt:

$$\lim_{h \to 0} \frac{f(x+h) - f(x)}{h}$$

$$= \lim_{h \to 0} \frac{(x+h)^3 - x^3}{h}$$

$$= \lim_{h \to 0} \frac{x^3 + 3x^2 h + 3xh^2 + h^3 - x^3}{h}$$

$$= \lim_{h \to 0} (3x^2 + 3xh + h^2) = 3x^2$$

4.2.4 Differenzierbarkeit

Eine Funktion ist differenzierbar, wenn der zuvor betrachtete Grenzwert des Differenzenquotienten existiert. Somit gilt für die Differenzierbarkeit einer Funktion Folgendes:

> Eine Funktion heißt **differenzierbar** an der Stelle x_0, wenn der Grenzwert
> $$\lim_{\Delta x \to 0} \frac{\Delta y}{\Delta x} = \lim_{\Delta x \to 0} \frac{\Delta f(x)}{\Delta x} = \lim_{x \to x_0} \frac{f(x) - f(x_0)}{x - x_0}$$ existiert.

Gebräuchlich ist insbesondere die zuletzt angeführte Darstellung, diese entspricht der folgenden Abbildung. Da Δx gegen Null geht, geht x immer mehr gegen x_0.

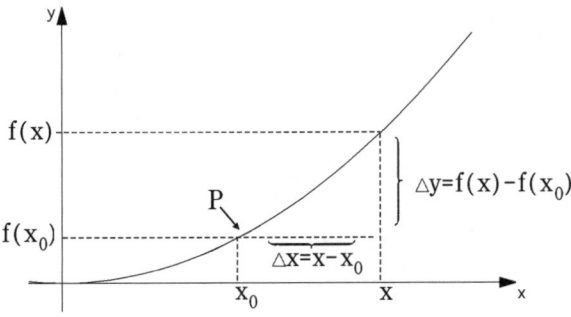

Wichtig ist weiterhin folgender Zusammenhang:

> Ist eine Funktion an der Stelle x_0 differenzierbar, so ist sie an dieser Stelle auch stetig.

Die umgekehrte Beziehung gilt nicht, eine stetige Funktion muss also nicht differenzierbar sein. Der angeführte Zusammenhang erschließt sich aus der Definition der Differenzierbarkeit, folgender Grenzwert muss existieren:

$$\lim_{x \to x_0} \frac{f(x) - f(x_0)}{x - x_0}$$

Damit dieser Grenzwert existiert, muss $f(x_0)$ definiert sein und es darf auch keine Sprungstelle der Funktion vorliegen, denn ansonsten würde der Zähler gegen eine reelle Zahl, die nicht Null ist, gehen, während der Nenner gegen Null geht, einen reellen Grenzwert würde es in diesem Fall nicht geben.

Bei der Überprüfung der Differenzierbarkeit ist zu beachten, dass der Grenzwert natürlich nur dann existiert, wenn sowohl der Grenzwert von links als auch der Grenzwert von rechts existiert und beide identisch sind. Nebenstehend ist die Funktion $f(x) = |x|$ dargestellt. Diese Funktion ist an der Stelle $x = 0$ **nicht differenzierbar**. Links von 0 beträgt die Steigung der Funktion -1 und rechts von Null beträgt sie $+1$. Der

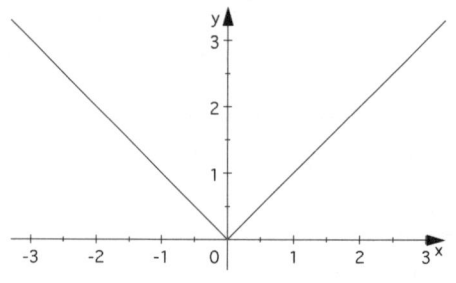

Grenzwert der Steigung für x gegen 0 beträgt somit von links -1 und von rechts $+1$. Da die beiden Werte verschieden sind, existiert insgesamt kein Grenzwert für x gegen 0.

Die Steigung einer Funktion ist über die Steigung der Tangenten an die Funktion definiert. An der Stelle $x = 0$ kann man an die eingezeichnete Funktion beliebig viele Tangenten (Berührende) einzeichnen, auch daran erkennt man, dass die Steigung der Funktion bei $x = 0$ nicht definiert ist.

4.3 Ableitungen verschiedener Funktionen

4.3.1 Ableitung für Potenzen von x

Bei den beiden Beispielen lässt sich schon ein bestimmtes Schema erkennen (dies wird den meisten wohl noch bekannt sein): Die Zahl im Exponenten wird "vor" den Ausdruck geschrieben, und der Exponent wird um eins reduziert. Es lässt sich beweisen, dass sich auf diese Weise alle Potenzen von x differenzieren (ein anderer Ausdruck für ableiten) lassen. Es gilt also ganz allgemein für

$f(x) = x^b$ ist $f'(x) = b*x^{b-1}$ mit $b \in \mathbb{R} \setminus \{0\}$ (b Element $\mathbb{R}$ **ohne** Null)

Die Null muss ausgeschlossen werden, denn x^0 ist 1. Für b=0 würde die Funktion also lauten $f(x) = 1$. Der y-Wert dieser Funktion ist also immer eins, egal wie groß x ist. Somit handelt es sich hierbei um eine waagerechte Gerade:

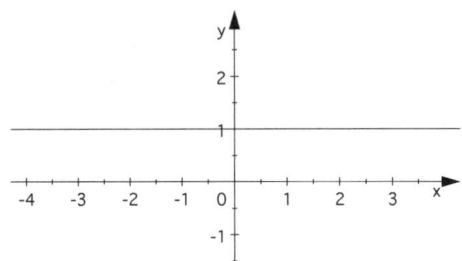

Die Steigung einer derartigen Funktion ist natürlich Null. Allgemein gilt:

$f(x) = a$ $a \in \mathbb{R}$ $\Rightarrow$ $f'(x) = 0$

Aus der angeführten Regel ergibt sich auch die Ableitung für Wurzelfunktionen, denn jede Wurzel kann auch als Potenz geschrieben werden. In dem Abschnitt zu Wurzelfunktionen war folgender Zusammenhang angegeben worden:

$\sqrt[2]{x} = x^{\frac{1}{2}}$, oder auch allgemein $\sqrt[n]{x} = x^{\frac{1}{n}}$

Somit ergibt sich für die Ableitung der zweiten Wurzel, die in der Regel gemeint ist, wenn einfach nur von der Wurzel gesprochen wird:

$$f(x) = \sqrt[2]{x} \quad \Leftrightarrow \quad f(x) = x^{\frac{1}{2}}$$

$$\Rightarrow f'(x) = \frac{1}{2} x^{\frac{1}{2}-1} = \frac{1}{2} x^{-\frac{1}{2}}$$

Der Term kann nun noch umgeformt werden:

$$f'(x) = \frac{1}{2} x^{-\frac{1}{2}} = \frac{1}{2x^{\frac{1}{2}}} = \frac{1}{2\sqrt{x}}$$

Es wurde zunächst die x‑Potenz in den Nenner geschrieben und hierbei das Vorzeichen im Exponenten verändert. Anschließend wurde die Potenz wieder als Wurzel geschrieben.

Wie zuvor gezeigt wurde, können Wurzeln nach derselben Regel wie "normale" Potenzen abgeleitet werden. Man kann aber auch eine extra Regel für das Ableiten von Wurzeln erstellen, diese wird nachfolgend errechnet:

Für die Ableitung einer beliebigen Wurzel ergibt sich:

$$f(x) = \sqrt[n]{x} = x^{\frac{1}{n}}$$

$$f'(x) = \frac{1}{n} x^{\frac{1}{n}-1} = \frac{1}{n} x^{\frac{1}{n}-\frac{n}{n}} = \frac{1}{n} x^{\frac{1-n}{n}}$$

$$= \frac{1}{n\, x^{\frac{-1+n}{n}}} = \frac{1}{n \sqrt[n]{x^{n-1}}}$$

Es gilt also:

$$f(x) = \sqrt[n]{x} \qquad f'(x) = \frac{1}{n \sqrt[n]{x^{n-1}}}$$

4.3.2 Ableitungen mit Faktoren

Angenommen, es sei $3*x^3$ abzuleiten. Was verändert die 3 bei der Ableitung gegenüber der Ableitung von x^3? In nachfolgender Zeichnung sind die beiden Funktionen abgebildet:

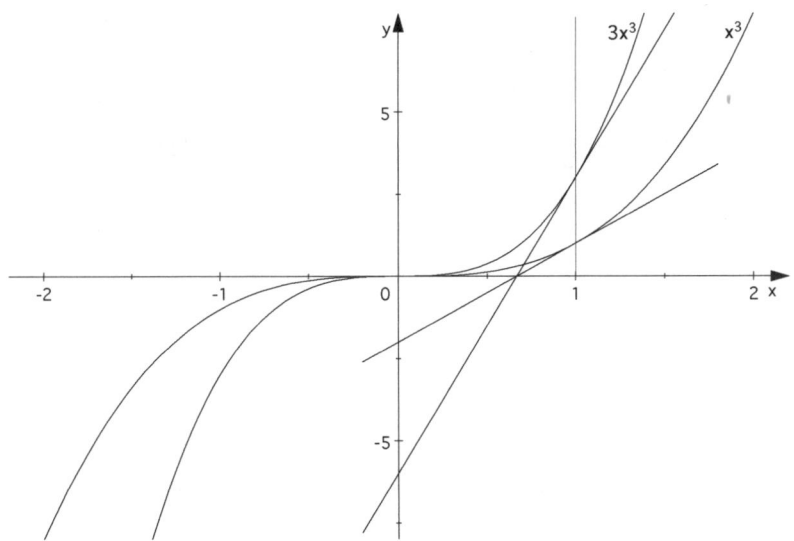

Für x=1 sind zu beiden Funktionen die Tangenten gezeichnet. Es ist deutlich sichtbar, dass die Steigung bei der Funktion $3x^3$ viel größer ist. Sie ist genau dreimal so groß wie bei der anderen Funktion. Dieser Zusammenhang gilt allgemein, d.h. wird eine Funktion mit einem Faktor multipliziert, so ist ihre Steigung genau um diesen Faktor größer als die Steigung der ursprünglichen Funktion. Dies bedeutet, **dass Faktoren beim Ableiten einfach stehen bleiben.** Es gilt also:

$$(a*f(x))' = a*f\,'(x)$$

4.3.3 Ableitungen für Sinus- und Cosinusfunktionen

Auch für diese Funktionen lässt sich, wie zuvor beschrieben, ein Grenzwert bilden und so die Ableitung bestimmen. Es ergeben sich folgende Regeln:

$f(x) = \sin(x)$ $f'(x) = \cos(x)$

$g(x) = \cos(x)$ $g'(x) = -\sin(x)$

4.3.4 Ableitungen von Exponentialfunktionen

Wie schon angesprochen, ist die e–Funktion die einzige Funktion, deren Funktionswerte gleichzeitig die Steigung an der jeweiligen Stelle angeben (wenn man es ganz genau nimmt, gilt dies allerdings auch noch für die Funktion y=0). Daher ist die e–Funktion ihre eigene Steigung. Es gilt also:

$$f(x) = e^x \qquad f'(x) = e^x$$

Andere Exponentialfunktionen lassen sich durch die Kenntnis der Ableitung der e–Funktion ableiten. Hierzu formt man sie mittels der e–Funktion und des natürlichen Logarithmus um:

$$f(x) = a^x = e^{\ln(a^x)} = e^{x * \ln(a)}$$

Hierbei wurde zunächst die e–Funktion und ihre Umkehrfunktion eingefügt und danach die 2. Rechenregel für Logarithmen benutzt. Der nun entstandene Ausdruck kann mittels der Kettenregel abgeleitet werden. Die entsprechende Ableitung wird in dem Abschnitt zur Kettenregel berechnet.

4.3.5 Ableitung von Umkehrfunktionen

Die Ableitung einer Funktion kann mittels der Ableitung der Umkehrfunktion berechnet werden. Die Ableitung einer Funktion lautet:

$$f'(x) = \frac{dy}{dx}$$

Diesen Term kann man umformen:

$$\frac{dy}{dx} = \frac{1}{\frac{dx}{dy}}$$

Auf der rechten Seite wird 1 durch einen Bruch geteilt. Durch einen Bruch teilt man, indem man mit dem Kehrwert malnimmt. Auf diese Weise ergibt sich wieder der Term auf der linken Seite der Gleichung.

$\frac{dx}{dy}$ ist nun gerade die Ableitung der Umkehrfunktion, es gilt:

$$(f^{-1}(y))' = \frac{dx}{dy}$$

Somit gilt für die Ableitung einer Funktion:

$$f'(x) = \frac{1}{(f^{-1}(y))'} = \frac{1}{(f^{-1}(f(x))'}$$

Die Ableitung einer Funktion ergibt sich also, indem man die Ableitung der Umkehrfunktion bildet und dann das Ergebnis in den Nenner schreibt.

Für die Ableitung des **natürlichen Logarithmus** ergibt sich nun mittels der Ableitungsregel für Umkehrfunktionen:

Die Umkehrfunktion zum $\ln(x)$ ist die Funktion $x = e^y$ und die Ableitung von e^y ist wieder e^y. Also folgt:

$$f'(x) = \frac{d\ln(x)}{dx} = \frac{1}{(e^y)'} = \frac{1}{e^y}$$

Nun hatte sich für die Umkehrfunktion aber gerade ergeben: $x = e^y$, somit kann man den letzten Ausdruck weiter umformen:

$$\frac{1}{e^y} = \frac{1}{x}$$

Also gilt:

g(x) = ln(x)

$g'(x) = \dfrac{1}{x}$

Nebenstehend ist der ln und seine Ableitung, eben $\dfrac{1}{x}$, graphisch dargestellt:

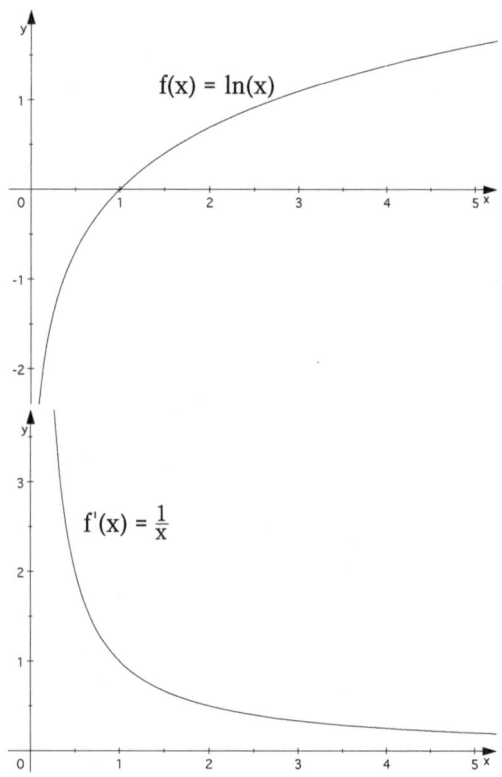

Die Zeichnung ist natürlich kein Beweis dafür, dass $\dfrac{1}{x}$ die Ableitung des ln ist, aber es lässt sich doch erkennen, dass $\dfrac{1}{x}$ den qualitativen Verlauf der Steigung des ln gut widerspiegelt. Bei sehr kleinen x-Werten steigt der ln sehr stark an, entsprechend liefert $\dfrac{1}{x}$ hier sehr große Funktionswerte. Bei sehr großen x-Werten wird der ln sehr flach und hat somit eine sehr geringe Steigung. Entsprechend liefert $\dfrac{1}{x}$ bei sehr großen x-Werten sehr niedrige Funktionswerte.

Ähnlich wie bei Exponentialfunktionen kann man Logarithmen mit einer anderen Basis als e durch geschickte Umformungen auf den ln zurückführen:

$\log_a(x) = y = f(x)$, dieser Ausdruck steht für die Frage: a hoch wieviel ist gleich x, also $a^y = x$. Diesen Ausdruck kann man nun umformen:

$$a^y = x \mid \ln \text{ (beide Seiten werden logarithmiert)}$$

$$\Leftrightarrow \ln(a^y) = \ln(x) \Leftrightarrow y * \ln(a) = \ln(x) \mid /\ln(a) \Leftrightarrow y = \frac{1}{\ln(a)} \ln(x)$$

Also gilt $f(x) = \log_a(x) = \frac{1}{\ln(a)} \ln(x)$

Da die Funktion nur von x abhängt, ist a eine Konstante und somit auch $\frac{1}{\ln(a)}$. Dieser Ausdruck muss also beim Ableiten wie ein konstanter Faktor behandelt werden. Also ergibt sich für die Ableitung:

$$f'(x) = \frac{1}{\ln(a)} * \frac{1}{x}$$

Nachfolgend sei dies Ergebnis noch einmal für einen bestimmten Wert von a verdeutlicht:

$$f(x) = \log_2(x) = \frac{1}{\ln 2} \ln(x) = \frac{1}{0{,}69} * \ln(x) = 1{,}44 * \ln(x)$$

$$\Rightarrow f'(x) = 1{,}44 * \frac{1}{x} = \frac{1}{\ln 2} * \frac{1}{x}$$

4.4 Ableitungen von verknüpften Funktionen

4.4.1 Ableitungen von Summen und Differenzen

Die Steigung einer Funktion in einem Punkt ist durch die Steigung der Tangenten an die Funktion in dem entsprechenden Punkt definiert. Was passiert nun mit der Steigung, wenn man zwei Funktionen addiert? Nachfolgend sind die Funktionen $f(x) = x^2$ und $g(x) = \sqrt{x}$ dargestellt. Beide Funktionen haben in dem dargestellten Bereich eine positive Steigung. Wenn man die Funktionen nun addiert, so steigt die dabei entstehende Funktion stärker als die einzelnen Funktionen. In der zweiten Graphik sind die beiden Funktionen addiert.

Da die zusammengesetzte Funktion gerade um soviel nach oben geht, wie die einzelnen Funktionen zusammengezählt nach oben gehen, kann die Steigung der zusammengesetzten Funktion als Summe der Steigungen der einzelnen Funktionen berechnet werden. Es gilt somit:

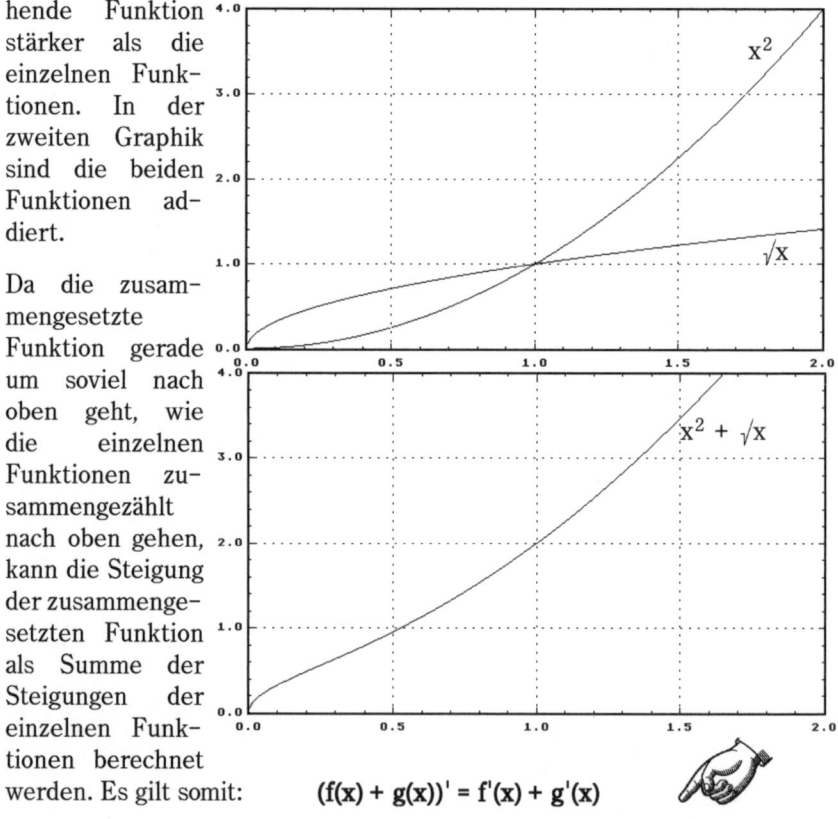

$$(f(x) + g(x))' = f'(x) + g'(x)$$

4.4.2 Kettenregel

Wenn verschiedene Funktionsvorschriften nacheinander ausgeführt werden, spricht man von verketteten Funktionen. Z.B. ist die Funktion $f(x)$ = $(\sin(x))^2$ eine verkettete Funktion. Zunächst wird die sinus-Funktion auf das x angewendet, und auf das Ergebnis dieser Berechnung wird dann die Funktion "hoch 2" angewendet. Die Funktion kann auch durch die verketteten Funktionen beschrieben werden: $f(x) = g(h(x))$ (g von h von x), wobei für diesen Fall gilt:

$$h(x) = \sin(x) \text{ und } g(x) = x^2$$

Hier wurde die Funktionsvariable jeweils mit x bezeichnet. Intuitiv wird die Verkettung etwas klarer, wenn man die Verkettung auch schon in der Benennung der Variablen ausdrückt:

$$y = h(x) = \sin(x) \text{ und } g(y) = y^2$$

Hier wird bereits durch die Benennung der Variablen klar, dass das Ergebnis der ersten Funktion (y) in die zweite Funktion als Variable eingesetzt werden soll. Aber da die Bezeichnung von Variablen für das Ergebnis egal ist, kann es durchaus sein, dass bei beiden Funktionen die Variable mit x bezeichnet wird.

Die Kettenregel besagt nun, dass sich die Ableitung einer verketteten Funktion als das Produkt der Ableitungen der äußeren Funktion und der inneren Funktion ergibt. In diesem Fall ist y^2 die äußere und $\sin(x)$ die innere Funktion. Somit ergibt sich als Ableitung:

$$f'(x) = \qquad 2y \qquad * \qquad \cos(x)$$

$$\text{\small äußere Ableitung} \quad \text{\small innere Ableitung}$$

Die verkettete Funktion hängt nur von der Variablen x ab. In obigem Ausdruck tauchen aber als Variable x und y auf. y muss nun noch entsprechend der inneren Funktion (y=sin(x)) ersetzt werden. Somit ergibt sich insgesamt:

$$f'(x) = \qquad 2*\sin(x) \qquad * \qquad \cos(x)$$

$$\text{\small äußere Ableitung} \qquad \text{\small innere Ableitung}$$

Man kann sich auch zuerst die äußere und die innere Ableitung einzeln hinschreiben und die Terme dann erst zusammenfügen. In diesem Fall würde sich auf diese Weise für die Lösung der Aufgabe Folgendes ergeben:

$$f(x) = (\sin(x))^2 = g(h(x))$$

mit $y = h(x) = \sin(x)$ und $g(y) = y^2$

die einzelnen Ableitungen lauten nun;

$$h'(x) = \cos(x) \text{ und } g'(y) = 2y \Leftrightarrow g'(x) = 2*\sin(x)$$

Somit ergibt sich für $f'(x)$:

$$f'(x) = g'(x) * h'(x) = 2*\sin(x) * \cos(x)$$

Formal geschrieben, lautet die Kettenregel folgendermaßen:

$g(h(x))' = g'(h(x)) * h'(x)$

Zur Unterscheidung von innerer und äußerer Funktion:

Die innere Funktion ist immer der "Ausdruck", der zuerst auf das x angewendet werden muss. In obigem Beispiel lautete die Funktion:

$$f(x) = (\sin(x))^2$$

Hier muss zunächst der sinus von x gebildet werden, also ist $\sin(x)$ die innere Funktion. Nachfolgend wird die Funktion leicht modifiziert:

$$f(x) = \sin(x^2)$$

Hier muss das x zunächst quadriert werden. Also ist die innere Funktion nun $h(x) = x^2$. Nachfolgend noch ein anderes Beispiel:

$$f(x) = \ln(3x)$$

Das x muss zunächst mit 3 multipliziert werden, bevor der ln auf das Ergebnis angewendet wird. Daher lautet die innere Funktion $h(x) = 3x$ und die äußere entsprechend $g(y) = \ln(y)$.

Wenn mehr als zwei Funktionen miteinander verkettet sind, so muss die Kettenregel mehrfach angewendet werden. Angenommen, es sei folgender Ausdruck zu differenzieren:

$$f(x) = \sin(\ln(x^2))$$

Die äußerste Funktion ist in diesem Fall der sinus. Die äußerste Funktion sei nun wieder g(y) und der restliche Ausdruck sei h(x). Also gilt: $g(y) = \sin(y)$ und $y = h(x) = \ln(x^2)$

Nun gilt:

$$g'(y) = \cos(y) \Leftrightarrow g'(x) = \cos(\ln(x^2))$$

Nun muss noch h(x) abgeleitet werden. h(x) besteht nun aber aus der Verkettung von 2 Funktionen, so dass hier nochmals die Kettenregel angewendet werden muss:

$$h(x) = k(z(x)) \text{ mit } k(y) = \ln(y) \text{ und } y = z(x) = x^2$$

$$k'(y) = \frac{1}{y} \Leftrightarrow k'(x) = \frac{1}{x^2}$$

$$z'(x) = 2x$$

Also: $\quad h'(x) = \frac{1}{x^2} * 2x = \frac{2}{x}$

Somit ergibt sich für f':

$$f'(x) = \cos(\ln(x^2)) * h'(x) = \cos(\ln(x^2)) * \frac{2}{x}$$

Die Ableitung von beliebigen Exponentialfunktionen (Funktionen, bei denen die Variable im Exponenten steht) lässt sich nun auch mit Hilfe der Kettenregel berechnen. In Abschnitt 3.4.4 wurde folgende Umformung hergeleitet:

$$f(x) = a^x = e^{\ln(a^x)} = e^{x * \ln(a)}$$

Die Funktion hängt nur von x ab. a ist eine beliebige Konstante. ln(a) ist daher auch eine Konstante und kann somit bei der Ableitung wie ein Faktor behandelt werden. Für die Ableitung ergibt sich nun:

$$f'(x) = \underset{\text{äußere}}{e^{x * \ln(a)}} * \underset{\text{innere Ableitung}}{\ln(a)}$$

4.4.3 Produktregel

Die Ableitung bei Produkten von Funktionen ist nicht ganz so einfach wie bei Summen oder Differenzen. Für die Produkte von Funktionen lässt sich die **Produktregel** herleiten, die folgendermaßen lautet:

$$(g*h)' = g'*h + g*h'$$

Man kann sich die Regel so merken, dass einmal die eine Funktion abgeleitet und mit der anderen multipliziert wird und zu diesem Term ein Term addiert wird, bei dem die andere Funktion abgeleitet und mit der ersten Funktion multipliziert wird.

Nachfolgend sei dies an einigen Beispielen verdeutlicht:

$$f(x) = \sin(x) * x^2$$

$$g(x) \quad * \quad h(x)$$

Der $\sin(x)$ ist hier also die erste Funktion, und diese wird mit der Funktion x^2 multipliziert. Wer sich bei der Anwendung der Produktregel nicht so sicher ist, sollte nun zunächst die einzelnen Funktionen und ihre Ableitungen bilden:

$g(x) = \sin(x)$ $\quad g'(x) = \cos(x)$

$h(x) = x^2$ $\quad h'(x) = 2x$

Nun folgt nach der Produktregel für die Ableitung von f:

$$f'(x) = g'(x)*h(x) + g(x)*h'(x) = \cos(x)*x^2 + \sin(x)*2x$$

$$= (\cos(x)*x + \sin(x)*2)*x$$

In der letzten Zeile wurde x ausgeklammert.

In dem nachfolgenden Beispiel könnte man auch zuerst die Klammern ausmultiplizieren und dann erst ableiten. Auf diese Weise könnte die Aufgabe auch ohne die Anwendung der Produktregel gelöst werden. Hier wird sie aber über die Produktregel ausgerechnet:

$$f(x) = (2x-3) * (x^2-x+5)$$

$$f'(x) = 2*(x^2-x+5) + (2x-3)*(2x-1)$$

$$= 2x^2 - 2x + 10 + 4x^2 - 2x - 6x + 3 = 6x^2 - 10x + 13$$

Die Produktregel kann auch angewendet werden, wenn mehr als zwei Funktionen miteinander multipliziert werden. Angenommen, es sei folgende Funktion abzuleiten:

$$f(x) = e^x * \sin(x) * \ln(x)$$

Man kann nun auch um das erste Produkt eine Klammer setzen:

$$f(x) = [e^x * \sin(x)] * \ln(x)$$

(Da bei der Multiplikation das Assoziativgesetz (Klammervertauschungsgesetz) gilt, hätte man auch das zweite Produkt einklammern können)

Nun kann man den ganzen Ausdruck in der Klammer als g(x) auffassen und ln(x) als h(x) und die Produktregel anwenden:

$$f'(x) = [e^x * \sin(x)]' * \ln(x) + [e^x * \sin(x)] * \frac{1}{x}$$

Die vordere Klammer muss nun noch abgeleitet werden (dies ist durch den Strich hinter der Klammer gekennzeichnet). Für die Ableitung dieser Klammer muss nun wieder die Produktregel angewendet werden:

$$f'(x) = [e^x * \sin(x) + e^x * \cos(x)] * \ln(x) + [e^x * \sin(x)] * \frac{1}{x}$$

$$= [\sin(x) + \cos(x)] * \ln(x) * e^x + e^x * \sin(x) * \frac{1}{x}$$

$$= \left[[\sin(x) + \cos(x)] * \ln(x) + \sin(x) * -\frac{1}{x} \right] * e^x$$

Das Ausklammern von gemeinsamen Termen ist vor allem dann sinnvoll, wenn untersucht werden soll, wann die erste Ableitung Null wird.

Wie schon mehrfach erwähnt, ist die Division die inverse Operation zur Multiplikation. Daher lässt sich auch jeder Quotient über die Produktregel ableiten. Hierzu muss er nur in ein Produkt umgeschrieben werden:

$$f(x) = \frac{x^2 + x}{\sin(x)} = (x^2 + x) * [\sin(x)]^{-1}$$

Nun kann mittels der Produktregel abgeleitet werden, wobei allerdings bei dem zweiten Ausdruck beachtet werden muss, dass dieser eine Verkettung der Funktionen sin(x) und "hoch −1" ist.

$$f'(x) = (2x+1) * [\sin(x)]^{-1} + (x^2+x) * \underbrace{(-1) * [\sin(x)]^{-2}}_{\text{äußere Ableitung}} * \underbrace{\cos(x)}_{\text{innere Ableitung}}$$

$$= \frac{2x+1}{\sin(x)} - \frac{(x^2 + x) * \cos(x)}{[\sin(x)]^2}$$

Diesen Term könnte man nun noch auf den Hauptnenner bringen. In diesem Fall bringt das aber keine große Vereinfachung. Häufig ergeben sich aber Terme, die man für die weitere Berechnung auf den Hauptnenner bringen muss. Daher macht es Sinn, für Quotienten eine extra Ableitungsregel zu definieren, bei der der ganze Ausdruck schon auf den Hauptnenner gebracht ist. Diese Regel nennt man Quotientenregel.

4.4.4 Quotientenregel

Aus dem zuvor Dargelegten ergibt sich, dass sich die Quotientenregel relativ leicht aus der Produktregel herleiten lässt. Dieses wird zunächst durchgeführt:

$$f(x) = \frac{g(x)}{h(x)} = g(x) * [h(x)]^{-1}$$

$$f'(x) = g'(x) * [h(x)]^{-1} + g(x)*(-1)*[h(x)]^{-2}*h'(x)$$

Den Ausdruck kann man nun wieder als Bruch schreiben und ihn dann auf den Hauptnenner bringen:

$$f'(x) = \frac{g'(x)}{h(x)} - \frac{g(x) * h'(x)}{[h(x)]^2} = \frac{g'(x) * h(x)}{[h(x)]^2} - \frac{g(x) * h'(x)}{[h(x)]^2}$$

$$= \frac{g'(x) * h(x) - g(x) * h'(x)}{[h(x)]^2}$$

Somit lautet die **Quotientenregel**:

$$f'(x) = \frac{g'(x) * h(x) - g(x) * h'(x)}{[h(x)]^2}$$

Nachfolgend wird eine Ableitung mit der Quotientenregel berechnet:

$$f(x) = \frac{x^3 + 2x}{x^2 - 6}$$

Also gilt:

$$g(x) = x^3 + 2x \qquad g'(x) = 3x^2 + 2$$

$$h(x) = x^2 - 6 \qquad h'(x) = 2x$$

$$f'(x) = \frac{(3x^2 + 2) * (x^2 - 6) - (x^3 + 2x) * 2x}{(x^2 - 6)^2}$$

$$= \frac{3x^4 - 18x^2 + 2x^2 - 12 - 2x^4 - 4x^2}{(x^2 - 6)^2} = \frac{x^4 - 20x^2 - 12}{(x^2 - 6)^2}$$

Man hätte diese Aufgabe natürlich auch direkt über die Produktregel lösen können. Hierbei hätte man den Term $f(x) = (x^3 + 2x) * (x^2 - 6)^{-1}$ mittels der Produktregel ableiten müssen.

4.5 Ableitungsübersicht

Nachfolgend wird eine Übersicht über die wichtigsten Ableitungen gegeben. Diese wurden zuvor fast alle behandelt. Funktionen, vor denen ein $\Rightarrow$ steht, können mittels der angegebenen Umformungen und der zuvor angeführten Regel abgeleitet werden.

Funktion	Ableitung
$f(x)$	$f'(x)$
a	0
$x^n \quad n \in \mathbb{R} \setminus \{0\}$	$n * x^{n-1}$
$\Rightarrow \sqrt{x} = x^{\frac{1}{2}}$	$\frac{1}{2} * x^{-\frac{1}{2}} = \frac{1}{2\sqrt{x}}$
$\Rightarrow \frac{1}{x} = x^{-1}$	$-\frac{1}{x^2}$
$\ln(x)$	$\frac{1}{x}$
$\Rightarrow \log_a(x) = \frac{1}{\ln(a)} \ln x$	$\frac{1}{\ln(a)} * \frac{1}{x}$
$\sin(x)$	$\cos(x)$
$\cos(x)$	$-\sin(x)$
$\tan(x)$	$\frac{1}{\cos^2 x}$
e^x	e^x
$\Rightarrow a^x = e^{\ln(a) * x}$	$\ln(a) * e^{\ln(a) * x} = \ln(a) * a^x$

Wenn die Funktionen mit Konstanten multipliziert werden, so muss auch die Ableitung mit diesen Konstanten multipliziert werden. Summen und Differenzen von Funktionen können einzeln abgeleitet werden, während bei Produkten oder Quotienten die entsprechenden Regeln zu beachten sind. Ebenso ist bei verketteten Funktionen die Kettenregel zu beachten.

4.6 Ableitungsübungen

Die nachfolgenden Ableitungen sollten zunächst eigenständig gelöst werden. Häufig ist es sinnvoll, den Funktionsterm zunächst umzuformen (z.B. $\frac{1}{x} = x^{-1}$ oder $\sqrt{x} = x^{\frac{1}{2}}$).

Es soll jeweils nach der Variablen, von der die Funktion abhängt, abgeleitet werden.

1      $f(x) = \dfrac{1}{x}$

2      $f(x) = e^x * x^2$

3      $f(x) = x^3 * (\ln(x))^2$

4      $f(x) = \dfrac{1}{\sqrt[4]{x^3}} + \cos(x)$

5      $f(x) = a^3 * x^2$

6      $f(x) = 4^x$

7      $f(x) = \dfrac{(x^3 + x) * \sin(x)}{\ln(x)}$

8      $f(t) = t * x^2 + \sin(x)$

9      $f(x) = x^{-b} + e^{ax} * x^a$

Lösungen:

1 $f(x) = \frac{1}{x} = x^{-1} \Rightarrow f'(x) = -x^{-2} = -\frac{1}{x^2}$

---

2 $f(x) = e^x * x^2 \Rightarrow f'(x) = e^x * 2x + e^x * x^2 = e^x * x * (2+x)$
          Produktregel   ausklammern

---

3 $f(x) = x^3 * (\ln(x))^2$
          $g(x) \quad h(x)$

  $g'(x) = 3x^2 \quad h'(x) = 2*\ln(x) * \frac{1}{x}$
          äußere innere   Ableitung

  $\Rightarrow f'(x) = 3x^2 * (\ln(x))^2 + x^3 * 2*\ln(x) * \frac{1}{x}$
          $g'(x) \quad h(x) \quad g(x) \quad h'(x)$

  $= x^2 * \ln(x) * (3*\ln(x)+2)$ $x^2 * \ln(x)$ wurde ausgeklammert

---

4 $f(x) = \frac{1}{\sqrt[4]{x^3}} + \cos(x) = x^{-\frac{3}{4}} + \cos(x)$

  $f'(x) = -\frac{3}{4} * x^{-\frac{3}{4}-1} - \sin(x) = -\frac{3}{4} * x^{-\frac{7}{4}} - \sin(x)$

---

5 $f(x) = a^3 * x^2 \Rightarrow f'(x) = a^3 * 2 * x$
  Da die Funktion nur von x abhängt, ist a eine Konstante und
  wird daher beim Ableiten wie irgendeine beliebige Zahl behandelt.

---

6 $f(x) = 4^x = e^{\ln(4^x)} = e^{x*\ln(4)}$

  $f'(x) = \ln(4) * e^{x*\ln(4)}$ (diese Ableitung ist am Ende von
  Abschnitt 3.5.2 näher erklärt)

---

7 $f(x) = \frac{(x^3+x) * \sin(x)}{\ln(x)}$ Hier wird die Quotientenregel

  benutzt. Bei der Ableitung des Zählers (g(x)) muss die
  Produktregel berücksichtigt werden.

$$g(x) = (x^3 + x) * \sin(x)$$

$$g'(x) = (3x^2 + 1) * \sin(x) + (x^3 + x) * \cos(x)$$

$$h(x) = \ln(x) \Rightarrow h'(x) = \frac{1}{x}$$

$$\Rightarrow f'(x) = \frac{[(3x^2+1)*\sin(x) + (x^3+x)*\cos(x)]*\ln(x) - \frac{1}{x}*(x^3+x)*\sin(x)}{(\ln(x))^2}$$

$$= \frac{[(3x^2+1)*\sin(x) + (x^3+x)*\cos(x)]*\ln(x) - (x^2+1)*\sin(x)}{(\ln(x))^2}$$

8    $f(t) = t*x^2 + \sin(x) \Rightarrow f'(t) = x^2$

Diese Funktion hat nur t als Variable, daher ist hier x eine Konstante, und es ergibt sich die angeführte Ableitung.

9   Da die Funktion nicht von a und b abhängt, sind a und b Konstanten. Beim Ableiten müssen a und b also wie "normale Zahlen" behandelt werden. Weiterhin muss bei dieser Aufgabe natürlich die Produkt- und Kettenregel beachet werden:

$$f'(x) = -bx^{(-b-1)} + (ae^{ax} * x^a + e^{ax} * ax^{(a-1)})$$

$$= -bx^{(-b-1)} + ae^{ax}(x^a + x^{(a-1)})$$

$$= -bx^{(-b-1)} + ae^{ax} * x^{(a-1)} * (x+1)$$

Anmerkung: $x^{(a-1)} * x = x^{(a-1)} * x^1 = x^{(a-1+1)} = x^a$

4.7 Bestimmung von Extremwerten

4.7.1 Einführung

Die meisten werden sich wohl noch an die Kurvendiskussion in der Schule erinnern. Dort war es das Ziel, den qualitativen Verlauf einer Funktion durch die Bestimmung einiger charakteristischer Funktionswerte zu bestimmen. Hierzu wurden die Nullstellen der Funktion, die Nullstellen der ersten Ableitung (Hoch-, Tief- oder Sattelpunkte) und die Nullstellen der zweiten Ableitung (mögliche Wendepunkte) bestimmt.

In der Ökonomie geht es fast immer um die Maximierung (oder auch Minimierung) bestimmter Zielgrößen. Die entscheidende Rolle spielt also die Bestimmung von Hoch- und Tiefpunkten von Funktionen. Wenn die Funktion einen beschränkten Definitionsbereich hat, muss sie auch auf Randextrema hin untersucht werden.

Wie kann man nun herausfinden, an welchen Stellen eine Funktion Extremwerte hat?

4.7.2 Bestimmung von Hoch-, Tief- und Sattelpunkten

4.7.2.1 Notwendige Bedingung

Ein Hochpunkt liegt genau dann vor, wenn alle Punkte neben der betrachteten Stelle niedriger als an der Stelle selbst sind. Dieses ist aber nur dann möglich, wenn die Steigung der Funktion an der betrachteten Stelle 0 ist. Auf einem Berggipfel ist die Steigung immer 0; wenn ich mich an einer Stelle befinde, wo die Steigung nicht 0 ist, so bin ich noch nicht auf dem Berg, denn dann gibt es eine Richtung, in die es noch weiter nach oben geht. Notwendige Bedingung für alle Hoch- und analog auch alle Tiefpunkte ist daher, dass die Steigung der Funktion an den entsprechenden Stellen 0 ist. Man spricht in diesen Fällen auch von den stationären Stellen der Funktion, denn in der unmittelbaren Umgebung dieser Stellen ändern sich die Funktionswerte nicht. Eine Funktion muss dementsprechend bei einem Hoch- oder Tiefpunkt eine waage-

rechte Tan-
gente haben,
dies wird in
der nebenste-
henden Zeich-
nung darge-
stellt:

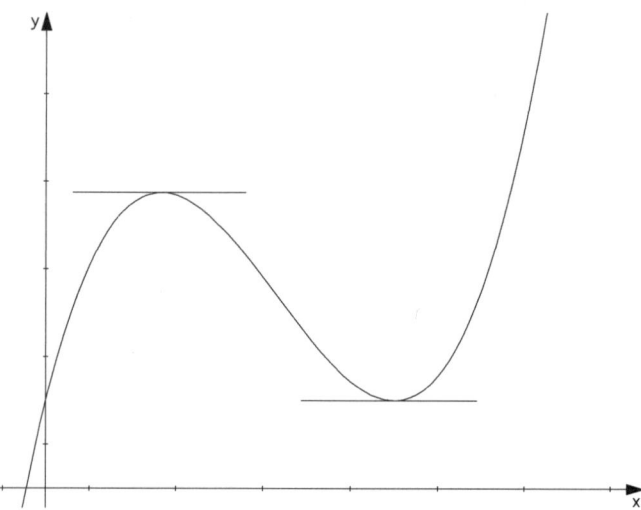

Allerdings bedeutet eine Steigung von Null noch nicht zwingend, dass an

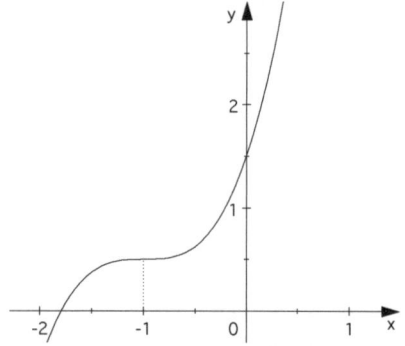

der entsprechenden Stelle ein Extremwert vorliegt. Es kann sich auch um einen Sattelpunkt handeln.

In der Zeichnung links ist ein **Sattelpunkt** dargestellt. Bei $x = -1$ ist die Steigung der Funktion 0, aber wie sich deutlich erkennen lässt, ist der Punkt weder ein Hoch- noch ein Tiefpunkt.

Bei einem Hoch- oder Tiefpunkt muss die Steigung der Funktion also Null sein, aber es lässt sich aus einer Steigung von Null noch nicht folgern, dass tatsächlich ein Hoch- oder Tiefpunkt vorliegt. Daher spricht man bei dieser Bedingung von der notwendigen Bedingung für Hoch- bzw. Tiefpunkte. Somit gilt:

> Notwendige Bedingung[1] für Hoch- und Tiefpunkte:
> $$f'(x) = 0$$

$f'(x) = 0$ bedeutet, dass die Nullstellen der ersten Ableitung bestimmt

---

1:     Man nennt diese Bedingung auch Bedingung erster Ordnung.

werden müssen. Es stellt sich nun die Frage, wie man analytisch feststellen kann, ob es sich bei einer Nullstelle der ersten Ableitung um einen Sattel-, Hoch- oder Tiefpunkt handelt.

4.7.2.2 Hinreichende Bedingung für Hoch- und Tiefpunkte

Nachfolgend ist eine Funktion mit einem Hoch- und Tiefpunkt gezeich-

net. Darunter ist die Ableitung der Funktion und darunter wiederum die zweite
Ableitung der Funktion (dies
ist die Ableitung der Ableitung) dargestellt.

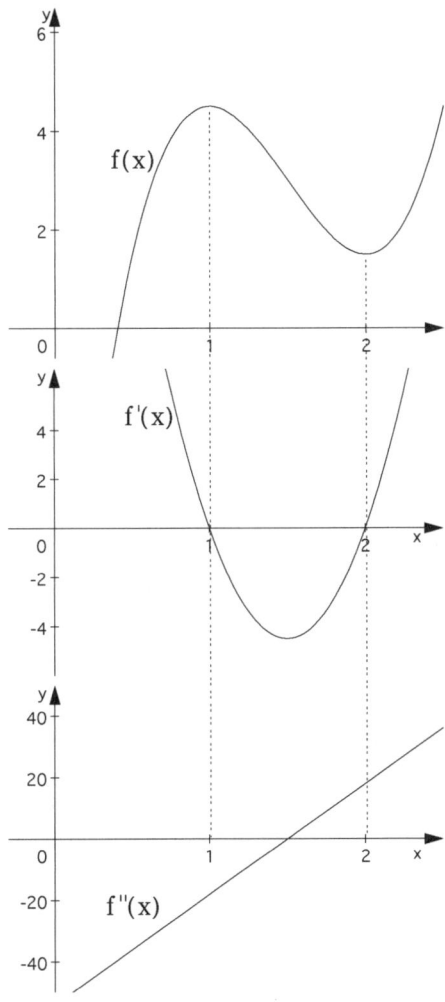

Aus der Zeichnung der Funktion lässt sich entnehmen,
dass diese bei x=1 einen
Hochpunkt und bei x=2 einen
Tiefpunkt hat. An diesen beiden Stellen ist die Steigung
der Funktion also Null. Dies
lässt sich auch gut in der
Zeichnung der ersten Ableitung erkennen.

Es gibt bei dem Hoch- und
Tiefpunkt aber einen Unterschied bei dem Verhalten der
ersten Ableitung. Beim Hochpunkt schneidet f' die x-
Achse von oben kommend,
während f' beim Tiefpunkt
von unten kommend schnei-
det. Dieser Unterschied ist
kein Zufall und lässt sich auch
leicht verstehen: links von einem Hochpunkt muss die
Steigung der Funktion positiv
und rechts von ihm negativ

sein. Denn wenn man von links auf einen Hochpunkt zukommt, so muss es zunächst nach oben gehen. Sobald man den Hochpunkt erreicht hat, muss es aber nach unten gehen (negative Steigung), denn sonst würde es sich ja um keinen Hochpunkt handeln. Aus dem Dargelegten lässt sich folgende Regel ableiten:

> Links von einem Hochpunkt ist die Steigung der Funktion positiv und rechts davon negativ. Wenn also die erste Ableitung der Funktion bei ihrer Nullstelle das Vorzeichen von **+ nach −** wechselt, so handelt es sich um einen **Hochpunkt.**

Auf analoge Weise lässt sich für Tiefpunkte herleiten:

> Wenn die erste Ableitung der Funktion bei ihrer Nullstelle das Vorzeichen von **− nach +** wechselt, so handelt es sich um einen **Tiefpunkt.**

Somit ist eine Regel gefunden, anhand der man überprüfen kann, ob es sich bei den Nullstellen der ersten Ableitung um Hoch- oder Tiefpunkte handelt.

Den meisten wird eine andere Regel vertrauter sein, die eine Entscheidung aufgrund des Vorzeichens der zweiten Ableitung erlaubt. Diese Regel beruht auch auf dem zuvor dargestellten Sachverhalt. Bei dem Hochpunkt schneidet die erste Ableitung die x-Achse von oben kommend. Dieses ist aber gleichbedeutend damit, dass die Steigung der ersten Ableitung in dem Schnittpunkt negativ ist. Die Steigung der ersten Ableitung ist gerade durch die zweite Ableitung der Funktion gegeben. (Diese ist ja genau die Ableitung der Ableitung) Wenn die zweite Ableitung bei der Nullstelle der ersten Ableitung negativ ist, ändert sich also das Vorzeichen der ersten Ableitung hier von + nach −, und es liegt somit ein Hochpunkt vor. Entsprechend gilt, dass, wenn bei der Nullstelle der ersten Ableitung die zweite Ableitung positiv ist, es sich um einen Tiefpunkt handelt. Es gelten also folgende Regeln:

$$f'(x_n) = 0 \wedge f''(x_n) < 0 \ \Rightarrow \text{Hochpunkt bei } x_n$$

$$f'(x_n) = 0 \wedge f''(x_n) > 0 \ \Rightarrow \text{Tiefpunkt bei } x_n$$

Die angeführte Gleichung $f'(x_n) = 0$ ist die Bedingung 1. Ordnung (notwendige Bedingung) und die nachfolgende Ungleichung ist die Bedingung 2. Ordnung. Sind beide Bedingungen erfüllt, so liegt ein Hoch- bzw. Tiefpunkt vor. Beide Bedingungen zusammen sind also hinreichend für die Existenz eines Extremwertes, daher nennt man beide Bedingungen zusammen auch hinreichende Bedingung.

Für die Fälle, bei denen die zweite Ableitung an der entsprechenden Stelle auch Null ist, wurde bisher noch keine Aussage gemacht.

In der Abbildung sind zwei Funktionen (f(x) und g(x)) dargestellt. f(x) hat bei x=0 einen Sattelpunkt, während g(x) bei x=0 einen Tiefpunkt hat. Es lässt sich jedoch deutlich erkennen, dass bei beiden Funktionen auch die zweite Ableitung an der Stelle x=0 Null ist. f'(x) hat bei x=0 keinen Vorzeichenwechsel, während g'(x) bei x=0 einen Vorzeichenwechsel hat. Wenn die erste und zweite Ableitung beide Null sind, so

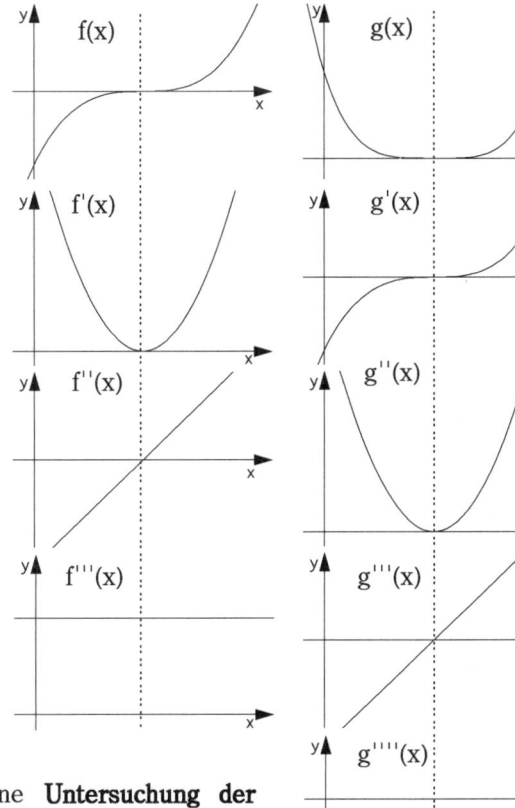

kann also durch eine **Untersuchung der ersten Ableitung auf Vorzeichenwechsel** zwischen Hoch- Tief- und Sattelpunkten unterschieden werden. Allerdings kann die Unterscheidung auch durch weiteres Ableiten der Funktion durchgeführt werden. Da die zweite Ableitung bei den Funktionen bei x=0 Null ist, hat die erste Ableitung an dieser Stelle eine waagerechte Tangente, also einen Hoch-,Tief oder Sattelpunkt. Hat die erste Ableitung dort einen Hoch- oder Tiefpunkt, so liegt kein Vorzeichenwechsel der ersten Ableitung vor, und die ursprüngliche Funktion hat somit an dieser Stelle einen Sattelpunkt. Ein Hoch- oder Tiefpunkt der ersten Ableitung liegt nun aber auf jeden Fall vor, wenn die dritte Ableitung (dies ist die zweite Ableitung der ersten Ableitung) an der entsprechenden Stelle ungleich Null ist. Dieses ist bei f(x) der Fall. Daher lässt sich folgern, dass f(x) einen Sattelpunkt hat.

Bei g(x) ist auch die dritte Ableitung bei x=0 Null. Die vierte Ableitung ist allerdings ungleich Null. Mittels des soeben Dargelegten lässt sich nun folgern, dass g'(x) bei x=0 einen Sattelpunkt hat. Somit liegt bei g'(x) ein Vorzeichenwechsel vor, und daher hat g(x) einen Extremwert.

Die dargelegten Überlegungen lassen sich verallgemeinern. Dieses führt zu folgender Regel:

Sei $f'(x_n) = 0$ und $f''(x_n) = 0$

so wird die Funktion so lange abgeleitet, bis man eine Ableitung erhält, die an der Stelle x_n ungleich Null ist. Handelt es sich bei dieser Ableitung um eine ungerade Ableitung (dritte, fünfte, siebente, ... Ableitung), so hat die Funktion einen Sattelpunkt.

Handelt es sich um eine geradzahlige Ableitung, so hat die Funktion ein Extremum. Ist die betreffende Ableitung positiv, so handelt es sich um ein Minimum, ist sie negativ, so ist es ein Maximum.

4.7.3 Randextrema und Klassifizierung von Extrema

Nachfolgend wird die Bestimmung von Extremstellen einer Funktion an einem Beispiel durchgeführt. An diesem Beispiel wird die Bedeutung von Randextrema und der Unterschied zwischen globalen und lokalen Extrema verdeutlicht werden.

Angenommen, es sei bei einem Unternehmen folgender Zusammenhang zwischen dem Gewinn und der produzierten Menge bekannt:

$$G(x) = 2x^3 - 9x^2 + 12x$$

Weiterhin sei angenommen, dass es dem Unternehmen möglich sei, jede Menge zwischen 0 und 3 Einheiten von x zu produzieren. Welche Menge von x ist nun Gewinnoptimal?

Für die Ableitungen der Funktion ergibt sich:

$$G'(x) = 6x^2 - 18x + 12$$
$$G''(x) = 12x - 18$$

Für die Nullstellen der ersten Ableitung ergibt sich somit:

$$G'(x) = 6x^2 - 18x + 12 = 0 \mid /6 \Leftrightarrow x^2 - 3x + 2 = 0$$

Diese quadratische Gleichung kann nun mittels quadratischer Ergänzung oder pq-Formel gelöst werden. (Einzelheiten im Anhang)

$$\Leftrightarrow (x - 1{,}5)^2 - 2{,}25 + 2 = 0 \Leftrightarrow (x - 1{,}5)^2 = 0{,}25 \mid \sqrt{}$$

$$\Leftrightarrow x - 1{,}5 = 0{,}5 \lor x - 1{,}5 = -0{,}5$$

$$\Leftrightarrow x = 2 \lor x = 1$$

An diesen beiden Stellen wird nun die zweite Ableitung überprüft:

$$f''(1) = 12 - 18 = -6 < 0 \Rightarrow \text{Hochpunkt bei } x=1$$

$$f''(2) = 24 - 18 = 6 > 0 \Rightarrow \text{Tiefpunkt bei } x=2$$

Die Funktion hat also nur einen Hochpunkt. Ist es für das Unternehmen nun optimal, die Menge von x=1 zu produzieren?

Die Vermutung liegt nahe, dass die dem Hochpunkt entsprechende Produktionsmenge optimal ist. Nachfolgende Zeichnung macht aber klar, dass dem keinesfalls so ist.

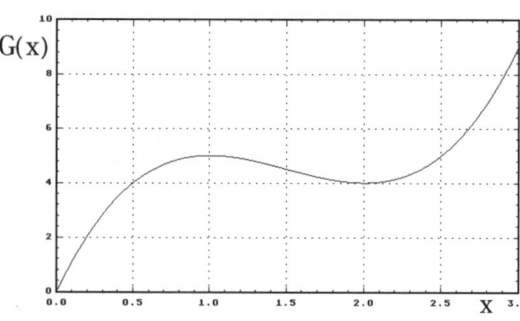

In der Zeichnung wird deutlich, dass der Gewinn bei einer Produktionsmenge von 3 Einheiten wesentlich größer als bei der dem Hochpunkt entsprechenden Produktionsmenge von einer Einheit ist.

Der absolut höchste Wert der Funktion liegt also bei x=3. Den absolut höchsten Wert einer Funktion nennt man auch **absolutes** oder **globales Maximum**. Wie das vorherige Beispiel zeigt, kann das globale Maximum einer Funktion auch ein Randwert sein. Man spricht in solchen Fällen auch von einem **Randmaximum**.

In dem betrachteten Fall wäre das Unternehmen sicher nicht an den Minima der Gewinnfunktion interessiert. In Aufgaben sollen aber in der Regel alle Extrema der betrachteten Funktionen bestimmt und klassifiziert werden. Daher werden nachfolgend die Maxima und Minima der Funktion angegeben:

x=0	G(0) = 0	globales (Rand-) Minimum
x=1	G(1) = 5	lokales Maximum
x=2	G(2) = 4	lokales Minimum
x=3	G(3) = 9	globales (Rand-) Maximum

Wenn das globale Extremum einer Funktion bestimmt werden soll, die nur auf einem bestimmten Intervall definiert ist, so müssen also außer den lokalen Extrema, bei denen die Steigung Null ist, auch die Randwerte überprüft werden. Liegt in dem Definitionsbereich der absolut höchste oder niedrigste Wert am Rand, so handelt es sich um ein globales Randmaximum (bzw. globales Randminimum).

Das globale Maximum erhält man also, indem man die Funktionswerte für alle Hochpunkte und die Randwerte ausrechnet. Bei dem Wert mit dem höchsten Funktionswert liegt dann das globale Maximum. Für das globale Minimum müssen entsprechend die Funktionswerte aller Tiefpunkte und der Randwerte verglichen werden.

Randwerte sind keine lokalen Extrema, denn lokale Extrema sind so definiert, dass dort für eine beliebig kleine Umgebung der höchste oder niedrigste Wert vorliegt. Die Randwerte haben aber im Definitionsbereich überhaupt nur "Nachbarwerte" auf einer Seite.

4.7.4 Besonderheiten bei unstetigen Funktionen

Wenn eine Funktion stetig ist, so sind ihre globalen Extremwerte immer Randextrema oder Hoch- bzw. Tiefpunkte. Das globale Maximum ist dann also auf jeden Fall entweder ein Hochpunkt oder ein Randmaximum. Wenn die Funktion dagegen unstetig ist, so muss dies keinesfalls gelten. Nachfolgend ist eine unstetige Funktion dargestellt[1]:

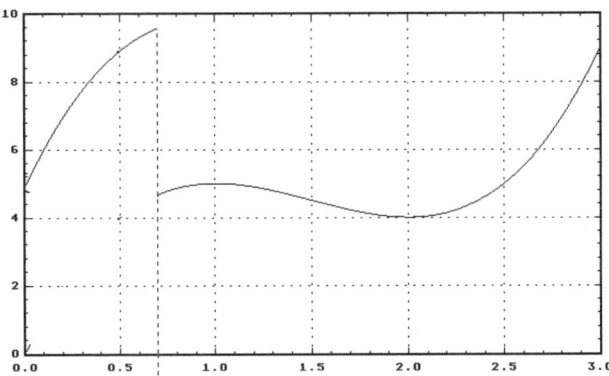

Diese Funktion hat bei x=0,7 eine Sprungstelle. Bei x=0,7 ist sie somit nicht stetig. ($\lim\limits_{x \to 0,7} f(x)$ existiert in diesem Fall nicht, denn es gibt keinen eindeutigen Wert, gegen den die Funktionswerte laufen, wenn x gegen 0,7 geht)

Das globale Maximum hat diese Funktion bei x=0,7. Wenn man nicht beachten würde, dass diese Funktion eine Unstetigkeitsstelle hat, und nur die Randextrema und Hochpunkte ermitteln würde, ergäbe sich ein fal-

---

1: Für die Funktion soll gelten: f(0,7) = 9,5.

sches Ergebnis für das globale Maximum.

Wenn bei Extremwertaufgaben unstetige Funktionen vorkommen, so sind es oft welche, die sich als Quotient zweier stetiger Funktionen ergeben. Nachfolgend wird eine derartige Beispielaufgabe betrachtet:

Bestimmen und klassifizieren Sie alle Extrema der Funktion

$$f(x) = \frac{e^x}{x^2} = x^{-2} * e^x$$

$$f'(x) = -2x^{-3}e^x + x^{-2}e^x \qquad \text{(Produktregel)}$$

$$= (-2x^{-3} + x^{-2})e^x = 0$$

$$\Leftrightarrow (-2x^{-3} + x^{-2}) = 0 \ \vee \ e^x = 0 \quad (e^x \text{ wird aber nie Null})$$

$$\Leftrightarrow (-2x^{-3} + x^{-2}) = 0 \mid *x^3 \ (\text{für } x \neq 0)$$

$$\Leftrightarrow -2 + x = 0 \Leftrightarrow x = 2$$

$$f''(x) = (6x^{-4} - 2x^{-3})e^x + (-2x^{-3} + x^{-2})e^x$$

$$= (6x^{-4} - 4x^{-3} + x^{-2})e^x$$

$$f''(2) = (0,375 - 0,5 + 0,25) * e^2 = 0,125 * e^2 > 0$$

$$\Rightarrow \text{Tiefpunkt bei } x=2$$

Für den y-Wert ergibt sich: $f(2) = 0,25 * e^2 = 1,847$

Nun ist noch zu klären, ob es sich hierbei um ein globales oder ein lokales Minimum handelt. Wenn die Funktion überall stetig wäre, müsste es auf jeden Fall ein globales Minimum sein. In diesem Fall ist die Funktion aber bei x=0 unstetig. Eine Skizze ist hier recht hilfreich:

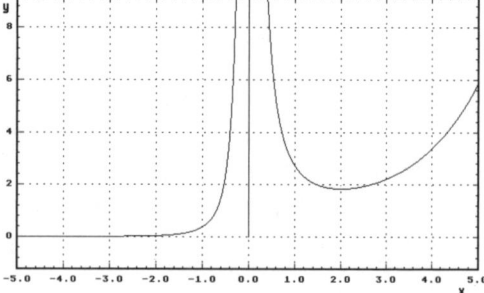

Das Minimum bei x=2 ist deutlich zu erkennen. Links geht die Funktion gegen Null. Der Funktionswert bei x=2 war aber größer als Null. Somit hat die Funktion bei x=2 ein lokales Minimum.

4.7.5 Besonderheiten bei streng monotonen Funktionen

Es sei angenommen, es solle die folgende Gewinnfunktion auf Extremwerte untersucht werden:

$$g(x) = \ln(-x^2 + 6x - 4) \quad 0,764 < x < 5,236$$

Um die Extremwerte dieser Funktion zu bestimmen, kann man nun natürlich die Funktion ganz normal ableiten. Allerdings kann man sich die Arbeit aufgrund der nachfolgend angeführten Überlegung auch deutlich vereinfachen:

Der Logarithmus ist eine streng monoton steigende Funktion, dies lässt sich auch gut in der nebenstehenden Zeichnung erkennen, die Funktion hat überall eine positive Steigung. Wenn man nun zwei

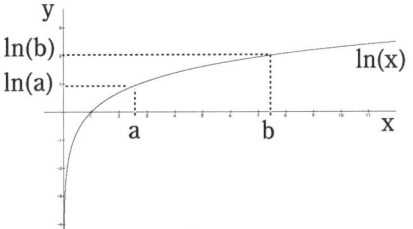

Werte a und b mit a < b in die Logarithmusfunktion einsetzt, gilt für die Werte der Logarithmen $\ln(a) < \ln(b)$. Man spricht in diesem Fall auch von einer **monotonen Transformation**, die Abstände der Werte sind bei den Logarithmen zwar nicht dieselben wie bei den Ausgangswerten, aber die Rangfolge bleibt erhalten. Für die betrachtete Funktion $\ln(-x^2 + 6x - 4)$ lässt sich nun folgern, dass ihr größter Wert dort liegen wird, wo ihr Argument am größten ist. Die Funktion $g(x) = \ln(-x^2 + 6x - 4)$ hat also genau da ihr Maximum, wo die Funktion $g^*(x) = -x^2 + 6x - 4$ ihr Maximum hat. Diese Argumentation gilt natürlich analog auch für die Minima der Funktion.

Zusammenfassend lässt sich also festhalten, dass man zur Bestimmung der Extremwerte einer streng monoton steigenden Funktion einfach die Extremwerte ihres Argumentes bestimmen kann. Die Ausgangsfunktion hat an genau den gleichen Stellen Extremwerte wie ihr Argument. Lediglich die Funktionswerte sind verschieden. Nachfolgend sind die Ausgangsfunktion g(x) und die Funktion des Argumentes $g^*(x)$ graphisch dargestellt. Man erkennt, dass beide Funktionen an der gleichen Stelle (bei x=3) ihr Maximum haben.

Um die Extremwerte von g(x) zu bestimmen, wird nachfolgend die Funktion $g^*(x)$ auf Extremstellen untersucht.

$g^*(x) = -x^2 + 6x - 4$

$g^{*'}(x) = -2x + 6$

$g^{*''}(x) = -2$

$g^{*'}(x) = 0$

$\Rightarrow -2x + 6 = 0$

$\Leftrightarrow -2x = -6$

$\Leftrightarrow x = 3$

$g^{*''}(3) = -2 < 0$

$\Rightarrow$ Hochpunkt bei x = 3

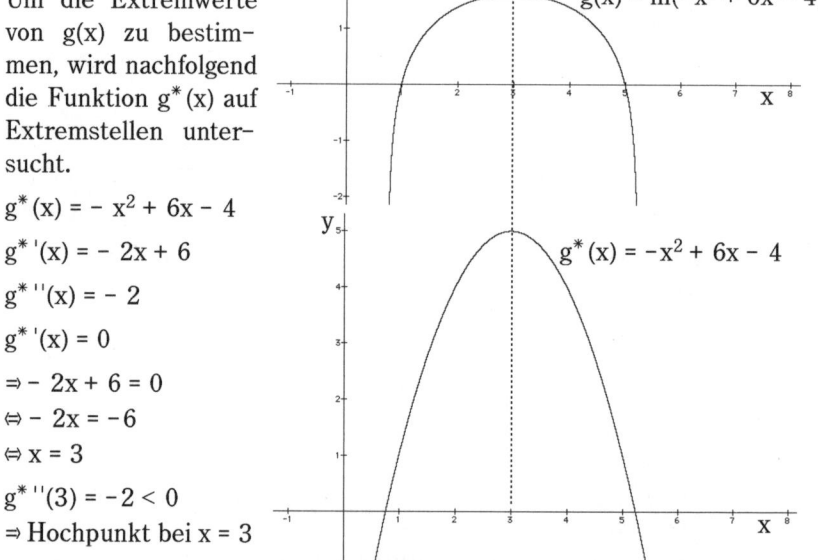

$g(x) = \ln(-x^2 + 6x - 4)$

$g^*(x) = -x^2 + 6x - 4$

Die Funktion $g^*(x)$ hat also als einzige Extremstelle einen Hochpunkt bei x=3. Da ln(x) eine streng monotone Funktion ist, hat auch g(x) als einzige Extremstelle einen Hochpunkt bei x=3. Für den Funktionswert von g(x) ergibt sich:

$$g(3) = \ln(-3^2 + 6*3 - 4) = \ln(5) = 1{,}609$$

Die einzige Extremstelle von g(x) ist also das globale Maximum (3; 1,609).

So wie bei dem Beispiel kann man die Untersuchung auf Extremwerte bei jeder streng monoton steigenden Funktion vereinfachen. Z.B. kann man auch bei allen Exponentialfunktionen derart verfahren.

Wenn man eine streng monoton fallende Funktion betrachtet, so wird durch diese Funktion die Rangfolge der Werte gerade umgedreht. Auch bei einer derartigen Funktion reicht es bei einer Untersuchung auf Extremwerte aus, das Argument der Funktion zu betrachten. Allerdings ist hierbei zu beachten, dass dort, wo bei dem Argument ein Maximum vorliegt, die Funktion ein Minimum hat (und andersherum).

4.7.6 Schema für die Bestimmung und Klassifizierung von Extremstellen

1) Feststellen, ob die Funktion stetig ist.

2) Die erste Ableitung der Funktion muss berechnet und nachfolgend gleich Null gesetzt werden. Die dadurch entstandene Gleichung muss gelöst werden.

3) An den Stellen, wo die erste Ableitung Null ist, muss untersucht werden, ob es sich um Hoch-, Tief- oder Sattelpunkte handelt. Hierzu gibt es zwei verschiedene Möglichkeiten. Die erste Methode empfiehlt sich vor allem dann, wenn es sehr schwierig ist, die zweite Ableitung zu bilden:

   a) Untersuchung der ersten Ableitung auf Vorzeichenwechsel. Hierzu wird ein x-Wert links und einer rechts der Nullstelle der ersten Ableitung in die erste Ableitung eingesetzt. Hierbei ist zu beachten, dass zwischen der Nullstelle und dem eingesetzten Wert keine andere Nullstelle und keine Unstetigkeitsstelle der Funktion liegt. Ist der linke Wert positiv und der rechte negativ, so handelt es sich um einen Hochpunkt, ist der linke Wert negativ und der rechte positiv, so handelt es sich um einen Tiefpunkt, und sind beide Werte positiv oder beide negativ, so liegt ein Sattelpunkt vor.

   b) Es wird die zweite Ableitung gebildet. Dann werden die x-Werte, für die die erste Ableitung Null ist, in die zweite Ableitung eingesetzt. Ergibt sich hierbei ein positiver Wert, so liegt ein Tiefpunkt vor, ergibt sich ein negativer Wert, so handelt es sich um einen Hochpunkt. Ergibt sich auch für die zweite Ableitung Null, so kann nun entweder doch wie unter a) beschrieben untersucht werden, oder es wird nun so lange abgeleitet und eingesetzt, bis sich eine Ableitung ergibt, die an der entsprechenden Stelle nicht Null ist. Ist dies eine ungeradzahlige Ableitung, handelt es sich um einen Sattelpunkt, also keine Extremstelle. Ist es eine geradzahlige Ableitung, so liegt ein Extremum vor:
   Bei einem positiven Wert ist es ein Tiefpunkt und bei einem negativen Wert ein Hochpunkt.

4) Wenn die Funktion nur auf einem bestimmten Intervall definiert ist, müssen die Funktionswerte für die Randstellen berechnet werden.

5) Wenn es in der Aufgabe gefordert wurde, muss zwischen globalen und lokalen Extrema unterschieden werden. Zunächst müssen für die Hoch- und Tiefpunkte die Funktionswerte berechnet werden. Ist die Funktion unstetig, so muss man sich ebenfalls Gedanken machen, was an der unstetigen Stelle passiert. Hier kann eine Skizze recht nützlich sein.

Ist die Funktion stetig, so listet man die Randwerte und Hoch- und Tiefpunkte auf und sucht den absolut größten und absolut niedrigsten Funktionswert. Diese sind das globale Maximum und das globale Minimum. Die anderen Hoch- und Tiefpunkte sind dann lokale Maxima bzw. Minima.

4.7.7 Übungsaufgaben

1) Gegeben ist die Funktion f: x → 4 * ln(x) + $\frac{1}{2}$ x^2 - 4x
mit x ∈ [1, 6] = D$_f$.

Bestimmen und klassifizieren Sie alle Extrema von f.

Die folgende Aufgabe ist etwas untypisch, die Aufgabenstellung weist nicht direkt darauf hin, dass die Extremwerte bestimmt werden sollen:

2) Bestimmen Sie die Wertemenge der Funktion f: [-2, 2] → ℝ mit

$$f(x) = \frac{2x - 1}{x^2 + 1}$$

Lösungsvorschläge:

1) In dem betrachteten Intervall sind alle Terme wohldefiniert und stellen stetige Funktionen dar. Da die Summe oder Differenz stetiger Funktionen auch wieder stetig ist, ist die Funktion in dem Intervall stetig.

Nun werden die Randwerte berechnet:

$$f(1) = -3,5$$
$$f(6) = 1,17$$

Jetzt wird die Funktion differenziert:

$$f(x) = 4 * \ln(x) + \frac{1}{2} * x^2 - 4x$$
$$\Rightarrow f'(x) = 4 * \frac{1}{x} + x - 4$$

Die erste Ableitung wird gleich Null gesetzt:

$$4 * \frac{1}{x} + x - 4 = 0 \mid *x$$

Für x≠0 darf die Gleichung mit x multipliziert werden (x=0 liegt nicht im Definitionsbereich)

$$\Leftrightarrow 4 + x^2 - 4x = 0 \Leftrightarrow x^2 - 4x + 4 = 0$$

Die quadratische Gleichung wird nun gelöst (siehe Anhang):

$$\Leftrightarrow (x-2)^2 - 4 + 4 = 0 \Leftrightarrow (x-2)^2 = 0$$
$$\Leftrightarrow x - 2 = 0 \Leftrightarrow x = 2$$

Nun wird die zweite Ableitung gebildet (es könnte auch die erste Ableitung auf Vorzeichenwechsel untersucht werden, indem z.B. 1 und 3 für x in die erste Ableitung eingesetzt werden):

$$f''(x) = -4x^{-2} + 1$$

$$f''(2) = -\frac{4}{4} + 1 = 0$$

Da die zweite Ableitung bei der Nullstelle der ersten Ableitung ebenfalls Null ist, muss weiter abgeleitet werden.

$$f'''(x) = 8x^{-3}$$

$$f'''(2) = 8*2^{-3} = 1 \neq 0 \;\Rightarrow\; \text{Sattelpunkt bei x=2}$$

Die Funktion hat also keinen Extremwert, und sie ist in dem betrachteten Intervall überall stetig. Somit gibt es nur die beiden Randextrema. Da der rechte Randwert der größere ist, ist dieser das globale Maximum und der linke das globale Minimum.

$$f(1) = -3,5 \quad \text{globales Minimum}$$

$$f(6) = 1,17 \quad \text{globales Maximum}$$

Nebenstehend ist die Funktion für das betrachtete Intervall gezeichnet. Dies soll der Veranschaulichung dienen und ist zur Lösung der Aufgabe nicht erforderlich:

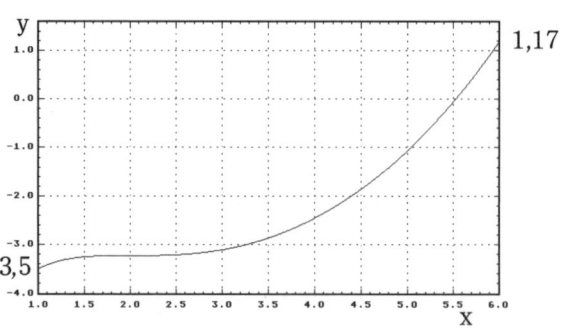

2) Die Wertemenge ist die Menge aller Funktionswerte, die die Funktion innerhalb des Definitionsbereiches annimmt. Bei der vorherigen Aufgabe ist die Wertemenge das Intervall [-3,5; 1,17], denn wie man in vorheriger Zeichnung deutlich erkennt, kann y alle Werte zwischen -3,5 und 1,17 annehmen. Wenn die Funktion innerhalb des Definitionsbereiches stetig ist, gilt: Die Wertemenge ist das geschlossene Intervall (bei einem geschlossenen Intervall sind die Grenzen mit drin) zwischen dem globalen Maximum und globalen Minimum.

Die Funktion $f(x) = \dfrac{2x - 1}{x^2 + 1}$ ist stetig. Denn Nenner und Zähler

sind stetig, und der Nenner wird nie Null. Somit können nun die Extremwerte der Funktion bestimmt werden:

$$f'(x) = \frac{2(x^2 + 1) - (2x - 1) * 2x}{(x^2 + 1)^2} \quad \text{(Quotientenregel)}$$

Die erste Ableitung wird nun gleich Null gesetzt. Da der Nenner ungleich Null ist, kann dann mit diesem multipliziert werden:

$$\frac{2(x^2 + 1) - (2x - 1) * 2x}{(x^2 + 1)^2} = 0 \mid * (x^2 + 1)^2$$

$$\Leftrightarrow 2(x^2+1) - (2x-1)*2x = 0$$
$$\Leftrightarrow 2x^2+2-4x^2+2x = 0 \Leftrightarrow -2x^2 + 2x + 2 = 0$$

Die quadratische Gleichung wird nun gelöst (siehe Anhang):

$$-2x^2 + 2x + 2 = 0 \mid /(-2)$$
$$\Leftrightarrow x^2 - x - 1 = 0$$
$$\Leftrightarrow (x - 0{,}5)^2 - 0{,}25 - 1 = 0$$
$$\Leftrightarrow (x - 0{,}5)^2 = 1{,}25 \Leftrightarrow x - 0{,}5 = \pm\sqrt{1{,}25}$$

$$\Leftrightarrow x = \sqrt{1{,}25} + 0{,}5 \vee x = -\sqrt{1{,}25} + 0{,}5$$
$$\Leftrightarrow x = 1{,}618 \vee x = -0{,}618$$

Man könnte nun durch Überprüfung auf Vorzeichenwechsel feststellen, ob es sich um Hoch-, Tief- oder Sattelpunkte handelt. Allerdings ist dies hier nicht nötig. Es reicht hier, die Funktionswerte für die beiden Nullstellen der ersten Ableitung mit den Randextrema zu vergleichen:

$$f(-2) = -1$$
$$f(-0{,}618) = -1{,}618$$
$$f(1{,}618) = 0{,}618$$
$$f(2) = 0{,}6$$

Das globale Maximum ist bei dem absolut größten Funktionswert von diesen 4 Werten, also bei x=1,618. Entsprechend liegt das globale Minimum bei x=-0,618. Somit ergibt sich folgende Wertemenge:

$$W = [-1{,}618; 0{,}618]$$

Nachfolgend zur Veranschaulichung eine Zeichnung der Funktion:

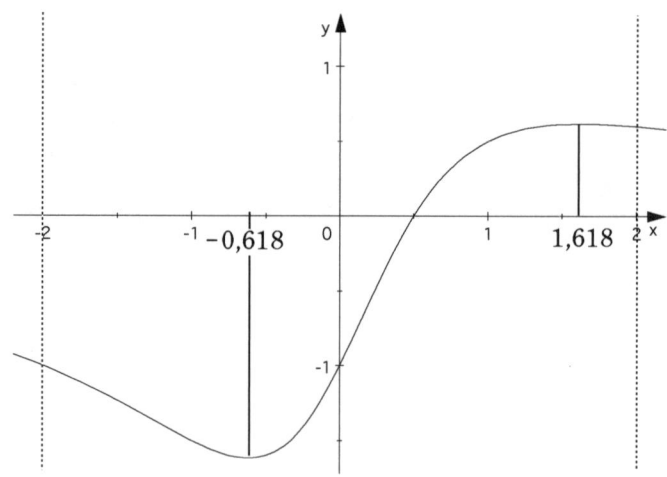

4.8 Wendepunkte

Bei Wendepunkten handelt es sich um Extremwerte der Steigung einer Funktion. An diesen Stellen hat die Funktion also für eine bestimmte Umgebung die maximale oder minimale Steigung. Somit hat die erste Ableitung an dieser Stelle einen Hoch- oder Tiefpunkt. Die Untersuchung einer Funktion auf Wendepunkte ist daher identisch mit der Untersuchung der ersten Ableitung auf Extremwerte. Alles, was zuvor über Extremwerte gesagt wurde, gilt also für die Untersuchung auf Wendepunkte auch, nur dass hierbei die Ausgangsbasis die erste Ableitung (also die Steigung) der Funktion ist. Notwendige Bedingung für einen Wendepunkt ist demnach, dass die erste Ableitung der ersten Ableitung der Funktion, also die zweite Ableitung, Null ist. Eine hinreichende Bedingung ist erfüllt, wenn zusätzlich an der betreffenden Stelle die dritte Ableitung der Funktion ungleich Null ist. Ist die dritte Ableitung ebenfalls Null, so muss entsprechend den bei der Bestimmung von Extremwerten hergeleiteten Regeln weiter untersucht werden.

Zusammenfassend lässt sich festhalten:

> Die Funktion $f(x)$ hat genau dort einen Wendepunkt, wo die Funktion $f'(x)$ einen Extremwert (Hoch- oder Tiefpunkt) hat.
> Zur Untersuchung von $f(x)$ auf Wendpunkte kann man also
>
> $$g(x) = f'(x)$$
>
> auf Extremwerte untersuchen.

Nachfolgend wird ein Beispiel für die Bestimmung von Wendepunkten angeführt.

Betrachtet wird die Funktion $f(x) = x^4 - 24x^2 + 5x$. Diese Funktion ist nebenstehend gezeichnet. Um die Wendepunkte zu bestimmen, müssen zunächst die Ableitungen der Funktion gebildet werden:

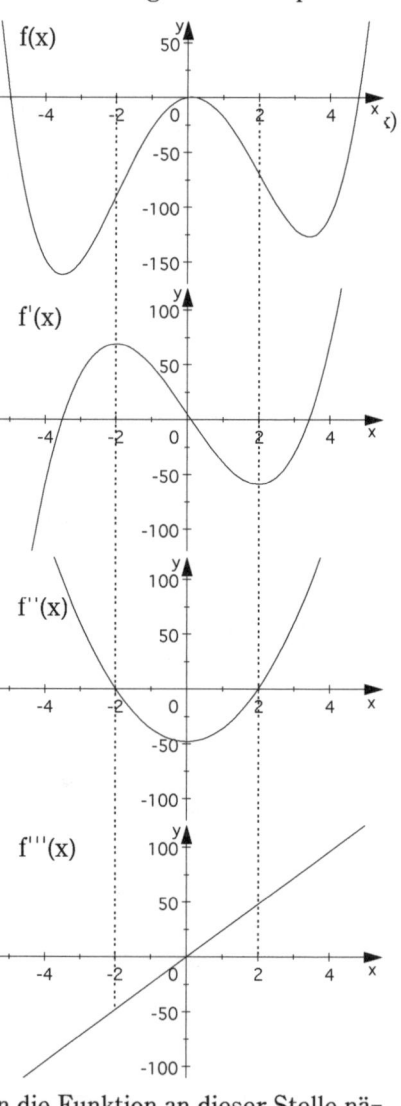

$f'(x) = 4x^3 - 48x + 5$

$f''(x) = 12x^2 - 48$

$f'''(x) = 24x$

Nun wird die zweite Ableitung gleich Null gesetzt:

$12x^2 - 48 = 0$

$\Leftrightarrow 12x^2 = 48$

$\Leftrightarrow x^2 = 4$

$\Leftrightarrow x = 2 \lor x = -2.$

An diesen Stellen muss nun die dritte Ableitung überprüft werden:

$f'''(2) = 24*2 \neq 0;$

$f'''(-2) = 24*(-2) \neq 0$

Da die dritte Ableitung an beiden Stellen ungleich Null ist, hat die erste Ableitung bei beiden Werten einen Extremwert, und es handelt sich somit bei beiden Werten um Wendepunkte. In der nebenstehenden Abbildung der Funktion wird deutlich, dass die erste Ableitung der Funktion bei 2 und -2 Extremwerte aufweist. Betrachtet man die Funktion an dieser Stelle näher, so wird klar, warum man diese Stellen Wendepunkt nennt. Denn an diesen Stellen "wendet" die Funktion ihre Krümmung. Bei -2 geht sie z.B. von einer Links- in eine Rechts-Krümmung über.

4.9 Weitere Zusammenhänge

4.9.1 Monotonie

Wenn eine Funktion in einem bestimmten Intervall durchgehend eine positive Steigung hat (f'(x) ≥ 0), so spricht man von einer auf dem betrachteten Interavall **monoton steigenden Funktion.** Eine monoton steigende Funktion kann an bestimmten Stellen eine Steigung von Null haben. Ist die Steigung überall größer als Null (f'(x) > 0), so nennt man die Funktion **streng monoton steigend.**

Entsprechend sind Funktionen, die auf einem Intervall immer eine negative Steigung oder auch eine Steigung von Null haben (f'(x) ≤ 0), **monoton fallend** auf dem betrachteten Intervall. Ist die Steigung immer kleiner als Null (f'(x) < 0), so ist die Funktion **streng monoton fallend.**

Nachfolgend ist die Funktion f(x) = $-2x^3 + 9x^2 - 12x + 5$ dargestellt. Wie in der Zeichnung angedeutet, ist die Funktion zwischen 1 und 2 streng monoton steigend. Wenn man die Werte 1 und 2 dazunimmt, ergibt sich ein Intervall, in dem die Funktion nur monoton steigend ist. Es gilt[1]:

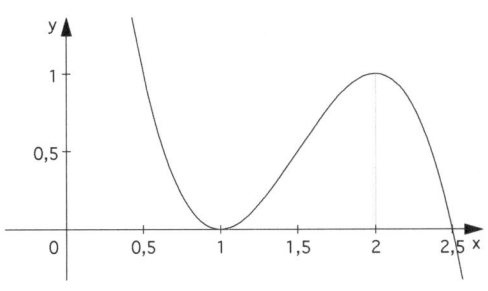

f(x) ist streng monoton steigend im Intervall]1; 2[
f(x) ist monoton steigend im Intervall [1; 2]

Um die Monotonieeigenschaften der Funktion rechnerisch zu bestimmen muss man zunächst die erste Ableitung der Funktion bilden:

f'(x) = $-6x^2 + 18x - 12$

In diesem Fall erkennt man nicht sofort, wann der Ausdruck größer bzw. kleiner als Null ist, hier müssen zunächst die Nullstellen der ersten Ableitung bestimmt werden. (Das Vorgehen entspricht dem Vorgehen bei

---

1: Bei dem ersten Intervall]1; 2[handelt es sich um ein offenes Intervall, die Grenzen (1 und 2) sind in dem Intervall nicht mit enthalten. Das zweite Intervall [1; 2] ist ein geschlossenes, hier sind die Grenzen mit dabei.

der Bestimmung der Hoch- und Tiefpunkte der Funktion.)

4.9.2 Konkave und konvexe Funktionen

Insbesondere in der Mikroökonomie ist die Unterscheidung zwischen konkaven und konvexen Funktionen wichtig. Verwirrung kommt häufig auf, weil es einen Unterschied zwischen der Definition von konvexen Mengen und konvexen Funktionen gibt. Eine Menge ist konvex, wenn jede Verbindungslinie zwischen zwei Punkten der Menge durchgehend in der Menge liegt. Eine Kugel ist z.B. eine konvexe Menge.

Eine Funktion ist **konvex**, wenn jede Verbindungslinie zwischen zwei Punkten oberhalb der Funktion liegt. In der nebenstehenden Zeichnung ist eine konvexe Funktion abgebildet. Es ist deutlich zu erkennen, dass alle Punkte der Funktion unterhalb der eingezeichneten Verbindungslinie liegen (eine solche Verbindungslinie nennt man auch Sekante). Gleichbedeutend mit dieser Formulierung ist, dass konvexe Funktionen eine "Linkskurve" darstellen.

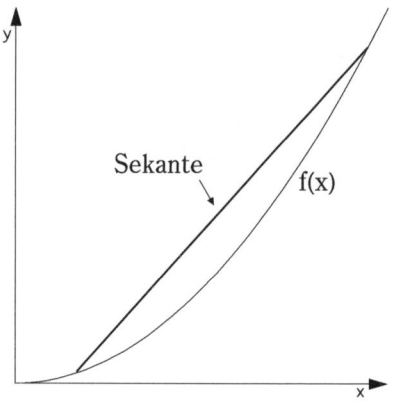

Analytisch bedeutet konvex, dass die Steigung der Funktion ständig zunimmt. Das heißt, die Steigung der Steigung ist positiv. Die Steigung der Steigung ist aber gerade die zweite Ableitung der Funktion. Eine Funktion ist also konvex, wenn ihre zweite Ableitung positiv ist.

Auch bei der nebenstehenden konvexen Funktion nimmt die Steigung ständig zu, denn die Steigung wird nach rechts hin immer weniger negativ.

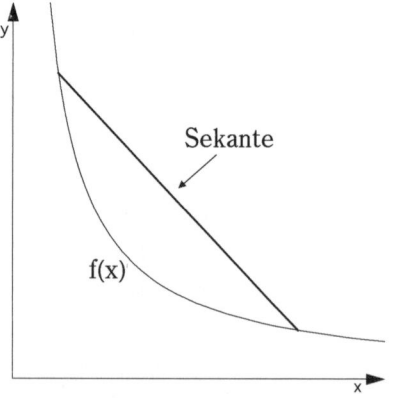

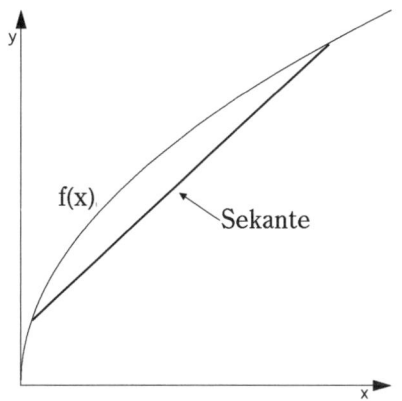

Entsprechend ist eine Funktion **konkav**, wenn alle Funktionswerte oberhalb der Verbindungslinie liegen. Nebenstehend ist eine konkave Funktion abgebildet. Die Funktionswerte liegen oberhalb der möglichen Verbindungslinien, und die Funktion macht somit eine "Rechtskurve".

Die zweite Ableitung konkaver Funktionen ist negativ.

Zusammenfassend lässt sich festhalten:

> Eine Funktion f(x) ist konvex bzw. konkav, wenn für den ganzen Definitionsbereich gilt:
>
> $$f''(x) \geq 0 \qquad \text{konvex}$$
> $$f''(x) \leq 0 \qquad \text{konkav}$$

Das $\geq$ bzw. $\leq$ bedeutet, dass die zweite Ableitung auch Null sein kann. Die Funktion kann also auch Abschnitte haben, in denen sie eine Gerade ist. Es wird also nicht gefordert, dass alle Werte der Funktion unter der Verbindungslinie liegen, sondern es dürfen auch Punkte auf der Verbindungslinie liegen.

Bei einer **streng konvexen** Funktion müssen hingegen tatsächlich alle Werte unterhalb der Verbindungslinie liegen.

> Eine Funktion f(x) ist streng konvex bzw. streng konkav, wenn für den ganzen Definitionsbereich gilt:
>
> $$f''(x) > 0 \qquad \text{streng konvex}$$
> $$f''(x) < 0 \qquad \text{streng konkav}$$

Wenn eine Funktion die geforderten Eigenschaften nur auf einem bestimmten Intervall erfüllt, so ist sie auf diesem Intervall (streng) konvex bzw. konkav.

4.9.3 Newton-Verfahren

4.9.3.1 Grundlagen

Oft interessiert man sich für Nullstellen von Funktionen, bei der Bestimmung von Extremwerten müssen z. B. jeweils die Nullstellen der ersten Ableitung bestimmt werden. Bisher waren nur Fälle betrachtet worden, bei denen man die Nullstellen direkt ausrechnen konnte. Schon bei einer Polynomfunktion dritten Grades ist dies aber nicht so einfach möglich. Daher benötigt man Näherungsverfahren, mit denen man Nullstellen von Funktionen bestimmen kann. Ein besonders geeignetes Verfahren ist das Newton-Verfahren, das anhand der folgenden Graphik beschrieben wird:

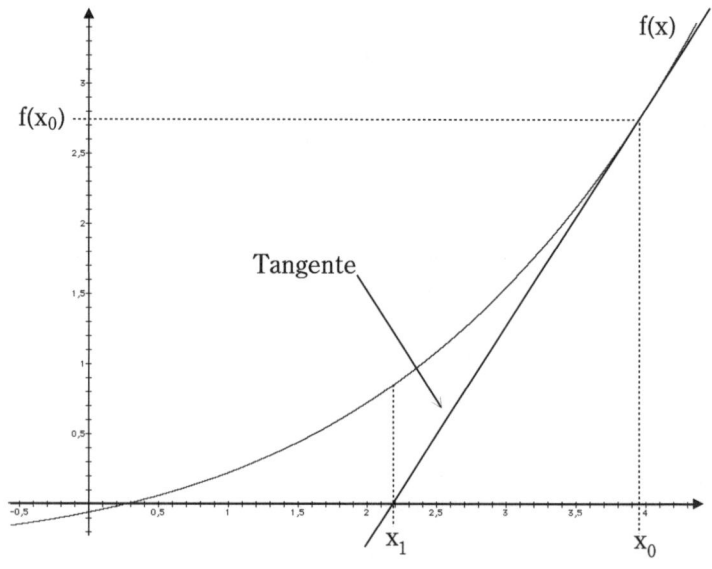

Zunächst wählt man einen Startwert x_0. Man bestimmt dann die Gleichung der Tangente an die Funktion im Punkt $(x_0; f(x_0))$. Der Schnittpunkt dieser Tangente mit der x-Achse ist der erste Schätzwert (x_1) für die Nullstelle der Funktion. Man sieht in dem Beispiel, dass x_1 deutlich dichter an der Nullstelle liegt als x_0.

Für die eingezeichnete Tangente gilt folgender Zusammenhang:

$$f'(x_0) = \frac{f(x_0)}{x_0 - x_1}$$

Auf der linken Seite der Gleichung steht die Steigung der Funktion, in dem Tangentialpunkt muss diese Steigung der Steigung der Tangenten entsprechen. Auf der rechten Seite ist die Steigung der Tangenten über ein Steigungsdreieck an die Tangente ($\triangle x = x_0 - x_1$; $\triangle y = f(x_0) - 0$) dargestellt. Den angeführten Zusammenhang für die Steigung kann man nun nach x_1 auflösen:

$$f'(x_0) = \frac{f(x_0)}{x_0 - x_1} \quad | * (x_0 - x_1)$$

$$\Leftrightarrow (x_0 - x_1) * f'(x_0) = f(x_0) \quad | /f'(x_0)$$

$$\Leftrightarrow x_0 - x_1 = \frac{f(x_0)}{f'(x_0)} \quad | - x_0$$

$$\Leftrightarrow - x_1 = \frac{f(x_0)}{f'(x_0)} - x_0 \quad | * (-1)$$

$$\Leftrightarrow x_1 = x_0 - \frac{f(x_0)}{f'(x_0)}$$

Genauso wie man den ersten Näherungswert x_1 bestimmt, kann man nachfolgend weitere bestimmen, wobei man x_1 als Ausgangswert nimmt. In der folgenden Graphik wurde dies dargestellt:

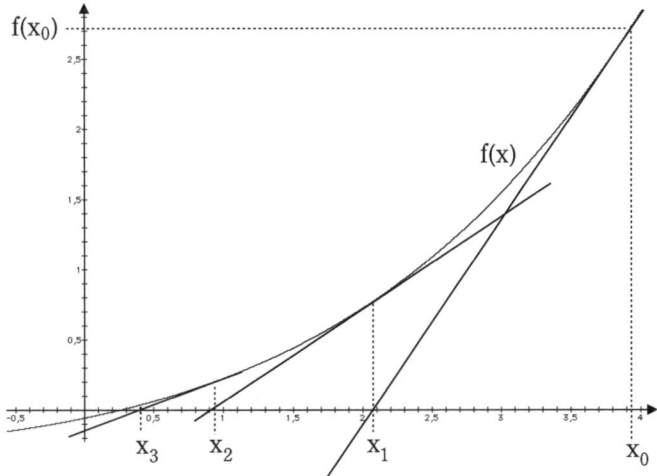

In der Graphik lässt sich erkennen, dass man mit x_3 bereits einen Wert erhalten hat, der ziemlich nahe bei der Nullstelle liegt.

Rechnerisch gilt auch für die weiteren Werte der zuvor gefundene Zusammenhang, x_2 ergibt sich beispielsweise folgendermaßen:

$$x_2 = x_1 - \frac{f(x_1)}{f'(x_1)}$$

Allgemein ergibt sich der nächste Näherungswert jeweils mittels der folgenden **Rekursionsformel:**

$$x_{n+1} = x_n - \frac{f(x_n)}{f'(x_n)}$$

4.9.3.2 Berechnung von Nullstellen

Nachfolgend wird anhand eines Beispiels die Berechnung von Nullstellen mittels des Newton-Verfahrens beschrieben:

Es sei die folgende Funktion betrachtet:

$$f(x) = 0,1x^4 - 0,2x^3 - 0,2x^2 + x + 0,4$$

Bei der Anwendung des Newton-Verfahrens benötigt man die Ableitung der Funktion, deshalb sei diese zunächst berechnet:

$$f'(x) = 0,4x^3 - 0,6x^2 - 0,4x + 1$$

Als Ausgangswert sei nun der Wert $x_0 = 0$ gewählt, es ergibt sich:

$$f(0) = 0,4$$

$$f'(0) = 1$$

Für x_1 ergibt sich somit:

$$x_1 = x_0 - \frac{f(x_0)}{f'(x_0)} = 0 - \frac{0,4}{1} = -0,4$$

Es ergibt sich weiter:

$$f(x_1) = f(-0,4)$$

$$= 0,1(-0,4)^4 - 0,2(-0,4)^3 - 0,2(-0,4)^2 + (-0,4) + 0,4 = -0,01664$$

$$f'(x_1) = f'(-0,4)$$

$$= 0,4(-0,4)^3 - 0,6(-0,4)^2 - 0,4(-0,4) + 1 = 1,0384$$

Der Funktionswert $f(x_1)$ ist schon relativ nahe bei Null. Für x_2 ergibt sich:

$$x_2 = x_1 - \frac{f(x_1)}{f'(x_1)} = -0,4 - \frac{-0,01664}{1,0384} = -0,38397535$$

Setzt man diesen Wert in die Funktion ein, erhält man:

$$f(x_2) = f(-0,38397535) = 0,000033445$$

Der Wert ist schon sehr nahe bei Null, es seien nachfolgend trotzdem noch weitere Werte bestimmt:

$$f'(x_2) = f'(-0,38397535) = 1,042083$$

$$\Rightarrow x_3 = -0,38397535 - \frac{0,000033445}{1,042083} = -0,38400841$$

$$f(x_3) = f(-0,38400841) = -1,08178 * 10^{-6}$$

$$f'(x_3) = f'(-0,38400841) = 1,04247516$$

$$\Rightarrow x_4 = -0,38400737$$

$$\Rightarrow f(x_4) = 6,4944 * 10^{-8}$$

Der .Funktionswert ist fast Null. Wenn man weiterrechnet, ergibt sich:

$$\Rightarrow x_5 = -0,38400743$$

$$\Rightarrow f(x_5) = 2,394 * 10^{-9}$$

$$\Rightarrow x_6 = -0.38400743$$

Die Nullstelle wurde nun bis auf 8 Nachkommastellen genau bestimmt.

In der nachfolgend angeführten Graphik ist die Funktion dargestellt worden. Außerdem wurde die Tangente für $x_0 = 0$ eingezeichnet. Man kann gut erkennen, dass man bereits mit dieser Tangente relativ nahe an die Nullstelle der Funktion gelangt.

Außerdem kann man in der Zeichnung erkennen, dass die Funktion noch eine weitere Nullstelle besitzt[1]. Welche Nullstelle man erhält, hängt offensichtlich von dem Startwert für x_0 ab.

1: Theoretisch könnte die Funktion bis zu 4 Nullstellen haben, denn es handelt sich um eine ganzrationale Funktion 4. Grades. In diesem Fall besitzt sie aber tatsächlich nur die beiden, die man in der Zeichnung erkennen kann.

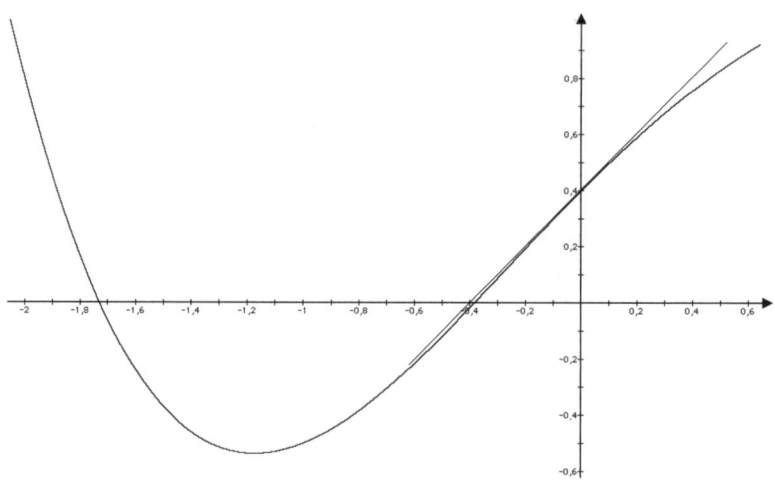

In der Zeichnung erkennt man, dass man die zweite Nullstelle z. B. erhält, wenn man mit einem Startwert von -2 beginnt:

$$x_0 = -2$$
$$\Rightarrow x_1 = -1,78947368$$
$$\Rightarrow x_2 = -1,73279721$$
$$\Rightarrow x_3 = -1,72877246$$
$$\Rightarrow x_4 = -1,72875276$$
$$\Rightarrow x_5 = -1,72875276$$

Man würde diese Nullstelle übrigens auch erhalten, wenn man mit einem Startwert von 1 beginnt. In diesem Fall würden sich folgende Werte ergeben:

$$x_0 = 1$$
$$\Rightarrow x_1 = -1,75$$
$$\Rightarrow x_2 = -1,72928082$$
$$\Rightarrow x_3 = -1,7287531$$
$$\Rightarrow x_4 = -1,72875276$$

In der nebenstehenden Graphik ist dargestellt, wie man zu dem Wert x_1 kommt.

4.9.3.3 Konvergenz des Newton-Verfahrens

An dem Beispiel war schon deutlich geworden, dass es von dem gewählten Anfangswert abhängig ist, welche Nullstelle man erhält. Es kann aber auch sein, dass man mit dem Newton-Verfahren eine vorhandene Nullstelle nicht findet. In der nebenstehenden Graphik ist die Funktion $f(x)$ = arctan(x) dargestellt. Ausgehend von dem eingezeichneten x_0 entfernt man sich mit dem Newton-Verfahren in diesem Fall immer mehr von der Nullstelle der Funktion. Die einzelnen Werte, die man beim Newton-Verfahren berechnet, stellen eine Folge dar, die durch den Ausdruck

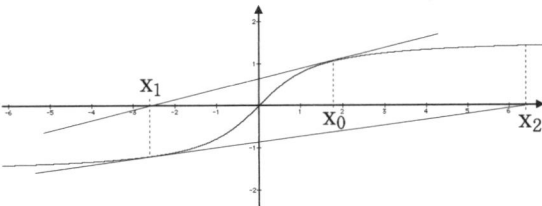

$$x_{n+1} = x_n - \frac{f(x_n)}{f'(x_n)}$$

rekursiv definiert ist. In dem dargestellten Fall konvergiert diese Folge nicht (d. h. sie divergiert).

Man kann bestimmte Bedingungen finden, unter denen die Folge konvergiert. In diesen Fällen findet man also mit dem Newton-Verfahren auf jeden Fall eine Nullstelle.

Die Funktion sei auf einem bestimmten Intervall streng monoton steigend oder fallend, und es gibt außerdem positive und negative Werte in dem Intervall. Somit schneidet die Funktion auf dem Intervall die x-Achse, und es gibt eine Nullstelle. Es lassen sich 4 verschiedene Fälle unterscheiden:

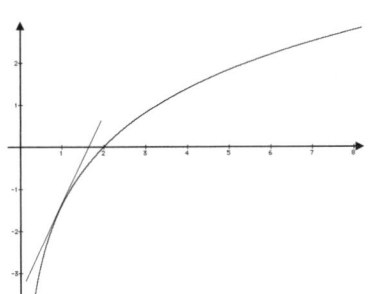

Die Funktion (Bild links) ist streng monoton steigend: $f'(x) > 0$ und konkav: $f''(x) \leq 0$.

Das Newton-Verfahren konvergiert für jeden Ausgangswert x_0, der **links** der Nullstelle liegt.

Die Funktion (Bild rechts) ist

  streng monoton
  fallend: $f'(x) < 0$
  und konkav: $f''(x) \leq 0$.

Das Newton–Verfahren konvergiert für jeden Ausgangswert x_0, der **rechts** der Nullstelle liegt.

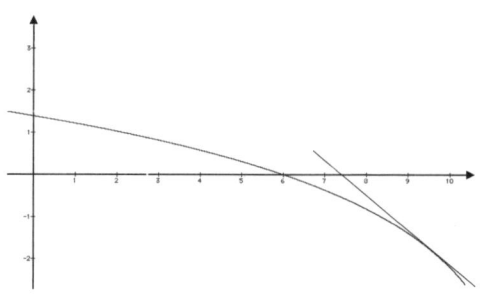

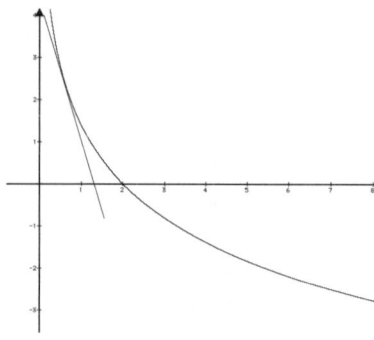

Die Funktion (Bild links) ist

  streng monoton fallend: $f'(x) < 0$
  und konvex: $f''(x) \geq 0$.

Das Newton–Verfahren konvergiert für jeden Ausgangswert x_0, der **links** der Nullstelle liegt.

Die Funktion (Bild rechts) ist

  streng monoton steigend:
  $f'(x) > 0$
  und konvex: $f''(x) \geq 0$.

Das Newton–Verfahren konvergiert für jeden Ausgangswert x_0, der **rechts** der Nullstelle liegt.

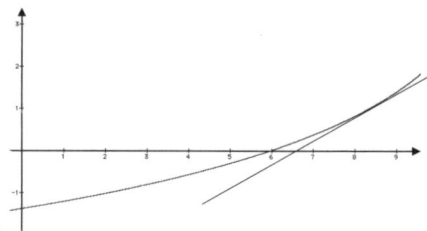

4.9.4 Mittelwertsatz

Es sei eine Funktion gegeben, die in dem Intervall [a, b] stetig und differenzierbar (es existiert eine Ableitung) ist.

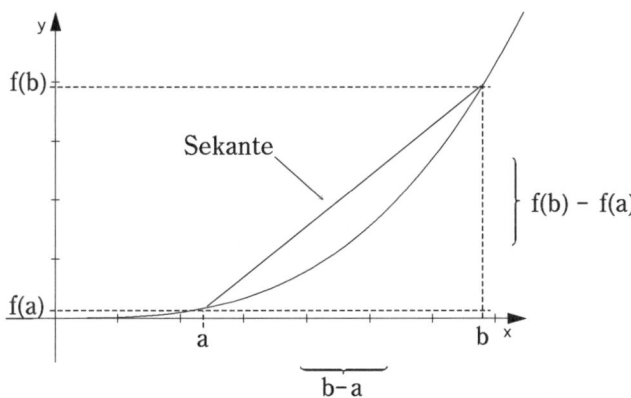

Die Steigung der eingezeichneten Sekante lässt sich über das Steigungsdreieck berechnen:

$$\frac{\triangle y}{\triangle x} = \frac{f(b) - f(a)}{b - a}$$

Bei dieser konvexen Funktion ist die Steigung bei a niedriger als die Steigung der Sekanten und bei b größer. In der Zeichnung kann man erkennen, dass es eine Stelle gibt, wo die Steigung der Sekanten der Steigung der Funktion entspricht. Nebenstehend ist die Sekante parallel verschoben, so dass sich die Tangente an die Funktion ergibt.

Der Mittelwertsatz behauptet nun, dass es für jede Funktion, die stetig und differenzierbar in dem betrachte-

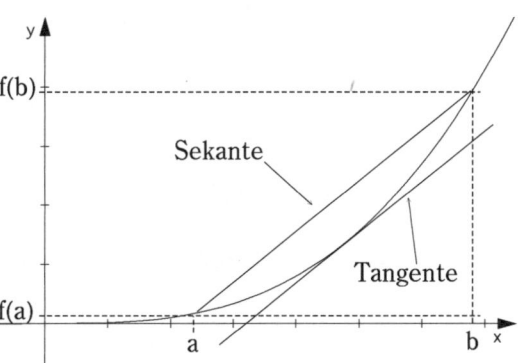

ten Intervall ist, mindestens eine Stelle in dem Intervall gibt, bei der die Steigung der Funktion der Steigung der Sekante entspricht. Dies gilt also unabhängig davon, ob die Funktion in dem Intervall konvex, konkav oder nichts von beiden ist.

Es soll also ein x_1 in dem Intervall (also gilt $a < x_1 < b$) geben, so dass Folgendes gilt:

$$\frac{f(b) - f(a)}{b - a} = f'(x_1)$$

Wenn man diese Gleichung mit $(b - a)$ multipliziert, erhält man die gebräuchlichere Form der Darstellung für den Mittelwertsatz:

$$f(b) - f(a) = (b - a) * f'(x_1)$$

4.9.5 Potenzreihen und Taylorpolynome

4.9.5.1 Grundlagen

Zunächst sei ein ganz einfaches Beispiel für eine Potenzreihe angeführt:

$$1 + x + x^2 + x^3 + \dots + x^n$$

Die einzelnen Glieder der Reihe sind jeweils um den Faktor x größer als das vorherige Glied, somit handelt es sich um eine geometrische Reihe und wie in Abschnitt 2.1 angeführt[1] gilt für diese Reihe:

$$1 + x + x^2 + x^3 + \dots + x^n = \frac{x^n - 1}{x - 1}$$

In Abschnitt 2.2 wurde der Grenzwert der geometrischen Reihe betrachtet. Für diesen Grenzwert wurde im Intervall $]-1; 1[$ der folgende Zusammenhang dargestellt:

$$\lim_{n \to \infty} \frac{x^n - 1}{x - 1} = \frac{1}{1 - x}$$

Insgesamt gilt also für die unendliche Reihe:

$$1 + x + x^2 + x^3 + \dots + x^\infty = \frac{1}{1 - x}$$

Diese unendliche Potenzreihe ist somit im Intervall $]-1; 1[$ identisch mit

---

1: Zuvor war der Faktor mit q bezeichnet worden, an dieser Stelle wurde hingegen x als Bezeichnung gewählt, entsprechend ändert sich in der Formel das q in ein x. Weiterhin ist in diesem speziellen Fall das erste Glied der Folge (a_1) gleich 1.

der angeführten Funktion:

$$f(x) = \frac{1}{1 - x}$$

Betrachtet man den Zusammenhang quasi von der anderen Seite, nimmt also diese Funktion als Ausgangspunkt, so hat man eine Darstellung der Funktion mittels einer unendlichen Potenzreihe gefunden.

4.9.5.2 Entwicklung einer Funktion in eine Potenzreihe

Es stellt sich die Frage, ob auch andere Funktionen in eine Potenzreihe entwickelt werden können, also ob sie folgendermaßen dargestellt werden können:

$$f(x) = a_0 + a_1 x + a_2 x^2 + a_3 x^3 + a_4 x^4 + \dots + a_\infty x^\infty = \sum_{i=0}^{\infty} a_i x^i$$

Damit die Funktion und die Potenzreihe identisch sind, müssen sie für jedes x im zulässigen Bereich den gleichen Funktionswert liefern, also auch für x = 0. Setzt man dies ein, ergibt sich:

$$f(0) = a_0 + a_1 * 0 + a_2 0^2 + a_3 0^3 + \dots + a_\infty 0^\infty$$

$$\Leftrightarrow f(0) = a_0$$

Der Wert für a_0 konnte somit bestimmt werden. Für die weitere Betrachtung wird unterstellt, dass die Funktion beliebig oft differenzierbar ist. Da die Funktion identisch mit der Potenzreihe sein soll, müssen beide auch die gleichen Ableitungen haben. Es muss also gelten:

$$f'(x) = a_1 + 2a_2 x + 3a_3 x^2 + 4a_4 x^3 + \dots$$

Rechts vom Gleichheitszeichen steht die Ableitung der Potenzreihe. Der gefundene Zusammenhang muss auch wieder an der Stelle x = 0 gelten, somit ergibt sich:

$$f'(0) = a_1 + 2a_2 * 0 + 3a_3 * 0^2 + 4a_4 0^3 + \dots$$

$$\Leftrightarrow f'(0) = a_1$$

Aus der Identität der zweiten Ableitung bei x = 0 erhält man entsprechend:

$$f''(x) = 2a_2 + 3*2a_3 x + 4*3*a_4 x^2 + \dots$$

$\Rightarrow$ f''(0) = 2a$_2$

$\Leftrightarrow$ $\dfrac{f''(0)}{2}$ = a$_2$

Für die dritte Ableitung ergibt sich:

f'''(x) = 3*2a$_3$ + 4*3*2a$_4$x + ...

$\Rightarrow$ f'''(0) = 3*2a$_2$

$\Leftrightarrow$ $\dfrac{f'''(0)}{3*2}$ = a$_2$

Im Nenner steht der Ausdruck 3*2, diesen kann man auch anders darstellen:

3 * 2 = 3 * 2 * 1 = 3!

3! spricht man 3-Fakultät und dies bedeutet, dass die 3 mit allen niedrigeren natürlichen Zahlen multipliziert wird. Für n! gilt entsprechend, dass n mit allen kleineren natürlichen Zahlen multipliziert wird:

n! = n * (n-1) * ... * 1

Mittels der Fakultät ergibt sich folgende Darstellung für die Koeffizienten der Potenzreihe:

$$a_0 = f(0), \quad a_1 = \frac{f'(0)}{1!}, \quad a_2 = \frac{f''(0)}{2!}, \quad a_3 = \frac{f'''(0)}{3!}, \quad ..., \quad a_n = \frac{f^{(n)}(0)}{n!}$$

$f^{(n)}(0)$ steht hierbei für die n-te Ableitung der Funktion an der Stelle 0.

Setzt man diese Koeffizienten in die allgemeine Darstellung der Potenzreihe ein, so ergibt sich der folgende Zusammenhang:

$$f(x) = f(0) + \frac{f'(0)}{1!} x + \frac{f''(0)}{2!} x^2 + \frac{f'''(0)}{3!} x^3 + ... = \sum_{i=0}^{\infty} \frac{f^{(i)}(0)}{i!} x^i$$

Diese Darstellung ist die Entwicklung der Funktion in eine **Taylorreihe**.[1]

Die Potenzreihe kann entweder für alle reellen Zahlen oder nur auf einem bestimmten Intervall konvergieren. Die anfangs betrachtete

---

1: Genau genommen handelt es sich um die Taylorentwicklung der Funktion an der Stelle x_0 = 0. In der mathematischen Literatur wird dieser Spezialfall auch als MacLaurinsche Reihe bezeichnet.
Nicht jede beliebig oft differenzierbare Funktion lässt sich in eine Taylorreihe entwickeln.
Bei der Darstellung mit der Summe taucht der Ausdruck 0! auf. Es gilt: 0! = 1

geometrische Reihe ist ein Beispiel für eine Potenzreihe, die nur in einem bestimmten Intervall konvergiert (in diesem Fall auf dem Intervall]-1; 1[ ). Anschaulich ist klar, dass die Potenzreihe divergiert, wenn die a_n nicht immer kleiner werden. Folgender Zusammenhang kann für die Konvergenz einer Potenzreihe hergeleitet werden:

$$\lim_{n \to \infty} \left| \frac{a_n}{a_{n+1}} \right| = r$$

r ist hierbei der **Konvergenzradius** der Potenzreihe, d. h. für $-r < x < r$ konvergiert die Potenzreihe.[1] Ergibt sich für den Konvergenzradius der Wert unendlich, so konvergiert die Potenzreihe auf ganz $\mathbb{R}$.

Nachfolgend wird als Beispiel die Taylorreihe für die e-Funktion bestimmt:

$$f(x) = e^x$$

Die Ableitung der e-Funktion lautet jeweils wieder e^x, somit ergibt sich:

$$f(x) = f'(x) = f''(x) = \ldots = e^x$$

Für den Wert der Funktion und der Ableitungen an der Stelle $x = 0$ gilt entsprechend:

$$f(0) = f'(0) = f''(0) = \ldots = e^0$$

Entsprechend ergibt sich für die Taylorentwicklung der e-Funktion:

$$e^x = e^0 + \frac{e^0}{1!} x + \frac{e^0}{2!} x^2 + \frac{e^0}{3!} x^3 + \ldots$$

$$= 1 + \frac{1}{1!} x + \frac{1}{2!} x^2 + \frac{1}{3!} x^3 + \ldots$$

$$= 1 + \frac{x}{1!} + \frac{x^2}{2!} + \frac{x^3}{3!} + \ldots = \sum_{i=0}^{\infty} \frac{x^i}{i!}$$

Für den Konvergenzradius dieser Taylorreihe ergibt sich:

$$\lim_{n \to \infty} \left| \frac{a_n}{a_{n+1}} \right| = \lim_{n \to \infty} \left| \frac{\frac{1}{n!}}{\frac{1}{(n+1)!}} \right| = \lim_{n \to \infty} \left| \frac{1}{n!} * \frac{(n+1)!}{1} \right|$$

$$= \lim_{n \to \infty} \left| \frac{1}{n!} * \frac{(n+1) * n!}{1} \right| = \lim_{n \to \infty} |n + 1| = \infty$$

1: Zusätzlich kann die Potenzreihe auch für $x = -r$ und/oder $x = r$ konvergieren.

Der Konvergenzradius ist unendlich, somit konvergiert die Taylorreihe der e–Funktion für alle $x \in \mathbb{R}$.

Taylorreihen haben vielfältige Anwendungsmöglichkeiten in der Mathematik. So kann man anhand der Taylorreihe der e–Funktion z. B. sehr einfach die Ableitung der e–Funktion überprüfen. Leitet man die Potenzreihe ab, ergibt sich wieder dieselbe Potenzreihe. Man kann diese Darstellung der e–Funktion auch verwenden, um Integrale zu lösen; so gibt es z. B. für die Funktion $f(x) = e^{-x^2}$ keine Stammfunktion, diese Funktion lässt sich nicht geschlossen integrieren. Man kann die Funktion aber als Taylorreihe darstellen und dann integrieren. Als weiteres Beispiel sei genannt, dass sich mittels Taylorreihen die Regel von l'Hospital beweisen lässt.

4.9.5.3 Taylorpolynome

Im vorherigen Abschnitt war gezeigt worden, wie man Funktionen in eine Potenzreihe entwickeln kann. Innerhalb des Konvergenzradius ist die Potenzreihe identisch mit der Funktion. Man kann die Funktion also durch die Potenzreihe ersetzen. Dies hat den Vorteil, dass viele Berechnungen mit Potenzen von x relativ einfach sind. Andererseits hat man es dann aber mit unendlich vielen Gliedern zu tun. Nachfolgend ist als Beispiel nochmal die Potenzreihe der e–Funktion dargestellt:

$$e^x = 1 + \frac{x}{1!} + \frac{x^2}{2!} + \frac{x^3}{3!} + \cdots$$

Für kleine x–Werte werden die Terme schnell sehr klein, so ergibt sich z. B. bei $x = 0{,}1$ für den vierten Term:

$$\frac{0{,}1^3}{3*2*1} = 0{,}000\overline{16}$$

Entsprechend liefern für kleine x–Werte oft schon die ersten Glieder einer Taylorreihe eine sehr gute Näherung für die Funktion. Wählt man z. B. für die e–Funktion nur die ersten 3 Glieder der Taylorreihe, so ergibt sich:

$$T_2(x) = 1 + \frac{x}{1!} + \frac{x^2}{2!} = 1 + x + \frac{1}{2}x^2$$

Man spricht in diesem Fall von einem **Taylorpolynom 2. Grades**. Polynome sind Funktionen mit x–Potenzen, die höchste auftretende Potenz gibt den Grad des Polynoms an. In dem Beispiel ist die höchste auftretende Potenz 2.

Zunächst seien zum Vergleich an der Stelle 0,1 das Taylorpolynom 2. Grades und die Funktion berechnet:

$$T_2(0,1) = 1 + 0,1 + \frac{1}{2} 0,1^2 = 1 + 0,1 + 0,005 = 1,105$$

$$f(0,1) = e^{0,1} = 1,10517$$

Der Unterschied der beiden Ergebnisse ist recht gering. Das Taylorpolynom liefert in einer gewissen Umgebung um 0 eine gute Näherung für die Funktionswerte.

Als weiteres Beispiel für ein Taylorpolynom wird nachfolgend das Taylorpolynom 4.-ten Grades für die Funktion cos(x) an der Stelle x = 0 bestimmt. Sinnvoll ist es, zunächst die notwendigen Ableitungen der Funktion zu bestimmen. Dann kann jeweils die Ableitung an der Stelle x = 0 bestimmt werden. Es ergibt sich:

$$f(x) = \cos(x) \qquad\qquad f(0) = \cos(0) = 1$$
$$f'(x) = -\sin(x) \qquad\qquad f'(0) = -\sin(0) = 0$$
$$f''(x) = -\cos(x) \qquad\qquad f''(0) = -\cos(0) = -1$$
$$f'''(x) = \sin(x) \qquad\qquad f'''(0) = \sin(0) = 0$$
$$f''''(x) = \cos(x) \qquad\qquad f''''(0) = \cos(0) = 1$$

Für das Taylorpolynom 4.-ten Grades kann nun in die Formel eingesetzt werden, hierbei ergibt sich:

$$T_4(x) = 1 + 0 * (x-0) - \frac{1}{2!} (x-0)^2 + 0 * (x-0)^3 + \frac{1}{4!} (x-0)^4$$

$$\Leftrightarrow T_4(x) = 1 - \frac{1}{2} x^2 + \frac{1}{24} x^4$$

4.9.5.4 Grafische Interpretation

Für die e-Funktion war zuvor bereits das Taylorpolynom 2. Grades bestimmt worden:

$$T_2(x) = 1 + x + \frac{1}{2}x^2$$

Entsprechend lautet das Taylorpolynom 1. Grades:

$$T_1(x) = 1 + x$$

Hierbei handelt es sich um eine Gerade, die nachfolgend zusätzlich zu der e-Funktion dargestellt ist. Diese Gerade ist die Tangente der Funktion bei der Stelle x = 0. In der Zeichnung erkennt man bereits, dass die Funktionswerte der Tangente in einer direkten Umgebung von 0 eine gute Näherung der Funktion darstellen. Allerdings ist auch zu erkennen, dass bei größeren Abweichungen die Tangente und die Funktion erhebliche Abweichungen haben.

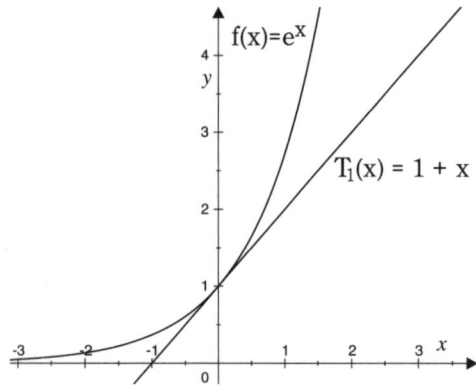

Nachfolgend ist neben der Funktion das Taylorpolynom 2. Grades eingezeichnet. Es lässt sich deutlich erkennen, dass für eine gewisse Umgebung von Null schon eine sehr gute Approximation für die Funktion gegeben ist. T_2 schmiegt sich deutlich besser an die Funktion an als die in der vorherigen Abbildung dargestellte Tangente (T_1).

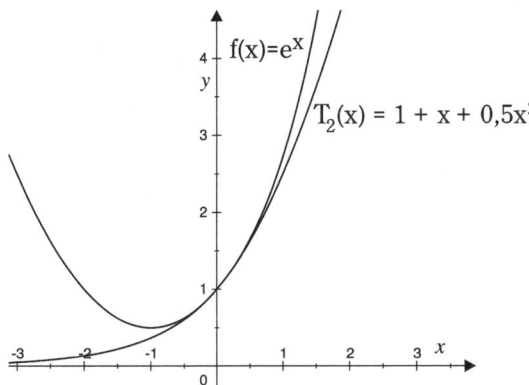

Die ersten beiden Terme bei T_2 lauten „1 + x" und stellen die Tangente bei x = 0 (T_1) dar. Zusätzlich enthält T_2 einen quadratischen Term (0,5x²), dieser bewirkt quasi, dass die Tangente in Richtung der Funktion gebogen wird. Entsprechend würden weitere Terme eine noch stärkere Annäherung an die Funktion ergeben. Für T_3 ergibt sich z.B.:

$$T_3(x) = 1 + \frac{x}{1!} + \frac{x^2}{2!} + \frac{x^3}{3!} = 1 + x + \frac{1}{2}x^2 + \frac{1}{6}x^3$$

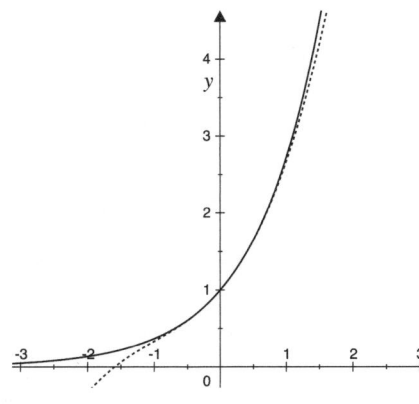

Nebenstehend ist T_3 gestrichelt dargestellt. Es wird deutlich, dass die Funktion in einer Umgebung von x = 0 nochmals deutlich besser angenähert wird.

Insgesamt lässt sich aber auch erkennen, dass die Näherung nur in einer gewissen Umgebung von 0 brauchbar ist.

4.9.5.5 Fehlerabschätzung

Zunächst sei nachfolgend nochmals die Darstellung einer Funktion als Taylorreihe angeführt:

$$f(x) = \sum_{i=0}^{\infty} \frac{f^{(i)}(0)}{i!} \, x^i = f(0) + \frac{f'(0)}{1!} \, x + \frac{f''(0)}{2!} \, x^2 + \frac{f'''(0)}{3!} \, x^3 + \dots$$

Nachfolgend werden alle Glieder ab x^{n+1} in dem Restglied $R_n(x)$ zusammengefasst:

$$= f(0) + \frac{f'(0)}{1!} \, x + \dots + \frac{f'''(0)}{n!} \, x^n + R_n(x)$$

Die Terme vor dem Restglied sellen das Taylorpolynom n-ter Ordnung dar. Für die Funktion ergibt sich somit die folgende Zerlegung:

$$f(x) = T_n(x) + R_n(x)$$

Das Restglied gibt den Fehler an, den man macht, wenn man die Funktion durch das Taylorpolynom approximiert. Das Restglied stellt allerdings eine unendliche Reihe dar und es ist in der Praxis kaum möglich, dieses exakt zu berechnen. Daher werden Abschätzungen verwendet, wobei zumeist die Abschätzung von Lagrange Verwendung findet. Hierbei gilt für das Restglied:

$$R_n(x) = \frac{f^{(n+1)}(z)}{(n+1)!} \, x^{n+1}$$

z liegt zwischen 0 und x. Das Restglied ist eine Funktion von z. Der Fehler kann nicht größer als das Maximum der Funktion in dem Intervall] 0; x [sein.

An einem Bespiel wird das Vorgehen nachfolgend beschrieben. Für die e-Funktion und das zuvor angeführte Taylorpolynom T_2 wird das Restglied berechnet:

$$T_2(x) = 1 + x + \frac{1}{2} \, x^2$$

Es ergibt sich:

$$R_2(x) = \frac{f^{(2+1)}(z)}{(2+1)!} \, x^{2+1} = \frac{f^{(3)}(z)}{(3)!} \, x^3$$

$$= \frac{f'''(z)}{6} x^3 = \frac{e^z}{6} x^3$$

Das Taylorpolynom war an der Stelle x = 0,1 berechnet worden, für diese Stelle soll nun auch die Fehlerabschätzung durchgeführt werden, entsprechend wird für x 0,1 in die Funktion eingesetzt:

$$\Rightarrow R_2(0,1) = \frac{e^z}{6} 0,1^3$$

Für diesen Ausdruck muss das Maximum für z ∈] 0; 0,1 [gefunden werden. Da die e–Funktion streng monoton steigend ist, ergibt sich das Maximum für den größten zulässigen Wert für z, es wird also für z 0,1 eingesetzt[1]:

$$R_2(0,1) < \frac{e^{0,1}}{6} 0,1^3$$

$$\Leftrightarrow R_2(0,1) < 0,000184$$

Der Fehler bei der entsprechenden Verwendung des Taylorpolynoms beträgt also maximal 0,000184.

Bereits zuvor waren das Taylorpolynom und der exakte Wert der Funktion bei 0,1 berechnet worden:

$$T_2(0,1) = 1 + 0,1 + \frac{1}{2} 0,1^2 = 1 + 0,1 + 0,005 = 1,105$$

$$f(0,1) = e^{0,1} = 1,10517$$

Somit ergibt sich folgender Fehler:

$$f(0,1) - T_2(0,1) = 1,10517 - 1,105 = 0,00017$$

Der tatsächliche Fehler ist also noch etwas kleiner als der Wert, der sich bei der Abschätzung mittels des Restgliedes nach Lagrange ergibt.

1: 0,1 liegt zwar nicht mehr im Intervall, aber die Werte können beliebig nahe an 0,1 herangehen. Daher erhält man den höchsten Wert, wenn man 0,1 einsetzt.

4.9.5.6 Allgemeine Taylorpolynome

Bei den bisherigen Betrachtungen wurden Funktionen an der Stelle
$x = 0$ in eine Potenzreihe entwickelt. Hierbei lautet die Darstellung der
Potenzreihe:

$$f(x) = f(0) + \frac{f'(0)}{1!} x + \frac{f''(0)}{2!} x^2 + \frac{f'''(0)}{3!} x^3 + \dots$$

Die Entwicklung kann aber auch allgemein an einer beliebigen Stelle x_0
vorgenommen werden. In diesem Fall lautet die Potenzreihe:

$$f(x) = f(x_0) + \frac{f'(x_0)}{1!} (x - x_0) + \frac{f''(x_0)}{2!} (x - x_0)^2 + \frac{f'''(x_0)}{3!} (x - x_0)^3 + \dots$$

Ausgangspunkt ist wieder der Funktionswert an der entsprechenden
Stelle, also in diesem Fall $f(x_0)$. $f'(x_0)$ ist die Steigung der Tangente an
der Stelle x_0. Mit dieser Steigung wird die Abweichung von der Stelle x_0,
also $(x - x_0)$, multipliziert. Hierbei ergibt sich die Änderung der Werte
auf der Tangente. Entsprechendes gilt auch für die weiteren Terme.
Setzt man für x_0 die 0 als Wert ein, so erhält man als Spezialfall die bereits zuvor betrachtete Formel für eine Potenzreihe an der Stelle 0.

Entsprechend der allgemeinen Reihenentwicklung können auch Taylor-
polynome für eine beliebige Stelle x_0 definiert werden. Für T_1 ergibt
sich:

$$T_1(x) = f(x_0) + f'(x_0)(x - x_0)$$

Dieses Polynom beschreibt die Tangente der Funktion an der Stelle x_0.

Für T_2 ergibt sich entsprechend:

$$T_2(x) = f(x_0) + f'(x_0)(x - x_0) + \frac{f''(x_0)}{2!} (x - x_0)^2$$

Auch in dem allgemeinen Fall kann der Fehler, also die Abweichung des
Taylorpolynoms zur Funktion, über das Restglied von Lagrange ermittelt
werden. Es lautet folgendermaßen:

$$R_n(x) = \frac{f^{(n+1)}(z)}{(n+1)!} (x - x_0)^{n+1}$$

Für die Funktion $f(x) = e^{0,5x}$ wird nachfolgend das Taylorpolynom 2. Grades an der Stelle $x_0 = 1$ bestimmt. Auch bei einem Taylorpolynom an einer beliebigen Stelle x_0 bietet es sich an, zunächst die notwendigen Ableitungen zu berechnen. Dann werden die Funktion und die Ableitungen jeweils an der Stelle x_0, also in diesem Fall bei „1" bestimmt:

$$f(x) = e^{0,5x} \qquad\qquad f(0) = e^{0,5*1} = e^{0,5}$$
$$f'(x) = 0,5e^{0,5x} \qquad\qquad f'(0) = 0,5e^{0,5*1} = 0,5e^{0,5}$$
$$f''(x) = 0,25e^{0,5x} \qquad\qquad f''(0) = 0,25e^{0,5*1} = 0,25e^{0,5}$$

Einsetzen in das Taylorpolynom ergibt:

$$T_2(x) = e^{0,5} + 0,5e^{0,5}(x - 1) + \frac{0,25e^{0,5}}{2!}(x - 1)^2$$

$$= e^{0,5} + 0,5e^{0,5}(x - 1) + 0,125e^{0,5}(x - 1)^2$$

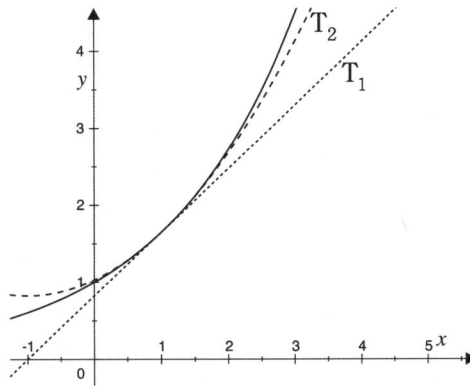

In der nebenstehenden Zeichnung ist die Funktion $e^{0,5x}$ (durchgezogene Kurve), T_1 (gestrichelte Gerade) und T_2 (gestrichelte Kurve) dargestellt.

4.9.6 Elastizitäten

In der Ökonomie taucht häufig folgende Fragestellung auf:

Um wieviel verändert sich eine abhängige Größe, wenn eine andere Größe verändert wird? Z.B. ist für jedes Unternehmen, das eine Preisänderung plant, von Interesse, um wie viel sich die Nachfrage hierdurch ändern wird. Es sei zunächst angenommen, dass der Zusammenhang zwischen Preis und Menge durch eine Funktion, die Preis-Absatzfunktion, gegeben sei. Diese könnte beispielsweise lauten:

$$p(x) = 10 - 2x$$

Hier ist p in Abhängigkeit von x dargestellt. Diese Art der Darstellung ist in der Ökonomie gebräuchlich. Entsprechend wird bei Zeichnungen derartiger Funktionen p auf der senkrechten und x auf der waagerechten Achse dargestellt. Eigentlich ist aber eher die nachgefragte Menge x abhängig von dem Preis. Indem man die Umkehrfunktion bildet, also die Gleichung nach x auflöst, erhält man diese Art der Darstellung:

$$p = 10 - 2x \Leftrightarrow 2x = 10 - p \Leftrightarrow x = 5 - 0{,}5p$$

bzw. $x(p) = 5 - 0{,}5p$

Wie stark ändert sich nun die Menge, wenn der Preis sich ändert?

Zunächst mag es nahe liegend sein, diese Änderung durch die Ableitung der Funktion nach p zu beschreiben. Für die Ableitung ergibt sich:

$$x' = \frac{dx}{dp} = -0{,}5$$

Da die Funktion eine Gerade ist, ergibt sich für die Ableitung dieser konstante Wert. Der gefundene Zusammenhang bedeutet Folgendes: Wenn der Preis um eine Einheit erhöht wird, so fällt die Menge um 0,5 Einheiten. Allerdings ist dieses gar nicht die Antwort auf die ökonomisch relevante Fragestellung. Es seien folgende Preis-Mengen-Kombinationen gegeben (der zweite Wert ergibt sich jeweils aus der Preis-Absatzfunktion):

$$p = 1 \text{ und } x = 4{,}5 \quad \text{bzw.} \quad p = 9 \text{ und } x = 0{,}5$$

In beiden Fällen würde nun eine Preiserhöhung um eine Einheit die Menge um 0,5 Einheiten reduzieren. Nach der Preiserhöhung würden sich also folgende Werte ergeben:

p = 2 und x = 4   bzw.   p = 10 und x = 0

Im ersten Fall wurde der Preis verdoppelt, und die Menge ging nur vergleichsweise geringfügig zurück. Im zweiten Fall hingegen wurden die Preise nur relativ gering (ca. 11%) erhöht, aber die Menge sank um 100% auf Null. Während also im ersten Fall durch die Preiserhöhung der Umsatz von 4,5 auf 8 gesteigert werden kann, fällt im zweiten Fall durch dieselbe Preiserhöhung der Umsatz von 4,5 auf Null.

Die ökonomische Bedeutung der Preiserhöhung ist also, obwohl die Preisabsatzfunktion überall die gleiche Steigung hat, total unterschiedlich. Die ökonomisch relevanten Veränderungen sind nicht die absoluten, sondern die **relativen** Veränderungen. Wie sind die relativen Veränderungen in dem Beispiel? Im ersten Fall wurden die Preise um 100% erhöht und die Menge sank um 11,11% (0,5/4,5*100). Für das Verhältnis dieser relativen Veränderungen ergibt sich somit:

$$\frac{\text{relative Veränderung der Menge}}{\text{relative Veränderung der Preise}} = \frac{11,11}{100} = 0,1111$$

Im zweiten Fall ergibt sich:

$$\frac{\text{relative Veränderung der Menge}}{\text{relative Veränderung der Preise}} = \frac{0,5/0,5*100}{1/9*100} = \frac{100}{11,11} = 9$$

Im ersten Fall ist also die relative Veränderung der Mengen weitaus kleiner als die relative Veränderung der Preise, während im zweiten Fall die Verhältnisse genau umgekehrt sind.

Man nennt das zuvor berechnete Verhältnis der relativen Veränderungen **Elastizität**. Da in dem Beispiel die relative Veränderung der Mengen bezogen auf die relative Änderung der Preise betrachtet wird, nennt man diese Elastizität auch **Preiselastizität der Nachfrage**.

Formal wurde zuvor folgender Wert berechnet:

$$\frac{\text{relative Veränderung der Menge}}{\text{relative Veränderung der Preise}} = \frac{\frac{\triangle x}{x}}{\frac{\triangle p}{p}}$$

Um die wirklichen Veränderungen in einem Punkt zu erhalten, muss das $\triangle x$ unendlich klein werden. Das "$\triangle$" muss also durch ein "d" ersetzt werden:

$$\frac{\frac{dx}{x}}{\frac{dp}{p}} = \varepsilon_{xp} \text{ (Elastizität)}$$

Wie angeführt, wird die Elastizität mit dem griechischem Buchstaben ε (Epsilon) bezeichnet, bisweilen wird auch der griechische Buchstabe η (Eta) benutzt. Der erste tiefergestellte Buchstabe gibt die abhängige Größe an, während der zweite Buchstabe die Größe angibt, bezüglich deren Veränderung die Reagibilität der anderen Größe betrachtet wird.

Der Ausdruck für die Elastizität kann auch umgeformt werden. Statt durch den unteren Bruch zu teilen, kann auch mit dem Kehrwert multipliziert werden:

$$\varepsilon_{xp} = \frac{\frac{dx}{x}}{\frac{dp}{p}} = \frac{dx}{x} * \frac{p}{dp} = \frac{dx}{dp} * \frac{p}{x}$$

Beim letzten Ausdruck wurden die Terme lediglich umsortiert. Die Preiselastizität der Nachfrage ergibt sich also, indem die Ableitung $\frac{dx}{dp}$ mit $\frac{p}{x}$ multipliziert wird. Die Ableitung muss sozusagen mit "ihrem Kehrwert ohne die d's" multipliziert werden. Durch die Multiplikation mit dem Ausdruck $\frac{p}{x}$ wird aus der Ableitung, die das Verhältnis der absoluten Veränderungen darstellt, die Elastizität, die das Verhältnis der relativen Änderungen wiedergibt.

Die zuvor definierte Elastizität $\varepsilon = \frac{dx}{dp} * \frac{p}{x}$ wird bisweilen auch als **Punktelastizität** bezeichnet, denn sie bezieht sich auf die differentiellen Veränderungen, also sozusagen auf die Veränderungen in einem Punkt.

Den Ausdruck $\varepsilon = \frac{\Delta x}{\Delta p} * \frac{p}{x}$, der die Veränderungen in zwei Intervallen in Beziehung setzt, bezeichnet man als **durchschnittliche Elastizität** oder **Bogenelastizität**.

Wenn einfach nur von der Elastizität die Rede ist, so ist in aller Regel die Punktelastizität gemeint.

Die Elastizität ist wieder eine Funktion der ursprünglichen Variablen. Einen konkreten Wert für die Elastizität erhält man, wenn man einen bestimmten Wert für die Variable einsetzt. Wenn Funktionen von mehreren Variablen abhängen, so ergibt sich die Elastizität, indem die partiellen Ableitungen nach der jeweils betrachteten Variablen gebildet werden.

Nachfolgend sei eine Aufgabe als Beispiel angeführt:

Gegeben ist die Nachfragefunktion x in Abhängigkeit vom Preis p

$$x = -2p + 60$$

Wie groß ist die Nachfrageelastizität bei einem gegebenen Preis von p=10? Zunächst muss die Elastizitätsfunktion bestimmt werden:

$$\varepsilon_{xp} = \frac{dx}{dp} * \frac{p}{x} = -2 * \frac{p}{-2p + 60}$$

-2 ist die Ableitung von x nach p. Im zweiten Term wurde für x entsprechend der Nachfragefunktion ($-2p + 60$) eingesetzt. Die Nachfrageelastizität an der Stelle p=10 erhält man nun, indem man für p 10 einsetzt:

$$\varepsilon_{xp}(10) = -2 * \frac{10}{-2 * 10 + 60} = -0,5$$

Um dieses Ergebnis zu interpretieren, sei noch einmal die Definition der Elastizität angeführt:

$$\varepsilon_{xp} = \frac{\frac{dx}{x}}{\frac{dp}{p}} = \frac{dx}{dp} * \frac{p}{x}$$

$\frac{dx}{x}$ ist die relative Änderung von x und $\frac{dp}{p}$ die relative Änderung von p. Es sei nun angenommen, $\frac{dp}{p}$ sei 1%. An sich ist dp und somit auch $\frac{dp}{p}$ unendlich klein. Um sich die Zusammenhänge klarzumachen, ist es aber sinnvoll, sich eine Änderung von 1%, die ja auch schon relativ klein ist, vorzustellen. Der Wert der Elastizität gibt nun an, um wieviel Prozent sich x aufgrund der einprozentigen Preisänderung verändert. In diesem Fall würde die Menge also um ein halbes Prozent sinken. Das negative Vorzeichen der Elastizität drückt also aus, dass von dem Gut weniger nachgefragt wird, wenn der Preis steigt. Der Betrag der Elastizität drückt aus, wie stark dieser Zusammenhang ist. In diesem Fall geht die nachgefragte Menge also nur halb so stark zurück, wie die Preise steigen. Wenn die Veränderung der abhängigen Größe kleiner als die der unabhängigen ist, wie in diesem Fall, nennt man den Zusammenhang **unelastisch**. Ist die Veränderung der Abhängigen größer, so nennt man den Zusammenhang **elastisch**.

Hier sei noch einmal angemerkt, dass die (Punkt)–Elastizität natürlich nur die Elastizität in einem unendlich kleinen Bereich beschreibt und jede Berechnung aufgrund dieser Elastizität für ein endliches Intervall (also z. B. $\frac{dp}{p} = 1\%$) nur eine Näherung als Ergebnis liefert.

Wenn bei dem vorherigen Beispiel nicht die Nachfragefunktion x(p), sondern die Preis–Absatz–Funktion p(x) gegeben gewesen wäre, so hätte es zwei Möglichkeiten zur Lösung der Aufgabe gegeben. Entweder es wäre zunächst die Umkehrfunktion x(p) gebildet worden, oder es wäre p(x) nach x abgeleitet worden. Diese Ableitung ist gerade der Kehrwert von der für die Elastizität benötigten Ableitung. Es gilt (für umkehrbare Funktionen):

$$\varepsilon_{xp} = \frac{dx}{dp} * \frac{p}{x} = \frac{1}{\frac{dp}{dx}} * \frac{p}{x}$$

Durch weiteres Umformen dieser Beziehung ergibt sich ein Zusammenhang zwischen der Elastizität einer Funktion und der Elastizität der Umkehrfunktion:

$$\varepsilon_{\mathbf{xp}} = \frac{dx}{dp} * \frac{p}{x} = \frac{1}{\frac{dp}{dx}} * \frac{p}{x} = \frac{1}{\frac{dp}{dx} * \frac{x}{p}} = \frac{1}{\varepsilon_{\mathbf{px}}}$$

5 Integralrechnung

5.1 Grundlagen

Auch die Integralrechnung hat in den Wirtschaftswissenschaften große Bedeutung. So ergeben sich z. B. bei der Bestimmung der Konsumenten- oder Produzentenrente und der kontinuierlichen Verzinsung Integrale. Wie später noch gezeigt wird, können auch große Summen durch Integrale angenähert werden. Dies ist sehr vorteilhaft, denn Summen lassen sich sehr viel schwieriger umformen und berechnen als Integrale.

Das Integral einer Funktion berechnet die Fläche zwischen der Funktion und der x-Achse innerhalb gewisser Grenzen. (Dies allerdings nur, wenn die Funktion zwischen den Integrationsgrenzen die x-Achse nicht schneidet. Ansonsten muss das Integral für die Flächenberechnung an den Nullstellen der Funktion aufgeteilt und dann die Beträge der einzelnen Integrale addiert werden.)

Wie schon bei der Differentialrechnung, muss auch hier ein Grenzübergang durchgeführt werden. Die Fläche zwischen Funktion und x-Achse wird durch mehrere Rechtecke, deren Fläche sich leicht berechnen lässt, angenähert. Durch immer mehr und immer kleinere Rechtecke kann die Fläche immer besser angenähert werden. Nachfolgend wird dieses Verfahren in den Grundlagen beschrieben.

In der Abbildung ist die Fläche, die die Funktion zwischen 0

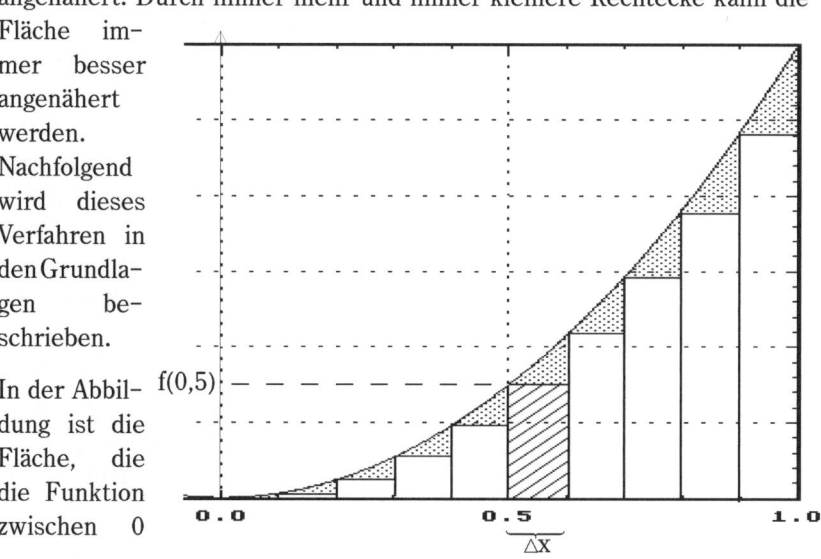

und 1 mit der x‑Achse einschließt, durch mehrere Rechtecke angenähert worden. Alle Rechtecke haben die gleiche Breite ($\triangle$x), und ihre Höhe entspricht gerade dem Funktionswert auf ihrer linken Seite. Bei dem schraffierten Rechteck ist der x‑Wert auf der linken Seite gerade 0,5, somit ist die Höhe dieses Rechtecks f(0,5). Für die Fläche (A) des Rechtecks ergibt sich somit:

$$A = f(0,5) * \triangle x$$

Für die gesamte Fläche aller Rechtecke folgt:

$$\sum_{i=0}^{9} A_i = \sum_{i=0}^{9} [f(i * \triangle x) * \triangle x]$$

Das Summenzeichen bedeutet, dass für i nacheinander alle natürlichen Zahlen von 0 bis 9 eingesetzt und die sich ergebenden Werte dann addiert werden müssen. Die Summe lautet also ausgeschrieben:

$$\sum_{i=0}^{9} [f(i * \triangle x) * \triangle x] = f(0) * \triangle x + f(1 * \triangle x) * \triangle x + \dots + f(9 * \triangle x) * \triangle x$$

Bei dem ersten Rechteck ist der x‑Wert auf der linken Seite Null, so dass sich als Höhe des Rechtecks f(0) ergibt und bei dem letzten f(9$\triangle$x). $\triangle$x ist hierbei gerade 0,1, denn die Strecke von 0 bis 1 wurde in 10 gleichgroße Stücke unterteilt.

Es ist klar, dass in dem betrachteten Fall die Summe aller Rechtecke kleiner als die wirkliche Fläche zwischen Funktion und x‑Achse ist, und zwar gerade um die Fläche der gepunkteten Dreiecke. Daher nennt man diese Summe auch **Untersumme.** Wenn man bei den einzelnen Rechtecken jeweils den Funktionswert am rechten Rand angegeben hätte, so würde jedes Rechteck größer als die jeweilige Fläche unter der Funktion sein. Die sich auf diese Weise ergebende Summe nennt man **Obersumme.** Es sei darauf hingewiesen, dass die angeführte Einteilung in Unter- und Obersumme voraussetzt, dass die Funktion in dem betrachteten Bereich, wie in dem angeführten Beispiel, monoton steigend ist.

Wenn man bei den Summen $\triangle$x immer kleiner wählt, also immer mehr und immer schmalere Rechtecke unter die Funktion zeichnet, so wird die Fläche der Rechtecke immer mehr an die Fläche zwischen Funktion und x‑Achse herankommen. Dies ist in der nebenstehenden Abbildung für einen Ausschnitt verdeutlicht.

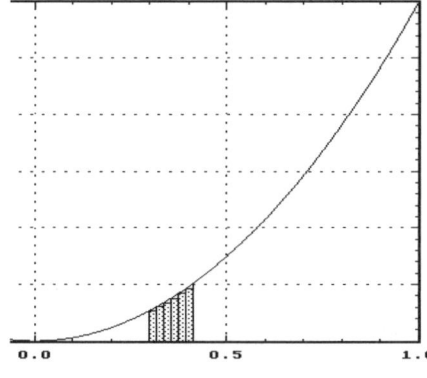

Es lässt sich zeigen, dass sich als Grenzwert für unendlich schmale Rechtecke für die Obersumme und die Untersumme der gleiche Wert ergibt. Da die eine Summe immer etwas kleiner und die andere immer etwas größer als die richtige Fläche ist, muss der Grenzwert der tatsächlichen Fläche zwischen Funktion und x-Achse entsprechen.

Bei unendlich schmalen Rechtecken werden die Δx natürlich unendlich klein. Für derartige unendlich kleine Abschnitte wurde bereits bei der Differentialrechnung der Ausdruck dx eingeführt. Nun ergeben sich aber unendlich viele Rechtecke, die addiert werden müssen. Diese Addition kann nicht mehr durch ein Summenzeichen ausgedrückt werden (genau genommen liegt dies daran, dass $\mathbb{R}$ überabzählbar ist. Bei einer abzählbaren unendlichen Menge könnte man eine Summe von 0 bis ∞ laufen lassen). Es muss ein neues Zeichen definiert werden. Dieses ist das Integral, welches folgendermaßen aussieht: $\int$

Mittels des Integrals ergibt sich nun für den genauen Wert der betrachteten Fläche:

$$\int_0^1 f(x) * dx$$

$f(x)*dx$ ist quasi die Fläche der jeweiligen unendlich schmalen Rechtecke. $\int_0^1$ bedeutet von der Idee her, "dass jeder Wert zwischen Null und 1 in den nachfolgenden Ausdruck für x eingesetzt werden muss und diese Ausdrücke dann alle addiert werden müssen."

Durch das Integral ist es also möglich, einen Ausdruck für die genaue Fläche zwischen der Funktion und der x-Achse anzugeben. Der eigentliche Wert dieses Ausdrucks liegt nun darin, dass es für viele Funktionen ein Verfahren gibt, um ihn zu berechnen.

5.2   Berechnung von Integralen

Zuvor wurde zwar angeführt, wie man mit Hilfe des Integrals die Fläche unter einer Funktion beschreiben kann, aber es wurde noch nicht auf die Möglichkeiten zur Berechnung des Integrals eingegangen. Hierzu kann für die jeweils gegebene Funktion der Grenzwert für die Untersumme (oder auch Obersumme) für eine unendlich kleine Aufteilung berechnet werden. Es ergibt sich, dass Integrale mittels der Stammfunktion berechnet werden. Die **Stammfunktion** ist die Funktion, die abgeleitet die ursprüngliche Funktion ergibt. Somit stellt die Integration quasi die Umkehrung der Ableitung dar. Daher wird das Integrieren bisweilen auch als "**Aufleiten**" bezeichnet.

> Man bezeichnet die Stammfunktion mit großen Buchstaben. Zu f(x) nennt man also die Stammfunktion F(x), und es gilt **F'(x)=f(x)**. Dieser Zusammenhang wird auch als **Hauptsatz der Differential- und Integralrechnung** bezeichnet.

Zunächst muss zwischen einem bestimmten Integral und einem unbestimmten Integral unterschieden werden. Ein **unbestimmtes Integral** ist ein Integral ohne Integrationsgrenzen. Hierbei muss die Stammfunktion berechnet werden. In dem Beispiel des letzten Kapitels waren Integralgrenzen gegeben, daher handelte es sich um ein **bestimmtes Integral**. Auch bei der Berechnung eines bestimmten Integrals muss zunächst die Stammfunktion bestimmt werden. Anschließend müssen dann aber noch die Integrationsgrenzen eingesetzt werden. Nachfolgend wird dies an Beispielen verdeutlicht.

$$\int x^2 dx$$

Da hier keine Integrationsgrenzen gegeben sind, handelt es sich um ein unbestimmtes Integral. Also muss die Stammfunktion von $f(x) = x^2$ bestimmt werden. Welche Funktion ergibt abgeleitet x^2?

Da bei derartigen Funktionen beim Ableiten der Exponent um 1 erniedrigt wird, wäre die erste Idee, es mit x^3 als Stammfunktion zu probieren. Als Ableitung von x^3 ergibt sich aber $3x^2$. Die 3 muss noch eliminiert werden. Dieses geschieht durch Multiplikation mit $\frac{1}{3}$.

Mit $F(x) = \frac{1}{3}x^3$ ist somit eine Stammfunktion von $f(x) = x^2$ gefunden. Allerdings ist dies noch nicht die einzige Stammfunktion. Denn auch $F(x) = \frac{1}{3}x^3 + 4$ ist eine Stammfunktion von $f(x) = x^2$, die 4 fällt ja beim Ableiten weg. Dieses gilt für jede Konstante, so dass alle Stammfunktionen von x^2 durch $F(x) = \frac{1}{3}x^3 + c$ mit $c \in \mathbb{R}$ gegeben sind. Es gilt also:

$$\int x^2 dx = \frac{1}{3}*x^3 + c$$

Genauso wie zuvor können nun auch andere Integrale gelöst werden. Stets muss die Funktion gesucht werden, deren Ableitung der Term im Integral ist. Bevor im Abschnitt 5.5 näher auf die Integrationsmethoden für verschiedene Funktionen eingegangen wird, soll im nachfolgenden Abschnitt zunächst gezeigt werden, wie man Integrale mit Grenzen berechnet.

5.3 Bestimmtes Integral

Es sei nun angenommen, dass Grenzen gegeben sind. Somit ergibt sich wieder der ursprüngliche Fall der Flächenberechnung. Anhand des nachfolgenden Beispiels wird das Vorgehen für die Berechnung von derartigen **bestimmten** Integralen erläutert.

$$\int_1^2 x^2 dx$$

Auch hier muss zunächst die Stammfunktion berechnet werden. Diese wird in eckigen Klammern geschrieben, wobei die Integrationsgrenzen hinter die Klammer geschrieben werden. Statt die Stammfunktion in eckige Klammern zu schreiben, ist es alternativ auch gebräuchlich, hinter die Stammfunktion einen senkrechten Strich zu zeichnen und die Grenzen an diesen Strich zu schreiben.

Es ergibt sich:

$$\int_1^2 x^2 dx = \left[\frac{1}{3}x^3 \right]_1^2 \quad \text{bzw.} \quad = \frac{1}{3}x^3 \Big|_1^2$$

Hier taucht keine Konstante auf, denn durch die Vorgabe der Grenzen ist ein eindeutiger Wert für das Integral definiert.

Wenn die Grenzen einzeln in die Stammfunktion eingesetzt werden, so ergibt sich die Fläche zwischen Null und dem eingesetzten Wert. Wenn 1 in die Stammfunktion eingesetzt wird, so ergibt sich also die in der nachfolgenden Zeichnung dunkel dargestellte Fläche. Wenn 2 in die Stammfunktion einge- setzt wird, ergibt sich die ganze Fläche von 0 bis 2, also die dunkle und die helle Fläche. Es soll aber nur das Integral von 1 bis 2 berechnet werden, dieses ist nur die helle Fläche.

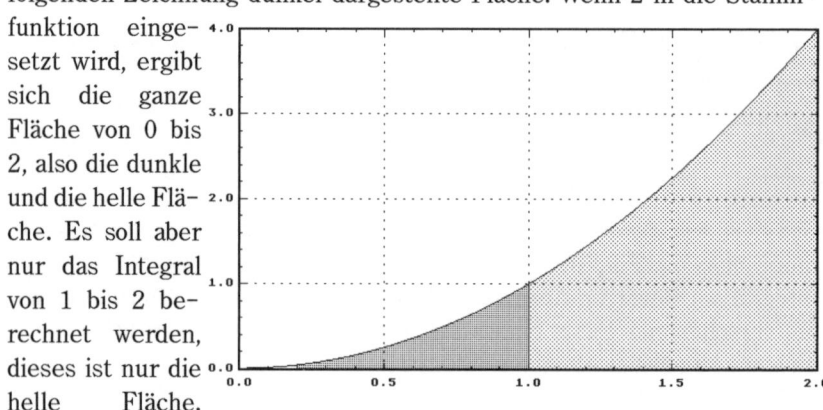

Diese ergibt sich als Differenz aus der ganzen Fläche und der dunklen Fläche. Somit ergibt sich das Integral von 1 bis 2 also, indem 2 und 1 in die Stammfunktion eingesetzt werden und der zweite Term von dem ersten abgezogen wird.

Für x muss also die obere und die untere Grenze eingesetzt werden. Der Ausdruck mit der unteren Grenze wird von dem mit der oberen Grenze abgezogen:

$$\left[\frac{1}{3}x^3 \right]_1^2 = \frac{1}{3}2^3 - \frac{1}{3}1^3 = \frac{8}{3} - \frac{1}{3} = \frac{7}{3}$$

Aus dem zuvor Dargelegten lässt sich eine weitere Regel für Integrale folgern. Angenommen, die beiden folgenden Integrale sollen addiert werden:

$$\int_0^1 x^2 dx + \int_1^2 x^2 dx$$

Das erste Integral ist die dunkle Fläche in der vorherigen Zeichnung und das zweite die hellere Fläche. Werden diese beiden Flächen addiert, so ergibt sich natürlich die gesamte gekennzeichnete Fläche. Es gilt also:

$$\int_0^1 x^2 dx + \int_1^2 x^2 dx = \int_0^2 x^2 dx$$

Allgemein formuliert gilt:

$$\int_a^b f(x)dx + \int_b^c f(x)dx = \int_a^c f(x)dx$$

Im Allgemeinen muss die untere Integrationsgrenze nicht links von der oberen liegen. Wenn die Integrationsgrenzen vertauscht werden, so ändert sich hierdurch das Vorzeichen des Integrals. Es gilt also folgende Regel:

$$\int_a^b f(x)dx = -\int_b^a f(x)dx$$

Wie man hier schon deutlich sehen kann, ist es durchaus möglich, dass sich für ein Integral ein negativer Wert ergibt. Die sich hieraus ergebenden Konsequenzen für die Flächenberechnung mittels Integralen werden nachfolgend behandelt.

5.4 Flächenberechnung

Zuvor war bereits das Integral $\int_1^2 x^2 dx$ berechnet worden, wobei sich ein Wert von $\frac{7}{3}$ ergeben hat.

Für das Integral der negativen Funktion ergibt sich:

$$\int_1^2 -x^2 dx = \left[-\frac{1}{3}*x^3\right]_1^2 = -(\frac{1}{3}*2^3 - \frac{1}{3}*1^3) = -\frac{8}{3} + \frac{1}{3} = -\frac{7}{3}$$

Nachfolgend ist die entsprechende Funktion und die zwischen ihr und der x-Achse eingeschlossene Fläche dargestellt. Natürlich ist der Wert dieser Fläche nicht negativ. Das Integral ist aber dennoch negativ, somit kann man das Integral nicht direkt mit der Fläche zwischen der Funktion und der x-Achse identifizieren.

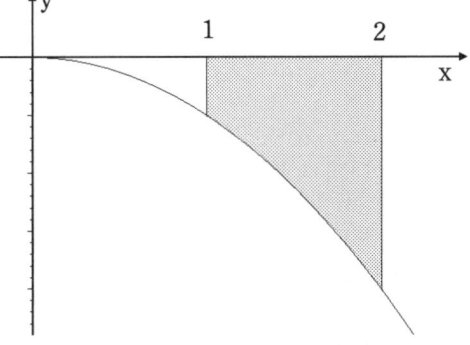

In dem betrachteten Beispiel würde es ausreichen, einfach den positiven Wert des Integrals zu nehmen, um die Fläche zu erhalten. Allerdings reicht dies allein nicht in jedem Fall aus, wie das folgende Beispiel zeigt:

$$\int_0^2 (x-1)^3 dx = \left[\frac{1}{4} * (x-1)^4 \right]_0^2 = \frac{1}{4} - \frac{1}{4} = 0$$

Die Fläche, die diese Funktion mit der x-Achse einschließt, ist sicherlich nicht Null. Warum ergibt sich für das Integral dann ein Wert von Null? Am besten betrachtet man die nachfolgende Zeichnung der Funktion um diesen Zusammenhang zu verstehen. Die Flächen über und unter der x-Achse sind gleichgroß. Für die linke Fläche liefert das Integral einen negativen und für die rechte Hälfte einen positiven Wert, so dass sich insgesamt ein Wert von Null ergibt.

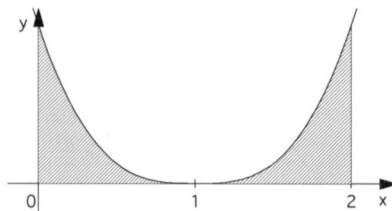

Um tatsächlich die mit der x-Achse eingeschlossene Fläche zu berechnen, muss folgendes Integral berechnet werden:

$$\int_0^2 \left| (x-1)^3 \right| dx$$

Bei diesem Integral wird jeweils der Betrag der in dem Integral stehenden Funktion bestimmt. Nebenstehend ist die Funktion gezeichnet. Der Betrag „klappt" quasi den Bereich, in dem die Funktion unterhalb der x-Achse verläuft, nach oben.

Um dieses Integral zu berechnen muss man zunächst die **Nullstellen** der Funktion in dem betrachteten Integrationsbereich bestimmen. Die Integration wird dann immer nur in Abschnitten bis zur nächsten Nullstelle durchgeführt. In diesen Abschnitten ist die Funktion immer positiv oder immer negativ, der Betrag kann für diese Abschnitte daher aus dem Integral herausgezogen werden. Es wird dann jeweils der positive Wert der Flächen addiert.

Für die Nullstellen ergibt sich:

$$(x-1)^3 = 0 \Leftrightarrow x-1 = 0 \Leftrightarrow x = 1$$

Für die Flächenberechnung muss das Integral also an der Stelle x=1 unterteilt werden. Es ergibt sich:

$$\int_1^2 |(x-1)^3|dx = \int_0^1 |(x-1)^3|dx + \int_1^2 |(x-1)^3|dx$$

$$= \left| \int_0^1 (x-1)^3 dx \right| + \left| \int_1^2 (x-1)^3 dx \right|$$

$$= \left| \left[\tfrac{1}{4}(x-1)^4 \right]_0^1 \right| + \left| \left[\tfrac{1}{4}(x-1)^4 \right]_1^2 \right| = \left| -\tfrac{1}{4} \right| + \left| \tfrac{1}{4} \right| = \tfrac{1}{2}$$

5.5 Bestimmung von einfachen Integralen

5.5.1 Einfache Stammfunktionen

Es waren schon Überlegungen zur Integration von Potenzen von x dargelegt worden. Dies wird nachfolgend noch einmal an einem Beispiel durchgeführt. Es sei z.B. $f(x)=x^3$, bei derartigen Funktionen wird beim Differenzieren der Exponent um 1 erniedrigt, daher muss der Exponent der Stammfunktion um 1 größer sein als der Exponent der Ursprungsfunktion. Für $F(x)=x^4$ ergibt sich als Ableitung $f(x)=4*x^3$. Gesucht war aber eine Stammfunktion zu $f(x)=x^3$, daher muss die 4 noch eliminiert werden, dies geschieht, indem der Ausdruck mit $\tfrac{1}{4}$ multipliziert wird, insgesamt ergibt sich also:

$$F(x) = \tfrac{1}{4} * x^4 + c$$

Entsprechend ergibt sich, allgemein formuliert, als Stammfunktion zu

$$f(x)=x^b \quad F(x) = \tfrac{1}{b+1} * x^{b+1} + c$$

Lediglich für $b=-1$ gilt diese Regel nicht. Aber auch für diesen Fall ist die Stammfunktion bereits bekannt. Für $b=-1$ lautet die Funktion:

$$f(x) = x^{-1} = \tfrac{1}{x}$$

$\tfrac{1}{x}$ ist aber die Ableitung von $\ln(x)$. Somit ergibt sich als Ableitung

$$\text{von } F(x)=\ln|x| + c \quad f(x) = \tfrac{1}{x}.$$

Die senkrechten Striche um das x sind **Betragsstriche**. Betragsstriche machen den Wert, der zwischen ihnen steht, immer positiv. Wenn x hier positiv ist, passiert also gar nichts, ist x dagegen negativ, so ändert sich das Vorzeichen aufgrund der Betragsstriche. Die Betragsstriche sind notwendig, weil der ln nur für positive Argumente (x–Werte) definiert ist. Mittels der Betragsstriche stellt er aber auch für den negativen Ast der Hyperbel ($\frac{1}{x}$) die Stammfunktion dar. Dass dieses gilt, lässt sich folgendermaßen veranschaulichen: Die Ausgangsfunktion gibt die Steigung der Stammfunktion an. Der ln|x| liefert natürlich die gleichen Funktions-

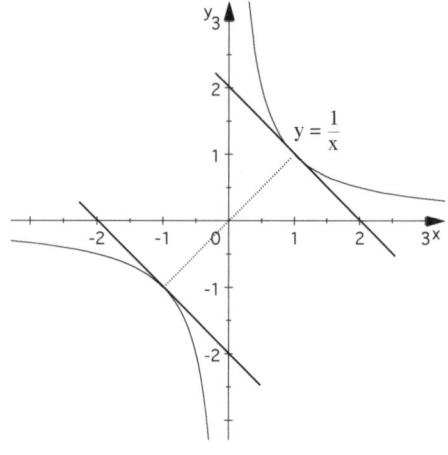

werte für positive und negative x–Werte. $x^{-1} = \frac{1}{x}$ muss also für positive und negative x–Werte die gleiche Steigung haben. Da dies aber für alle punktsymmetrischen Funktionen gilt und x^{-1} punktsymmetrisch zum Ursprung ist (nur ungradzahlige Exponenten), stimmt die Behauptung. Die nebenstehende Abbildung veranschaulicht den Zusammenhang.

Die Stammfunktion von e^x ist natürlich $e^x + c$. Denn die Ableitung von e^x+c ist e^x.

Die Trigonometrischen Funktionen sind auch recht einfach zu integrieren. Es gilt für die Ableitungen:

$$f(x) = \sin(x) \quad f'(x) = \cos(x)$$
$$f(x) = \cos(x) \quad f'(x) = -\sin(x)$$

Mit diesem Wissen lassen sich die Stammfunktionen von sin und cos ermitteln:

$$f(x) = \sin(x) \quad F(x) = -\cos(x)+c$$
$$f(x) = \cos(x) \quad F(x) = \sin(x)+c$$

5.5.2 Integrale von Funktionen, die addiert oder mit Konstanten multipliziert werden

Für diese beiden Fälle ergibt sich für das Integrieren eine sehr einfache Regel, die sofort aus den Ableitungsregeln folgt. Wenn die **Summe oder die Differenz** zweier Funktionen abgeleitet wird, so können die Funktionen einzeln abgeleitet werden:

$$(F(x)+G(x))' = F'(x)+G'(x) = f(x)+g(x)$$

Diese Gleichung kann nun einfach auf beiden Seiten integriert werden.

$$\int(F(x) + G(x))'dx = \int(f(x) + g(x))dx$$

Integration und Differenziation heben sich gegenseitig auf, so dass die linke Seite der Gleichung sich umformen lässt:

$$F(x) + G(x) = \int(f(x) + g(x))dx$$

oder anders geschrieben:

$$\int(f(x) + g(x))dx = \int(f(x))dx + \int(g(x))dx$$

Viele **Brüche** können integriert werden, indem man sie in einzelne Summanden aufspaltet. An folgendem Beispiel wird dies verdeutlicht:

$$\int\frac{x^3 + 2x - 3}{x^2}dx = \int(\frac{x^3}{x^2} + \frac{2x}{x^2} - \frac{3}{x^2})\,dx = \int(x + \frac{2}{x} - \frac{3}{x^2})\,dx$$

$$= \int x dx + \int\frac{2}{x}dx - \int 3x^{-2}dx = \frac{1}{2}x^2 + 2*\ln(x) + 3x^{-1}$$

Wenn eine Funktion mit einem **Faktor multipliziert** wird, bleibt dieser Faktor beim Ableiten einfach stehen. Dementsprechend bleiben Faktoren auch beim Integrieren erhalten. Es sei z.B. $f(x) = 9*x^3$ zu integrieren. Die Stammfunktion zu x^3 ist $\frac{1}{4}*x^4$. Die 9 muss nun als Faktor noch zu der Stammfunktion dazugefügt werden, so dass sich als Stammfunktion

$$F(x) = \frac{9}{4}*x^4 + c \text{ ergibt.}$$

Allgemein gilt für Faktoren:

$$\int a* f(x)dx = a* \int f(x)dx = a* F(x) + c$$

5.5.3 Einfache verkettete Funktionen

Unter dieser Überschrift sollen Funktionen verstanden werden, deren innere Ableitung eine Konstante ist. In diesen Fällen muss bei der Integration die "Stammfunktion" der äußeren Funktion gebildet werden und zusätzlich durch die innere Ableitung geteilt werden. Dieses Verfahren kann auch als ein Spezialfall der Substitutionsregel, die im nächsten Abschnitt behandelt wird, betrachtet werden. Man kann also bei den hier betrachteten Fällen auch die Substitutionsregel anwenden.

An einem Beispiel wird das Verfahren verdeutlicht:

$$\int (e^{3x}) dx$$

Die äußere Funktion ist die e-Funktion. Die innere Funktion ist 3x. Die Ableitung der inneren Funktion ist somit eine Konstante, nämlich 3. Für das Integral ergibt sich nun:

$$\int (e^{3x})\, dx = \frac{1}{3} e^{3x} + c$$

Die äußere Ableitung von e^{3x} ergibt die gewünschte Funktion. Aber beim Ableiten muss noch mit der inneren Ableitung multipliziert werden. Diese ergibt 3 und wird gerade durch die $\frac{1}{3}$ wieder aufgehoben.

Nachfolgend noch ein Beispiel:

$$\int (\sin(5x)) dx = -\frac{1}{5}\cos(5x) + c$$

Die äußere Ableitung von $-\cos(5x)$ ergibt $\sin(5x)$. Die innere Ableitung von 5 wird durch $\frac{1}{5}$ wieder beseitigt.

Es lässt sich nun auch folgender Ausdruck integrieren:

$$\int (ax+b)^n dx \text{ mit } n \in \mathbb{R} \setminus \{-1\}$$

$$= \frac{1}{a} * \frac{1}{n+1} * (ax+b)^{n+1} + c$$

Mit dieser Methode können auch beliebige Exponentialfunktionen integriert werden:

$$\int (a^x) dx \text{ mit } a \in \mathbb{R}^+ \setminus \{0\}$$

Wie schon beim Ableiten von derartigen Funktionen muss die Funktion zunächst auf die e-Funktion zurückgeführt werden. Es gilt:

$$a^x = e^{(\ln(a^x))} = e^{\ln(a)*x}$$

ln(a) ist nicht von x abhängig und daher eine Konstante. Somit ist die äußere Funktion nun die e–Funktion und die innere Funktion ln(a)∗x. Als innere Ableitung ergibt sich somit ln(a). Für das Integral folgt:

$$\int (a^x)dx = \int (e^{\ln(a)*x})dx = \frac{1}{\ln(a)} * e^{\ln(a)*x}$$

Man hätte hier auch zunächst für ln(a) eine beliebige Zahl (z.b. 3) einsetzen und diese dann nach erfolgter Integration wieder durch ln(a) ersetzen können.

5.6 Komplexere Integrationsmethoden

Hierbei werden Verfahren betrachtet, die teilweise die Umkehrung von Ableitungsregeln darstellen. Die Substitutionsregel stellt die Umkehrung der Kettenregel dar. Die partielle Integration beruht auf der Produktregel.

5.6.1 Substitutionsregel

5.6.1.1 Grundlagen

Mittels der Substitutionsregel können viele Integrale gelöst werden. Substitution bedeutet, dass die Variable durch eine andere Variable ersetzt wird. Das Ziel ist es hierbei, mittels dieser anderen Variablen ein Integral zu erhalten, das sich mit bekannten Integrationsmethoden lösen lässt. Am besten lässt sich das Prinzip an einem Beispiel veranschaulichen:

Es sei folgendes Integral gegeben:

$$\int (3x + 4)^2 dx$$

Wenn man den Ausdruck in der Klammer durch eine neue Variable ersetzt, so erhält man ein Integral, das sich lösen lässt. Man setzt:

$$y = 3x + 4$$

Die Variable x wird also entsprechend dieser Vorschrift durch die Variable y ersetzt.

Man kann im Integral somit den Ausdruck $(3x + 4)^2$ durch y^2 ersetzen. Allerdings würde dann in dem Integral immer noch das dx stehen. Da aber das Integral über y bestimmt werden soll, muss das „dx" durch ein „dy" ersetzt werden. Um eine entsprechende Ersetzungsvorschrift zu erhalten, kann man die Funktion, entsprechend der man ersetzt, nach der ursprünglichen Variablen ableiten:

$$f(x) = y = 3x + 4$$

$$\Rightarrow f'(x) = \frac{dy}{dx} = 3$$

($f'(x)$ ist gerade über $\frac{dy}{dx}$ definiert worden, siehe Einführung zum Differentialquotienten)

Die Gleichung kann jetzt nach dy aufgelöst werden:

$$\frac{dy}{dx} = 3 \mid {*}\,dx$$

$$\Leftrightarrow dy = 3dx \mid \div 3$$

$$\Leftrightarrow \frac{1}{3}\,dy = dx$$

Entsprechend dieser Vorschrift kann in dem Integral das dx durch dy ersetzt werden, somit ergibt sich unter Berücksichtigung des zuvor gefundenen Zusammenhangs ($(3x + 4)^2 = y^2$):

$$(3x + 4)^2 dx = y^2\,\frac{1}{3}\,dy$$

Jetzt hat man einen Ausdruck erhalten, bei dem nur y als Variable auftaucht. Das Integral dieses Ausdrucks kann nun berechnet werden:

$$\int y^2\,\frac{1}{3}\,dy = \frac{1}{3}{*}\int y^2 dy = \frac{1}{3}{*}\frac{1}{3}\,y^3 + c = \frac{1}{9}\,y^3 + c$$

Nachdem das Integral gelöst wurde, muss die Substitution wieder rückgängig gemacht werden. Hierzu setzt man für y einfach wieder den Term, der zuvor ersetzt wurde, ein:

$$= \frac{1}{9}\,(3x + 4)^3 + c$$

Nachfolgend wird auf typische Anwendungen der Substitutionsregel eingegangen.

5.6.1.2 Substitution als Umkehrung der Kettenregel

Bei dem zuvor betrachteten Beispiel war es relativ offensichtlich, dass sich durch die Substitution ein Integral ergibt, das sich lösen lässt. Bei den nachfolgenden Beispielen ist dies nicht ganz so leicht zu sehen.

$$\int(x * \cos(x^2))dx$$

Am geschicktesten ersetzt man hier x^2 durch y:

$$y = x^2$$

Wenn die Variable x durch die Variable y substituiert wird, muss auch das dx durch ein dy ersetzt werden. Entsprechend dem vorherigen Beispiel ergibt sich:

$$f(x) = y = x^2$$

$$\Rightarrow f'(x) = \frac{dy}{dx} = 2x$$

Nach dx aufgelöst ergibt sich:

$$\frac{dy}{dx} = 2x$$

$$\Leftrightarrow dx = \frac{1}{2x} dy$$

Es gilt somit folgender Zusammenhang:

$$x * \cos(x^2)dx = x * \cos(y) * \frac{1}{2x} dy$$

Hierbei wurde x^2 durch y und dx durch $\frac{1}{2x}$ dy ersetzt.

Bei dem gefundenen Ausdruck kann nun x gekürzt werden, hierbei ergibt sich:

$$x * \cos(y) * \frac{1}{2x} dy = \frac{1}{2} \cos(y) dy$$

Die verbliebenen x haben sich herausgekürzt. (Dies liegt daran, dass y so gewählt wurde, dass die Ableitung von y nach x bis auf einen Faktor gerade der vorderen Funktion entsprach.) Der Ausdruck rechts enthält kein x mehr, sondern nur noch y, somit kann nun das Integral berechnet werden:

$$\int \frac{1}{2} \cos(y) * dy = \frac{1}{2} \sin(y) + c$$

Schließlich muss die Substitution wieder rückgängig gemacht werden:

$$\frac{1}{2} \sin(y) + c = \frac{1}{2} \sin(x^2) + c$$

Anmerkung: Bei dem Ersetzen hätte man auch gleich ins Integral einsetzen können, hierbei hätte sich der folgende Ausdruck ergeben:

$$\int x * \cos(y) * \frac{1}{2x}\, dy$$

Bei diesem Ausdruck ist allerdings zu beachten, dass x in dem Integral keine Konstante, sondern eine Funktion von y ist. Wenn sich x nicht aus dem Integral herauskürzt, muss x mittels der Auflösung der Ersetzungsvorschrift (in diesem Fall $y = x^2$) nach x ersetzt werden.

Bei der angeführten Darstellung mittels des Integrals besteht die Gefahr, dass x nicht wie eine Funktion von y, sondern versehentlich wie eine Konstante behandelt wird. Daher wird die angeführte Darstellungsvariante in diesem Buch nicht benutzt, wobei es bei dem Beispiel natürlich kein Problem gäbe, denn hier kürzt sich x aus dem Ausdruck heraus.

Das vorherige Beispiel war ein Spezialfall von einer Gruppe von Integralen, die sich mit Substitution lösen lassen. Nachfolgend wird die Ableitung der Lösung des Integrals betrachtet:

$$F(x) = \frac{1}{2}\sin(x^2) + c$$

$$\Rightarrow F'(x) = \frac{1}{2}\cos(x^2) * 2x$$

Der vordere Term ist die äußere Ableitung und der hintere Term (2x) die innere Ableitung. Bei der Lösung der Aufgabe wurde die innere Funktion von $\cos(x^2)$ ersetzt. Als Ableitung dieser inneren Funktion "$y = x^2$" ergibt sich "$y' = 2x$". Bis auf den Faktor (die 2) entspricht die Ableitung der inneren Funktion gerade der Funktion, mit der $\cos(x^2)$ in dem Integral multipliziert wurde. In derartigen Fällen kann man immer, wie in dem Beispiel, die innere Funktion substituieren. Weiterhin braucht man in diesen Fällen die Substitutionsvorschrift nicht nach x aufzulösen, weil sich nach dem Einsetzen von y und dy die restlichen x–Terme herauskürzen. Nachfolgend sind noch drei weitere Beispiele für derartige Integrale angegeben:

$$\int e^{(x^3)} * x^2 dx$$

Substitution: $y = x^3$;

Lösung: $\frac{1}{3}e^{(x^3)} + c$

$$\int \frac{2x+2}{x^2+2x}\,dx \;=\; \int \frac{1}{x^2+2x}(2x+2)\,dx$$

Substitution: $y = x^2 + 2x$;

Lösung: $\ln|x^2 + 2x| + c$

$$\int x*\sqrt{x^2+1}\,dx$$

Substitution: $y = x^2 + 1$;

Lösung: $\frac{1}{3}(x^2 + 1)^{\frac{3}{2}} + c$

Damit die Aufgaben sich auch zu Übungszwecken eignen, wurde jeweils die Lösung angegeben. Wenn man die zugrunde liegende Idee bei diesen Aufgaben (in dem Integral steht ein Produkt von Funktionen, und die eine dieser Funktionen ist bis auf einen Faktor die innere Ableitung der anderen Funktion) versteht, kann man die Lösung zu den Aufgaben auch finden, ohne dass eine Rechnung mittels Substitution durchgeführt wird.

5.6.1.3 Substitution zur Umformung des Integrals

Nachfolgend wird ein weiteres Beispiel für die Lösung eines Integrals mittels Substitution angeführt. Hierbei wird die Substitutionsregel benutzt, um das Integral so umzuformen, dass sich ein mit den bisherigen Methoden lösbares Integral ergibt.

Berechnen Sie mit der Substitutionsregel:

$$\int \frac{x^2 + x - 2}{\sqrt{x-1}}\,dx$$

Mittels Substitution kann dieses Integral auf eine integrierbare Form gebracht werden. Häufig kann man aber erst durch Ausprobieren feststellen, ob und mittels welcher Substitution ein Integral lösbar ist. Hier wird folgendermaßen ersetzt:

$$y = x - 1 \;\Rightarrow\; \frac{dy}{dx} = 1 \Leftrightarrow dx = dy$$

Wenn man nun für $(x-1)$ und dx einsetzt, ergibt sich:

$$\frac{x^2 + x - 2}{\sqrt{x-1}}\,dx = \frac{x^2 + x - 2}{\sqrt{y}}\,dy$$

Da immer noch x in dem Term auftaucht, muss die Ersetzungsbedingung nach x aufgelöst werden[1], um nachfolgend alle x durch y ersetzen zu können:

$$y = x - 1 \Leftrightarrow x = y + 1$$

Nun kann in dem Term weiter ersetzt werden:

$$\frac{x^2 + x - 2}{\sqrt{y}} \, dy = \frac{(y + 1)^2 + (y + 1) - 2}{\sqrt{y}} \, dy$$

Jetzt ist ein Ausdruck entstanden, in dem nur noch y auftaucht. Das Integral kann nun berechnet werden:

$$\int \frac{y^2 + 2y + 1 + y - 1}{\sqrt{y}} \, dy = \int \frac{y^2 + 3y}{\sqrt{y}} \, dy$$

Der Zähler wurde zunächst vereinfacht. Das Integral kann, wie in Abschnitt 5.3.2 für die Integration von Brüchen angeführt, in einzelne Brüche zerlegt werden.

$$= \int \left(\frac{y^2}{\sqrt{y}} + \frac{3y}{\sqrt{y}} \right) dy$$

Die einzelnen Brüche können gekürzt werden, es ergibt sich:

$$= \int \left(\frac{y^2}{y^{\frac{1}{2}}} + \frac{3y}{y^{\frac{1}{2}}} \right) dy = \int (y^{\frac{3}{2}} + 3y^{\frac{1}{2}}) dy$$

Jetzt kann integriert werden:

$$= \frac{2}{5} y^{\frac{5}{2}} + 3 * \frac{2}{3} y^{\frac{3}{2}} + c$$

Schließlich muss die Substitution wieder rückgängig gemacht werden:

$$= \frac{2}{5} (x - 1)^{\frac{5}{2}} + 2(x - 1)^{\frac{3}{2}} + c$$

In den betrachteten Fällen wurde immer über x integriert, und als neue Variable wurde y eingeführt. Natürlich kommt diesen Bezeichnungen keine inhaltliche Bedeutung zu. Gebräuchlich ist z.B. auch, für die Substitution „z", „t" oder auch „g(x)" zu schreiben.

1:    Hierbei bildet man die Umkehrfunktion zu der Funktion y(x).

5.6.1.4 Substitution bei bestimmten Integralen

Wenn ein bestimmtes Integral zu berechnen ist, kann genauso, wie es zuvor beschrieben wurde, verfahren werden. D.h. es wird zunächst das unbestimmte Integral mittels Substitution berechnet. Erst nachdem die Substitution wieder rückgängig gemacht wurde, werden die alten Grenzen in die Stammfunktion, die sich als Lösung ergeben hat, eingesetzt.

Dies sieht für ein bestimmtes Integral folgendermaßen aus:

$$\int_0^{\sqrt{\Pi}} (x * \cos(x^2)) dx$$

Die Berechnung wird nun zunächst ohne Grenzen durchgeführt. D.h. man betrachtet das folgende unbestimmte Integral:

$$\int (x * \cos(x^2)) dx$$

Dieses Integral wurde in Abschnitt 5.6.1.2 bereits behandelt, mittels der Substitution "$y = x^2$" ergab sich folgende Lösung:

$$\int (x * \cos(x^2)) dx = \frac{1}{2} * \sin(x^2) + c$$

Somit hat man die Stammfunktion für das Integral gefunden, diese Stammfunktion kann nun in das bestimmte Integral für die Lösung des Integrals eingesetzt werden. Das "c" kann man hierbei weglassen[1], denn für das bestimmte Integral ergibt sich ein eindeutiger Wert. Es ergibt sich:

$$\int_0^{\sqrt{\Pi}} (x * \cos(x^2)) \, dx = \left[\frac{1}{2} * \sin(x^2)\right]_0^{\sqrt{\Pi}} = \frac{1}{2} * \sin((\sqrt{\Pi})^2) - \frac{1}{2} * \sin(0^2)$$

$$= \frac{1}{2} * \sin(\Pi) - \frac{1}{2} * 0 = 0$$

Wichtig ist, dass man bei der Berechnung der Stammfunktion die Grenzen des Integrals nicht mitschreibt. Die alten Grenzen sind erst dann wieder die richtigen Grenzen, wenn man die Substitution rückgängig gemacht hat. So wie zuvor geschehen, muss man also zunächst für das unbestimmte Integral (Integral ohne Grenzen) die Stammfunktion berechnen. Hierbei darf man auch nicht vergessen, am Ende die Substitution

---

1: Man könnte das "c" aber auch beibehalten; da es sowohl beim Einsetzen der oberen als auch der unteren Grenze auftaucht, ergibt sich dann ein Term mit "+c" und einer mit "-c", die sich gegenseitig aufheben.

wieder rückgängig zu machen. In die Stammfunktion können dann die Grenzen, wie zuvor beschrieben, eingesetzt werden.

Alternativ zu dem geschilderten Vorgehen kann man auch bei der Integration die Grenzen transformieren. Das Verfahren wird nachfolgend an dem vorherigen Beispiel demonstriert:

$$\int_0^{\sqrt{\Pi}} (x*\cos(x^2)) \, dx$$

Mittels der Substitution $y = x^2$ hatte sich der folgende Zusammenhang ergeben.

$$x*\cos(x^2) \, dx = \frac{1}{2} \cos(y) \, dy$$

Wenn man die Grenzen entsprechend der Substitutionsvorschrift $y = x^2$ transformiert, kann man das bestimmte Integral als Integral über y berechnen:

$$\int_0^{\sqrt{\Pi}} (x*\cos(x^2)) \, dx = \int_{0^2}^{(\sqrt{\Pi})^2} \frac{1}{2} \cos(y) \, dy = \frac{1}{2} * \int_0^{\Pi} \cos(y) \, dy$$

$$= \frac{1}{2} * \left[\sin(y) \right]_0^{\Pi} = \frac{1}{2} * \sin(\Pi) - \frac{1}{2} * \sin(0) = \frac{1}{2} * \sin(\Pi) - \frac{1}{2} * 0 = 0$$

Einfacher dürfte es allerdings sein, das zuvor angeführte Verfahren anzuwenden, also zunächst die Substitution rückgängig zu machen und dann die alten Grenzen einzusetzen. Wenn allerdings im Unterricht die Lösung mittels der Transformation der Grenzen durchgeführt wird, sollte man dieses Verfahren benutzen.

5.6.1.5 Schema zur Integration mittels Substitution

1) Zunächst muss festgelegt werden, welcher Term substituiert wird. Von einer geeigneten Wahl hängt oft ab, ob man überhaupt eine Lösung erhält. Nachfolgend sind zwei häufige Grundmuster angeführt:

a) Der Term im Integral ergibt sich als das Produkt der inneren und äußeren Ableitung eines anderen Terms. Dieses muss bis auf einen konstanten Faktor gelten. Ein Beispiel wäre $\int(x*e^{(x^2)})dx$, die Terme ergeben sich bis auf einen Faktor als innere und äußere Ableitung der Funktion $e^{(x^2)}$. Man substituiert in diesen Fällen die innere Funktion, bei dem Beispiel setzt man also: $y = x^2$.

b) Manche Integrale kann man mittels der Substitution umformen und erhält nach der Umformung ein Integral, das sich lösen lässt. In diesen Fällen ist es oft sinnvoll, einen einfachen Ausdruck zu substituieren.

2) Die Ersetzungsvorschrift wird nach x abgeleitet ($\frac{dy}{dx}$ =) und die sich ergebende Gleichung wird nach dy aufgelöst.
Bei dem Ausdruck hinter dem Integral wird entsprechend der Ersetzungsvorschrift und der gefundenen Gleichung für dy ersetzt. Wenn sich x kürzen lässt, wird entsprechend gekürzt.

3) Wenn bei dem Ausdruck kein x mehr auftaucht, kann das Integral über diesen Ausdruck berechnet werden. Wenn x noch in dem Ausdruck steht, müssen auch die restlichen x durch y ersetzt werden. Hierzu wird die zuvor gewählte Ersetzungsvorschrift nach x aufgelöst. Anschließend taucht in dem Ausdruck nur noch y auf, und es kann das Integral über diesen Ausdruck bestimmt werden.

4) Ensprechend der Ersetzungsvorschrift wird jetzt die Substitution wieder rückgängig gemacht. y wird in dem Ausdruck also wieder durch x ersetzt.

5) Wenn ein bestimmtes Integral berechnet werden soll, wenn also Grenzen bei dem Integral angegeben sind, werden die Grenzen in die zuvor gefundene Stammfunktion eingesetzt.

5.6.2 Partielle Integration

Diese Regel wird bisweilen auch als Produktintegration bezeichnet. Dies deutet schon darauf hin, dass sie aus der Produktregel hervorgeht. Die Produktregel lautet:

$$(f*g)' = f'*g + f*g'$$

Diese Gleichung kann nun integriert werden:

$$\int(f*g)' = \int f'*g + \int f*g'$$

Auf der linken Seite heben sich Integration und Differentiation auf. (Streng genommen entsteht allerdings eine Integrationskonstante, da zunächst differenziert und dann integriert wird. Allerdings steckt in den verbleibenden Integralen sowieso noch eine Integrationskonstante, so dass diese jetzt weggelassen werden kann.)

$$f*g = \int f'*g + \int f*g'$$

Diese Gleichung wird nun noch umgestellt:

$$\Leftrightarrow \int f'*g = f*g - \int f*g'$$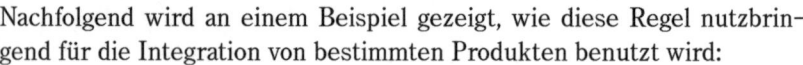

Dies ist die Regel zur partiellen Integration.

Nachfolgend wird an einem Beispiel gezeigt, wie diese Regel nutzbringend für die Integration von bestimmten Produkten benutzt wird:

Folgendes Integral sei zu lösen:

$$\int x*e^x dx$$

Hier werden zwei Funktionen miteinander multipliziert. Die eine von beiden (e^x) reproduziert sich beim Ableiten und damit auch beim Integrieren. Die andere vereinfacht sich dagegen beim Ableiten. Die, die sich beim Ableiten vereinfacht, bezeichnet man nun mit g(x), denn nach Anwendung der Regel zur partiellen Integration bleibt ein Integral übrig, in dem die Ableitung von g(x) steht. In diesem Fall wird also Folgendes gewählt:

$$g(x) = x \text{ und } f'(x) = e^x$$

Für g'(x) und f(x) ergibt sich somit Folgendes:

$$g'(x) = 1 \text{ und } f(x) = e^x$$

Nun muss nur noch entsprechend der Regel zur partiellen Integration eingesetzt werden:

$$\int x * e^x dx = e^x * x - \int e^x * 1 dx$$

Das Integral auf der rechten Seite lässt sich nun lösen:

$$= e^x * x - e^x + c = e^x * (x-1) + c$$

Der Trick bei der partiellen Integration ist es, ein Integral, das zunächst nicht gelöst werden kann, auf die Lösung eines anderen Integrals zurückzuführen, das man lösen kann. Das Verfahren zur partiellen Integration kann auch mehrfach hintereinander ausgeführt werden, wie folgendes Beispiel zeigt:

$$\int \sin(x) * x^2 dx$$

$$f'(x) = \sin(x) \quad g(x) = x^2$$
$$f(x) = -\cos(x) \quad g'(x) = 2x$$

$$\Rightarrow \int \sin(x) * x^2 dx = -\cos(x) * x^2 - \int(-\cos(x) * 2x) dx$$

$$= -\cos(x) * x^2 + 2\int(\cos(x) * x) dx$$

$$f'(x) = \cos(x) \quad g(x) = x$$
$$f(x) = \sin(x) \quad g'(x) = 1$$

$$\Rightarrow \int \sin(x) * x^2 dx = -\cos(x) * x^2 + 2(\sin(x) * x - \int \sin(x) * 1 dx)$$

$$= -\cos(x) * x^2 + 2\sin(x) * x + 2\cos(x) + c$$

Mit der zuvor beschriebenen Methode können Integrale gelöst werden, die ein Produkt aus einer ganzrationalen Funktion und einer Funktion, die sich beim Integrieren nicht sehr verkompliziert (z.B. e^x, $\sin(x)$, $\cos(x)$), sind.

Man kann die partielle Integration auch noch anders verwenden, um spezielle Integrale zu lösen. Wenn z.B. eine x-Potenz mit $\ln(x)$ multipliziert wird, so muss man die partielle Integration so anwenden, dass $\ln(x)$ abgeleitet wird. Auf diese Weise können also Integrale vom Typ

$$\int (x^a * \ln(bx)) dx \quad \text{mit } a, b \in \mathbb{R}$$

gelöst werden. Hierbei wird $f'(x) = x^a$ und $g(x) = \ln(bx)$ gewählt.

Weiterhin gibt es spezielle Fälle, bei denen man mittels der partiellen Integration ein Integral produzieren kann, das dem ursprünglichen Integral entspricht, man kann dann in der bestehenden Gleichung beide Integrale zusammenfassen und hat auf diese Weise die Lösung erhalten. Ein besonders einfaches Beispiel dieser Art ist folgendes Integral:

$$\int (\frac{1}{x} * \ln(x)) dx$$

Hierbei wählt man $f'(x) = \frac{1}{x}$ und $g(x) = \ln(x)$.

Soll ein bestimmtes Integral mittels partieller Integration gelöst werden, so kann man genauso wie bei der Substitution zunächst das unbestimmte Integral lösen und dann die Grenzen in die gefundene Stammfunktion einsetzen.

Es sei angemerkt, dass sich keinesfalls alle Integrale von Produkten mittels partieller Integration lösen lassen.

5.6.3 Partialbruchzerlegung

5.6.3.1 Grundlagen

Bei der Partialbruchzerlegung handelt es sich um eine Methode zur Umformung von gebrochenrationalen Funktionen. Diese Zerlegung kann benutzt werden, um Integrale solcher Funktionen zu berechnen.

Es sei zunächst der folgende Audruck betrachtet:

$$\frac{3}{x-1} + \frac{1}{x+2}$$

Will man die beiden Ausdrücke addieren, müssen sie zunächst auf den Hauptnenner gebracht werden. Hierzu muss der erste Term mit $(x + 2)$ und der zweite Term mit $(x - 1)$ multipliziert werden. Es ergibt sich:

$$= \frac{3*(x+2)}{(x-1)*(x+2)} + \frac{(x-1)*1}{(x-1)*(x+2)}$$

$$= \frac{3x+6}{(x-1)*(x+2)} + \frac{x-1}{(x-1)*(x+2)}$$

Die beiden Terme sind jetzt auf dem Hauptnenner, somit können nun die Zähler addiert werden:

$$= \frac{3x+6+x-1}{(x-1)*(x+2)}$$

$$= \frac{4x+5}{(x-1)*(x+2)}$$

Die Klammern im Nenner können auch noch ausmultipliziert werden, hierbei ergibt sich:

$$= \frac{4x+5}{x^2+x-2}$$

Insgesamt wurde folgender Zusammenhang gezeigt:

$$\frac{3}{x-1} + \frac{1}{x+2} = \frac{4x+5}{x^2+x-2}$$

Es sei nun angenommen, es soll das Integral über $\frac{4x+5}{x^2+x-2}$ berechnet werden.

Mittels des zuvor ermittelten Zusammenhangs ist folgende Umformung möglich:

$$\int \frac{4x+5}{x^2+x-2}\,dx = \int(\frac{3}{x-1} + \frac{1}{x+2})\,dx$$

Während man das links stehende Integral mit den bisherigen Methoden nicht integrieren kann, lässt sich das Integral rechts berechnen:

$$\int(\frac{3}{x-1} + \frac{1}{x+2})\,dx$$

$$= \int\frac{3}{x-1}\,dx + \int\frac{1}{x+2}\,dx$$

$$= 3*\ln|x-1| + \ln|x+2| + c$$

Wenn man eine Methode findet, wie man die vorherigen Berechnungen quasi „rückwärts" durchführen kann, wie man also aus gebrochenrationalen Funktionen wie z. B.

$f(x) = \frac{4x+5}{x^2+x-2}$ die Zerlegung in Partialbrüche $\left(f(x) = \frac{3}{x-1} + \frac{1}{x+2}\right)$

erhält, lassen sich diese Funktionen integrieren. Nachfolgend soll anhand des Beispiels die Zerlegung dargestellt werden. Ausgangspunkt ist also die Funktion:

$$f(x) = \frac{4x+5}{x^2+x-2}$$

Zunächst muss der Nenner in Faktoren zerlegt werden. Die einzelnen Faktoren erhält man über die Berechnung der Nullstellen des Nenners. Für diese gilt:

$$x^2 + x - 2 = 0$$

Mittels der pq-Formel ergibt sich:

$$\Leftrightarrow x = -\frac{1}{2} \pm \sqrt{\frac{1}{4} + 2} \ = \ -\frac{1}{2} \pm \sqrt{\frac{1}{4} + \frac{8}{4}} \ = \ -\frac{1}{2} \pm \sqrt{\frac{9}{4}} \ = \ -\frac{1}{2} \pm \frac{3}{2}$$

$$\Leftrightarrow x = 1 \ \lor \ x = -2$$

Die Nullstellen der Funktion lauten also $x_{N1} = 1$ und $x_{N2} = -2$. Mittels der Nullstellen ergibt sich die Zerlegung folgendermaßen:

$$x^2 + x - 2 = (x - x_{N1}) * (x - x_{N2})$$

Konkret ergibt sich also:

$$x^2 + x - 2 = (x - 1) * (x - (-2)) = (x - 1) * (x + 2)$$

Somit ist folgende Umformung möglich:

$$\frac{4x+5}{x^2+x-2} = \frac{4x+5}{(x-1)*(x+2)}$$

Für die Zerlegung in Partialbrüche muss man nun folgenden Ansatz wählen:

$$\frac{4x+5}{(x-1)*(x+2)} = \frac{A_1}{x-1} + \frac{A_2}{x+2}$$

Die einzelnen Faktoren des Nenners bilden die Nenner der einzelnen Brüche. Die Zähler der Brüche sind unbekannt und wurden mit A_1 und A_2 bezeichnet. Die Gleichung wird jetzt mit dem Nenner des Ausgangsbruchs $((x - 1) * (x + 2))$ multipliziert:

$$\frac{4x+5}{(x-1)*(x+2)} = \frac{A_1}{x-1} + \frac{A_2}{x+2} \ \Big| \ * (x - 1) * (x + 2)$$

$$\Leftrightarrow 4x + 5 = \frac{A_1}{x-1} * (x - 1) * (x + 2) + \frac{A_2}{x+2} * (x - 1) * (x + 2)$$

Jetzt wird auch auf der rechten Seite gekürzt:

$$\Leftrightarrow 4x + 5 = A_1 * (x + 2) + A_2 * (x - 1)$$

$$\Leftrightarrow 4x + 5 = A_1 x + 2A_1 + A_2 x - A_2$$

Damit die Gleichung erfüllt ist, müssen sowohl die Koeffizienten vor dem x als auch die Koeffizienten vor den einzelnen konstanten Termen identisch sein. Es muss also gelten:

$$4 = A_1 + A_2$$

$$\wedge \; 5 = 2A_1 - A_2$$

Man nennt dieses Vorgehen auch „Koeffizientenvergleich". Die beiden Gleichungen müssen erfüllt sein. Es muss also das entstandene Gleichungssystem gelöst werden. Durch die Addition der beiden Gleichungen ergibt sich:

$$9 = 3A_1 \; | \div 3$$

$$\Leftrightarrow A_1 = 3$$

Dieses Ergebnis kann nun in eine der Ausgangsgleichungen eingesetzt werden. In die erste Gleichung eingesetzt ergibt sich:

$$4 = 3 + A_2 \; | -3$$

$$A_2 = 1$$

Somit sind die beiden Unbekannten bestimmt worden. Es ergibt sich also folgende Aufspaltung in Partialbrüche:

$$\frac{4x+5}{x^2+x-2} = \frac{3}{x-1} + \frac{1}{x+2}$$

Natürlich hat sich hier die zuvor bereits bekannte Aufspaltung ergeben.

5.6.3.2 Weitere Zusammenhänge

Zuvor war die Partialbruchzerlegung anhand eines sehr einfachen Beispiels dargestellt worden. Etwas komplizierter wird das Ganze, wenn bei dem Ausdruck im Nenner einzelne Nullstellen mehrfach vorkommen oder der Nenner teilweise keine reellen Nullstellen besitzt. Diese beiden Fälle werden nachfolgend behandelt.

Zunächst wird ein Ausdruck mit **einer doppelten Nullstelle** im Nenner angeführt:

$$\frac{4x^2-9x+11}{(x-1)^2*(x+2)}$$

Der Term $(x-1)$ kommt im Nenner in quadratischer Form vor. Die Nullstelle bei $x = 1$ ist daher in diesem Fall eine doppelte Nullstelle des Nenners. Die Aufspaltung muss nun folgendermaßen durchgeführt werden:

$$\frac{4x^2-9x+11}{(x-1)^2*(x+2)} = \frac{A_1}{x-1} + \frac{A_2}{(x-1)^2} + \frac{A_3}{x+2}$$

In diesem Fall muss also ein Term mit $(x - 1)$ und zusätzlich einer mit $(x - 1)^2$ aufgestellt werden. Jetzt wird die Gleichung mit dem Nenner des Ausgangsbruches multipliziert:

$$\frac{4x^2 - 9x + 11}{(x-1)^2 * (x+2)} = \frac{A_1}{x-1} + \frac{A_2}{(x-1)^2} + \frac{A_3}{x+2} \quad | \quad * (x-1)^2 * (x+2)$$

$$\Leftrightarrow 4x^2 - 9x + 11 = A_1(x-1) * (x+2) + A_2(x+2) + A_3(x-1)^2$$

Die Terme wurden jeweils gekürzt. Nun werden die Klammern auf der rechten Seite ausmultipliziert[1]:

$$\Leftrightarrow 4x^2 - 9x + 11 = A_1(x^2 - x + 2x - 2) + A_2(x+2)$$
$$+ A_3(x^2 - 2x + 1)$$

$$\Leftrightarrow 4x^2 - 9x + 11 = A_1 x^2 + A_1 x - 2A_1 + A_2 x + 2A_2$$
$$+ A_3 x^2 - 2A_3 x + A_3$$

Nun kann wieder ein Koeffizientenvergleich durchgeführt werden. Für x^2, x und die einzelnen Konstanten muss die Gleichung aufgehen. Also müssen die folgenden Gleichungen erfüllt sein:

$$4 = A_1 + A_3$$
$$\wedge \, -9 = A_1 + A_2 - 2A_3 \quad | * 2$$
$$\wedge \, 11 = -2A_1 + 2A_2 + A_3$$

Jetzt hat sich ein lineares Gleichungssystem mit 3 Unbekannten ergeben. In der ersten Gleichung taucht kein A_2 auf. Aus der zweiten und dritten Gleichung wird nun eine Gleichung, in der ebenfalls kein A_2 auftaucht, ermittelt.[2] Hierzu wird die zweite Gleichung zunächst mit 2 multipliziert. Es ergibt sich die folgende Gleichung:

$$-18 = 2A_1 + 2A_2 - 4A_3$$

Von dieser Gleichung wird jetzt die dritte Gleichung abgezogen, auf diese Weise fällt A_2 heraus:

$$-18 = 2A_1 + 2A_2 - 4A_3$$

1:    Das Multiplizieren von Klammern ist im Anhang in Abschnitt 9.3.2 erläutert.

2:    Bei den hier angeführten Berechnungen wird das Additionsverfahren zur Lösung des Gleichungssystems verwendet.

$$\underline{- (11 = -2A_1 + 2A_2 + A_3)}$$
$$-29 = 4A_1 - 5A_3$$

Nimmt man die erste der ursprünglichen Gleichungen mit 5 mal, ergibt sich:

$$20 = 5A_1 + 5A_3$$

Jetzt wird diese Gleichung mit der zuvor ermittelten Gleichung addiert, auf diese Weise wird A_3 aus den Gleichungen entfernt.

$$20 = 5A_1 + 5A_3$$
$$\underline{+(-29 = 4A_1 - 5A_3)}$$
$$-9 = 9A_1$$

Aus dieser Gleichung ergibt sich nun:

$$-9 = 9A_1 \mid \div 9$$
$$\Leftrightarrow -1 = A_1$$

In die erste der Ausgangsgleichungen eingesetzt ergibt sich:

$$4 = A_1 + A_3$$
$$\Rightarrow 4 = -1 + A_3 \mid +1$$
$$\Leftrightarrow 5 = A_3$$

Aus der zweiten der Ausgangsgleichungen ergibt sich nun für A_2:

$$-9 = A_1 + A_2 - 2A_3$$
$$\Rightarrow -9 = -1 + A_2 - 2*5$$
$$\Leftrightarrow -9 = -11 + A_2 \mid +11$$
$$\Leftrightarrow 2 = A_2$$

Somit wurde eine Aufspaltung des gegebenen Bruches in Partialbrüche gefunden:

$$\frac{4x^2 - 9x + 11}{(x-1)^2 * (x+2)} = \frac{-1}{x-1} + \frac{2}{(x-1)^2} + \frac{5}{x+2}$$

Für das Integral ergibt sich somit[1]:

$$\int \frac{4x^2 - 9x + 11}{(x-1)^2 * (x+2)} \, dx = \int \frac{-1}{x-1} \, dx + \int \frac{2}{(x-1)^2} \, dx + \int \frac{5}{x+2} \, dx$$

$$= -\ln|x-1| + \int 2(x-1)^{-2} \, dx + 5*\ln|x+2|$$

$$= -\ln|x-1| - 2(x-1)^{-1} + 5*\ln|x+2| + c$$

Der folgende Ausdruck hat im Nenner teilweise **keine reellen Nullstellen**:

$$\frac{5x^2 - 7x + 4}{(x^2 + 1) * (x - 2)}$$

Nachfolgend werden die Nullstellen des Nenners überprüft:

$$(x^2 + 1) * (x - 2) = 0$$

$$\Leftrightarrow (x^2 + 1) = 0 \quad \vee \quad (x - 2) = 0$$

$$\Leftrightarrow x^2 = -1 \quad \vee \quad x = 2$$

Für die Gleichung $x^2 = -1$ gibt es keine reelle Lösung, denn es müsste die Wurzel aus einer negativen Zahl gezogen werden und dies ist in $\mathbb{R}$ nicht definiert. Da es keine reellen Nullstellen für den Ausdruck $(x^2 + 1)$ gibt, kann dieser Term auch nicht in einzelne Faktoren zerlegt werden, es existiert also keine Aufspaltung der Gestalt

$$x^2 + 1 = (x + a) * (x + b)$$

mit a, b $\in \mathbb{R}$.

Bei der Partialbruchzerlegung muss in diesem Fall folgender Ansatz gewählt werden:

$$\frac{5x^2 - 7x + 4}{(x^2 + 1) * (x - 2)} = \frac{A}{x - 2} + \frac{Bx + C}{x^2 + 1}$$

Bei dem Term mit $(x^2 + 1)$ im Nenner muss also im Zähler außer einer Konstanten (hier C) auch ein Term mit x (hier Bx) stehen.

Die Berechnung liefert nun:

$$\frac{5x^2 - 7x + 4}{(x^2 + 1) * (x - 2)} = \frac{A}{x - 2} + \frac{Bx + C}{x^2 + 1} \quad | \quad *(x^2 + 1)*(x - 2)$$

1:   Man könnte die Integrale auch mit Substitution lösen, allerdings sind sie so einfach, dass es auch ohne Substitution geht.

$\Leftrightarrow 5x^2 - 7x + 4 = A(x^2 + 1) + (Bx + C) * (x - 2)$

$\Leftrightarrow 5x^2 - 7x + 4 = Ax^2 + A + Bx^2 - 2Bx + Cx - 2C$

Der Koeffizientenvergleich liefert folgende Gleichungen:

$$5 = A + B$$

$$\wedge -7 = -2B + C$$

$$\wedge \quad 4 = A - 2C$$

Zieht man die dritte von der ersten Gleichung ab, ergibt sich:

$$5 = A + B$$

$$- \ (4 = A - 2C \ )$$

$$\overline{\quad 1 = B + 2C}$$

Diese Gleichung wird jetzt mit 2 multipliziert:

$$\Rightarrow 2 = 2B + 4C$$

Zu dieser Gleichung wird nun die zweite Ausgangsgleichung addiert:

$$2 = \quad 2B + 4C$$

$$+ \ (-7 = -2B + \quad C \ )$$

$$\overline{\quad -5 = \qquad 5C}$$

Somit ergibt sich für C folgende Lösung:

$$\Leftrightarrow C = -1$$

Aus der dritten Ausgangsgleichung ergibt sich jetzt für A:

$$4 = A - 2(-1)$$

$$\Leftrightarrow 4 = A + 2 \ | -2$$

$$\Leftrightarrow 2 = A$$

Mittels der ersten Ausgangsgleichung wird schließlich B bestimmt:

$$5 = 2 + B \ | -2$$

$$\Leftrightarrow 3 = B$$

Die Aufspaltung in Partialbrüche lautet somit:

$$\frac{5x^2 - 7x + 4}{(x^2 + 1) * (x - 2)} = \frac{2}{x - 2} + \frac{3x - 1}{x^2 + 1}$$

Für das Integral des Ausgangsaus drucks gilt also:

$$\int \frac{5x^2 - 7x + 4}{(x^2 + 1) * (x - 2)} dx = \int \frac{2}{x - 2} dx + \int \frac{3x - 1}{x^2 + 1} dx$$

Nun müssen die Integrale gelöst werden. Das zweite Integral wird hierzu aufgespalten[1]:

$$\int \frac{3x - 1}{x^2 + 1} dx = \int (\frac{3x}{x^2 + 1} - \frac{1}{x^2 + 1}) dx$$

$$= \int \frac{3x}{x^2 + 1} dx - \int \frac{1}{x^2 + 1} dx$$

Das erste dieser Integrale kann mit Substitution gelöst werden:

$$\int \frac{3x}{x^2 + 1} dx$$

$$y = x^2 + 1$$

$$\frac{dy}{dx} = 2x$$

$$\Leftrightarrow dx = \frac{1}{2x} dy$$

Somit ergibt sich:

$$\frac{3x}{x^2 + 1} dx = \frac{3x}{y} * \frac{1}{2x} dy$$

Nun kann gekürzt werden:

$$= \frac{3}{2} \frac{1}{y} dy$$

Jetzt taucht nur noch y auf und es kann integriert werden:

$$\int \frac{3}{2} \frac{1}{y} dy = \frac{3}{2} \ln|y| + c$$

Jetzt wird die Substitution wieder rückgängig gemacht:

$$= \frac{3}{2} \ln|x^2 + 1| + c$$

Für das zweite Integral gilt Folgendes:

$$\int \frac{1}{x^2 + 1} dx = \arctan(x) + c$$

1: Eine derartige Aufspaltung kann bei Brüchen generell angewendet werden. Siehe hierzu auch das Beispiel in Abschnitt 5.5.2.

Insgesamt ergibt sich also für das Ausgangsintegral folgende Lösung:

$$\int \frac{5x^2 - 7x + 4}{(x^2 + 1) * (x - 2)} dx$$

$$= \int \frac{2}{x - 2} dx + \int \frac{3x - 1}{x^2 + 1} dx$$

$$= \int \frac{2}{x - 2} dx + \int \frac{3x}{x^2 + 1} dx - \int \frac{1}{x^2 + 1} dx$$

$$= 2 * \ln|x - 2| + \frac{3}{2} \ln|x^2 + 1| - \arctan(x) + c$$

Hier reichte es natürlich, eine Integrationskonstante c einzuführen.

5.6.3.3 Schema zur Partialbruchzerlegung

Ausgangspunkt für eine Integration mittels der Partialbruchzerlegung ist ein Integral über eine gebrochenrationale Funktion, also eine Funktion des folgenden Typs:

$$f(x) = \frac{a_0 x^0 + a_1 x^1 + \dots + a_m x^m}{b_0 x^0 + b_1 x^1 + \dots + b_n x^n} \quad \text{mit m, n} \in \mathbb{N}$$

Für die Anwendung des folgenden Schemas ist weiterhin erforderlich, dass der Faktor vor der höchsten Potenz im Nenner eine 1 ist ($b_n = 1$) und dass die höchste Potenz im Nenner größer als im Zähler ist ($n > m$). Wenn diese Bedingungen nicht erfüllt sind, muss der Bruch zunächst umgeformt werden. Die entsprechenden Verfahren sind am Ende des Schemas angeführt.

Besonders praktisch für die Berechnung ist es, wenn der Nenner bereits in einzelne Faktoren zerlegt ist. Wenn n reelle Nullstellen (x_{N1} bis x_{Nn}) existieren, würde diese Zerlegung z. B. folgendermaßen aussehen:

$$f(x) = \frac{a_0 x^0 + a_1 x^1 + \dots + a_m x^m}{(x - x_{N1}) * \dots * (x - x_{Nn})} \quad \text{mit m, n} \in \mathbb{N}$$

Nachfolgend ist ein Schema für die Integration mittels der Partialbruch-zerlegung angeführt.

Fall A: Es existieren n verschiedene reelle Nullstellen des Nenners.

1) Falls der Nenner noch nicht in einzelne Faktoren zerlegt ist, muss diese Zerlegung zunächst durchgeführt werden. Hierzu müssen die Nullstellen des Nenners bestimmt werden. Handelt es sich bei dem Nenner um einen quadratischen Ausdruck, so kann hierzu die pq-Formel benutzt werden. Andernfalls müssen zunächst einzelne Nullstellen erraten werden und dann muss der restliche Term mit-tels Polynomdivision ermittelt werden. Mittels der gefunden Null-stellen (x_{N1} bis x_{Nn}) kann der Nenner dann in folgender Form ge-schrieben werden:

$$(x - x_{N1}) * \ldots * (x - x_{Nn})$$

2) Für die Partialbruchzerlegung wird der folgende Ansatz gewählt:

$$\frac{a_0 x^0 + a_1 x^1 + \ldots + a_m x^m}{(x - x_{N1}) * \ldots * (x - x_{Nn})} = \frac{A_1}{x - x_{N1}} + \ldots + \frac{A_n}{x - x_{\bar{N}n}}$$

3) Die Gleichung wird mit dem Nenner der linken Seite [$(x - x_{N1}) *$ $\ldots * (x - x_{Nn})$] multipliziert. Die sich ergebenden Terme werden **ge-kürzt** und die übrigbleibenden **Klammern werden ausmultipliziert.**

4) Es wird ein **Koeffizientenvergleich** durchgeführt. Die ermittelte Gleichung muss für alle Potenzen von x einzeln gelten. Somit erge-ben sich insgesant (n+1) Gleichungen.
(Wenn z. B. die höchste x–Potenz x^2 ist, so müssen die Koeffizienten vor dem x^2, vor dem x und die Koeffizienten ohne x jeweils überein-stimmen.)

5) Die Lösung des sich ergebenden linearen Gleichungssystems muss ermittelt werden. (Ausführungen zur Lösung von linearen Gleichungssystemen finden sich im Anhang in Abschnitt 9.1.7.1 und insbesondere in Band 2.)

6) Die Partialbruchzerlegung kann mittels der zuvor bestimmten Werte für A_1 bis A_n angegeben werden. Das Integral über die gege-bene Funktion kann nun mittels der Partialbrüche berechnet wer-den.

Fall B: Es existieren n reelle Nullstellen des Nenners, aber bestimmte Nullstellen kommen mehrfach vor.

Nachfolgend werden lediglich die Änderungen gegenüber dem zuvor bereits beschriebenen Fall A dargestellt. Es wird hierbei davon ausgegangen, dass die Nullstelle N1 eine doppelte Nullstelle ist und ansonsten nur einfache Nullstellen vorliegen. Wenn eine Nullstelle häufiger als zweimal vorkommt oder mehrere Nullstellen doppelt oder häufiger vorkommen, ist der nachfolgende Ansatz entsprechend zu erweitern.

1) Mittels der gefunden Nullstellen (x_{N1} bis x_{Nn-1}) oder der gegebenen Zerlegung kann der Nenner in folgender Form geschrieben werden:

$$(x - x_{N1})^2 * (x - x_{N2}) * \dots * (x - x_{Nn-1})$$

2) Für die Partialbruchzerlegung wird der folgende Ansatz gewählt:

$$\frac{a_0 x^0 + a_1 x^1 + \dots + a_m x^m}{(x - x_{N1}) * \dots * (x - x_{Nn-1})}$$

$$= \frac{A_1}{x - x_{N1}} + \frac{A_2}{(x - x_{N1})^2} + \frac{A_1}{x - x_{N2}} + \dots + \frac{A_n}{x - x_{Nn-1}}$$

3 – 5) Wie zuvor angegeben.

6) Wie zuvor, das hier zusätzlich auftretende Integral über $\dfrac{A_2}{(x - x_{N1})^2}$ kann mittels Substitution ($y = x - x_{N1}$) gelöst werden.

Fall C: Es existieren nur (n−2) reelle Nullstellen des Nenners.

Nachfolgend werden lediglich die Änderungen gegenüber dem zuvor bereits beschriebenen Fall A dargestellt. Es wird hierbei davon ausgegangen, dass für den Term[1] $(x^2 + a^2)$ keine reelle Nullstelle existiert.

1) Mittels der gefunden Nullstellen (x_{N1} bis x_{N-2}) und dem Term $(x^2 + a^2)$, kann der Nenner in folgender Form geschrieben werden:

$$(x - x_{N1})^2 * \ldots * (x - x_{Nn-2}) * (x^2 + a^2)$$

2) Für die Partialbruchzerlegung wird der folgende Ansatz gewählt:

$$\frac{a_0 x^0 + a_1 x^1 + \ldots + a_m x^m}{(x - x_{N1}) * \ldots * (x - x_{Nn-2}) * (x^2 + a^2)}$$

$$= \frac{A_1}{x - x_{N1}} + \ldots + \frac{Bx + C}{x^2 + a^2}$$

3 − 5) Wie zuvor angegeben.

6) Bei der Lösung der Integrale ist für den Term mit $(x^2 + a^2)$ Folgendes zu beachten:

$$\int \frac{Bx + C}{x^2 + a^2} \, dx = \int \frac{Bx}{x^2 + a^2} \, dx + \int \frac{C}{x^2 + a^2} \, dx$$

Das erste der beiden Integrale kann mittels Substitution ($y = x^2 + a^2$) gelöst werden.

Für das zweite Integral gilt:

$$\int \frac{C}{x^2 + a^2} \, dx = C * \frac{1}{a} \arctan \frac{x}{a}$$

Speziell für den Fall a=1 ergibt sich somit:

$$\int \frac{C}{x^2 + 1} \, dx = C * \arctan (x)$$

Nachfolgend sind einige weitere Anmerkungen zur Partialbruchzerlegung

---

1:   Allgemein kann es sich um einen Term der Gestalt $(x^2 + bx + c)$ handeln. Allerdings wird die Integration für diesen allgemeinen Fall recht kompliziert. Im Rahmen der Schulmathematik wird dieser allgemeine Fall in der Regel nicht behandelt.

angeführt:

1) Voraussetzung für die zuvor dargelegte Durchführung der Partialbruchzerlegung ist, dass vor der höchsten x–Potenz im Nenner eine 1
   als Faktor steht. Bei dem folgenden Ausdruck ist diese Bedingung
   nicht erfüllt:

$$f(x) = \frac{4x^2 - 2x + 6}{2x^3 - 2x + 4}$$

Wenn man den Bruch mit $\frac{1}{2}$ erweitert, also den Zähler und den Nenner durch 2 teilt, ergibt sich:

$$= \frac{2x^2 - x + 3}{x^3 - x + 2}$$

Jetzt hat man die für die Partialbruchzerlegung notwendige Form erhalten.

2) Voraussetzung für die Partialbruchzerlegung ist weiterhin, dass die
   höchste x–Potenz im Nenner höher als die höchste x–Potenz im Zähler ist. Ist dies nicht der Fall, so kann man zunächst den Zähler mittels Polynomdivision durch den Nenner teilen. Nachfolgend wird ein
   Beispiel betrachtet:

$$f(x) = \frac{x^3 + 1}{x^2 - 2}$$

Die Polynomdivision ergibt:

$$\begin{array}{l} x^3 + 1 \ \div (x^2 - 2) = x \dots \\ \underline{-(x^3 - 2x)} \\ \quad\quad 2x + 1 \end{array}$$

Somit ergibt sich:

$$f(x) = \frac{x^3}{x^2 - 2} = x + \frac{2x + 1}{x^2 - 2}$$

Jetzt ist bei dem Bruch die für die Partialbruchzerlegung notwendige
Bedingung erfüllt.

3) Wenn bei der Bestimmung der Zerlegung des Nenners in Faktoren
   einzelne Faktoren mehrfach vorkommen, ist dies bei der Zerlegung
   in Parialbrüche entsprechend zu berücksichtigen. Wenn ein Faktor
   z. B. in der dritten Potenz auftritt, so sind für diesen Faktor drei Partialbrüche zu bilden. Lautet der Faktor z. B. $(x - 3)^3$, so müssen die

folgenden Partialbrüche gebildet werden:

$$\frac{A_1}{x-3} + \frac{A_2}{(x-3)^2} + \frac{A_3}{(x-3)^3}$$

Taucht der Faktor $(x^2 + 4)$ in zweiter Potenz auf, so sind folgende Terme zu bilden:

$$\frac{B_1 x + C_1}{x^2 + 4} + \frac{B_2 x + C_2}{(x^2 + 4)^2}$$

5.7 Tabelle wichtiger Stammfunktionen

Für einige spezielle Fälle wurde im vorherigen Abschnitt besprochen, wie diese zu integrieren sind. Es wurde bisher keine allgemeine Regel angegeben, wie Produkte von Funktionen oder verkettete Funktionen integriert werden können. Dieses hat einen Grund: Es gibt keine solche Regel. Es gibt sogar Funktionen, die sich gar nicht (geschlossen) integrieren lassen. Dies bedeutet, dass es für diese Funktionen keine Stammfunktion gibt. Ein Beispiel für eine solche Funktion ist die Normalverteilung. Unnormiert hat diese die Gestalt $f(x) = e^{-x^2}$. Das Integral über diese Funktion ist die Gaußsche Summenfunktion, die bei einer normalverteilten Größe die Wahrscheinlichkeit angibt, dass der Wert für x zwischen den Integralgrenzen liegt. Da es keine Funktion gibt, die abgeleitet e^{-x^2} ergibt, kann die Gaußsche Summenfunktion nur numerisch (d.h. durch Näherungsverfahren) berechnet werden.

Nachfolgend wird eine Übersicht über die wichtigsten Stammfunktionen gegeben. Zeilen, die mit ⇒ beginnen, lassen sich immer durch Anwendung der nächst "höheren" Regel ohne ⇒ berechnen. Rechts in der Tabelle steht jeweils die Stammfunktion der linken Funktion. Diese Formulierung ist natürlich gleichbedeutend damit, dass links jeweils die Ableitung der rechten Funktion steht.

$$\xrightarrow{\text{integrieren}}$$

$$\xleftarrow{\text{differenzieren}}$$

Funktion	Stammfunktion
f(x)	F(x)
$x^{-1} = \dfrac{1}{x}$	$\ln|x|$
$\Rightarrow \dfrac{1}{x+a}$	$\ln|x+a|$
$x^n \quad n \in \mathbb{R}\setminus\{-1\}$	$\dfrac{1}{n+1}x^{n+1}$
$\Rightarrow \sqrt{x} = x^{\frac{1}{2}}$	$\dfrac{1}{\frac{1}{2}+1}*x^{\frac{1}{2}+1} = \dfrac{2}{3}*x^{\frac{3}{2}}$
$\Rightarrow \dfrac{1}{x^3} = x^{-3}$	$\dfrac{1}{-3+1}*x^{-3+1} = -\dfrac{1}{2}x^{-2}$
$\Rightarrow \dfrac{1}{\sqrt[3]{x^5}} = x^{-\frac{5}{3}}$	$\dfrac{1}{-\frac{5}{3}+1}*x^{-\frac{5}{3}+1} = -\dfrac{3}{2}*x^{-\frac{2}{3}}$
$\Rightarrow (ax+b)^n \quad n \in \mathbb{R}\setminus\{-1\}$	$\dfrac{1}{a}*\dfrac{1}{n+1}*(ax+b)^{n+1}$
$\Rightarrow a, \quad a \in \mathbb{R}$	$a*x$
$\sin(x)$	$-\cos(x)$
$\cos(x)$	$\sin(x)$
$\ln(x)$	$x*\ln(x)-x$
$\Rightarrow \ln(a*x) = \ln(a)+\ln(x)$	$\ln(a)*x + x*\ln(x)-x$
e^x	e^x
$\Rightarrow e^{a*x}$	$\dfrac{1}{a}e^{a*x}$
$\Rightarrow a^x = e^{\ln(a)*x}$	$\dfrac{1}{\ln(a)}*e^{\ln(a)*x} = \dfrac{1}{\ln(a)}*a^x$

Es ist jeweils eine Stammfunktion angegeben worden. Alle Stammfunktionen ergeben sich, wenn jeweils noch eine beliebige Konstante addiert wird.

Wie im vorherigen Abschnitt gezeigt, bleiben Faktoren beim Integrieren erhalten. Dies bedeutet, dass, wenn eine der angeführten Funktionen mit einem beliebigem Faktor multipliziert wird, auch die Stammfunktion mit diesem Faktor multipliziert werden muss. Außerdem können Summen und Differenzen von Funktionen einzeln integriert werden:

$\int a*f(x)\,dx$	$= a*\int f(x)\,dx$
$\int (f(x)+g(x))\,dx$	$= \int (f(x))\,dx + \int (g(x))\,dx$

Für Brüche bietet sich folgende Umformung an:

$\int \frac{f(x) \pm h(x)}{g(x)}\,dx$	$= \int \frac{f(x)}{g(x)}\,dx \pm \int \frac{h(x)}{g(x)}\,dx$

Bezüglich der Stammfunktionen, bei denen der ln auftaucht, sei angemerkt, dass häufiger die Betragsstriche weggelassen werden, dann wird die Stammfunktion nur für $\mathbb{R}_+$ angegeben.

Die nachfolgende Tabelle ist für Ergänzungen der angeführten Integrale gedacht.

Funktion	Stammfunktion
f(x)	F(x)

5.8   Integralfunktionen

Wenn die eine Grenze eines bestimmten Integrals eine Variable ist, so wird durch diesen Ausdruck eine Funktion definiert. Eine solche Funktion nennt man **Integralfunktion:**

$$F(x) = \int_a^x g(t)dt \quad \text{wobei a eine Konstante ist.}$$

Die Variable in dem Integral wurde hier mit t bezeichnet, denn x ist ja bereits die Bezeichnung für die Grenze des Integrals.

In der nebenstehenden Zeichnung gibt die Integralfunktion F(X) die Fläche von a bis x an, die die Funktion g(t) mit der x-Achse einschließt. Je nachdem, wie groß x ist, ändert sich der Wert der Fläche. Der angeführte direkte Zusammenhang zwischen dem Funktionswert einer Integralfunk-

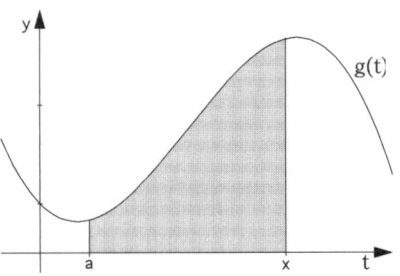

tion und der Fläche gilt allerdings nur, wenn $g(t) \geq 0$ und $x \geq a$ gilt.

Beim Lösen des Integrals ergibt sich:

$$F(x) = \int_a^x g(t)dt = [G(t)]_a^x = G(x) - G(a)$$

Wenn man diese Funktion ableitet, ergibt sich:

$$F'(x) = g(x)$$

Da der hintere Term nicht von x abhängig ist, fällt er beim Differenzieren weg.

Die Ableitung einer Integralfunktion ist also die Funktion, die im Integral steht.

Der angeführte Zusammenhang gilt allerdings nur, wenn x die obere Grenze des Integrals ist. Ist x die untere Grenze, ergibt sich:

$$F(x) = \int_x^a g(t)dt = [G(t)]_x^a = G(a) - G(x)$$

Für die Ableitung dieser Funktion gilt:

$$F'(x) = -g(x)$$

Wenn x als untere Grenze eingesetzt wird, ergibt sich für die Ableitung der Integralfunktion also das Negative der Funktion, die im Integral steht.

Die angeführten Zusammenhänge sind z.B. sehr nützlich, wenn Extremstellen von Integralfunktionen bestimmt werden sollen. Es sei folgende Funktion auf Extremstellen zu untersuchen:

$$F(x) = \int\limits_{3}^{x}(t-2)(t+1)dt$$

Ohne weitere Rechnung kann man sofort die Ableitung der Funktion angeben:

$$F'(x) = g(x) = (x-2)(x+1)$$

5.9 Uneigentliche Integrale

Bisher wurden nur Integrale über **endliche Intervalle** und im Integrationsbereich **beschränkte Funktionen** betrachtet. Wenn diese Bedingungen nicht erfüllt sind, so spricht man von **uneigentlichen** Integralen.

Nebenstehend ist die Funktion

$$f(x) = \frac{1}{\sqrt{x}}$$

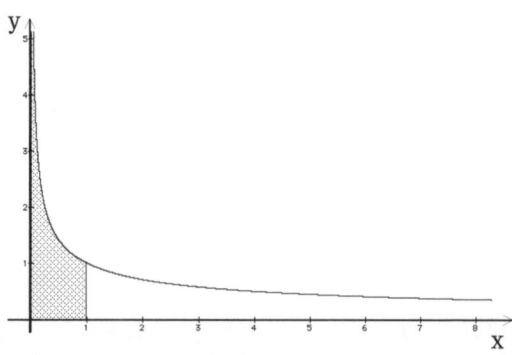

dargestellt. Die Funktion geht für kleine x-Werte gegen unendlich, sie ist somit nicht beschränkt. Die Fläche, die die Funktion zwischen 0 und 1 mit der x-Achse einschließt, wurde grau dargestellt. Die Höhe dieser Fläche ist ∞, denn die Funktion steigt für kleine x immer stärker an und erreicht die y-Achse nie. Anhand der Zeichnung lässt sich aber vermuten, dass ein Grenzwert für die Fläche existieren könnte. Für die Fläche ergibt sich das folgende Integral:

$$\int\limits_{0}^{1}\frac{1}{\sqrt{x}}\,dx$$

Die Funktion ist allerdings bei x=0 nicht definiert. Das Integral ist daher eine abkürzende Schreibweise für folgenden Grenzwert:

$$\int_0^1 \frac{1}{\sqrt{x}}\, dx = \lim_{a \to 0} \int_a^1 \frac{1}{\sqrt{x}}\, dx$$

Das Integral kann nun zunächst bestimmt und anschließend der Grenzwert ausgerechnet werden:

$$\lim_{a \to 0} \int_a^1 \frac{1}{\sqrt{x}}\, dx = \lim_{a \to 0} \int_a^1 x^{-\frac{1}{2}}\, dx$$

$$= \lim_{a \to 0} [\, 2x^{\frac{1}{2}}\,]_a^1 = \lim_{a \to 0} (2*1^{\frac{1}{2}} - 2a^{\frac{1}{2}}) = 2 - 0 = 2$$

Es handelt sich also tatsächlich um eine endliche Fläche, obwohl die Ausdehnung dieser Fläche in y-Richtung unendlich groß ist. Als Stammfunktion hatte sich zuvor die Funktion $2x^{\frac{1}{2}}$ ergeben. Man hätte statt der Grenzwertbetrachtung auch direkt die Grenze 0 in diese Funktion einsetzen können und wäre zu demselben Ergebnis gekommen. Allerdings gibt es auch Fälle, bei denen ein einfaches Einsetzen der Grenzen zu einem nicht definierten Ausdruck führt und dann tatsächlich überprüft werden muss, ob ein Grenzwert existiert. Nachfolgend wird ein Beispiel hierzu betrachtet:

Es sei folgendes Integral zu lösen:

$$\int_0^1 \frac{1}{x}\, dx$$

Die Berechnung ergibt:

$$\int_0^1 \frac{1}{x}\, dx = \lim_{a \to 0} \int_a^1 \frac{1}{x}\, dx$$

$$= \lim_{a \to 0} [\ln(x)]_a^1 = \lim_{a \to 0} (\ln(1) - (\ln(a)))$$

Nach den Grenzwertsätzen können die Grenzwerte einzeln bestimmt werden:

$$= \lim_{a \to 0} \ln(1) - \lim_{a \to 0} \ln(a) = 0 - \lim_{a \to 0} \ln(a)$$

Der ln(a) geht für a gegen 0 gegen $-\infty$, daher existiert kein Grenzwert.

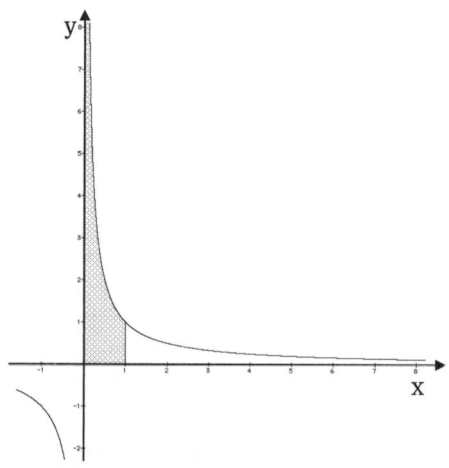

Für die betrachtete Fläche gibt es also keinen Grenzwert. Nebenstehend sind die Funktion und die entsprechende Fläche graphisch dargestellt. Anhand der Zeichnung lässt sich nicht ohne weiteres erkennen, ob für die Fläche ein Grenzwert existiert.

Für dieselbe Funktion soll nun die mit der x-Achse zwischen 2 und ∞ eingeschlossene Fläche berechnet werden. Auch hierbei handelt es sich um

eine Grenzwertbetrachtung. Nebenstehend ist die entsprechende Fläche dargestellt. Es ergibt sich folgender Grenzwert:

$$\int_{2}^{\infty} \frac{1}{x}\, dx = \lim_{a \to \infty} \int_{2}^{a} \frac{1}{x}\, dx$$

$$= \lim_{a \to \infty} [\ln(x)]_{2}^{a}$$

$$= \lim_{a \to \infty} [\ln(a) - \ln(2)]$$

$$= \lim_{a \to \infty} \ln(a) - \ln(2)$$

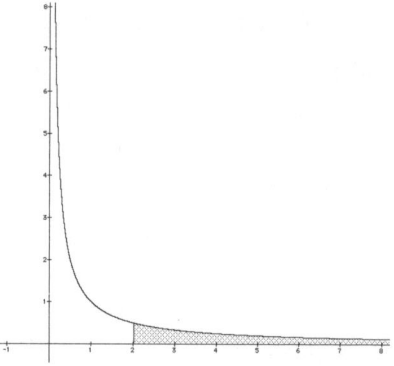

Der ln(a) geht für a gegen ∞ ebenfalls gegen unendlich, so dass kein Grenzwert existiert.

Nachfolgend wird dieselbe Fläche unterhalb der Funktion $f(x) = \frac{1}{x^2}$ berechnet:

$$\int_{2}^{\infty} \frac{1}{x^2}dx = \lim_{a \to \infty} \int_{2}^{a} \frac{1}{x^2}\, dx = \lim_{a \to \infty} \int_{2}^{a} x^{-2}\, dx = \lim_{a \to \infty} [-x^{-1}]_{2}^{a}$$

$$= \lim_{a \to \infty} (-a^{-1} - (-2^{-1})) = \lim_{a \to \infty} (-a^{-1}) + 2^{-1} = 0 + \frac{1}{2} = \frac{1}{2}$$

5.10 Berechnung von Summen mittels Integralen

Summen können durch Integrale approximiert (angenähert) werden. Dieses ist insbesondere deshalb sinnvoll, weil sich Integrale oft erheblich einfacher berechnen lassen. Es sei die **Summe** aller natürlichen Zahlen von 1 bis 1.000 zu berechnen:

$$\sum_{i=1}^{1000} i$$

Diese Summe lässt sich mit einem Trick relativ einfach berechnen. Man fasst immer zwei Zahlen zusammen, so dass sich jeweils 1.001 ergibt:

1.000	999	998	997	996	995	994	993	992	...501
+1	+2	+3	+4	+5	+6	+7	+8	+9	...+500
=1.001	1.001	1.001	1.001	1.001	1.001	1.001	1.001	1.001	...1.001

Insgesamt kann man also 500 mal 1.001 zusammenbasteln. Somit ergibt sich:

$$\sum_{i=1}^{1000} i = 500 * 1.001 = 500.500$$

Wie kann nun die Summe durch ein Integral ersetzt werden? Die einzelnen Summanden lauten 1, 2, 3, ... Wenn man bei der Funktion nun um jeden Wert ein Intervall von der Breite 1 legt, so sind die dabei entstehenden Flächen eine gute Näherung für den jeweiligen mittleren x-Wert (da es sich um eine lineare Funktion handelt, ist die Näherung sogar exakt).

Nebenstehend ist der Sachverhalt graphisch dargestellt. Die Summe aller Flächen erhält man also, indem die Funktion von 0,5 bis 1000,5 integriert wird. Dieses Integral wird nachfolgend

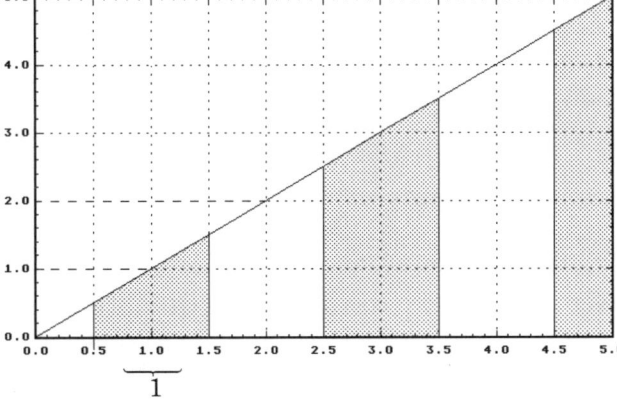

berechnet:

$$\int\limits_{0,5}^{1000,5} x \; dx = [\frac{1}{2}x^2]_{0,5}^{1000,5} = 500500{,}125 - 0{,}125 = 500500$$

Das Integral liefert hier also exakt den gleichen Wert. Dies liegt allerdings daran, dass es sich um eine lineare Funktion handelt. In dem Beispiel war es auch ohne Integral relativ leicht möglich, die Summe zu berechnen. Viele Summen können aber nicht auf so einfache Art berechnet werden, so dass die Näherung durch ein Integral durchaus Sinn macht. So z.B. bei folgender Summe:

$$\sum_{x=1}^{1000} x^3$$

5.11 Rotationskörper

Wenn man eine Funktion um die x–Achse rotieren lässt, so ergibt sich ein Rotationskörper. Der Radius dieses Rotationskörpers entspricht jeweils dem zugehörigem Funktionswert (r=f(x)). Für die Fläche eines Kreises gilt: $A = \Pi r^2$. Somit ergibt sich für die Fläche einer Kreisscheibe des Rotationskörpers: $A = \Pi * f(x)^2$. Wenn man nun die einzelnen Kreisscheiben des Rotationskörpers mittels des Integrales quasi aufaddiert, so erhält man als Lösung des Integrals das Volumen des Rotationskörpers.

Es sei folgende Funktion gegeben:

$$f(x) = 0{,}5x$$

Welches Volumen hat der Rotationskörper, der entsteht, wenn man diese Funktion um die x–Achse rotieren lässt und man den Körper zwischen x=0 und x=2 betrachtet? Entsprechend den vorherigen Ausführungen muss zur Lösung dieser Aufgabe folgendes Integral gelöst werden:

$$\int\limits_{0}^{2} \Pi * (0{,}5x)^2 dx = \Pi * \frac{1}{4} \int\limits_{0}^{2} x^2 dx = \Pi * \frac{1}{4} * [\frac{1}{3} x^3]_{0}^{2}$$

$$= \Pi * \frac{1}{4} * (\frac{1}{3} 2^3 - \frac{1}{3} 0^3) = \frac{2}{3} \Pi$$

Bei dem zuvor betrachteten Körper handelt es sich um einen Kegel mit der Höhe 2 und einem Radius der Grundfläche von $\frac{1}{2} * 2 = 1$. In diesem einfachen Fall kann man das Ergebnis auch mittels der bekannten Formel für das Volumen eines Kegels: $A = \frac{1}{3} *$ Höhe $*$ Grundfläche berechnen.

Wenn die Funktion streng monoton ist, kann auch das Volumen von Drehkörpern um die y-Achse berechnet werden, hierzu muss erst die Umkehrfunktion gebildet werden. Für die Umkehrfunktion berechnet man dann, wie zuvor beschrieben, den Rotationskörper um die x-Achse. Dieser Rotationskörper um die x-Achse entspricht dem ursprünglichem Rotationskörper um die y-Achse, denn durch die Bildung der Umkehrfunktion wurden quasi x- und y-Achse vertauscht.

Wenn die Fläche zwischen zwei Funktionen um die x-Achse rotieren soll, so muss man zur Volumenberechnung des entstehenden Drehkörpers zunächst das Volumen der Drehkörper für die einzelnen Funktionen berechnen. Nachfolgend zieht man von dem Volumen für die weiter von der x-Achse entfernt liegende Funktion das Volumen des anderen Drehkörpers ab.

5.12 Übungsaufgaben

Zur Übung sollte zunächst versucht werden, die nachfolgenden Aufgaben selbst zu lösen.

Berechnen Sie die Integrale:

1   $\int_{2}^{4} (\frac{4}{x} + x - 4)\, dx$

2   $\int_{2}^{3} (\cos(x) - \frac{1}{x} + \frac{1}{\sqrt[3]{x^5}} - e^{-x})\, dx$

3   $\int_{1}^{2} \frac{x^2 + x - 1}{x^2}\, dx$

4   Bestimmen Sie die obere Grenze b ($b \neq 0$) so, dass gilt:
$\int_{0}^{b} (3x^2 - 10x + 6)\, dx = 0$

5   Zeigen Sie, dass F: $x \to \ln(\ln(x))$ Stammfunktion von

f: $x \to \frac{1}{x * \ln(x)}$ ist.

Lösungsvorschläge:

1 $\int_{2}^{4}(\frac{4}{x} + x - 4)\,dx = [\,4*\ln(x) + \frac{1}{2}x^2 - 4x\,]_{2}^{4}$

$= 4\ln(4) + \frac{1}{2}4^2 - 4*4 - (4*\ln(2) + \frac{1}{2}2^2 - 4*2)$

$= 5{,}545 + 8 - 16 - 2{,}773 - 2 + 8 = 0{,}773$

---

2 $\int_{2}^{3}(\cos(x) - \frac{1}{x} + \frac{1}{\sqrt[3]{x^5}} - e^{-x})\,dx$

$= \int_{2}^{3}(\cos(x) - \frac{1}{x} + x^{-\frac{5}{3}} - e^{-x})\,dx$

$= \left[\,\sin(x) - \ln(x) - \frac{3}{2}x^{-\frac{2}{3}} + e^{-x}\,\right]_{2}^{3}$

$= \sin(3) - \ln(3) - \frac{3}{2}3^{-\frac{2}{3}} + e^{-3} - (\sin(2) - \ln(2) - \frac{3}{2}2^{-\frac{2}{3}} + e^{-2})$

$= 0{,}141 - 1{,}099 - 0{,}721 + 0{,}05 - 0{,}909 + 0{,}693 + 0{,}945$
$- 0{,}135 = \mathbf{-1{,}035}$

---

3 $\int_{1}^{2}\frac{x^2 + x - 1}{x^2}\,dx = \int(\frac{x^2}{x^2} + \frac{x}{x^2} - \frac{1}{x^2})\,dx = \int(1 + \frac{1}{x} - \frac{1}{x^2})\,dx$

$= \int 1\,dx + \int\frac{1}{x}\,dx - \int x^{-2}\,dx = [x + \ln(x) + x^{-1}]_{1}^{2}$

$= 2 + \ln(2) + \frac{1}{2} - (1 + \ln(1) + 1)$

$= 2 + 0{.}693 + 0{.}5 - 1 - 0 - 1 = 1{.}193$

---

4   Hier muss das Integral berechnet und das Ergebnis dann gleich
Null gesetzt werden.

$\int_{0}^{b}(3x^2 - 10x + 6)\,dx = [\,x^3 - 5x^2 + 6x\,]_{0}^{b}$

$= b^3 - 5b^2 + 6b - (0 - 0 + 0) = b^3 - 5b^2 + 6b$

$b^3 - 5b^2 + 6b = 0 \Leftrightarrow b * (b^2 - 5b + 6) = 0$

$\Leftrightarrow b = 0 \lor b^2 - 5b + 6 = 0$

In der Aufgabenstellung ist angegeben, dass $b \neq 0$ sein soll, somit kommt nur die zweite Bedingung in Frage. Die quadratische Gleichung wird nachfolgend gelöst (siehe Anhang):

$b^2 - 5b + 6 = 0 \Leftrightarrow (b-2,5)^2 - 6,25 + 6 = 0$

$\Leftrightarrow (b-2,5)^2 = 0,25 \Leftrightarrow b-2,5 = 0,5 \lor b-2,5 = -0,5$

$\Leftrightarrow \mathbf{b = 3 \lor b = 2}$

---

5 Die Ableitung der Stammfunktion muss die Funktion ergeben. Am einfachsten ist es bei dieser Aufgabe, dieses nachzuweisen.

$F(x) = \ln(\ln(x))$ ist eine verkettete Funktion, so dass die Kettenregel angewendet werden muss:

$F(x) = g(h(x)) \Rightarrow g(y) = \ln(y); \; h(x) = \ln(x)$

äußere Ableitung: $g'(y) = \dfrac{1}{y} \Rightarrow g'(x) = \dfrac{1}{\ln(x)}$

innere Ableitung: $h'(x) = \dfrac{1}{x}$

$\Rightarrow F'(x) = h'(x) * g'(x) = \dfrac{1}{x * \ln(x)} = f(x)$

6 Differential- und Differenzengleichungen

6.1 Differentialgleichungen

6.1.1 Ökonomischer Bezug

Bei der Differentialrechnung geht es im Wesentlichen um Ableitungen von Funktionen. Entsprechend sind Differentialgleichungen (DGL) Gleichungen, in denen Ableitungen von Funktionen auftauchen. In der Regel sind es Ableitungen nach der Zeit. Daher kann mit Differentialgleichungen das Verhalten von dynamischen Systemen beschrieben werden.

In der Realität ist fast alles dynamisch. Allerdings beschäftigt man sich in der Ökonomie mit Modellen. Die Kunst eines Modells ist es, möglichst viele Vereinfachungen der Realität vorzunehmen, aber trotzdem noch in der Realität brauchbare Ergebnisse zu liefern. Die im Grundstudium benutzten Modelle vereinfachen z.B., indem sie die dynamischen Prozesse außenvor lassen. Die Gleichgewichtsanalyse eines Marktes ist z.B. eine rein statische Analyse. Es wird das Gleichgewicht zu einem bestimmten Zeitpunkt untersucht. Die einfachen keynsianischen Modelle, wie das IS/LM Modell von Hicks, sind komparativ statisch. Hier werden zwei Gleichgewichte zu verschiedenen Zeitpunkten verglichen. Will man zusätzlich den Prozess der zeitlichen Entwicklung untersuchen, so benötigt man Differentialgleichungen.

Als Beispiel für eine dynamische Theorie wird nachfolgend die neoklassische Wachstumstheorie kurz skizziert. Im IS/LM–Modell verändern zusätzliche Investitionen die Produktion zu künftigen Zeitpunkten nicht. Dieser Effekt wird in dem Modell vernachlässigt. In der neoklassischen Wachstumstheorie wird dieser Effekt berücksichtigt. Die grobe Idee ist hierbei folgende: Das Volkseinkommen wird mit den Produktionsfaktoren Arbeit und Kapital produziert:

$$Y = f(K, L)$$

Es kann entweder konsumiert oder gespart werden. Es gibt eine Sparquote s, somit beträgt die Ersparnis $s*f(K, L)$. Diese Ersparnis entspricht aber nun gerade den Investitionen.

I = s* f(K, L)

Der Kapitalstock verändert sich in der Zeit gerade um die Investitionen. Die zeitliche Änderung des Kapitalstocks ist die Ableitung des Kapitalstocks nach der Zeit:

$$I = \frac{dK}{dt} = K' = s*f(K, L)$$

Bei der Gleichung, die nun entstanden ist, handelt es sich um eine Differentialgleichung. In der Gleichung wird die erste Ableitung von K ($\frac{dK}{dt}$ oder auch kürzer K' geschrieben) mit einer Funktion von K in Beziehung gesetzt.

6.1.2 Einteilungen von Differentialgleichungen

Differentialgleichungen können sehr kompliziert werden, und es gibt Massen von Büchern, die sich nur mit der Lösung von Differentialgleichungen befassen. Daher ist es klar, dass hier nur sehr grundlegende Verfahren behandelt werden.

Nachfolgend wird die Variable, bezüglich der die Veränderung betrachtet wird, also meistens die Zeit, mit x bezeichnet. y ist eine Funktion von x: y = y(x). Die erste Ableitung von y nach x $\frac{dy}{dx}$ wird auch abkürzend mit y'(x) bezeichnet.

> Die **Ordnung** einer Differentialgleichung gibt die höchste Ableitung von y(x) an, die in der Differentialgleichung auftaucht.

z.B. hat die Differentialgleichung
    y' + a* x = 0 die Ordnung 1
    y''' − y² = 0 die Ordnung 3

In diesem Rahmen werden nur Differentialgleichungen 1. Ordnung behandelt.

> Eine Differentialgleichung heißt **linear**, wenn in ihr die Funktion y und ihre Ableitungen nur in einfacher Potenz auftreten.

Diese Definition ist analog zu linearen Gleichungen, bei denen die Variablen nur in einfacher Potenz auftreten dürfen.

> Eine Differentialgleichung heißt **homogen**, wenn nur Terme mit y und seinen Ableitungen, also keine Terme nur mit x, oder Konstanten auftauchen.
>
> Oder anders formuliert: Ist die Differentialgleichung erfüllt, wenn man für die Funktion (y) und ihre Ableitungen Null einsetzt, so ist die Differentialgleichung homogen.

Nachfolgend einige Beispiele:

DGL	Typ	Anmerkung
$y'' + y' - 7y = x^2$	linear, inhomogen, 2. Ordnung	das x kann in beliebiger Weise in die Gleichung eingehen.
$y'^3 - 7y = 0$	nicht linear, homogen 1. Ordnung	y' geht in dritter Potenz ein
$y' - 2x^2y = 0$	linear, homogen, 1. Ordnung	

6.1.3 Trennung der Variablen

Wenn es möglich ist, die Differentialgleichung so umzuformen, dass auf der einen Seite nur eine Funktion von y und auf der anderen nur eine Funktion von x steht, so kann die Gleichung integriert werden.

Gleichungen, die folgendermaßen geschrieben werden können, lassen sich integrieren:

$$y' = \frac{f(x)}{g(y)}$$

Die Ableitung der Funktion ist hier in Beziehung gesetzt zu einer Funktion, die nur von x, und einer, die direkt nur von y abhängig ist. y' kann auch anders geschrieben werden:

$$y' = \frac{dy}{dx} = \frac{f(x)}{g(y)}$$

Diese Gleichung kann nun umgeformt werden:

$$\frac{dy}{dx} = \frac{f(x)}{g(y)} \mid *dx \;\; *g(y)$$

$$\Leftrightarrow g(y)*dy = f(x)*dx$$

Diese Gleichung kann nun integriert werden:

$$\Leftrightarrow \int g(y)*dy = \int f(x)*dx$$

$$\Leftrightarrow G(y) + c_1 = F(x) + c_2 \mid -c_1$$

$$\Leftrightarrow G(y) = F(x) + c_2 - c_1$$

$$\Leftrightarrow G(y) = F(x) + c$$

Die beiden Konstanten wurden in der letzten Gleichung zu einer neuen Konstanten zusammengefasst. Die Gleichung, die nun entstanden ist, enthält y und x als Variable. Gelingt es, diese Gleichung nach y aufzulösen, so hat man die gesuchte Funktion y(x) gefunden, die die Differential-gleichung löst.

Nachfolgend wird das Vorgehen an einem Beispiel veranschaulicht:

$$y' = 5y - 4$$

Nun müssen die Variablen getrennt werden:

$$\frac{dy}{dx} = 5y - 4 \mid *dx$$

$$\Leftrightarrow dy = (5y - 4)*dx \mid /(5y - 4)$$

$$\Leftrightarrow \frac{1}{5y - 4} dy = 1*dx$$

Die Gleichung wird nun integriert:

$$\Leftrightarrow \int \frac{1}{5y - 4} dy = \int 1*dx$$

$$\Leftrightarrow \frac{1}{5} \ln|5y-4| = x + c$$

Die $\frac{1}{5}$ eliminieren die innere Ableitung des ln.

Die Gleichung, die entstanden ist, muss nun nach y aufgelöst werden.

$$\frac{1}{5}\ln|5y-4| = x + c \mid *5$$

$$\Leftrightarrow \ln|5y-4| = 5x + 5c \mid e^\wedge \text{ (e hoch)}$$

$$\Leftrightarrow |5y-4| = e^{(5x+5c)}$$

Die e–Funktion auf der rechten Seite der Gleichung ergibt immer einen positiven Wert. Die linke Seite ist aufgrund des Betrages auch immer positiv, auch wenn "5y – 4" negativ ist. Wenn man den Betrag nun einfach weglassen würde, müsste "5y – 4" positiv sein, um auch zuzulassen, dass dieser Term negativ ist, muss man vor der e-Funktion ein ± einfügen. (Alternativ wäre auch eine Fallunterscheidung möglich.)

$$\Leftrightarrow 5y - 4 = \pm e^{(5x + 5c)} \mid +4$$

$$\Leftrightarrow 5y = \pm e^{(5x + 5c)} + 4 \mid / 5$$

$$\Leftrightarrow y = \pm \frac{1}{5}(e^{5x} * e^{5c}) + 0,8$$

$$\Leftrightarrow y = \pm e^{5x} * \frac{1}{5} e^{5c} + 0,8$$

Dieses ist die allgemeine Lösung der Differentialgleichung. Wenn ein bestimmter Wert für c gewählt wird, so ergibt sich eine spezielle Lösung der Differentialgleichung. Wenn bestimmte Anfangsbedingungen festgelegt werden (nachfolgend y(0) = 1), so wird durch diese eine spezielle Lösung beschrieben. c muss dann so bestimmt werden, dass die Anfangsbedingung erfüllt ist. (Da „5y – 4" positiv ist, kann das ± weggelassen werden.)

$$y(0) = e^{5*0} * \frac{1}{5} e^{5c} + 0,8 = 1$$

$$\Leftrightarrow \frac{1}{5} e^{5c} + 0,8 = 1 \mid *5$$

$$\Leftrightarrow e^{5c} + 4 = 5 \mid -4 \quad \Leftrightarrow \quad e^{5c} = 1 \mid \ln$$

$$5c = \ln(1) \Leftrightarrow c = 0$$

Die spezielle Lösung zu der gegebenen Anfangsbedingung lautet also:

$$y = e^{5x} * \frac{1}{5} e^{5*0} + 0,8 = \frac{1}{5} e^{5x} + 0,8$$

Nachfolgend wird noch ein Beispiel angeführt:

$$y' - y^2 * x^3 = 0 \mid + y^2$$

$$\Leftrightarrow y' * x^3 = y^2 \mid * x^3$$

$$\Leftrightarrow \frac{dy}{dx} = y^2 * x^3 \mid *dx$$

$$\Leftrightarrow dy = y^2 * x^3 *dx \mid /y^2$$

$$\Leftrightarrow \frac{1}{y^2}dy = x^3 *dx$$

$$\Leftrightarrow \int y^{-2} dy = \int x^3 dx$$

$$\Leftrightarrow -y^{-1} = \frac{1}{4} * x^4 + c$$

$$\Leftrightarrow -\frac{1}{y} = \frac{1}{4} * x^4 + c \mid *y \quad *4$$

$$\Leftrightarrow -4 = y * (x^4 + 4c) \mid / (x^4 + 4c)$$

$$\Leftrightarrow y = \frac{-4}{x^4 + 4c}$$

Es sei nun noch angenommen, es solle folgende Anfangsbedingung gelten:

$$y(0) = 1$$

Durch Einsetzen der Werte in die allgemeine Lösung lässt sich das c für die spezielle Lösung ermitteln:

$$\Leftrightarrow 1 = \frac{-4}{0^4 + 4c} \mid *c$$

$$\Leftrightarrow c = -1$$

Somit lautet die spezielle Lösung für die angeführte Anfangsbedingung:

$$\Leftrightarrow y = \frac{-4}{x^4 - 4}$$

6.1.4 Lineare Differentialgleichung 1. Ordnung

Die allgemeine Form einer linearen Differentialgleichung 1. Ordnung ist folgende:

$$y' + p(x) * y = r(x)$$

p(x) und r(x) sind beide Funktionen von x. Natürlich ist y auch eine Funktion von x, wegen der Übersicht wird hier aber abkürzend y' und y (statt y'(x) und y(x)) geschrieben.

Alle linearen Differentialgleichungen 1. Ordnung lassen sich in die angegebene Form bringen. Wenn y' mit einer Funktion von x multipliziert wird; so muss (ähnlich wie bei der Lösung von quadratischen Gleichungen) zunächst durch diese Funktion geteilt werden:

$$s(x) * y' + t(x) * y = u(x) \mid / s(x) \text{ (für } s(x) \neq 0)$$

$$\Leftrightarrow y' + \frac{t(x)}{s(x)} * y = \frac{u(x)}{s(x)} \Leftrightarrow y' + p(x) * y = r(x)$$

Im letzten Schritt wurden p(x) und r(x) einfach entsprechend definiert.

6.1.4.1 Homogene lineare Differentialgleichung

Nachfolgend wird die Lösung der **homogenen** linearen Differentialgleichung 1. Ordnung betrachtet. Bei dieser Gleichung kommt kein Term r(x) vor. Sie lautet also:

$$y' + p(x)*y = 0$$

Diese Gleichung kann mittels Trennung der Variablen gelöst werden:

$$y' + p(x)*y = 0 \Leftrightarrow \frac{dy}{dx} + p(x)*y = 0 \Leftrightarrow \frac{dy}{dx} = -p(x)*y$$

$$\frac{1}{y}\,dy = -p(x)dx$$

Diese Gleichung wird nun integriert:

$$\Leftrightarrow \int \frac{1}{y}\,dy = \int -p(x)dx$$

$$\Leftrightarrow \ln|y| = -P(x) + c \qquad \text{(P(x) ist die Stammfunktion zu p(x))}$$

$$\Leftrightarrow y = \pm e^{(-P(x)+c)}$$

Man kann diesen Term nun noch weiter umformen:

$$\Leftrightarrow y = \pm e^{-P(x)} * e^{c}$$

$$\Leftrightarrow y = \pm e^{c} * e^{-P(x)}$$

e^{c} kann jede positive reelle Zahl ergeben, mit dem plus/minus davor kann es auch jede negative reelle Zahl ergeben. Somit kann man auch sagen:

$$\pm e^{c} = k \quad \text{mit } k \in \mathbb{R}$$

Mit der neu definierten Konstanten k ergibt sich:

$$\mathbf{y = k * e^{-P(x)}}$$

Mittels dieser Formel kann man die allgemeine Lösung einer linearen homogenen Differentialgleichung errechnen. Um eine spezielle Lösung zu erhalten, kann man dann nachfolgend die Anfangsbedingungen in die Lösung einsetzen und aus der sich ergebenden Gleichung die Konstante berechnen.

Man kann aber auch eine Formel für die spezielle Lösung errechnen. Hierzu setzt man die Anfangsbedingung in die allgemeine Lösungsformel ein. Es sei die Anfangsbedingung $y(x_0) = y_0$ gegeben, so ergibt sich:

$$y_0 = k * e^{-P(x_0)} \mid * e^{P(x_0)}$$

$$\Leftrightarrow y_0 * e^{P(x_0)} = k$$

Dieser Ausdruck kann nun für k in die allgemeine Lösung eingesetzt werden:

$$y = y_0 * e^{P(x_0)} * e^{-P(x)}$$

Nach den Regeln für Exponentialfunktionen lässt sich nun folgendermaßen umformen:

$$\Leftrightarrow y = y_0 * e^{(P(x_0)-P(x))}$$

Diese Lösung wurde für alle Funktionen p(x) hergeleitet. Somit kann eine spezielle Lösung für eine lineare homogene Differentialgleichung gefunden werden, indem in den obigen Ausdruck eingesetzt wird.

6.1.4.2 Inhomogene lineare Differentialgleichung

Bei der inhomogenen linearen Differentialgleichung ist es im Allgemeinen nicht möglich, die Variablen zu trennen. Daher werden andere Lösungsverfahren benötigt. Das nachfolgend verwendete Verfahren nennt sich "Variation der Konstanten".

Die allgemeine Lösung der homogenen Gleichung lautete:

$$y = k*e^{-P(x)}$$

Für die Lösung der inhomogenen Gleichung wird nun dies als Ansatz übernommen. Hierbei wird aber für k eine Funktion von x (k(x)) eingesetzt. Die Konstante wird also gewissermaßen variiert. Anschließend wird k(x) so bestimmt, dass die inhomogene Differentialgleichung erfüllt wird. Zunächst wird also folgender Ausdruck für y angesetzt:

$$y = k(x)*e^{-P(x)}$$

Für die Ableitung ergibt sich nach der Produktregel:

$$y' = k'(x)*e^{-P(x)} - p(x)*k(x)*e^{-P(x)}$$

Jetzt kann in die inhomogene Gleichung eingesetzt werden:

$$y' + p(x)*y = r(x)$$

$$\Rightarrow k'(x) * e^{-P(x)} - p(x) * k(x) * e^{-P(x)} + p(x) * k(x) * e^{-P(x)} = r(x)$$

$$\Leftrightarrow k'(x) * e^{-P(x)} = r(x) \mid * e^{P(x)}$$

$$\Leftrightarrow k'(x) = e^{P(x)} * r(x)$$

Nun ist eine Differentialgleichung für k(x) entstanden. Diese kann durch Trennung der Variablen gelöst werden:

$$\Leftrightarrow \frac{dk}{dx} = e^{P(x)} * r(x)$$

$$\Leftrightarrow dk = e^{P(x)} * r(x) * dx$$

$$\Leftrightarrow \int dk = \int (e^{P(x)} * r(x)) dx$$

$$\Leftrightarrow k(x) = c + \int [e^{P(x)} * r(x)]\, dx$$

Die Integrationskonstante c entsteht hierbei durch die Integration der linken Seite. Wird dieses Ergebnis in den Ansatz für y eingesetzt, ergibt sich:

$$\Rightarrow y = \left(c + \int [e^{P(x)} * r(x)]\, dx\right) * e^{-P(x)}$$

$$\Rightarrow \mathbf{y = e^{-P(x)} * \left(c + \int [e^{P(x)} * r(x)]\, dx\right)}$$

Im letzten Schritt wurde lediglich die Reihenfolge umgestellt. Mit der angegebenen Formel kann man die allgemeine Lösung einer linearen inhomogenen Differentialgleichung ermitteln. Wenn eine spezielle Lösung gefragt ist, kann man die Anfangsbedingung nachfolgend einsetzen und auf diese Weise c ermitteln.

Man kann aber auch, wie zuvor für die homogene lineare Differentialgleichung gezeigt, eine Formel für eine bestimmte Anfangsbedingung $y(x_0) = y_0$ ermitteln. Hierbei ergibt sich für die spezielle Lösung folgende Formel:

$$\mathbf{y = e^{(-P(x)+P(x_0))} * \left(y_0 + \int_{x_0}^{x} r(t) * e^{(P(t)-P(x_0))} dt\right)}$$

Da bei dem hinteren Integral das x als Integrationsgrenze auftaucht, wurde in dem Integral die neue Integrationsvariable t statt x eingefügt.

Die zuvor ermittelten Lösungen für die lineare homogene Differentialgleichung steckt in den hier angegebenen Formeln als Spezialfall mit drin, denn bei der homogenen Gleichung ist r(x) bzw. r(t) gleich Null, somit fällt das gesamte hintere Integral weg, und es ergibt sich die Lösungsformel für die homogene Gleichung.

Zuvor wurde eine Formel angegeben, aus der man direkt die spezielle Lösung ermitteln kann. Von der Rechnung her dürfte es aber generell einfacher sein, zunächst die allgemeine Lösung zu ermitteln und anschließend die Konstante zu bestimmen.

Nachfolgend wird noch ein wichtiger Zusammenhang angeführt:

> Allgemein gilt, dass sich die **Lösung einer inhomogenen Differentialgleichung** durch Addition der Lösung der homogenen Gleichung mit einer speziellen Lösung der inhomogenen Differentialgleichung ergibt.

6.1.5 Aufgaben zu Differentialgleichungen

1) Lösen Sie die Differentialgleichung $y(t)' - \frac{1}{t} y(t) = 0$ unter der Anfangsbedingung $y(1) = 2$.

2) Lösen Sie die Differentialgleichung $y(x)' + 2x * y(x) = x * e^{-x^2}$ unter der Anfangsbedingung $y(0) = 1$.

Lösungsvorschläge:
Bei den Lösungsvorschlägen wird bei der ersten Aufgabe direkt in die Formel für die spezielle Lösung eingesetzt, während bei der zweiten Aufgabe zunächst die allgemeine Lösung ermittelt wird.

1) Die Variable ist in diesem Fall t. Es handelt sich um eine lineare homogene Differentialgleichung 1. Ordnung. Die Gleichung könnte mittels Trennung der Variablen gelöst werden, es kann aber auch einfach in die zuvor ermittelte Lösungsformel eingesetzt werden. p(t) ist in diesem Fall $-\frac{1}{t}$, für t_0 muss 1 und für y_0 2 eingesetzt werden. Für P(t) ergibt sich:

$$P(t) = \int -\frac{1}{t} dt = -\ln(t) \quad \text{und somit} \quad P(t_0) = -\ln(1) = 0$$

Somit lautet die spezielle Lösung dieser Differentialgleichung:

$$y = 2e^{-(-\ln t)} = 2e^{\ln t} = 2t$$

2) Bei dieser inhomogenen Differentialgleichung gilt:

$$p(x) = 2x; \quad r(x) = x*e^{-x^2}; \quad x_0 = 0 \text{ und } y_0 = 1$$

Zunächst sei noch einmal die Lösungsformel für die allgemeine Lösung der linearen inhomogenen Differentialgleichung angeführt:

$$y = e^{-P(x)} * \left(c + \int [e^{P(x)} * r(x)] \, dx \right)$$

Für P(x), also die Stammfunktion von p(x), ergibt sich:

$$P(x) = \int p(x) \, dx = \int 2x \, dx = x^2$$

Also gilt: $P(x) = x^2$

Nun wird in die Formel eingesetzt:

$$y = e^{-x^2} * \left(c + \int [e^{x^2} * x * e^{-x^2}] \, dx \right)$$

Nach den Rechenregeln für Exponentialfunktionen folgt nun:

$$\Leftrightarrow y = e^{-x^2} * \left(c + \int (e^{x^2 - x^2} * x) \, dx \right)$$

$$\Leftrightarrow y = e^{-x^2} * \left(c + \int (e^0 * x) \, dx \right)$$

$$\Leftrightarrow y = e^{-x^2} * \left(c + \int (x) \, dx \right)$$

$$\Leftrightarrow y = e^{-x^2} * \left(c + \frac{x^2}{2} \right)$$

Die spezielle Lösung ergibt sich, indem durch Einsetzen ein Wert für c ermittelt wird:

$$1 = e^{-0^2} * \left(c + \frac{0^2}{2} \right)$$

$$\Leftrightarrow 1 = 1 * c \Leftrightarrow c = 1$$

Somit lautet die spezielle Lösung:

$$\Leftrightarrow y = e^{-x^2} * \left(1 + \frac{x^2}{2} \right)$$

6.2 Differenzengleichungen

Bei der Betrachtung von Differentialgleichungen wurde stillschweigend unterstellt, dass die betrachteten Größen kontinuierlich verteilt sind. In den Naturwissenschaften macht diese Annahme keine weiteren Probleme. Wenn z.b. eine Differentialgleichung die auf einen Körper wirkenden Kräfte beschreibt, so ergibt sich als Lösung der Differentialgleichung eine Funktion, die, abhängig vom Anfangsort und der Anfangsgeschwindigkeit, den Ort des Körpers zu jedem beliebigen Zeitpunkt angibt. In der Ökonomie gibt es nun aber viele Größen, die nicht wie der Ort eines Körpers kontinuierlich definiert sind. Z.B. werden das Bruttosozialprodukt, die Arbeitslosenraten und selbst Devisenkurse nur zu bestimmten Zeitpunkten ermittelt. In diesen Fällen ist somit auch keine Ableitung definiert, denn diese beschreibt ja die Änderung während eines unendlich kleinen Zeitraumes. Es kann lediglich die Differenz zwischen einem und dem nächsten Wert definiert werden. Die dabei entstehenden Gleichungen nennt man Differenzengleichungen.

Für Differenzengleichungen gelten ähnliche Einteilungen wie für Differentialgleichungen. Allerdings sind Differenzengleichungen wesentlich schwieriger zu lösen. Daher wird hier nur die lineare Differenzengleichung 1. Ordnung mit konstanten Koeffizienten behandelt.

Es sei die Folge y_t mit $t \in \mathbb{N}$ gegeben. Der analoge Ausdruck zu der Ableitung einer Funktion ist hier die Differenz zweier Folgenglieder. Es gilt:

$$\triangle y_t = y_{t+1} - y_t$$

Die zu behandelnde Differenzengleichung lautet somit:

$$y_{t+1} + p * \triangle y_t = r$$

Die Ähnlichkeit zu der entsprechenden Differentialgleichung lässt sich deutlich erkennen. "Konstante Koeffizienten" bedeutet, dass das p und r nicht von t abhängen. Indem man für $\triangle y_t$ die zuvor gegebene Definition einsetzt, kann die Gleichung umgeformt werden:

$$\Rightarrow y_{t+1} + p * (y_{t+1} - y_t) = r \Leftrightarrow (1+p)y_{t+1} - p * y_t = r \mid /(1+p)$$

$$\Leftrightarrow y_{t+1} - p/(1+p) * y_t = r/(1+p)$$

Obwohl nun keine Differenz mehr in der Gleichung auftaucht, handelt es sich trotzdem um eine Differenzengleichung. Die Koeffizienten können nun noch umdefiniert werden:

$$p_{neu} = p_{alt}/(1+p_{alt}) \qquad r_{neu} = r_{alt}/(1+p_{alt})$$

Nach dieser Neudefinition ergibt sich die Form:

$$\Leftrightarrow y_{t+1} - p*y_t = r$$

$$\Leftrightarrow y_{t+1} = p*y_t + r$$

Jede lineare Differenzengleichung 1. Ordnung mit konstanten Koeffizienten lässt sich auf diese Form bringen.

Ist die Gleichung zusätzlich noch homogen, so ist $r = 0$ und die Gleichung lautet:

$$\Leftrightarrow y_{t+1} = p*y_t \quad \Leftrightarrow \quad y_{t+1} = p*y_t$$

In Abhängigkeit des Anfangswertes y_0 ergeben sich die weiteren Werte aus der Gleichung. Den nächsten Wert erhält man jeweils, indem man den vorherigen mit (p) multipliziert:

$$y_1 = p*y_0 \qquad y_2 = p^2*y_0 \qquad y_3 = p^3*y_0$$

Als Lösung dieser Differenzengleichung ergibt sich also:

$$\mathbf{y_t = p^t * y_0}$$

Für die inhomogene Gleichung lässt sich folgendermaßen eine Lösung herleiten:

Sei y_0 gegeben, so lassen sich die anderen Werte nacheinander ausrechnen:

$$y_1 = p*y_0 + r$$
$$y_2 = p*y_1 + r = p*(p*y_0 + r) + r = p^2*y_0 + p*r + r$$
$$y_3 = p*y_2 + r = p*(p^2*y_0 + p*r + r) + r = p^3*y_0 + p^2*r + p*r + r$$

Nach dem gleichen Prinzip könnten weitere Terme gebildet werden. Wie bei der homogenen Gleichung tritt hier zunächst ein Term p^t*y_0 auf.

Die restlichen Terme können als Summe geschrieben werden:

$$y_t = p^t{*}y_0 + r{*}\sum_{i=1}^{t}p^{i-1}$$

Die Summe ist gerade eine geometrische Reihe. Für p=1 ergibt die Summe gerade t, und für p≠1 ergibt sich folgender Ausdruck:

$$\sum_{i=1}^{t}p^{i-1} = \frac{1-p^t}{1-p}$$

Somit ergibt sich folgende Lösung für die inhomogene Differenzengleichung:

$$y_t = p^t{*}y_0 + r{*}\frac{1-p^t}{1-p} \qquad \text{für } p \neq 1$$

$$y_t = y_0 + r{*}t \qquad \text{für } p = 1$$

Aufgaben mit Differenzengleichungen des angeführten Typs können nun durch einfaches Einsetzen in die Lösungsformel gelöst werden. Dies wird an folgendem Beispiel verdeutlicht:

Lösen Sie die Differenzengleichung $y_{t+1} + y_t = 1$ unter der Nebenbedingung $y_0 = 0$.

Zunächst wird die Gleichung in die zuvor untersuchte Form überführt:

$$y_{t+1} + y_t = 1$$

$$\Leftrightarrow y_{t+1} = -y_t + 1$$

Nun lässt sich ablesen, dass p = −1 und r = 1 gilt. Entsprechend der Lösungsformel für die inhomogene Gleichung ergibt sich somit:

$$y_t = (-1)^t{*}0 + 1{*}\frac{1-(-1)^t}{1-(-1)} = \frac{1-(-1)^t}{2} = \frac{1}{2} - \frac{1}{2}{*}(-1)^t$$

7 Differentialrechnung mehrerer Veränderlicher

7.1 Grundlagen

Bisher wurden nur Funktionen betrachtet, die aus einer eindimensionalen Menge (Definitionsbereich) in eine eindimensionale Menge (Wertebereich) abgebildet haben. Allgemein können Funktionen aber aus einer beliebig dimensionalen Menge in eine andere beliebig dimensionale Menge abbilden. Dieses ist keinesfalls ein skurriles mathematisches Konstrukt, sondern eine für die Praxis sehr wichtige Erweiterung des Funktionsbegriffes. Z.B. ist fast jede Produktionsfunktion oder Nutzenfunktion eine Abbildung aus einer mehrdimensionalen Menge in eine eindimensionale Menge. Die zweidimensionalen Zeichnungen derartiger Funktionen (wenn die Funktionen zwei Variable haben), die in der Ökonomie häufig benutzt werden, sind lediglich Darstellungen der Höhenlinien dieser Funktionen. Diese Höhenlinien nennt man bei Produktionsfunktionen Isoquanten (Kurven gleichen Outputs) und bei Nutzenfunktionen Indifferenzkurven (Kurven gleichen Nutzens, denen gegenüber der Haushalt indifferent ist). Anschaulich sind derartige Höhenlinien mit den Höhenlinien auf einer Landkarte zu vergleichen. Auch die Landkarte ist eine zweidimensionale Abbildung eines dreidimensionalen Gebildes.

Nachfolgend ist die Zeichnung einer Funktion mit zwei Variablen (in diesem Fall einer Cobb–Douglas Funktion mit der Funktionsgleichung $y = x_1^{0.5} * x_2^{0.5}$) angeführt:

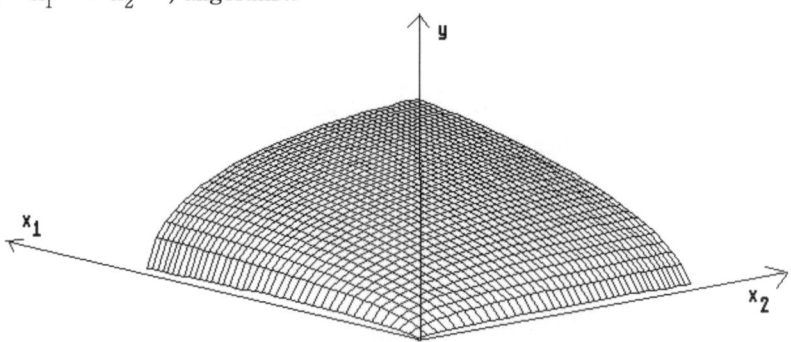

Die Höhenlinien dieser Funktion haben folgenden Verlauf:

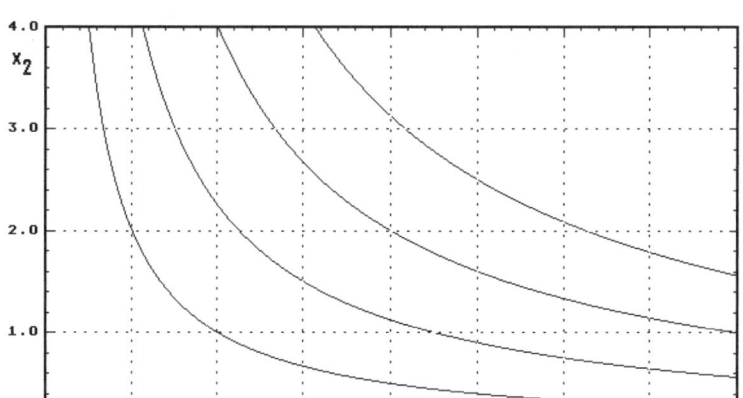

Je weiter die Höhenlinien rechts oben liegen, für desto höhere Funktionswerte stehen sie. Es sei nun angenommen, dass es sich bei der dargestellten Funktion um eine Nutzenfunktion eines Individuums handelt. Die Güter x_1 und x_2 werden von dem Individuum konsumiert und stiften ihm entsprechend der dargestellten Funktion Nutzen. Das Individuum strebt daher danach, den höchstmöglichen Funktionswert, der für es ja Nutzen darstellt, zu erreichen. Es will also quasi die Höhenlinie mit dem höchsten Funktionswert erreichen. Nun unterliegt aber jedes Individuum einer Budgetrestriktion, d.h. es hat nur eine begrenzte Menge an Geld zur Verfügung, um die Güter x_1 und x_2 zu kaufen. Welche Aufteilung des zur Verfügung stehenden Kapitals auf die beiden Güter stiftet nun den größten Nutzen?

Dieses Problem kann man sich durch eine Zeichnung veranschaulichen. Es sei angenommen, dass die beiden Güter den gleichen Preis haben und das Budget des Haushalts für insgesamt 4 Gütereinheiten ausreicht. Wenn der Haushalt 4 Einheiten von Gut 1 konsumiert, so kann er nur 0 Einheiten von Gut 2 konsumieren. Konsumiert er 4 Einheiten von Gut 2, so kann er von Gut 1 nur 0 Einheiten konsumieren. In der Zeichnung ergeben sich hierdurch die Punkte (4; 0) und (0; 4). Wenn man nun weiterhin annimmt, dass die beiden Güter beliebig teilbar sind, so kann der

Haushalt sein Geld auch beliebig anders auf die beiden Güter aufteilen. (Z.B. (3; 1) oder (2,74; 1,26) .....). Die Menge aller dieser möglichen Aufteilungen (bei denen jeweils das vorhandene Geld vollständig für die Güter ausgegeben wird) ist die Budgetgerade. Diese ist nachfolgend eingezeichnet:

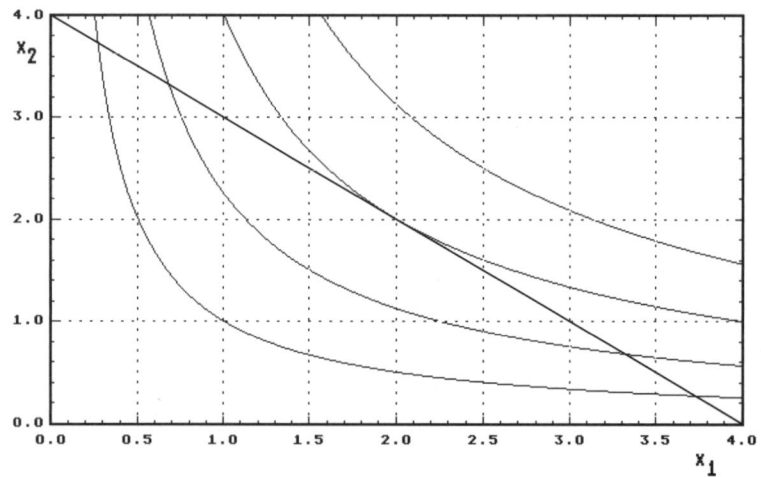

Der Haushalt kann alle Güteraufteilungen, die auf der Budgetgeraden liegen, realisieren. Welche von diesen Aufteilungen ist nun die vorteilhafteste für ihn? Natürlich ist es diejenige Aufteilung, bei der er den höchsten Nutzen erreicht. Die Nutzenniveaus werden nun aber durch die Höhenlinien der Funktion (Indifferenzkurven) wiedergegeben. Optimal ist also die Aufteilung, bei der der Haushalt die am weitesten rechts oben liegende Indifferenzkurve erreicht. Diese Aufteilung bedeutet hier, dass der Haushalt von beiden Gütern jeweils 2 Einheiten konsumiert. (Da die Güter in dem Beispiel den gleichen Preis haben und in gleicher Weise in die Nutzenfunktion eingehen, ergibt sich natürlich eine symmetrische Lösung. Wenn die beiden Güter verschiedene Preise hätten, würde die optimale Aufteilung zu unterschiedlichen Mengen der beiden Güter führen.)

Aus der Graphik folgt natürlich auch noch eine wichtige andere Bedingung. In dem Punkt des Nutzenmaximums tangieren sich die Indifferenzkurven und die Budgetgerade. Dies bedeutet, dass sie in diesem Punkt die gleiche Steigung haben.

Da sowohl auf der Produktions- als auch auf der Haushaltsseite ständig Entscheidungen nach dem obigen Muster auftreten, gibt es viele Fälle, in denen ein Interesse an einer Berechnung der gezeigten optimalen Aufteilung besteht. Die gezeigte graphische Veranschaulichung stellt natürlich noch keine exakte Berechnung dar. Mittels des **Lagrangeansatzes** können derartige Aufgaben berechnet werden. Bevor dieser nachfolgend eingeführt wird, wird zunächst noch der Begriff der partiellen Ableitung eingeführt.

7.2 Partielle Ableitungen

7.2.1 Grundlagen

Bei der Differentialrechnung ist die Ableitung der Funktion ein wesentliches Instrument. Wie sieht es nun bei einer Funktion von mehreren Veränderlichen aus? Wenn man z.B. an einem Hang steht, so ist die Steigung, die man sieht, ganz entscheidend davon abhängig, in welche Richtung man gerade schaut. Dies lässt sich auch in folgender Abbildung sehr gut erkennen. Bei dem fett eingezeichneten Punkt ergibt sich z.B., wenn man nach "hinten" schaut, eine sehr große Steigung, während die Steigung Null ist, wenn man nach rechts schaut, denn es handelt sich hier um einen Grad.

Wie soll man also nun die Steigung definieren?

Was man auf jeden Fall bestimmen kann, ist die Steigung in eine bestimmte Richtung. Bei der letzten Abbildung kann man sich z.B. vorstellen, die Steigung an einem bestimmten Punkt in Richtung der y-Achse oder der x-Achse zu bestimmen. Wenn man sich entlang der x-Achse bewegt, so verändert sich der Wert von y nicht, y bleibt also konstant. Daher kann man die Steigung der Funktion in Richtung der x-Achse bestimmen, indem man die Funktion nach x ableitet und dabei y wie eine Konstante behandelt.

Nachfolgend ist die Funktion $f(x, y) = \cos(x) + \cos(y^2)$ gezeichnet:

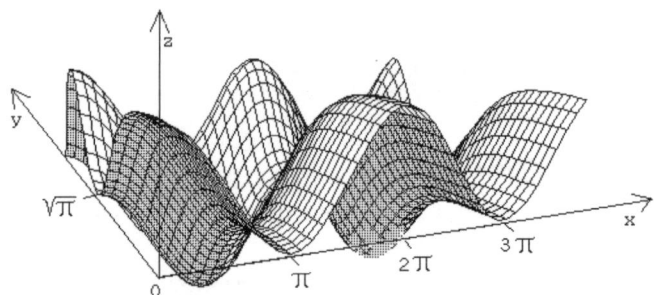

Bei den dunkleren Bereichen blickt man jeweils von unten auf die Funktion. Die Funktion ist über der x- und y-Achse abgeschnitten, so dass die äußere Kante, die man rechts sieht, gerade die Funktionswerte über der x-Achse zeigt. Betrachtet man nur den Verlauf der Funktion entlang der x-Achse, so sieht man, dass die Steigung der Funktion in x Richtung an der Stelle x=π Null sein muss, denn an dieser Stelle hat die Funktion einen Tiefpunkt in x-Richtung. Diese Feststellung kann man nun mittels der partiellen Ableitung überprüfen. Für die partielle Ableitung der Funktion schreibt man nicht,

wie gewohnt $\dfrac{df(x, y)}{dx}$, sondern man schreibt $\dfrac{\partial f(x, y)}{\partial x}$, (man spricht dies

Zeichen auch als d). Mit dem Zeichen wird zum Ausdruck gebracht, dass die Funktion nur nach x differenziert wird, während alle anderen Variablen konstant gehalten werden. Führt man dies für die gegebene Funktion durch, so ergibt sich:

$$\frac{\partial f(x, y)}{\partial x} = \frac{\partial(\cos(x) + \cos(y^2))}{\partial x} = -\sin x$$

Da der zweite Term nur von y und nicht von x abhängt, wird er beim partiellen Ableiten nach x wie eine Konstante behandelt und fällt daher weg. Die vorher aufgestellte Behauptung, dass die partielle Ableitung nach x an der Stelle x=π Null sein soll, ist erfüllt, denn es gilt $-\sin\pi = 0$.

Beim Berechnen von partiellen Ableitungen muss man sich immer vergegenwärtigen, dass nur nach einer bestimmten Variablen abgeleitet wird und daher alle anderen Variablen wie Konstanten behandelt werden müssen. Ansonsten unterscheidet sich das partielle Ableiten von dem "normalen" Ableiten nicht. Natürlich müssen auch bei partiellen Ableitungen von verknüpften Funktionen die entsprechenden Ableitungsregeln beachtet werden. Also z.b. bei verketteten Funktionen die Kettenregel.

7.2.2 Der Gradient einer Funktion

Den Vektor der partiellen Ableitungen einer Funktion nennt man Gradienten der Funktion. Es gilt also:

$$\text{grad } f(x_1, ..., x_n) = (\frac{\partial f}{\partial x_1}, ..., \frac{\partial f}{\partial x_n})$$

An nachfolgendem Beispiel sei der Zusammenhang verdeutlicht:

Berechnen Sie den Gradienten der Funktion $f(x, y, z) = z * \ln(y) + \sin(x)$

Für den Gradienten dieser Funktion ergibt sich:

$$\text{grad } f = (\frac{\partial f}{\partial x}, \frac{\partial f}{\partial y}, \frac{\partial f}{\partial z}) = (\cos(x), \frac{z}{y}, \ln(y))$$

Man schreibt statt grad f auch ∇f, gesprochen Nabla f. Nabla ist ein vektorwertiger Differentialoperator:

$$\nabla = (\frac{\partial}{\partial x_1}, ..., \frac{\partial}{\partial x_n})$$

Wird dieser Differentialoperator auf die Funktion angewendet, so ergibt sich der Gradient. Mit Hilfe von ∇ können weitere Differentialoperatoren definiert werden, die aber in der Ökonomie keine große Bedeutung haben.

7.2.3 Übungen zu partiellen Ableitungen

Nachfolgend nun noch ein paar Aufgaben. Es sollen jeweils die partiellen Ableitungen nach allen Variablen gebildet werden. Hierbei empfiehlt es sich auch wieder, die Ableitungen zunächst eigenständig zu berechnen:

1. $f(x, y) = x^2 + y$

2      $f(x, y) = \sin(x) * \ln(y)$

3      $f(x, y) = 10x$

4      $f(v, w) = x*w + v^y$

5      $f(x, y) = x^n * y^m$

6      $f(x, y) = e^{x*y}$

7      $f(x, y, z) = e^{(x^2 + y^2 + z^2)}$

8      $f(x, y) = x^{-b} * e^{cy} + y^a$

9      $f(x, y) = \dfrac{x^2 + e^{\sin(y)}}{x * y}$

Lösungen:

1. $\dfrac{\partial f(x, y)}{\partial x} = 2x \qquad \dfrac{\partial f(x, y)}{\partial y} = 1$

---

2      $\dfrac{\partial f(x, y)}{\partial x} = \cos(x) * \ln(y) \qquad \dfrac{\partial f(x, y)}{\partial y} = \sin(x) * \dfrac{1}{y}$

(Da bei der ersten Ableitung nur nach x partiell abgeleitet wird, ist ln(y) einfach wie ein Faktor beim Ableiten zu behandeln. Entsprechendes gilt bei der Ableitung nach y für sin(x).)

---

3      $\dfrac{\partial f(x, y)}{\partial x} = 10 \qquad \dfrac{\partial f(x, y)}{\partial y} = 0$

4   $$\frac{\partial f(v, w)}{\partial v} = y * v^{y-1} \qquad \frac{\partial f(v, w)}{\partial w} = x$$

Da diese Funktion von v und w abhängt, müssen die partiellen Ableitungen nach v und w gebildet werden. Die Funktion hängt nicht von x und y ab, daher müssen diese beiden wie Konstanten behandelt werden.

5   $$\frac{\partial f(x, y)}{\partial x} = n * x^{n-1} * y^m \qquad \frac{\partial f(x, y)}{\partial y} = x^n * m * y^{m-1}$$

6   $$\frac{\partial f(x, y)}{\partial x} = y * e^{x*y} \qquad \frac{\partial f(x, y)}{\partial y} = x * e^{x*y}$$

7   Hier ist die Kettenregel zu beachten. Die Funktion ergibt sich als die Verkettung der beiden Funktionen:

$$g(w) = e^w \quad \text{und} \quad w = h(x, y, z) = x^2 + y^2 + z^2$$

$$\Rightarrow g'(w) = e^w \Rightarrow g'(x, y, z) = e^{(x^2+y^2+z^2)}$$

$$\frac{\partial h(x)}{\partial x} = 2x$$

Somit ergibt sich insgesamt für die partielle Ableitung nach x:

$$\frac{\partial f(x, y, z)}{\partial x} = e^{(x^2+y^2+z^2)} * 2x$$
$$\qquad\qquad \text{äußere} \quad \text{innere} \quad \text{Ableitung}$$

Analog ergeben sich die Ableitungen nach y und z:

$$\frac{\partial f(x, y, z)}{\partial y} = e^{(x^2+y^2+z^2)} * 2y$$

$$\frac{\partial f(x, y, z)}{\partial z} = e^{(x^2+y^2+z^2)} * 2z$$

8   Die Funktion ist von x und y abhängig. Somit sind a, b und c Konstanten und müssen beim Ableiten entsprechend behandelt werden:

$$\frac{\partial f\,(x,\,y)}{\partial x} = -bx^{-b-1} * e^{cy} \qquad \frac{\partial f\,(x,\,y)}{\partial y} = x^{-b} * ce^{cy} + ay^{a-1}$$

9   Da es sich hier um einen Quotienten handelt, ist die Quotientenregel anzuwenden. (Oder man schreibt den Ausdruck in ein Produkt um und leitet dann nach der Produktregel ab.)

$$g(x,\,y) = x^2 + e^{\sin(y)} \quad h(x,\,y) = x * y$$

Für die partiellen Ableitungen nach x ergibt sich nun:

$$\frac{\partial g(x,\,y)}{\partial x} = 2x \qquad \frac{\partial h\,(x,\,y)}{\partial x} = y$$

Somit ergibt sich für die partielle Ableitung von f nach x entsprechend der Quotientenregel:

$$\frac{\partial f\,(x,\,y)}{\partial x} = \frac{2x * x * y - (x^2 + e^{\sin(y)}) * y}{(x * y)^2}$$

$$= \frac{(2x^2 - x^2 - e^{\sin(y)}) * y}{(x * y)^2} = \frac{x^2 - e^{\sin(y)}}{x^2 * y}$$

Für die partiellen Ableitungen nach y ergibt sich (bei der Ableitung von g(x, y) muss die Kettenregel beachtet werden):

$$\underbrace{\frac{\partial g(x,\,y)}{\partial y} = e^{\sin(y)} * \cos(y)}_{\text{äußere\quad innere\ Ableitung}} \qquad \frac{\partial h\,(x,\,y)}{\partial y} = x$$

Mittels der Quotientenregel ergibt sich nun:

$$\frac{\partial f\,(x,\,y)}{\partial y} = \frac{e^{\sin(y)} * \cos(y) * x * y - (x^2 + e^{\sin(y)}) * x}{(x * y)^2}$$

$$= \frac{e^{\sin(y)} * (\cos(y) * y - 1) - x^2}{x * y^2}$$

7.3 Extremwerte von Funktionen mit mehreren Variablen

Wenn in der Ökonomie Extremwerte von Funktionen mit mehreren Variablen bestimmt werden sollen, so liegen meistens Nebenbedingungen vor, und die Lösung der Aufgaben kann dann mittels des Lagrange–Ansatzes erfolgen. Nachfolgend wird besprochen, wie Extremwerte zu bestimmen sind, wenn keine Nebenbedingungen vorliegen.

Nachfolgend sei eine Funktion mit zwei Variablen betrachtet. Zunächst wird nochmals die bereits zu Beginn des Kapitels betrachtete Funktion dargestellt:

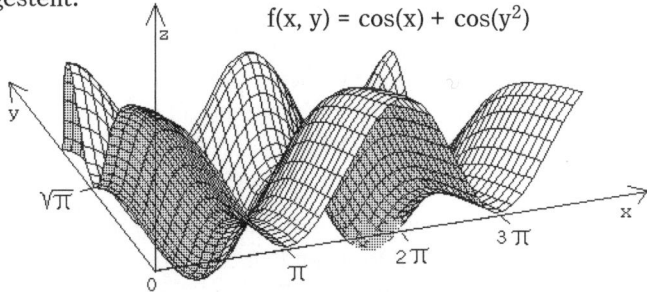

$$f(x, y) = \cos(x) + \cos(y^2)$$

Als Verallgemeinerung der notwendigen Bedingung für Extremwerte lässt sich hier feststellen, dass sowohl die erste Ableitung in x–Richtung als auch die in y–Richtung Null sein müssen. Denn wenn diese nicht beide Null wären, so würde es immer noch eine Richtung geben, wo es nach oben (bzw. unten) geht, und somit würde es sich um keinen Hochpunkt (bzw. Tiefpunkt) handeln. Es müssen also alle partiellen Ableitungen der Funktion Null sein. Die notwendige Bedingung für ein Extremum ist somit gleichbedeutend damit, dass der Gradient der Funktion Null ist.

An nachfolgendem Beispiel wird das Verfahren zur Bestimmung der Extremwerte demonstriert:

Bestimmen und klassifizieren Sie die Extrema der Funktion

$$f: (x; y) \to \frac{1}{3}x^3 - x^2 + y^3 - 12y \qquad f: \mathbb{R}^2 \to \mathbb{R}$$

Diese Funktion hängt von zwei Variablen ab. Extremwerte kann sie nur haben, wenn ihre partiellen Ableitungen in Richtung der beiden Variablen gleichzeitig Null sind:

$$\frac{\partial f}{\partial x} = x^2 - 2x = 0 \Leftrightarrow x(x - 2) = 0 \Leftrightarrow x = 0 \lor x = 2$$

$$\frac{\partial f}{\partial y} = 3y^2 - 12 = 0 \iff y^2 = 4 \iff y = 2 \lor y = -2$$

An den folgenden 4 Stellen hat die Funktion also eine waagerechte Tangentialebene:

$$(0; 2) \ (0; -2) \ (2; 2) \ (2; -2)$$

Allerdings muss es sich bei diesen Punkten nicht um Extremwerte handeln, denn genauso wie bei eindimensionalen Funktionen kann es auch hier Sattelpunkte geben. Zur Überprüfung, ob es sich um einen Extremwert handelt, kann man auch hier wieder die "zweite Ableitung" verwenden, nur dass es hier mehrere zweite Ableitungen gibt.

Zum einen kann die Funktion zweimal nach x oder zweimal nach y abgeleitet werden. Die Funktion kann aber auch zunächst nach x und dann nach y oder zunächst nach y und dann nach x abgeleitet werden. Insgesamt ergeben sich die folgenden 4 Möglichkeiten:

$$\frac{\partial^2 f}{\partial x^2} \qquad \frac{\partial^2 f}{\partial y^2} \qquad \frac{\partial^2 f}{\partial x \, \partial y} \qquad \frac{\partial^2 f}{\partial y \, \partial x}$$

Bei fast allen Funktionen (wenn diese zweimal stetig differenzierbar sind) gilt, dass die gemischten Ableitungen identisch sind:

$$\frac{\partial^2 f}{\partial x \, \partial y} = \frac{\partial^2 f}{\partial y \, \partial x}$$

Sind diese gemischten Ableitungen Null, so ist die Klassifizierung relativ einfach. Wenn die Funktion nun in x- und in y-Richtung einen Hochpunkt hat, also die zweite Ableitung nach x und nach y negativ ist, so hat die gesamte Funktion einen Hochpunkt. Hat die Funktion in eine Richtung einen Hochpunkt und in die andere einen Tiefpunkt, so handelt es sich um einen Sattelpunkt (an einer solchen Stelle sieht die Funktion wie ein Pferdesattel aus). Ist die zweite Ableitung in eine Richtung Null, so muss entsprechend den Regeln für Sattelpunkte bei einer Funktion einer Variablen weiter untersucht werden. Wenn sich in eine Richtung ein Sattelpunkt ergibt, so hat natürlich auch die ganze Funktion einen Sattelpunkt.

In dem betrachteten Beispiel sind die gemischten Ableitungen Null:

$$\frac{\partial f}{\partial x} = x^2 - 2x \qquad \text{diese Funktion muss nun noch nach y abgeleitet werden:}$$

$$\Rightarrow \quad \frac{\partial^2 f}{\partial x \, \partial y} = 0$$

Für die zweite Ableitung nach x und nach y ergibt sich:

$$\frac{\partial^2 f}{\partial x^2} = 2x - 2 \qquad \frac{\partial^2 f}{\partial y^2} = 6y$$

An den 4 Stellen, wo die ersten Ableitungen Null sind, muss nun in die zweiten Ableitungen eingesetzt werden:

$$(0; 2) \quad \Rightarrow \quad \frac{\partial^2 f}{\partial x^2} = 2*0 - 2 = -2 < 0 \quad \wedge \quad \frac{\partial^2 f}{\partial y^2} = 6*2 = 12 > 0$$

In x–Richtung liegt also ein Hochpunkt vor, während es sich in y–Richtung um einen Tiefpunkt handelt. Demnach hat die gesamte Funktion einen Sattelpunkt.

$$(0; -2) \quad \Rightarrow \quad \frac{\partial^2 f}{\partial x^2} = -2 < 0 \quad \wedge \quad \frac{\partial^2 f}{\partial y^2} = -12 < 0 \quad \Rightarrow \text{ lokales Maximum}$$

$$(2; 2) \quad \Rightarrow \quad \frac{\partial^2 f}{\partial x^2} = 2 > 0 \quad \wedge \quad \frac{\partial^2 f}{\partial y^2} = 12 > 0 \quad \Rightarrow \text{ lokales Minimum}$$

$$(2; -2) \quad \Rightarrow \quad \frac{\partial^2 f}{\partial x^2} = 2 > 0 \quad \wedge \quad \frac{\partial^2 f}{\partial y^2} = -12 < 0 \quad \Rightarrow \text{ Sattelpunkt}$$

Hier sei noch einmal betont, dass das zuvor präsentierte Verfahren nur gestattet ist, wenn die gemischten Ableitungen Null sind. Andernfalls muss die Matrix der zweiten partiellen Ableitungen gebildet werden. Diese Matrix nennt man auch **Hessesche Matrix** (oder auch kürzer Hesse–Matrix). Für eine Funktion mit zwei Variablen sieht sie folgendermaßen aus:

$$H = \begin{pmatrix} \dfrac{\partial^2 f}{\partial x^2} & \dfrac{\partial^2 f}{\partial x \, \partial y} \\[2ex] \dfrac{\partial^2 f}{\partial y \, \partial x} & \dfrac{\partial^2 f}{\partial y^2} \end{pmatrix}$$

Da die gemischten Ableitungen identisch sind, ist diese Matrix symmetrisch.

Angenommen, es sei folgende Funktion auf Extrema zu untersuchen:

$$f(x, y) = x*y - 0{,}1x^2 - y^2 - 0{,}6x$$

Für die Ableitungen ergibt sich:

$$\frac{\partial f}{\partial x} = y - 0{,}2x - 0{,}6 = 0$$

$$\frac{\partial f}{\partial y} = x - 2y = 0 \quad \Rightarrow \quad x = 2y$$

Indem für x entsprechend der zweiten Gleichung eingesetzt wird, ergibt sich aus der ersten Gleichung:

$$y - 0{,}2(2y) - 0{,}6 = 0 \Leftrightarrow 0{,}6y - 0{,}6 = 0 \Leftrightarrow y = 1$$

Aus der zweiten Gleichung folgt nun $x = 2 * 1 = 2$

Mögliche Extrema liegen also bei (2, 1).

Für die zweiten Ableitungen ergibt sich:

$$\frac{\partial^2 f}{\partial x\,\partial y} = \frac{\partial^2 f}{\partial y\,\partial x} = 1 \qquad \frac{\partial^2 f}{\partial x^2} = -0{,}2 \qquad \frac{\partial^2 f}{\partial y^2} = -2$$

Da die gemischten Ableitungen nicht verschwinden, muss die Hessesche Matrix gebildet werden. Diese lautet:

$$H = \begin{pmatrix} -0{,}2 & 1 \\ 1 & -2 \end{pmatrix}$$

Es gilt Folgendes:

Ist die Hessesche Matrix

- positiv definit, so handelt es sich um ein lokales Minimum

- negativ definit, so handelt es sich um ein lokales Maximum

- indefinit, so handelt es sich um kein lokales Extremum

Eine symmetrische Matrix A ist positiv definit, wenn für alle $x \neq 0$ Folgendes gilt:

$$x^T A x > 0$$

Den Ausdruck $x^T A x$ nennt man eine quadratische Form. Es kann gezeigt werden, dass eine alternative Bedingung ist, dass alle Eigenwerte der Matrix A größer als 0 sind.

Entsprechend ist eine symmetrische Matrix negativ definit, wenn ihre quadratische Form negativ ist bzw. alle ihre Eigenwerte negativ sind.

In diesem Buch wird die konkrete Berechnung quadratischer Formen und die Bestimmung von Eigenwerten nicht weiter behandelt. Für die praktische Überprüfung der Definitheit einer Matrix ist zumeist das nachfolgend behandelte Hurwitz–Kriterium am besten geeignet.

Nach dem **Hurwitz–Kriterium** ist eine symmetrische Matrix genau dann positiv definit, wenn ihre Determinante und alle durch sukzessives Streichen der letzten Zeile und Spalte entstehenden Determinanten positiv (>0) sind. Diese Determinanten nennt man auch **Hauptminoren**. Für eine (3, 3) Matrix ergeben sich folgende Hauptminoren:

$$\det \begin{pmatrix} a_{11} & a_{12} & a_{13} \\ a_{21} & a_{22} & a_{23} \\ a_{31} & a_{32} & a_{33} \end{pmatrix}, \quad \det \begin{pmatrix} a_{11} & a_{12} \\ a_{21} & a_{22} \end{pmatrix} \text{ und } \det (a_{11})$$

Für die letztgenannte Determinante gilt gerade: $\det (a_{11}) = a_{11}$

Eine Matrix ist also genau dann positiv definit, wenn alle Hauptminoren positiv (>0) sind.

Negativ definit ist eine symmetrische Matrix H, wenn die Matrix –H positiv definit ist. Mittels der Rechenregeln für Determinanten kann man hieraus auch folgende Regel herleiten: Eine Matrix ist genau dann negativ definit, wenn die Hauptminoren ein alternierendes (wechselndes) Vorzeichen haben. Hierbei muss das Element links/oben in der Matrix (a_{11}) negativ sein.

Nachfolgend wird das Vorgehen für die Untersuchung dargestellt, hierbei werden die Hauptminoren mit $\det(A_k)$ abgekürzt. Es gilt:

$$\det(A_k) = \begin{pmatrix} a_{11} & \cdots & a_{1k} \\ \cdots & \cdots & \cdots \\ a_{k1} & \cdots & a_{kk} \end{pmatrix}$$

Für eine quadratische (n,n)–Matrix A gilt:

$\det(A_k) > 0$, für alle $k = 1, 2, ..., n$	$(-1)^k \det(A_k) > 0$, für alle $k = 1, 2, ..., n$
⇔ A ist positiv definit	⇔ A ist negativ definit

Bei der konkreten Untersuchung bietet es sich an, zunächst die Hauptminoren mit geradem k zu untersuchen. Sind diese Hauptminoren nicht größer als Null, so ist die Matrix weder positiv noch negativ definit. Wenn diese Hauptminoren alle größer als Null sind, werden die Hauptminoren mit ungeradem k untersucht; sind diese alle größer als Null, ist die Matrix positiv definit, sind diese alle kleiner als Null, ist die Matrix negativ definit.

Im vorliegenden Fall (Funktion von zwei Variablen) gibt es zwei Hauptminoren, also lautet der einzige Hauptminor mit geradem k folgendermaßen:

$$\det(A_2) = \det \begin{pmatrix} -0{,}2 & 1 \\ 1 & -2 \end{pmatrix} = -0{,}2*(-2) - 1*1 = -0{,}6$$

Die Determinante ist negativ, und somit ist die Matrix weder positiv noch negativ definit. Hieraus ergibt sich, dass die Funktion kein lokales Extremum besitzt.

Wenn einer der Hauptminoren einen Wert von Null hat, kann die Matrix weder positiv noch negativ definit sein. Allerdings muss sie nicht indefinit sein, sondern sie kann auch semidefinit sein. Mit dem beschriebenen Verfahren lassen sich in diesem Fall keine Aussagen über lokale Extrema der Funktion machen.

Nachfolgend wird das vorherige Beispiel, bei dem die gemischten Ableitungen 0 ergaben, mittels der Hesse-Matrix untersucht. Als Hesse-Matrix ergibt sich:

$$H(x, y) = \begin{pmatrix} 2x - 2 & 0 \\ 0 & 6y \end{pmatrix}$$

Während bei dem anderen Beispiel in der Hesse-Matrix keine Variablen auftauchten, hängt hier die Hesse-Matrix von x und y ab. Für x und y müssen jeweils die stationären Stellen der Funktion eingesetzt werden. Im Prinzip sind die Zusammenhänge so wie bei einer Funktion einer Variablen, bei der man die Nullstelle der ersten Ableitung (stationäre Stelle) in die zweite Ableitung einsetzt. Statt die stationären Stellen direkt einzusetzen, können auch zunächst die Hauptminoren bestimmt werden:

$$\det(H_2(x, y)) = (2x - 2) * 6y$$

$$\det(H_1(x, y)) = 2x - 2$$

Nun werden die Werte der stationären Stellen eingesetzt:

$(0; 2):$ $\det(H_2(0, 2)) = (2*0 - 2) * 6*2 = -24 < 0$

$\Rightarrow H(0, 2)$ ist indefinit $\Rightarrow$ Sattelpunkt bei $(0, 2)$

$(0; -2):$ $\det(H_2(0, -2)) = (2*0 - 2) * 6*(-2) = 24 > 0$

$\det(H_1(0, -2)) = 2*0 - 2 = -2 < 0$

$\Rightarrow H(0, -2)$ ist negativ definit $\Rightarrow$ lokales Maximum bei $(0, -2)$

$(2; 2)$: $\det(H_2(2, 2)) = (2*2 - 2) * 6* 2 = 24 > 0$

$\det(H_1(2, 2)) = 2*2 - 2 = 2 > 0$

$\Rightarrow H(2, 2)$ ist positiv definit $\Rightarrow$ lokales Minimum bei $(2, 2)$

$(2; -2)$: $\det(H_2(2, -2)) = (2*2 - 2) * 6*(-2) = -24 < 0$

$\Rightarrow H(2, -2)$ ist indefinit $\Rightarrow$ Sattelpunkt bei $(2, -2)$

Die Funktion sei jetzt noch auf globale Extremstellen untersucht. Insbesondere die gefundenen lokalen Extremstellen kommen als globale Extremstellen infrage. Zunächst ist noch einmal die Funktion angeführt:

$$f: (x; y) \rightarrow \frac{1}{3} x^3 - x^2 + y^3 - 12y \qquad f: \mathbb{R}^2 \rightarrow \mathbb{R}$$

Die Funktion ist auf dem ganze $\mathbb{R}^2$ definiert. Für y gegen ∞ geht die Funktion ebenfalls gegen ∞, denn dann dominiert der Term y^3. Für y gegen $-\infty$ geht y^3 und damit die ganze Funktion gegen $-\infty$. Insgesamt läuft die Funktion also von $-\infty$ bis ∞, daher hat sie kein globales Maximum.

In bestimmten Fällen kann man anhand der Hesse–Matrix entscheiden, ob es sich bei einem gefundenen Extremwert um einen globalen Extremwert handelt. Ist die Hesse–Matrix negativ definit, so ist die Funktion an der entsprechenden Stelle quasi „nach unten gekrümmt". Mathematisch bedeutet dies, dass die Funktion streng konkav ist.

Es sei angenommen, dass eine Funktion eine stationäre Stelle hat und die Hesse–Matrix unabhängig von den Variablen sei. Weiterhin sei angenommen, dass die Hesse–Matrix negativ definit sei. Die Funktion hat also ein lokales Maximum bei der stationären Stelle. Da die Hesse–Matrix nicht von den Variablen abhängt, ist sie für den ganzen Definitionsbereich negativ definit und die Funktion ist somit überall streng konkav. Da sie also überall „nach unten gekrümmt" ist, muss sie immer weiter fallen, je mehr man sich von dem Maximum entfernt. Es handelt sich somit bei der stationären Stelle auch um ein globales Maximum.

Entsprechend gilt bei einer positiv definiten Hesse–Matrix, die nicht von den Variablen abhängig ist, dass die Funktion streng konvex ist. Liegt zudem eine stationäre Stelle vor, so ist das dortige lokale Minimum auch das globale Minimum.

7.4   Lagrangetechnik

7.4.1 Grundlagen

Mittels der Lagrangetechnik können die möglichen Extremstellen von Funktionen unter bestimmten Nebenbedingungen berechnet werden. Es kann also z.B. das zu Anfang angeführte Nutzenmaximierungsproblem gelöst werden. Viele zentrale Aussagen der Mikroökonomik und damit auch der BWL lassen sich mit Hilfe der Lagrangetechnik herleiten. Das Vorgehen bei der Lagrangetechnik wird nun zunächst anhand des schon bekannten Beispiels exemplarisch vorgeführt.

Die Nutzenfunktion lautete in dem Beispiel $U(x_1, x_2) = x_1^{0,5} * x_2^{0,5}$. Die unterstellte Budgetrestriktion lautete $x_1 + x_2 = 4$. Nachfolgend ist noch einmal die Zeichnung der Indifferenzlinien der Nutzenfunktion und der Budgetgeraden darge-stellt. Die Indifferenzli-nien geben den geome-trischen Ort gleicher Nutzen an. Die Budget-restriktion ergibt die Geradengleichung für die Budgetgerade, um-gestellt ergibt sie:

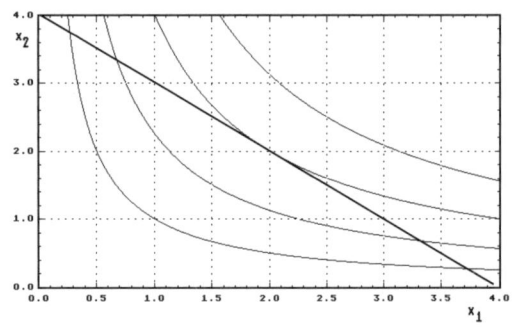

$$x_2 = 4 - x_1$$

Die Lagrangetechnik sieht nun folgendermaßen aus:

Zunächst wird die Nebenbedingung so umgeformt, dass auf der einen Seite eine 0 steht:

$$x_1 + x_2 = 4 \Leftrightarrow x_1 + x_2 - 4 = 0$$

Als nächstes wird die Lagrangefunktion aufgestellt. Diese Funktion be-steht aus der ursprünglichen Funktion und der umgeformten Nebenbe-dingung:

$$L(x_1, x_2, \lambda) = U(x_1, x_2) + \lambda * (x_1 + x_2 - 4)$$

Es wird also zu der zu maximierenden Funktion die nach Null umge-formte Nebenbedingung hinzuaddiert. Hierbei wird die Nebenbedingung noch mit einem Parameter λ multipliziert. Die Lagrangefunktion ist außer von den ursprünglichen Variablen auch von dem Lagrangeparameter λ abhängig. Die Lagrangefunktion hat die gleichen Funktionswerte wie die zu maximierende Funktion, denn zu der Funktion wird ja einfach nur 0 hinzugezählt ($x_1 + x_2 - 4 = 0$). Wenn man für die Funktion U die Funktionsvorschrift einsetzt, ergibt sich:

$$L(x_1, x_2, \lambda) = x_1^{0,5} * x_2^{0,5} + \lambda*(x_1 + x_2 - 4)$$

Nun gilt folgender Zusammenhang:

> Die Funktion U hat unter der Nebenbedingung genau dort mögliche Extremstellen, wo die **partiellen Ableitungen der Lagrangefunktion** nach allen ihren Variablen **Null sind**.

Um die möglichen Extremstellen von U zu bestimmen, müssen also zunächst alle partiellen Ableitungen der Lagrangefunktion gebildet werden. Hierbei ist zu beachten, dass λ auch eine Variable der Lagrangefunktion ist.

$$\frac{\partial L}{\partial x_1} = 0,5*x_1^{-0,5} * x_2^{0,5} + \lambda$$

$$\frac{\partial L}{\partial x_2} = x_1^{0,5} * 0,5*x_2^{-0,5} + \lambda$$

$$\frac{\partial L}{\partial \lambda} = x_1 + x_2 - 4$$

Diese Ableitungen müssen nun alle Null sein:

$$\frac{\partial L}{\partial x_1} = 0,5 * x_1^{-0,5} * x_2^{0,5} + \lambda = 0$$

$$\frac{\partial L}{\partial x_2} = x_1^{0,5} * 0,5 * x_2^{-0,5} + \lambda = 0$$

$$\frac{\partial L}{\partial \lambda} = x_1 + x_2 - 4 = 0$$

Die letzte Gleichung entspricht nun gerade wieder der ursprünglichen Nebenbedingung.

Das entstandene Gleichungssystem muss nun gelöst werden. Da λ nicht berechnet werden muss, ist es sinnvoll, zunächst λ aus den Gleichungen zu entfernen. Hierzu wird nun zunächst die erste Gleichung nach λ aufgelöst:

$$0,5*x_1^{-0,5} * x_2^{0,5} + \lambda = 0 \Leftrightarrow 0,5*x_1^{-0,5} * x_2^{0,5} = -\lambda$$

$$\Leftrightarrow -0,5*x_1^{-0,5} * x_2^{0,5} = \lambda$$

Dies Ergebnis kann nun für λ in die zweite Gleichung eingesetzt werden:
$$\Rightarrow x_1^{0,5} * 0,5*x_2^{-0,5} - 0,5*x_1^{-0,5} * x_2^{0,5} = 0$$

Nun ist es sinnvoll, die negativen Potenzen der Variablen zu beseitigen. Für x_1 und x_2 ungleich Null kann man die Gleichung mit passenden Potenzen dieser beiden Variablen multiplizieren. Zusätzlich wird mit 2 multipliziert, um den Faktor 0,5 zu eliminieren:

$$\Leftrightarrow x_1^{0,5} * 0,5*x_2^{-0,5} = 0,5*x_1^{-0,5} * x_2^{0,5} \mid *2 *x_1^{0,5} *x_2^{0,5}$$

$$\Leftrightarrow x_1 = x_2$$

Nun kann in die 3. Gleichung für x_1 eingesetzt werden:

$$x_1 + x_2 - 4 = 0 \Rightarrow x_2 + x_2 = 4 \Leftrightarrow 2x_2 = 4 \Leftrightarrow \mathbf{x_2 = 2}$$

Aus der ersten Gleichung folgt nun:

$$\mathbf{x_1 = 2}$$

Die einzige mögliche Extremstelle der Funktion U unter der gegebenen Nebenbedingung ist also bei $x_1 = 2 \wedge x_2 = 2$ gegeben.

(Bei der Berechnung wurde für x_1 und x_2 der Wert von 0 ausgeschlossen. D.h. es muss noch untersucht werden, ob für diese Fälle ein Extremum vorliegt. Wenn eine der beiden Variablen Null ist, so liefert U als Funktionswert ebenfalls Null. Wenn man sich noch einmal die Zeichnung von $U(x_1, x_2)$ ansieht, so kann man erkennen, dass die Funktion bei x_1 oder x_2 gleich Null entlang der durch die Nebenbedingung beschriebenen Geraden nicht eine Steigung von Null hat:

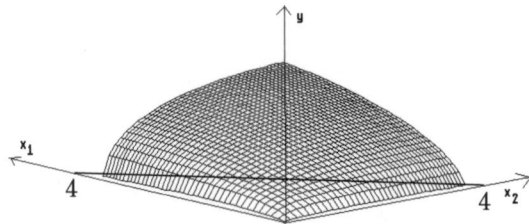

In dem dargestellten Beispiel waren die partiellen Ableitungen relativ einfach zu bilden. Die Lösung des Gleichungssystems war recht aufwändig. Dies lag nicht an besonders komplizierten Rechenverfahren, sondern an der Vielzahl der notwendigen Umformungen. Häufig ergeben sich leichter zu lösende Gleichungssysteme. (Häufiger sind es lineare Gleichungssysteme, die z.b. mit dem Gaußalgorithmus gelöst werden können.) Die partiellen Ableitungen können aber durchaus auch etwas schwieriger sein. Dies wird noch an Beispielen demonstriert.

Nachfolgend wird noch einmal schematisch das Vorgehen zur Lösung von Lagrangeaufgaben dargestellt:

1) Die Lagrangefunktion muss aufgestellt werden

2) Die Lagrangefunktion muss nach allen ihren Variablen partiell abgeleitet werden.

3) Alle partiellen Ableitungen werden gleich Null gesetzt

4) Das entstandene Gleichungssystem ist zu lösen. Hierbei ist es meistens am geschicktesten, zunächst die Lagrangeparameter aus den Gleichungen zu "entfernen".

Für den Lagrangeparameter lässt sich eine anschauliche Interpretation finden. Die Nebenbedingung in dem vorherigen Beispiel lautete $x_1 + x_2 = 4$. Hierbei handelte es sich um die Budgetgerade für ein Budget von 4. Allgemein lautet die Budgetrestriktion also $x_1 + x_2 = B$, oder nach Null aufgelöst $x_1 + x_2 - B = 0$. Wird die Lagrangefunktion nun nach B abgeleitet, so ergibt sich:

$$\frac{\partial L}{\partial B} = -\lambda$$

Wenn die Nebenbedingung erfüllt ist, so sind die Lagrangefunktion und die zu untersuchende Funktion identisch. Der Lagrangeparameter gibt also gerade die Veränderung der Funktion bei einer Verschiebung der Budgetgeraden (bzw. im allgemeinen Fall Verschiebung der Nebenbedingung) an.

Manch einer mag sich bei der zuvor betrachteten Aufgabe fragen, wozu der ganze Aufwand getrieben wurde, denn die Aufgabe hätte folgendermaßen viel einfacher gelöst werden können:

$$U(x_1, x_2) = x_1^{0,5} * x_2^{0,5} \quad \text{mit} \quad x_1 + x_2 = 4$$

Nun wird die Nebenbedingung nach x_1 aufgelöst und das Ergebnis in die Funktionsgleichung eingesetzt:

$$x_1 = 4 - x_2 \Rightarrow U = (4 - x_2)^{0,5} * x_2^{0,5}$$

Diese Funktion hängt nun nur noch von einer Variablen ab, und somit hätten die möglichen Extremwerte durch die Berechnung der Nullstellen der ersten Ableitung bestimmt werden können. Es gibt aber zwei wichtige Fälle, bei denen dieses Verfahren nicht möglich ist:

1) Häufiger tauchen Nebenbedingungen auf, die sich nicht nach einer Variablen auflösen lassen.

2) Wenn allgemeine Zusammenhänge der Mikroökonomie (und damit auch der BWL) hergeleitet werden sollen, so werden als Vorgaben keine speziellen Nutzen- oder Produktionsfunktionen angegeben. Daher ist es dann auch nicht möglich, Variable zu ersetzen. Mit dem Lagrangeansatz lassen sich derartige Zusammenhänge aber herleiten. In der dritten Beispielaufgabe wird ein derartiger Zusammenhang hergeleitet.

7.4.2 Hinreichende Bedingung

Es wurden bisher nur die notwendigen Bedingungen für ein Extremum betrachtet. Bei vielen ökonomischen Problemen wird dies ausreichen, da sich aus der Art des Problems bereits ergibt, ob es sich um ein Maximum, Minimum oder einen Sattelpunkt handelt.

Allgemein muss die **geränderte Hesse-Matrix** untersucht werden. Diese Matrix enthält außer den zweiten partiellen Ableitungen der Lagrangefunktion auch noch die partiellen Ableitungen der Nebenbedingungen. Für eine Funktion mit zwei Variablen und einer Nebenbedingung sieht die geränderte Hesse-Matrix folgendermaßen aus:

$$H_g(x, y) = \begin{pmatrix} 0 & \frac{\partial g}{\partial x} & \frac{\partial g}{\partial y} \\ \frac{\partial g}{\partial x} & \frac{\partial^2 L}{\partial x^2} & \frac{\partial^2 L}{\partial x\,\partial y} \\ \frac{\partial g}{\partial y} & \frac{\partial^2 L}{\partial y\,\partial x} & \frac{\partial^2 L}{\partial y^2} \end{pmatrix}$$

Untersucht wird nun die Determinante der geränderten Hesse-Matrix:

$$\det(H_g(x, y)) > 0 \Rightarrow \text{lokales Maximum}$$

$\det(H_g(x, y)) < 0 \Rightarrow$ lokales Minimum

Wenn mehr als zwei Variable bzw. mehr als eine Nebenbedingung vorliegen, lässt sich die hinreichende Bedingung nicht so einfach darstellen.

Wenn die Nebenbedingungen linear sind, so verschwinden bei den zweiten partiellen Ableitungen alle Terme, die aus der Nebenbedingung stammen. Daher kann in diesen Fällen in der geränderten Hesseschen Matrix auch statt der Lagrangefunktion die Funktion f geschrieben werden.

7.4.3 Beispielaufgaben

Nachfolgend werden 3 Beispielaufgaben zum Lagrange–Verfahren angeführt. Zunächst wird das Verfahren für eine Funktion mit mehreren Nebenbedingungen durchgeführt. Danach wird eine Funktion betrachtet, bei der die Ableitungen etwas komplizierter sind. Abschließend wird eine wichtige Aussage der Mikroökonomie mit Hilfe des Lagrangeansatzes hergeleitet.

7.4.3.1 Funktionen mit mehreren Nebenbedingungen

Nachfolgend wird eine Aufgabe behandelt, bei der die möglichen Extrema einer Funktion unter zwei Nebenbedingungen zu bestimmen sind. Hier müssen nun beide Nebenbedingungen so umgeformt werden, dass auf der einen Seite eine Null steht. In der Lagrangefunktion werden dann beide Nebenbedingungen mit jeweils einem eigenen Lagrangeparameter addiert. Bei dieser Aufgabe ergibt sich ein lineares Gleichungssystem. Dieses wird im Folgenden gelöst, indem zunächst die Lagrangeparameter ersetzt und die Lösungen der verbleibenden Gleichungen dann über den Gaußalgorithmus ermittelt werden.

> Ermitteln Sie mit Hilfe des Lagrange–Ansatzes die stationären Stellen der Funktion
>
> $f: \mathbb{R}^3 \to \mathbb{R}$ mit $f(x, y, z) = x^2 + 2y^2 + 3z^2$
>
> unter den Nebenbedingungen $x - y = 1$ und $y - z = -2$.

Die Lagrangefunktion lautet:

$$L = x^2 + 2y^2 + 3z^2 + \lambda(x - y - 1) + \mu(y - z + 2.)$$

$$\frac{\partial L}{\partial x} = 2x + \lambda = 0 \Leftrightarrow \lambda = -2x$$

$$\frac{\partial L}{\partial y} = 4y - \lambda + \mu = 0$$

$$\frac{\partial L}{\partial z} = 6z - \mu = 0 \Leftrightarrow \mu = 6z$$

$$\frac{\partial L}{\partial \lambda} = x - y - 1 = 0$$

$$\frac{\partial L}{\partial \mu} = y - z + 2 = 0$$

Nun können λ und μ in der zweiten Gleichung ersetzt werden, und es sind dann noch folgende 3 Gleichungen zu lösen:

$$x - y - 1 = 0 \Leftrightarrow x - y = 1$$

$$y - z + 2 = 0 \Leftrightarrow y - z = -2$$

$$4y + 2x + 6z = 0 \Leftrightarrow 2x + 4y + 6z = 0$$

Die erweiterte Koeffizientenmatrix lautet:

$$\begin{pmatrix} 1 & -1 & 0 & 1 \\ 0 & 1 & -1 & -2 \\ 2 & 4 & 6 & 0 \end{pmatrix} \begin{matrix} \\ \\ -2*I \end{matrix}$$

$$\begin{pmatrix} 1 & -1 & 0 & 1 \\ 0 & 1 & -1 & -2 \\ 0 & 6 & 6 & -2 \end{pmatrix} \begin{matrix} \\ \\ -6*II \end{matrix}$$

$$\begin{pmatrix} 1 & -1 & 0 & 1 \\ 0 & 1 & -1 & -2 \\ 0 & 0 & 12 & 10 \end{pmatrix} \begin{matrix} \\ \\ /12 \end{matrix}$$

$$\begin{pmatrix} 1 & -1 & 0 & 1 \\ 0 & 1 & -1 & -2 \\ 0 & 0 & 1 & 5/6 \end{pmatrix} \begin{matrix} \\ \\ +III \end{matrix}$$

$$\begin{pmatrix} 1 & -1 & 0 & 1 \\ 0 & 1 & 0 & -7/6 \\ 0 & 0 & 1 & 2/3 \end{pmatrix} \begin{matrix} +II \\ \\ \end{matrix}$$

$$\begin{pmatrix} 1 & 0 & 0 & -1/6 \\ 0 & 1 & 0 & -7/6 \\ 0 & 0 & 1 & 5/6 \end{pmatrix}$$

Somit hat die Funktion unter den gegebenen Nebenbedingungen nur bei $(-\frac{1}{6}, -\frac{7}{6}, \frac{5}{6})$ eine stationäre Stelle.

7.4.3.2 Verknüpfte Funktionen

Auch bei verknüpften Funktionen läuft das Lagrangeverfahren im Prinzip nicht anders ab als sonst. Es ist aber darauf zu achten, die entsprechenden Ableitungsregeln zu beachten. Handelt es sich um eine Verkettung von Funktionen der Variablen, so ist die Kettenregel anzuwenden, etc.. In der nachfolgenden Aufgabe handelt es sich um einen Quotienten zweier Funktionen, so dass die Quotientenregel anzuwenden ist.

Gegeben ist die Funktion $f: \mathbb{R}^2 \to \mathbb{R}$ mit

$$f(x, y) = \frac{x+y}{x^2+y^2}$$

Bestimmen Sie mit der Methode von Lagrange alle möglichen Extremwerte von f unter der Nebenbedingung
$g(x, y) = x - y - 1 = 0$.

Die Lagrangefunktion lautet:

$$L(x, y, \lambda) = \frac{x+y}{x^2+y^2} + \lambda(x - y - 1)$$

Bei der Bildung der partiellen Ableitungen ist nun bei der Differenzierung des ersten Ausdrucks die Quotientenregel zu beachten. Dieser Term ist der Quotient der Funktionen:

$$g(x, y) = x + y \quad \text{und} \quad h(x, y) = x^2 + y^2$$

Für diese beiden Funktionen ergeben sich folgende partielle Ableitungen nach x und y:

$$\frac{\partial g(x, y)}{\partial x} = 1 \qquad \frac{\partial h(x, y)}{\partial x} = 2x$$

$$\frac{\partial g(x, y)}{\partial y} = 1 \qquad \frac{\partial h(x, y)}{\partial y} = 2y$$

Nun können die partiellen Ableitungen der Lagrangefunktion gebildet werden:

$$\frac{\partial L}{\partial x} = \frac{\frac{\partial g(x, y)}{\partial x} * h(x, y) - g(x, y) * \frac{\partial h(x, y)}{\partial x}}{h(x, y)^2} + \lambda$$

$$= \frac{1 * (x^2 + y^2) - (x+y) * 2x}{(x^2 + y^2)^2} + \lambda = \frac{x^2 + y^2 - 2x^2 - 2xy}{(x^2 + y^2)^2} + \lambda$$

$$= \frac{y^2 - x^2 - 2xy}{(x^2 + y^2)^2} + \lambda$$

$$\frac{\partial L}{\partial y} = \frac{1 * (x^2 + y^2) - (x+y) * 2y}{(x^2 + y^2)^2} - \lambda = \frac{x^2 + y^2 - 2y^2 - 2xy}{(x^2 + y^2)^2} - \lambda$$

$$= \frac{x^2 - y^2 - 2xy}{(x^2 + y^2)^2} - \lambda$$

$$\frac{\partial L}{\partial \lambda} = x - y - 1$$

Nun werden die partiellen Ableitungen gleich Null gesetzt:

I $\qquad \dfrac{y^2 - x^2 - 2xy}{(x^2 + y^2)^2} + \lambda = 0$

II $\qquad \dfrac{x^2 - y^2 - 2xy}{(x^2 + y^2)^2} - \lambda = 0$

III $\qquad x - y - 1 = 0$

Die erste wird nun mit der zweiten Gleichung addiert. (Es hätte auch eine Gleichung nach λ aufgelöst und das Ergebnis in die andere Gleichung eingesetzt werden können):

I + II $\qquad \dfrac{x^2 - y^2 - 2xy}{(x^2 + y^2)^2} + \dfrac{y^2 - x^2 - 2xy}{(x^2 + y^2)^2} = 0$

Da der Nenner immer ungleich Null ist, kann die Gleichung mit dem Nenner multipliziert werden:

$$\Leftrightarrow x^2 - y^2 - 2xy + (y^2 - x^2 - 2xy) = 0 \Leftrightarrow -4xy = 0$$

$$\Leftrightarrow xy = 0 \Leftrightarrow x = 0 \lor y = 0 \text{ (Ein Produkt ist immer dann Null, wenn}$$
$$\text{einer der Faktoren Null ist)}$$

Die beiden möglichen Ergebnisse müssen nun in die dritte Gleichung eingesetzt werden.

III   x - y - 1 = 0

$\Rightarrow$ für x = 0:   0 - y - 1 = 0 $\Leftrightarrow$ y = -1

$\Rightarrow$ für y = 0:   x - 0 - 1 = 0 $\Leftrightarrow$ x = 1

Somit hat die Funktion unter der gegebenen Nebenbedingung mögliche Extremstellen für x=0 $\wedge$ y=-1 oder x=1 $\wedge$ y=0.
Oder auch anders geschrieben:
Die möglichen Extremstellen liegen bei (0, -1) und (1, 0)

7.4.3.3 Minimalkostenkombination

Mittels des Lagrangeansatzes lassen sich sehr viele Aussagen der Mikroökonomie herleiten. Nachfolgend wird die notwendige Bedingung für die Minimalkostenkombination bei einer Produktionsfunktion des Typs A (nach Gutenberg) ermittelt. Diese Aufgabe dürfte sich in zahlreichen BWL-Klausuren (Teilgebiet Produktion) finden.

Nachfolgend wird die Bedingung für den Fall zweier Produktionsfaktoren (r_1 und r_2) hergeleitet. Die Kosten sind in diesem Fall die mit den Preisen (p) gewichteten Faktormengen(r):

$$C(r_1, r_2) = p_1 * r_1 + p_2 * r_2$$

Das Minimum dieser Funktion wird gesucht. Diese Aufgabe wäre allerdings ohne Nebenbedingung unsinnig, denn die minimalen Kosten wären natürlich gegeben, wenn von beiden Faktoren gar nichts eingesetzt würde. Aber es gibt eine Nebenbedingung, denn es werden die minimalen Kosten gesucht, zu denen ein bestimmter Output ($\overline{Q}$) produziert werden kann. Die Produktionsfunktion ($f(r_1, r_2)$) gibt nun gerade den Zusammenhang zwischen Faktoreinsatz und Output an. Es muss also gelten:

$$f(r_1, r_2) = \overline{Q}$$

Dieses ist die gegebene Nebenbedingung. Für die Lagrangefunktion ergibt sich somit:

$$L(r_1, r_2, \lambda) = p_1 * r_1 + p_2 * r_2 + \lambda(f(r_1, r_2) - \overline{Q})$$

Für die Ableitungen der Lagrangefunktion ergibt sich:

$$\frac{\partial L}{\partial r_1} = p_1 + \lambda \frac{\partial f(r_1, r_2)}{\partial r_1} = 0$$

$$\frac{\partial L}{\partial r_2} = p_2 + \lambda \frac{\partial f(r_1, r_2)}{\partial r_2} = 0$$

Die Ableitung nach λ wird hier nicht berechnet, denn sie wird nachfolgend nicht benötigt. Aus den beiden Gleichungen wird nun das λ entfernt. Es kann eine der Gleichungen nach λ aufgelöst werden:

$$p_1 + \lambda \frac{\partial f(r_1, r_2)}{\partial r_1} = 0 \Leftrightarrow \lambda \frac{\partial f(r_1, r_2)}{\partial r_1} = - p_1$$

$$\Leftrightarrow \lambda = - p_1 * \frac{1}{\dfrac{\partial f(r_1, r_2)}{\partial r_1}}$$

Dieser Ausdruck wird nun in die andere Gleichung eingesetzt:

$$p_2 + (- p_1 * \frac{1}{\dfrac{\partial f(r_1, r_2)}{\partial r_1}}) * \frac{\partial f(r_1, r_2)}{\partial r_2} = 0$$

$$\Leftrightarrow p_2 = p_1 * \frac{\dfrac{\partial f(r_1, r_2)}{\partial r_2}}{\dfrac{\partial f(r_1, r_2)}{\partial r_1}} \qquad \Leftrightarrow \qquad \frac{p_2}{p_1} = \frac{\dfrac{\partial f(r_1, r_2)}{\partial r_2}}{\dfrac{\partial f(r_1, r_2)}{\partial r_1}}$$

Wenn eine bestimmte Menge zu minimalen Kosten produziert wird, so muss also das Verhältnis der Faktorpreise gerade dem Verhältnis der Grenzproduktivitäten der Faktoren entsprechen.

In ähnlicher Weise lassen sich zahlreiche andere Ergebnisse der Mikroökonomie herleiten.

7.5 Totales Differential

Wenn man bei einer Funktion einer Variablen die Ableitung an einer Stelle kennt, so gibt die Steigung der Funktion in diesem Punkt auch die Steigung der Tangenten (tangere=berühren) an. In der Umgebung der betrachteten Stelle kann man die Funktion dann in erster Ordnung durch die Tangente annähern. Das dx steht an sich für einen unendlich kleinen Abschnitt. In der folgenden Zeichnung wurde es zur Verdeutlichung besonders groß gezeichnet. Wenn man um dx nach rechts geht und gleichzeitig auf der Tangente bleiben will, so muss man dx mal die Steigung der Tangente nach oben gehen. Die Steigung der Tangente ist gerade die Steigung der Funktion an der Stelle, an der sie die Tangente berührt.

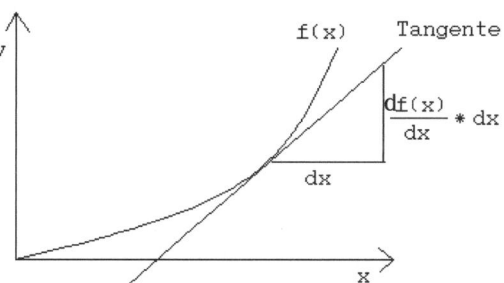

Für ein unendlich klein gedachtes dx sind Funktion und Tangente identisch, so dass der gegebene Ausdruck gerade die Veränderung der Funktion für unendlich kleine Veränderungen von x beschreibt.

Auch eine Funktion mehrerer Variabler kann man auf ähnliche Weise durch einen linearen Ausdruck nähern. Bei einer Funktion zweier Variabler erhält man eine Ebene als Näherung:

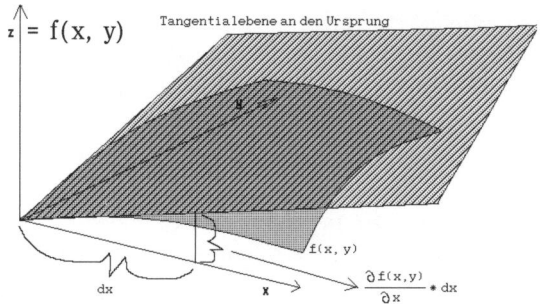

Für die Veränderung der Funktion in x-Richtung ist die Darstellung der vorherigen Abbildung hier noch einmal angeführt worden. Hierbei muss nur die Ableitung durch die partielle Ableitung ersetzt werden. Genauso wie es in der Zeichnung in x Richtung gemacht wurde, kann man nun auch in y–Richtung einen analogen Ausdruck erhalten. Eine Beschreibung der Änderung der Tangentialebene und damit auch der Funktion für sehr kleine dx und dy erhält man, wenn man beide Ausdrücke zusammenzählt:

$$df(x,y) = \frac{\partial f\,(x,\,y)}{\partial x} * dx + \frac{\partial f\,(x,\,y)}{\partial y} * dy$$

Diesen Ausdruck nennt man das **totale Differential** der Funktion f(x,y).

Wenn die Funktion mehr als zwei Variable hat, so ist der Ausdruck entsprechend zu erweitern. Allgemein gilt:

$$df(x_1, ..., x_n) = \sum_{i=1}^{n} \left(\frac{\partial f(x_1, ..., x_n)}{\partial x_i} * dx_i \right)$$

Am Anfang des 7. Kapitels war gezeigt worden, dass sich Budgetgerade und Indifferenzkurve im Optimum tangieren. Nebenstehend ist die entsprechende Zeichnung noch einmal abgebildet. In der Zeichnung sind die Indifferenzkurven der Nutzenfunktion U(x_1, x_2) und die Budgetgerade abgebildet. Auf einer Indifferenz-

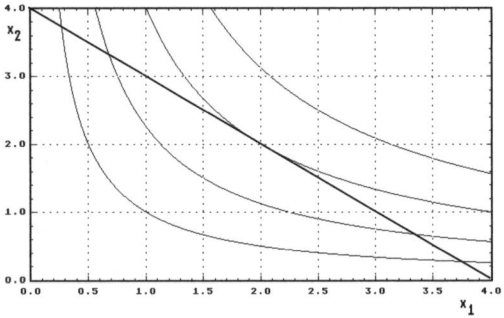

kurve ist das Induividuum gerade indifferent. Dieses bedeutet, dass entlang der Indifferenzkurve der Nutzen überall gleich groß ist. Bildet man das totale Differential von U, so ergibt sich:

$$dU(x_1,x_2) = \frac{\partial U(x_1,x_2)}{\partial x_1} * dx_1 + \frac{\partial U(x_1,x_2)}{\partial x_2} * dx_2$$

Da der Nutzen entlang der Indifferenzkurve konstant ist, ist dU gleich Null, denn dU gibt ja gerade die Veränderung des Nutzens an. Also gilt:

$$dU(x_1,x_2) = \frac{\partial U(x_1,x_2)}{\partial x_1} * dx_1 + \frac{\partial U(x_1,x_2)}{\partial x_2} * dx_2 = 0$$

Diese Gleichung kann umgeformt werden:

$$\Leftrightarrow \frac{\partial U(x_1,x_2)}{\partial x_1} * dx_1 = - \frac{\partial U(x_1,x_2)}{\partial x_2} * dx_2$$

$$\Leftrightarrow \frac{\dfrac{\partial U(x_1,x_2)}{\partial x_1}}{\dfrac{\partial U(x_1,x_2)}{\partial x_2}} = - \frac{dx_2}{dx_1}$$

Für die Budgetgerade gilt:

$$B = p_1 * x_1 + p_2 * x_2$$

Das Budget kann auf die beiden Güter zu den jeweiligen Preisen aufgeteilt werden. Diese Gleichung ergibt nach x_2 aufgelöst:

$$p_2 * x_2 = B - p_1 * x_1 \quad \Leftrightarrow \quad x_2 = \frac{B}{p_2} - \frac{p_1 * x_1}{p_2}$$

Wird diese Gleichung nach x_1 abgeleitet, ergibt sich:

$$\frac{dx_2}{dx_1} = - \frac{p_1}{p_2} \quad \Leftrightarrow \quad - \frac{dx_2}{dx_1} = \frac{p_1}{p_2}$$

Wenn man nun $\dfrac{p_1}{p_2}$ für $- \dfrac{dx_2}{dx_1}$ in der aus dem totalen Differential gewonnenen Gleichung einsetzt, so ergibt sich:

$$\Leftrightarrow \frac{\dfrac{\partial U(x_1,x_2)}{\partial x_1}}{\dfrac{\partial U(x_1,x_2)}{\partial x_2}} = \frac{p_1}{p_2}$$

Dies ist eine zentrale Aussage der Mikroökonomie. Im Nutzenmaximum entspricht das Verhältnis der Grenznutzen dem Verhältnis der Preise der Güter.

Nachfolgend noch eine weitere Aufgabe zum totalen Differential:

Bestimmen Sie das totale Differential von:

$f: \mathbb{R}^2 \to \mathbb{R}$ mit $f(x,y) = e^{x*y} - (xy)^2$

an der Stelle (1, 1) für dx = 0,1, dy = 0,2.

Vergleichen Sie den Wert mit $\Delta f = f(1.1, 1.2) - f((1, 1))$.

Hier soll also überprüft werden, wie gut die Veränderung der Funktion durch das totale Differential angenähert wird. Um das totale Differential berechnen zu können, müssen zunächst die partiellen Ableitungen der Funktion nach x und y gebildet werden:

$$\frac{\partial f (x, y)}{\partial x} = y * e^{x*y} - 2x * y^2 \qquad \frac{\partial f (x, y)}{\partial y} = x * e^{x*y} - 2y * x^2$$

Das totale Differential ergibt sich damit zu:

$$df(x,y) = (y * e^{x*y} - 2x * y^2) * dx + (x * e^{x*y} - 2y * x^2) * dy$$

Das totale Differential soll an der Stelle (1, 1) für dx = 0,1 und dy = 0,2 berechnet werden. Daher muss für x und y 1 eingesetzt werden, für dx 0,1 und für dy 0,2. Wird dies durchgeführt, ergibt sich:

$$df(1,1) = (1 * e^{1*1} - 2*1 * 1^2) * 0,1 + (1 * e^{1*1} - 2*1 * 1^2) * 0,2$$

$$= (e - 2) * 0,1 + (e - 2) * 0,2 = 0,215$$

Nun soll der tatsächliche Unterschied der Funktionswerte bestimmt werden, hierzu müssen die Werte einfach in die Funktion eingesetzt werden:

$$\Delta f = f(1,1; 1,2) - f((1; 1)) = e^{1,1 * 1,2} - 1,1^2 * 1,2^2 - (e^{1*1} - 1^2 * 1^2)$$
$$= 0,283$$

Der Wert des totalen Differentials liegt deutlich unter dem tatsächlichen Unterschied der Funktionswerte. Dies bedeutet, dass in diesem Fall das totale Differential keine gute Näherung für die Funktion ist (dx und dy sind zu groß).

7.6 Abbildungen in den R^n

Zuvor waren Funktionen betrachtet worden, die aus einer mehrdimensionalen Menge in eine eindimensionale Menge abbildeten. Die Funktionen hatten mehrere x-Werte, aber nur einen y-Wert. Als weitere Verallgemeinerung werden nachfolgend Funktionen betrachtet, die aus einer mehrdimensionalen Menge in eine mehrdimensionale Menge abbilden. (Als Grenzfall kann es natürlich auch nur eine Variable oder nur einen Funktionswert geben.) Nachfolgend wird es vor allem darum gehen, wie bei derartigen Funktionen Ableitungen gebildet werden können.

7.6.1 Ableitungsmatrizen

Die partiellen Ableitungen von mehrdimensionalen Funktionen kann man als Ableitungsmatrizen darstellen. Dabei schreibt man in die Zeilen nacheinander die einzelnen partiellen Ableitungen. Wenn die Funktion, so wie die bisher betrachteten Funktionen, in den $\mathbb{R}^1$ abbildet, so hat die Ableitungsmatrix nur eine Zeile. Bildet die Funktion in einen Raum mit mehreren Dimensionen ab, so hat die Ableitungsmatrix mehrere Zeilen, in denen jeweils die partiellen Ableitungen der einzelnen Komponenten stehen. Die Ableitungsmatrizen werden auch Funktional-Matrizen, Jacobi-Matrizen oder das Differential der Funktion genannt.

Es sei z.B. die Funktion v gegeben, die vom $\mathbb{R}^3$ in den $\mathbb{R}^3$ abbildet, wobei sie von den Variablen x_1, x_2 und x_3 abhängt. Die Matrix der partiellen Ableitungen sieht dann folgendermaßen aus:

$$
v = \begin{pmatrix} \dfrac{\partial v_1}{\partial x_1} & \dfrac{\partial v_1}{\partial x_2} & \dfrac{\partial v_1}{\partial x_3} \\[2mm] \dfrac{\partial v_2}{\partial x_1} & \dfrac{\partial v_2}{\partial x_2} & \dfrac{\partial v_2}{\partial x} \\[2mm] \dfrac{\partial v_3}{\partial x_1} & \dfrac{\partial v_3}{\partial x_2} & \dfrac{\partial v_3}{\partial x_3} \end{pmatrix}
$$

7.6.2 Mehrdimensionale Kettenregel

Es gibt auch eine Kettenregel für mehrdimensionale Funktionen. Diese liefert die Möglichkeit, die Matrix der partiellen Ableitungen einer verketteten Funktion über die Matrizen der partiellen Ableitungen der einzelnen Funktionen zu bestimmen. Die mehrdimensionale Kettenregel besagt nun, dass sich die Matrix der partiellen Ableitungen einer verketteten Funktion als **Matrizenprodukt der Matrizen der partiellen Ableitungen der einzelnen Funktionen ergibt.** Wenn eine Ableitung einer mehrdimensionalen verketteten Funktion mittels der mehrdimensionalen Kettenregel berechnet werden soll, müssen also zunächst die Ableitungsmatrizen der einzelnen Funktionen bestimmt und dann miteinander multipliziert werden. In den folgenden Aufgaben wird deutlich, wie man dies rechnen muss.

7.6.3 Aufgaben zur mehrdimensionalen Kettenregel

Gegeben sind die Funktionen:

$$f: \mathbb{R}^3 \rightarrow \mathbb{R} \quad \text{mit } y(\vec{x}) = y(x_1, x_2, x_3) = \frac{1}{2} * e^{x_1^2 + x_2^2 + x_3^2}$$

$$\text{und } g: \mathbb{R}_+^2 \rightarrow \mathbb{R}^3 \text{ mit}$$

$$\vec{x}(\vec{t}) = \begin{pmatrix} x_1(t_1, t_2) \\ x_2(t_1, t_2) \\ x_3(t_1, t_2) \end{pmatrix} = \begin{pmatrix} 1 \\ t_1 + t_2^2 \\ \ln(t_1 * t_2) \end{pmatrix}$$

Bestimmen Sie die Funktionalmatrizen $D_f(\vec{x}) = \left(\frac{\partial y}{\partial x_j} \right)$ und

$D_g(\vec{t}) = \left(\frac{\partial x_j}{\partial t_k} \right)$ ($j = 1, 2, 3$; $k = 1, 2$) sowie unter Verwendung

der mehrdimensionalen Kettenregel $D_{f \circ g}(t_1, t_2)$ und $D_{f \circ g}(1, 1)$.

Die mathematische Formulierung sieht verwirrend aus, aber man sollte sich hiervon nicht irritieren lassen. Die "Funktionalmatrizen" sind die Ableitungsmatrizen. Das große D steht für Differenzieren. $D_f(\vec{x})$ steht somit für die Ableitungsmatrix der Funktion f. $D_{f \circ g}(t_1, t_2)$ steht demnach für die Ableitungsmatrix der verketteten Funktion und $D_{f \circ g}(1, 1)$ bedeutet, dass der Wert dieser Ableitungsmatrix an der Stelle $(1, 1)$ berechnet werden soll.

Die Funktion $f(\vec{x}) = y(x_1, x_2, x_3) = \frac{1}{2} * e^{x_1^2 + x_2^2 + x_3^2}$ bildet aus dem $\mathbb{R}^3$ nach $\mathbb{R}$ ab. Die Ableitungsmatrix hat also eine Zeile und drei Spalten:

$$D_f(\vec{x}) = \left(\frac{\partial y}{\partial x_j} \right) = \left(\frac{\partial y}{\partial x_1}, \frac{\partial y}{\partial x_2}, \frac{\partial y}{\partial x_3} \right)$$

Bei der Ableitung ist zu beachten, dass es sich um eine verkettete Funktion handelt. Somit muss die Kettenregel beachtet werden:

Die Funktion ergibt sich als die Verkettung der beiden Funktionen:

$$g(y) = \frac{1}{2} * e^y \quad \text{und} \quad y = h(x_1, x_2, x_3) = x_1^2 + x_2^2 + x_3^2$$

$$\Rightarrow g'(y) = \frac{1}{2} * e^y \Rightarrow g'(x_1, x_2, x_3) = \frac{1}{2} e^{x_1^2 + x_2^2 + x_3^2}$$

$$\frac{\partial h(\vec{x})}{\partial x_1} = 2x_1$$

Somit ergibt sich insgesamt für die partielle Ableitung nach x_1:

$$\frac{\partial f(x_1, x_2, x_3)}{\partial x_1} = \underbrace{\frac{1}{2} e^{x_1^2 + x_2^2 + x_3^2}}_{\text{äußere}} * \underbrace{2x_1}_{\text{innere Ableitung}} = x_1 * e^{x_1^2 + x_2^2 + x_3^2}$$

Analog ergeben sich die Ableitungen nach x_2 und x_3, so dass sich für die Ableitungsmatrix Folgendes ergibt:

$$D_f(\vec{x}) = (x_1 * e^{x_1^2 + x_2^2 + x_3^2}, \; x_2 * e^{x_1^2 + x_2^2 + x_3^2}, \; x_3 * e^{x_1^2 + x_2^2 + x_3^2})$$

$$= e^{x_1^2 + x_2^2 + x_3^2} * (x_1, x_2, x_3)$$

$\vec{x}(\vec{t})$ ist eine Funktion, die aus dem $\mathbb{R}^2$ in den $\mathbb{R}^3$ abbildet, somit ergibt sich eine Ableitungsmatrix mit 3 Zeilen und 2 Spalten:

$$D_g(\vec{t}) = \begin{pmatrix} \dfrac{\partial x_1}{\partial t_1} & \dfrac{\partial x_1}{\partial t_2} \\[2ex] \dfrac{\partial x_2}{\partial t_1} & \dfrac{\partial x_2}{\partial t_2} \\[2ex] \dfrac{\partial x_3}{\partial t_1} & \dfrac{\partial x_3}{\partial t_2} \end{pmatrix} = \begin{pmatrix} 0 & 0 \\[2ex] 1 & 2t_2 \\[2ex] \dfrac{1}{t_1} & \dfrac{1}{t_2} \end{pmatrix}$$

Die beiden Ableitungen in der letzten Zeile ergeben sich folgendermaßen:

$$\frac{\partial \ln(t_1 * t_2)}{\partial t_1} = t_2 * \frac{1}{t_1 * t_2} = \frac{1}{t_1}$$

innere   äußere

Nun muss entsprechend der mehrdimensionalen Kettenregel das Matrizenprodukt der Ableitungsmatrizen gebildet werden:

$$D_f(\vec{x}) * D_g(\vec{t}) = \begin{array}{|c} \\ \hline e^{x_1^2 + x_2^2 + x_3^2} * (x_1, x_2, x_3) \end{array} \begin{pmatrix} 0 & 0 \\ 1 & 2t_2 \\ \dfrac{1}{t_1} & \dfrac{1}{t_2} \end{pmatrix}$$

$$e^{x_1^2 + x_2^2 + x_3^2}(x_2 + \frac{x_3}{t_1};\ 2x_2 t_2 + \frac{x_3}{t_2})$$

Nun müssen x_1, x_2 und x_3 noch entsprechend der Funktionsvorschrift für
g eingesetzt werden.

$$D_{f \circ g}(t_1, t_2) = e^{1 + (t_1 + t_2^2)^2 + (\ln(t_1 * t_2))^2}$$

$$* \left(t_1 + t_2^2 + \frac{\ln(t_1 * t_2)}{t_1};\ 2(t_1 + t_2^2) * t_2 + \frac{\ln(t_1 * t_2)}{t_2} \right)$$

Um $D_{f \circ g}(1, 1)$ zu berechnen, muss für t_1 und t_2 1 eingesetzt werden:

$$D_{f \circ g}(1, 1) = e^{1 + (1 + 1^2)^2 + (\ln(1 * 1))^2}$$

$$* \left(1 + 1^2 + \frac{\ln(1 * 1)}{1};\ 2(1 + 1^2) * 1 + \frac{\ln(1 * 1)}{1} \right)$$

$$= e^5 * (2;\ 4)$$

8 Finanzmathematik

8.1 Grundlagen

Kapital ist ein Produktionsfaktor. D.h. durch den Einsatz von zusätzlichem Kapital kann in der Regel die Produktion erhöht werden. Beispielsweise können neue Maschinen angeschafft werden, so dass bei gleichbleibendem Arbeitseinsatz mehr produziert werden kann. Wie bei dem Faktor Arbeit wird somit auch der Faktor Kapital einen Preis haben. Dieser Preis für Kapital bildet sich, indem auf dem Kapitalmarkt Angebot und Nachfrage aufeinanderstoßen. Entsprechend den gängigen Marktprozessen bildet sich auf diesem Markt ein **Preis für das Kapital**, den man **Zins** nennt.

Immer dann, wenn bei ökonomischen Problemen Zahlungen zu verschiedenen Zeitpunkten auftreten, spielt der Zins eine Rolle, denn in diesen Fällen ist es nicht einfach erlaubt, die Zahlungen zu addieren, zu subtrahieren oder zu vergleichen. Die verschiedenen Zahlungen müssen vergleichbar gemacht werden, indem die Zahlungen mittels des Zinssatzes auf einen einheitlichen Zeitpunkt umgerechnet werden. Die hierzu notwendigen Methoden werden nachfolgend besprochen.

8.2 Auf- und Abzinsen

Es sei ein Zinssatz von jährlich 10% ($10\% = \frac{10}{100} = 0{,}1$) gegeben. Aus 1000 EUR werden dann nach einem Jahr:

$$1 * 1.000 \text{ EUR} + 0{,}1 * 1.000 \text{ EUR} = 1.100 \text{ EUR}.$$

Einerseits bleibt das ursprüngliche Geld erhalten, und andererseits kommen die Zinsen hinzu. Man kann nun auch die 1 und die 0,1 zusammenzählen und erhält so den Faktor, um den sich das Geld pro Jahr vermehrt. Diesen Faktor bezeichnet man mit q. Ist i der Zinssatz, so gilt q = (1 + i). Wenn das Geld über mehrere Jahre verzinst werden soll, so muss jedes Jahr mit dem Faktor q multipliziert werden. Nach 4 Jahren werden also aus den 1000 EUR bei 10% Zinsen:

$$1.000 * 1{,}1 * 1{,}1 * 1{,}1 * 1{,}1 = 1.000 * 1{,}1^4 = 1.464 \text{ EUR}$$

In diesem Betrag sind die **Zinseszinsen** enthalten. Die 1.000 EUR erbringen zunächst 100 EUR Zinsen, würde man diese Zinsen mit 4 multiplizieren und zu den 1.000 EUR addieren, so erhielte man 1.400 EUR. In diesem Fall hätte man die Zinseszinsen übersehen, denn im zweiten Jahr müssen nicht nur die 1.000 EUR, sondern auch die Zinsen fürs erste Jahr verzinst werden usw. .

Allgemein ergibt sich also für einen Betrag nach n Jahren:

$$\text{Endbetrag} = \text{Anfangsbetrag} * q^n$$

Den Faktor q^n nennt man auch **Aufzinsungsfaktor**. Zu Zeiten, als noch keine Taschenrechner verfügbar waren, wurden die Werte des Aufzinsungsfaktors für bestimmte Zinswerte tabelliert. In der BWL werden diese Tabellen teilweise auch heute noch benutzt.

Interessant ist natürlich nicht nur die Fragestellung, wieviel aus einem Betrag in der Zukunft wird, sondern auch, wieviel ein Betrag, der in der Zukunft gezahlt wird, heute wert ist. Angenommen in 4 Jahren sollen 1.464 EUR ausgezahlt werden. Wieviel ist dies Geld, bei einem unterstellten Zinssatz von 10%, heute wert? Um diese Frage zu beantworten, muss der Vorgang des Aufzinsens rückgängig gemacht werden. Es muss für jedes Jahr durch q geteilt werden. Für diesen Fall ergibt sich also:

$$1.464 \text{ EUR} * \frac{1}{1{,}1^4} = 1.000 \text{ EUR}$$

Natürlich mussten sich gerade 1.000 EUR ergeben, denn die 1.464 EUR waren ja der Wert von 1.000 EUR in 4 Jahren.

Den Wert des Geldes zum heutigen Zeitpunkt nennt man **Barwert**, während man den Wert am Ende der betrachteten Periode Endwert nennt. Es gilt:

$$\text{Endwert} = q^n * \text{Barwert}$$

$$\text{Barwert} = \frac{1}{q^n} * \text{Endwert}$$

Den Faktor $\frac{1}{q^n}$ nennt man auch **Abzinsungsfaktor**. Der Abzinsungsfaktor ist gerade der Kehrwert des Aufzinsungsfaktors.

Wenn mehrere Zahlungen zu verschiedenen Zeitpunkten anfallen, so müssen für die Berechnung des Bar- bzw. Endwertes alle Zahlungen entsprechend ab- oder aufgezinst werden. Es sei ein Zinssatz von 8%, und weiterhin seien folgende Zahlungen gegeben:

Jahr	1	2	3	4
Zahlung	1.000,-	2.000,-	1.000,-	2.000,-

Den Barwert dieser Zahlungen, also den Wert zum Zeitpunkt t_0, erhält man als Summe der abgezinsten Zahlungen:

$$B = 1.000 * \frac{1}{1,08} + 2.000 * \frac{1}{1,08^2} + 1.000 * \frac{1}{1,08^3} + 2.000 * \frac{1}{1,08^4}$$

$$= 4.904 \text{ EUR}$$

Aus dem Barwert erhält man den Endwert, indem der Barwert aufgezinst wird. Für den Endwert ergibt sich also:

$$E = 4.904 \text{ EUR} * 1,08^4 = 6.672 \text{ EUR}$$

Die einfache Summe der Zahlungen (in diesem Fall 6.000,- EUR) ist immer größer als der Barwert und kleiner als der Endwert. Streng genommen gilt diese Aussage allerdings nur, wenn ein positiver Zinssatz vorliegt. Für ökonomische Problemstellungen ist dies aber in aller Regel gegeben.

Wenn man für eine **Investition** den Barwert aller Zahlungen, also der Ausgaben (negatives Vorzeichen) und der Einnahmen (positives Vorzeichen), berechnet, so nennt man diesen Barwert auch **Kapitalwert.** Dieser Kapitalwert gibt an, um wieviel die Investition bei dem zugrunde gelegten Zinssatz im Barwert vorteilhaft oder nachteilig ist. Den zugrunde gelegten Zinssatz nennt man auch **Kalkulationszinssatz.** Weitere Details seien der Investitionsrechnung im Rahmen der Betriebswirtschaftslehre überlassen.

8.3 Konstante Zahlungsströme (Renten)

Häufig sollen Bar- oder Endwerte von Zahlungsreihen berechnet werden. Im vorherigen Abschnitt wurde der Barwert für eine Zahlungsreihe mit ungleichen Jahreszahlungen berechnet. Natürlich kann in jedem Fall, wie dort gezeigt, zur Berechnung des Barwertes jeder Wert einzeln abgezinst werden. Wenn die Zahlungen in jedem Jahr gleich groß sind, lässt sich das Problem aber vereinfachen. Zahlungen, die jedes Jahr gleich hoch sind, nennt man auch **Renten**, daher spricht man auch von Rentenrechnung.

Sind im Folgenden R die Ratenhöhe und n die Anzahl der Raten, so ergibt sich für den Endwert dieser Zahlungsreihe:

$$E = \underset{\substack{\text{letzte} \\ \text{Rate}}}{R\,q^0} + Rq^1 + Rq^2 + \ldots + \underset{\substack{\text{erste} \\ \text{Rate}}}{R\,q^{n-1}} = R(1 + q + q^2 + \ldots + q^{n-1})$$

Die letzte Zahlung ist gerade zu dem Zeitpunkt fällig, zu dem der Endwert berechnet wird, daher wird diese Zahlung nicht aufgezinst, die erste Zahlung erfolgt nach einem Jahr, daher muss diese für (n-1) Jahre aufgezinst werden.

Bei dem sich ergebenden Ausdruck handelt es sich um eine **geometrische Reihe**. Für die geometrische Reihe gilt:

$$1 + q + q^2 + \ldots + q^{n-1} = \frac{q^n - 1}{q - 1}$$

Also ergibt sich insgesamt für den Endwert (E):

$$E = R\,\frac{q^n - 1}{q - 1}$$

Der Barwert ergibt sich, indem dieser Endwert abgezinst wird:

$$B = \frac{1}{q^n}\,E = R\,\frac{1}{q^n}\,\frac{q^n - 1}{q - 1}$$

Bisweilen wird diese Formel auch mittels des Zinssatzes i angegeben. Wenn man in der Formel für q (1 + i) einsetzt, ergibt sich:

$$B = R\,\frac{1}{(1+i)^n}\,\frac{(1+i)^n - 1}{1 + i - 1} = R\,\frac{(1+i)^n - 1}{i * (1+i)^n}$$

Den Faktor, mit dem die Rate multipliziert werden muss,

$$\frac{1}{q^n}\frac{q^n-1}{q-1} \quad \text{bzw.} \quad \frac{(1+i)^n-1}{i*(1+i)^n}$$

nennt man auch Abzinsungssummenfaktor (ASF). Die Werte lassen sich natürlich mit den angeführten Formeln mit jedem Taschenrechner ausrechnen. Dennoch wird in der BWL häufig auf tabellierte Werte zurückgegriffen. Der gefundene Zusammenhang zwischen Ratenhöhe und Barwert kann auch nach der Rate aufgelöst werden:

$$B = R\,\frac{1}{q^n}\frac{q^n-1}{q-1} \quad \Big|\; *\;\frac{q^n\,(q-1)}{q^n-1}$$

$$\Leftrightarrow B\,\frac{q^n\,(q-1)}{q^n-1} = R$$

Mittels dieser Formel kann zu einem gegebenen Kapital (Barwert) die Höhe der Raten ausgerechnet werden, so dass der Barwert der Ratenzahlungen dem Kapital entspricht. Der Zinssatz und die Anzahl der Raten müssen natürlich zuvor gegeben sein.

Es soll beispielsweise ein Kredit von 100.000 EUR in 10 gleichgroßen Raten abgelöst werden. Eine derartige Rückzahlung in gleichgroßen Raten, die sowohl die Zinsen als auch die Tilgung beinhalten, nennt man **annuitätische** Tilgung. Die sich hierbei ergebenden Raten nennt man entsprechend **Annuitäten**. Für die Fragestellung sei nun weiterhin ein Kalkulationszinssatz von 7% angenommen. Mittels der gefundenen Formel ergibt sich:

$$R = \frac{1{,}07^{10}\,(1{,}07-1)}{1{,}07^{10}-1}*100.000{,}-\;\text{EUR} \;=\; 14.238{,}-\;\text{EUR}$$

Die Annuitäten betragen somit 14.238,- EUR. Wenn man von diesen Raten wieder den Barwert ausrechnet, so ergibt sich natürlich wieder ein Barwert von 100.000,- EUR.

Den Faktor $\dfrac{q^n\,(q-1)}{q^n-1}$ nennt man auch **Kapitalwiedergewinnungsfaktor** (KWF).

Dieser Faktor ist der Kehrwert des Abzinsungssummenfaktors.

8.4   Vorschüssige Zinszahlungen

Bei den bisherigen Betrachtungen wurde stets davon ausgegangen, dass die Zinszahlungen am Ende der Periode fällig sind. Diese Art der Verzinsung, die der gängige Fall ist, nennt man auch **nachschüssige Verzinsung**. Werden die Zinsen bereits am Anfang der Periode fällig, so spricht man von **vorschüssiger Verzinsung**.

Auch bei der Berechnung der Bar- und Endwerte wurde davon ausgegangen, dass die Raten jeweils nachschüssig, also die erste Rate am Ende der ersten Periode usw., fällig sind. Die angeführten Formeln gelten also für nachschüssige Raten (Renten). Bei vorschüssigen Zahlungen werden die Raten jeweils zum Anfang der Periode fällig. Somit muss jede Rate eine volle Periode zusätzlich verzinst werden. Daher ist jede Rate noch einmal mit q zu multiplizieren. Für den Endwert E ergibt sich dann:

$$E_{\text{vorschüssig}} = R\, q\, \frac{q^n - 1}{q - 1}$$

Entsprechend ergibt sich für den Barwert bei vorschüssiger Zahlungsweise:

$$B_{\text{vorschüssig}} = R\, \frac{q}{q^n}\, \frac{q^n - 1}{q - 1} = R\, \frac{1}{q^{n-1}}\, \frac{q^n - 1}{q - 1}$$

8.5   Unterjährige und kontinuierliche Verzinsung

Bei den bisherigen Betrachtungen wurde jeweils von einer jährlichen Zinszahlung ausgegangen. Es werden aber auch unterjährige Zinszahlungen vereinbart. Z.B. werden Termingelder häufig für einen oder mehrere Monate festgelegt. In derartigen Fällen fallen bereits innerhalb eines Jahres Zinseszinsen an.

Die Zusammenhänge werden nachfolgend anhand eines Beispiels erläutert. Ausgangspunkt seien 100.000 EUR die bei einem jährlichen Zinssatz von 6% angelegt werden sollen. Bei einer jährlichen Verzinsung ergibt sich nach einem Jahr ein Endwert von:

100.000 EUR * 1,06 = 106.000 EUR

Nun sei alternativ eine monatliche Verzinsung betrachtet. Der monatliche Zinssatz entspricht einem Zwölftel des jährlichen Zinssatzes, in diesem Fall ergibt sich somit als monatlicher Zinssatz:

$$\frac{1}{12} * 6\% = 0,5\%$$

Der Betrag vermehrt sich somit jeden Monat mit dem Faktor 1,005. Nach einem Jahr ergibt sich somit bei einer monatlichen Verzinsung folgendes Endkapital:

$$100.000 \text{ EUR} * 1,005^{12} = 106.167,78 \text{ EUR}$$

Bei der monatlichen Verzinsung ergibt sich somit nach einem Jahr gegenüber der jährlichen Verzinsung ein Vorteil von 167,78 EUR. Damit sich bei einer jährlichen Verzinsung der gleiche Endwert ergibt, müsste der jährliche Zinssatz 6,16778% betragen.

Wie sieht das Ergebnis aus, wenn die Verzinsung in noch kürzeren Perioden stattfindet? Spontan könnte man die Vermutung haben, dass der Endbetrag aufgrund der Zinseszinsen immer stärker ansteigt. Bei einer täglichen Verzinsung ergibt sich[1]:

$$100.000 \text{ EUR} * \left(1 + \frac{0,06}{365}\right)^{365} = 106.183,13 \text{ EUR}$$

Bei einer täglichen Verzinsung ist der Endbetrag wiederum gestiegen, aber der Unterschied zur monatlichen Verzinsung ist sehr gering. Bei einer stündlichen Verzinsung würde sich folgender Endbetrag ergeben:

$$100.000 \text{ EUR} * \left(1 + \frac{0,06}{365 * 24}\right)^{365 * 24} = 106.183,63 \text{ EUR}$$

Wie man deutlich erkennt, ist der Unterschied zwischen der täglichen und der stündlichen Verzinsung verschwindend gering. Daher liegt die Vermutung nahe, dass es einen Grenzwert für eine Verzinsung in unendlich kurzen Zeiträumen gibt. Es lässt sich zeigen, dass ein derartiger Grenzwert existiert:

$$100.000 \text{ EUR} * e^{0,06} = 106.183,65 \text{ EUR}$$

Wie sich deutlich erkennen lässt, gibt es gegenüber der stündlichen Verzinsung fast gar keinen Unterschied. Man spricht in diesem Fall von einer **kontinuierlichen** oder **stetigen Verzinsung**, denn die Verzinsung fin-

---

1: Bei den angeführten Berechnungen wird das Jahr mit 365 Tagen gerechnet. Im Bankenbereich werden auch 360 Tage verwendet, dies ergibt aber keine wesentlichen Unterschiede.

det praktisch in jedem Moment statt. Für viele Berechnungen und insbesondere theoretische Herleitungen ist die kontinuierliche Verzinsung sehr praktisch, denn die e‑Funktion führt teilweise zu erheblichen Vereinfachungen bei den Berechnungen.

Bei einer jährlichen Verzinsung hätte es eines Zinssatzes von 6,18365% bedurft, um zu dem gleichen Endbetrag wie bei der kontinuierlichen Verzinsung zu kommen.

Die bisherigen Betrachtungen waren auf ein einzelnes Jahr bezogen. Der jährliche Wachstumsfaktor bei der kontinuierlichen Verzinsung ist e^i, wobei i der Zinssatz, also in dem Beispiel 0,06 ist. Betrachtet man einen allgemeinen Zeitraum von n Jahren, so ergibt sich:

$$K_n = K_0 * \left(e^i\right)^n = K_0 * e^{i*n}$$

Hierbei ist K_0 das Anfangs‑ und K_n das Endkapital. Bei der Umrechnung wurde eine Rechenregel für Exponenten verwendet.

Auch für die unterjährige Verzinsung lässt sich eine entsprechende Formel angeben. Bei einer monatlichen Verzinsung ergibt sich z. B. für das Endkapital:

$$K_n = K_0 * \left(1 + \frac{i}{12}\right)^{12 * n}$$

Wenn man jeweils die 12 durch die Anzahl der Verzinsungen pro Jahr ersetzt, ergibt sich eine allgemeine Formel für die unterjährige Verzinsung.

Nachfolgend werden die Formeln für das Endkapital in einer Übersicht dargestellt:

---

unterjährige Verzinsung mit m Verzinsungen pro Jahr:

$$K_n = K_0 * \left(1 + \frac{i}{m}\right)^{m * n}$$

kontinuierliche (stetige) Verzinsung:

$$K_n = K_0 * \left(e^i\right)^n = K_0 * e^{i*n}$$

Es gilt jeweils: K_n: Endkapital K_0: Anfangskapital
                  n: Jahre   i: jährlicher Zinssatz

---

9 Anhang

Nachfolgend werden zunächst einige wichtige mathematische Grundfertigkeiten besprochen. Hierbei handelt es sich um Methoden, die zur Lösung von sehr vielen Klausuraufgaben benötigt werden. Fast alle hier behandelten Dinge sind Schulstoff der 8.–10. Klasse! Es sollte also jeder schon mal etwas davon gehört haben. Aber zugestanden, für manch einen mag es (sehr, sehr) lange her sein.

Außerdem wird versucht einen Überblick über verschiedene typische Fehler zu geben. Da man oft aus seinen Fehlern am meisten lernen kann, empfiehlt es sich, diese Liste nach eigenen Fehlern zu durchsuchen. Abschließend wird eine Übersicht über Formeln und mathematische Zeichen angeführt.

9.1 Lösungen von Gleichungen

In sehr vielen Aufgaben zu sehr unterschiedlichen Gebieten ist es notwendig, Gleichungen oder Gleichungssysteme zu lösen. Deshalb wird nachfolgend ein Überblick über Lösungsverfahren gegeben.

9.1.1 Lineare Gleichungen

Wenn eine lineare Gleichung nach einer Variablen aufgelöst werden soll, so sollten zunächst alle Terme mit dieser Variablen auf die eine Seite und alle anderen Terme auf die andere Seite gebracht werden:

$$3x + 5x - 14 = x \mid -x + 14$$
$$\Leftrightarrow 7x = 14$$

Dann kann durch den Faktor vor der Variablen geteilt werden:

$$7x = 14 \mid /7$$
$$x = 2$$

Handelt es sich um ein lineares Gleichungssystem, also mehrere lineare Gleichungen, so kann die Lösung mit dem Einsetzungs- oder Additionsverfahren gefunden werden. Es kann natürlich auch der Gauß-Algorithmus verwendet werden (siehe Abschnitt 1.3).

9.1.2 Quadratische Gleichungen

Bei quadratischen Gleichungen taucht die Variable in zweiter Potenz auf. Folgende Gleichung ist z.b. eine quadratische Gleichung:

$$2x^2 - 4x = 6$$

Eine derartige Gleichung kann man entweder mittels einer quadratischen Ergänzung lösen oder die auf diese Weise hergeleitete pq-Formel benutzen.

9.1.2.1 Quadratische Ergänzung

Der Term mit x^2 und der mit x^1 müssen beide auf einer Seite der Gleichung stehen. Dies ist hier der Fall. Zunächst muss dafür gesorgt werden, dass vor dem x^2 kein Faktor mehr steht:

$$2x^2 - 4x = 6 \mid / 2$$

$$\Leftrightarrow x^2 - 2x = 3$$

Nun wird die linke Seite der Gleichung so umgeformt, dass eine Klammer entsteht, die quadriert wird. Folgende Klammer ergibt quadriert:

$$(x - 1)^2 = x^2 - 2x + 1$$

Die ersten beiden Terme entsprechen den ersten beiden Termen in der obigen Gleichung. Wenn man die linke Seite der obigen Gleichung durch die Klammer ersetzt, so muss der dritte Term (die 1) wieder abgezogen werden:

$$x^2 - 2x = 3 \Leftrightarrow (x - 1)^2 - 1 = 3$$

(Den zweiten Ausdruck in der Klammer erhält man, indem der in der Gleichung vor dem x stehende Faktor durch zwei geteilt wird $(-1 = \frac{-2}{2})$.)

Die Gleichung kann nun nach x aufgelöst werden:

$$(x - 1)^2 - 1 = 3 \mid +1$$

$$\Leftrightarrow (x - 1)^2 = 4 \mid \sqrt{}$$

Nun wird die Wurzel gezogen. Hierbei ist zu beachten, dass es immer die positive und die negative Wurzel gibt:

$$\Leftrightarrow x - 1 = 2 \text{ oder } x - 1 = -2$$

$$\Leftrightarrow x = 3 \text{ oder } x = -1$$

9.1.2.2 pq-Formel

Mittels der quadratischen Ergänzung kann eine allgemeine Formel zur Lösung von quadratischen Gleichungen hergeleitet werden. Man formt die Gleichung zunächst so um, dass auf der einen Seite der Gleichung eine Null steht, anschließend sorgt man durch das Multiplizieren (oder auch Teilen) der Gleichung mit einem geeigneten Faktor dafür, dass vor dem x^2 nur noch eine 1 steht. Den Faktor, der nun noch vor dem x steht, nennt man p und den Term, der ohne x steht, q, die Gleichung lautet dann:

$$x^2 + px + q = 0$$

Diese Gleichung kann nun mittels quadratischer Ergänzung gelöst werden.

$$x^2 + px + q = 0$$

$$\Leftrightarrow (x + \frac{p}{2})^2 - \left(\frac{p}{2}\right)^2 + q = 0 \quad | + \left(\frac{p}{2}\right)^2 - q$$

$$\Leftrightarrow (x + \frac{p}{2})^2 = \left(\frac{p}{2}\right)^2 - q \quad | \sqrt{}$$

$$\Leftrightarrow x + \frac{p}{2} = \pm \sqrt{\left(\frac{p}{2}\right)^2 - q} \quad | - \frac{p}{2}$$

Als Lösung für x ergibt sich somit:

$$x = -\frac{p}{2} \pm \sqrt{\left(\frac{p}{2}\right)^2 - q}$$

Da in der Gleichung p und q auftreten, nennt man die Formel häufig auch pq-Formel.

Nachfolgend wird das zuvor schon angeführte Beispiel mit der pq-Formel berechnet:

$$2x^2 - 4x = 6$$

Zunächst wird die 6 auf die andere Seite gebracht. Nachfolgend wird die Gleichung durch 2 geteilt:

$$2x^2 - 4x = 6 \quad | -6$$

$$\Leftrightarrow 2x^2 - 4x - 6 = 0 \quad | /2$$

$$\Leftrightarrow x^2 - 2x - 3 = 0$$

An dieser Gleichung kann man nun den Wert für p und q ablesen, p ist der Wert, mit dem x multipliziert wird, und q ist der Wert, der alleine

steht. Wichtig ist, dass auch das Vorzeichen zu p und q gehört. In diesem
Fall hat also p den Wert von -2 und q den Wert von -3. Wenn man dies
einsetzt, ergibt sich:

$$x = -\frac{-2}{2} \pm \sqrt{(\frac{-2}{2})^2 - (-3)}$$

$$x = +\frac{2}{2} \pm \sqrt{1+3}$$

$$\Leftrightarrow x = 1+2 \quad \text{oder} \quad x = 1-2$$
$$\Leftrightarrow x = 3 \quad \text{oder} \quad x = -1$$

9.1.2.3 Weitere Zusammenhänge

Bisweilen wird auch eine sogenannte abc-Formel zur Berechnung von
quadratischen Gleichungen angeführt. Hierbei wird die Gleichung nicht
so umgeformt, dass vor dem x^2 nichts mehr steht, sondern der Ausdruck
vor dem x wird mit a bezeichnet. Entsprechend lautet die allgemeine
Form der quadratischen Gleichung:

$$ax^2 + bx + c = 0$$

Wenn man diese Gleichung mit der quadratischen Gleichung oder auch
der pq-Formel löst, so ergibt sich:

$$x = -\frac{b}{2a} \pm \sqrt{(\frac{b}{2a})^2 - \frac{c}{a}}$$

Ganz allgemein gibt es für die Anzahl von Lösungen von quadratischen
Gleichungen 3 verschiedene Möglichkeiten:

- wenn der Ausdruck in der auftretenden Wurzel negativ ist, gibt es keine Lösung
- wenn der Ausdruck in der Wurzel 0 ist, existiert genau eine Lösung
- wenn der Ausdruck in der Wurzel größer als Null ist, existieren genau zwei Lösungen

9.1.3 Homogene Gleichungen höherer Ordnung

Bei homogenen Gleichungen tauchen keine einzelnen Zahlen oder Konstanten auf. Bei solchen Gleichungen kommt man meist durch Ausklammern weiter und erhält so zumindest eine Lösung. Dies wird nachfolgend an einem Beispiel demonstriert:

Es sei folgende Gleichung dritten Grades zu lösen:

$$x^3 + x^2 - 2x = 0$$

Hier kann x ausgeklammert werden:

$$\Leftrightarrow x*(x^2 + x - 2) = 0$$

Nun ist ein Produkt entstanden. Ein Produkt ist immer dann Null, wenn einer der Faktoren Null ist. Es muss also gelten:

$$x = 0 \quad \text{oder} \quad x^2 + x - 2 = 0$$

Der rechte Ausdruck könnte nun entsprechend den Lösungsverfahren für quadratische Gleichungen weiter gelöst werden.

9.1.4 Inhomogene Gleichungen höherer Ordnung

Typisch wären hier etwa Gleichungen dritten Grades. Angenommen, es sei folgende Gleichung zu lösen:

$$x^3 + 10x^2 - x = 10$$

Numerisch können derartige Gleichungen natürlich mit Näherungsverfahren gelöst werden. Wenn man aber direkt eine Lösung finden will, so muss man zunächst eine Lösung erraten. In der Realität wird es natürlich zumeist unmöglich sein, eine Lösung zu erraten, denn im Allgemeinen kann die Lösung aus irgendwelchen Zahlen aus $\mathbb{R}$ bestehen. In Klausuraufgaben sind aber solche Aufgaben recht beliebt, bei denen sich die Lösung einfach erraten lässt (Zumeist ist dann 1, 2, 3, -1, -2, oder -3 eine Lösung). Bei der gestellten Aufgabe ist 1 eine Lösung. Nun könnte man natürlich versuchen, weiter zu raten, aber wenn man bei einer Gleichung dritten Grades eine Lösung gefunden hat, so lassen sich die anderen Gleichungen mittels **Polynomdivision** ermitteln. Zunächst muss die Funktion so umgestellt werden, dass auf der einen Seite Null steht.

$$x^3 + 10x^2 - x - 10 = 0$$

Dieser Ausdruck wird nun gewissermaßen durch die gefundene Lösung geteilt. Genau genommen wird durch das entsprechende Polynom, das für die Lösung Null wird, geteilt. Es wird also aus dem gesamten Polynom sozusagen die eine Nullstelle "herausgeteilt". Die erratene Lösung war x = 1, das entsprechende Polynom lautet (x – 1), denn dieser Ausdruck wird für x = 1 gerade Null. Die nun durchzuführende Division wird nach dem Verfahren der schriftlichen Division durchgeführt.

$$x^3 + 10x^2 - x - 10 / (x - 1) = ?$$

Zunächst muss nun ein Ausdruck gefunden werden, der, mit dem x multipliziert, gerade die höchste x–Potenz des vorderen Ausdrucks ergibt. Dieser Ausdruck ist x^2. Von der ursprünglichen Funktion muss dann das Produkt aus diesem Ausdruck und (x – 1) abgezogen werden:

$$x^3 + 10x^2 - x - 10 / (x - 1) = x^2 \ldots$$
$$\underline{-(x^3 - x^2)}$$
$$11x^2 - x - 10$$

Für den nun unten stehenden Ausdruck muss genauso verfahren werden:

$$x^3 + 10x^2 - x - 10 / (x - 1) = x^2 + 11x + 10$$
$$\underline{-(x^3 - x^2)}$$
$$11x^2 - x - 10$$
$$\underline{-(11x^2 - 11x)}$$
$$10x - 10$$
$$\underline{-(10x - 10)}$$
$$0$$

Die restlichen Lösungen der ursprünglichen Gleichung ergeben sich jetzt durch die Lösung der übrig gebliebenen Gleichung:

$$x^2 + 11x + 10 = 0$$

Diese quadratische Gleichung kann mittels der pq–Formel gelöst werden:

$$x = -5{,}5 \pm \sqrt{5{,}5^2 - 10} = -5{,}5 \pm 4{,}5$$
$$\Leftrightarrow x = -1 \ \lor \ x = -10$$

9.1.5 Gleichungen mit Quotienten

Bei Gleichungen mit Quotienten ist es in der Regel am besten, zunächst die Quotienten zu beseitigen. Diese lassen sich beseitigen, indem man die Gleichung mit ihnen multipliziert.

$$\frac{x^2 + 2}{x} = 3 + \frac{2}{x} \quad | * x$$

Hier gilt es aber zu beachten, dass nicht mit 0 malgenommen werden darf. Wenn der Nenner (hier also x) Null ist, so ist der ganze Ausdruck nicht definiert. Falls sich bei der weiteren Berechnung eine Lösung von Null ergibt, so muss diese ausgeschlossen werden.

$$\Rightarrow x^2 + 2 = 3x + 2 \Leftrightarrow x^2 - 3x = 0 \Leftrightarrow x(x - 3) = 0$$

$$\Leftrightarrow x = 0 \ \lor \ x = 3$$

Die Lösung x=0 wurde zuvor ausgeschlossen, so dass sich als einzige Lösung x=3 ergibt.

9.1.6 Nicht lineare Gleichungssysteme

Während sich bei linearen Gleichungssystemen, wenn diese lösbar sind, entweder eine eindeutige Lösung oder eine unendliche Lösungsmenge ergibt, kann es bei nicht linearen Gleichungen eine beliebige Anzahl von Lösungen geben (z. B. 2 oder 3 Lösungen). Manchmal muss man aufpassen, dass man bei der Lösung keine vergisst. Für nicht lineare Gleichungssysteme gibt es kein allgemeines Lösungsverfahren wie für lineare Gleichungssysteme (Gauß-Algorithmus). Nachfolgend werden einige wesentliche Aspekte für das Lösen von nicht linearen Gleichungssystemen herausgearbeitet:

1) $2x + y = 0 \ \land \ x^2 + y^2 = 20$

Aus der ersten Gleichung ergibt sich:

$$y = -2x$$

Dieses Ergebnis kann nun in die zweite Gleichung für y eingesetzt werden:

$$x^2 + (-2x)^2 = 20 \Leftrightarrow x^2 + 4x^2 = 20$$

$$\Leftrightarrow 5x^2 = 20 \Leftrightarrow x^2 = 4 \Leftrightarrow x = 2 \ \lor \ x = -2$$

Aus der ersten Gleichung kann nun jeweils der y-Wert bestimmt werden:

$$y = -2*2 = -4 \quad \lor \quad y = -2*(-2) = 4$$

Somit ergeben sich die folgenden 2 Wertepaare als Lösungen:

$$(2, -4) \quad \text{oder} \quad (-2, 4)$$

2) Tauchen Klammerausdrücke von Wurzeln oder Potenzen auf, so werden diese am besten zunächst beseitigt:

$$\sqrt{x^2 - 2x} = \sqrt{x^2 + 5x + 7} \quad | \;^{\wedge}2$$

Die gesamte Gleichung wird quadriert. Hierbei ergibt sich:

$$x^2 - 2x = x^2 + 5x + 7 \quad | -x^2 - 5x$$

$$\Leftrightarrow -7x = 7 \quad | /(-7)$$

$$\Leftrightarrow x = -1$$

9.1.7 Ungleichungen

Bei Ungleichungen taucht statt des Gleichheitszeichens der Gleichung ein kleiner ($<$), kleinergleich ($\leq$), größer($>$) oder größergleich ($\geq$) Zeichen auf. Bezüglich der meisten Umformungen können Ungleichungen wie Gleichungen behandelt werden. Ein wichtiger Unterschied ergibt sich insbesondere, wenn eine Ungleichung mit einer negativen Zahl multipliziert wird. In diesem Fall muss das Relationszeichen umgedreht werden:

$$3 < 7 \quad | *(-2)$$

$$\Leftrightarrow -6 > -14$$

An folgendem Beispiel kann die Sinnhaftigkeit dieser Regel gut nachvollzogen werden:

$$3 - x < 0 \;|+x \quad \Leftrightarrow \quad 3 < x$$

Natürlich könnte bei dieser Gleichung auch zuerst die 3 auf die andere Seite gebracht werden:

$$3 - x < 0 \;|-3 \quad \Leftrightarrow \quad -x < -3 \;| *(-1)$$

Wenn das Relationszeichen nun bei der Multiplikation mit -1 nicht umgedreht werden würde, so erhielte man ein anderes Ergebnis als zuvor!

Häufig wird übersehen, dass die angeführte Regel auch dann beachtet werden muss, wenn mit Termen multipliziert wird, die möglicherweise negativ sind. Es sei folgende Ungleichung aufzulösen:

$$\frac{-1}{x-2} > 1$$

Um diese Gleichung nach x aufzulösen, muss zunächst mit dem Nenner multipliziert werden:

$$\frac{-1}{x-2} > 1 \mid *(x-2) \qquad (\text{für } x \neq 2)$$

Nun muss eine **Fallunterscheidung** durchgeführt werden. Für den Fall x>2 wird mit einem positiven Term multipliziert, und das Relationszeichen ändert sich nicht. Für x<2 wird hingegen mit einem negativen Term multipliziert, so dass das Zeichen umgedreht werden muss:

für x > 2	für x < 2
$-1 > x - 2$	$-1 < x - 2$
$\Leftrightarrow 1 > x$	$\Leftrightarrow 1 < x$
$\Leftrightarrow x < 1$	$\Leftrightarrow x > 1$

Für den Fall x>2 gibt es also keine Lösung, denn x kann nicht gleichzeitig größer als 2 und kleiner als 1 sein. Eine Lösung ergibt sich nur, wenn x kleiner als 2 und größer als 1 ist. Somit lautet die Lösung für x:

$$1 < x < 2$$

Oder anders ausgedrückt:

$$x \in \,]1, 2[\qquad \text{(x ist Element des offenen Intervalls zwischen 1 und 2)}$$

Wenn **Potenzen** in Ungleichungen auftauchen, so ist besondere Vorsicht geboten. Denn das Potenzieren oder Wurzelziehen kann das Vorzeichen der Seiten der Ungleichung beeinflussen, und somit sind besondere Regeln für diese Fälle erforderlich. Dies sei an dem nachfolgenden Beispielen verdeutlicht:

$$x^2 < 9$$

Um die Gleichung nach x aufzulösen, muss die Wurzel gezogen werden. Wenn man einfach wie bei einer Gleichung die Wurzel zieht, so ergibt sich:

$$x < 3 \ \lor \ x < -3$$

Die Lösung wäre also x < 3, denn wenn x < −3 ist, so ist es natürlich auch kleiner als 3. Allerdings lässt sich leicht überprüfen, dass dies nicht die richtige Lösung ist, denn wenn man für x z. B. −4 in die Ausgangsgleichung einsetzt (dies ist kleiner als −3), so ergibt sich:

$$(-4)^2 < 9,$$ dies gilt aber nicht, denn 16 ist nicht kleiner als 9.

Die richtige Lösung erhält man, indem man beim Wurzelziehen den Betrag von x bildet, also

$$x^2 < 9$$
$$\Leftrightarrow |x| < 3$$

Denn da x^2 immer positiv ist und dies kleiner als 9 sein soll, muss x vom Betrag her kleiner als 3 sein. Statt $|x| < 3$ kann man auch schreiben:

$$x < 3 \ \wedge \ x > -3$$

Die angeführte Lösung mit dem Betrag beim Wurzelziehen gilt für alle **geradzahligen** (2, 4, 6, etc.) Wurzeln.

Bei **ungeradzahligen** Wurzeln kann die Wurzel aus Ungleichungen genauso wie bei Gleichungen gezogen werden. Denn eine ungeradzahlige Wurzel verändert das Vorzeichen nicht. Entsprechend können ungeradzahlige Potenzen auf Ungleichungen angewendet werden, ohne dass sich etwas verändert. Z.B. können beide Seiten einer Ungleichung hoch 3 genommen werden.

Wenn hingegen geradzahlige Potenzen auf eine Ungleichung angewendet werden, so muss das Relationszeichen in bestimmten Fällen umgedreht werden, falls negative Vorzeichen in der Ungleichung auftauchen.

9.2 Bruchrechnen

Nachfolgend werden die wesentlichen Zusammenhänge der Bruchrechnung angeführt. Der Bruchstrich ist nichts anderes als ein Geteiltzeichen. Es gilt:

$$\frac{1}{2} = 1 \div 2$$

Hat ein Bruch im Zähler und Nenner gleiche Faktoren, so können diese **gekürzt** werden:

$$\frac{10}{45} = \frac{2*5}{9*5} = \frac{2}{9}$$

Da der Faktor 5 sowohl im Zähler als auch im Nenner auftaucht, können jeweils Zähler und Nenner durch diesen Faktor gekürzt werden.

Beim Kürzen steht zwischen den Ausdrücken ein Gleichheitszeichen; somit gilt die Regel des Kürzens auch "rückwärts". Brüche können also im Zähler und Nenner gleichzeitig mit beliebigen Faktoren multipliziert werden. Dieses Verfahren nennt man **Erweitern** des Bruches.

$$\frac{2}{9} = \frac{2*7}{9*7} = \frac{14}{63}$$

Zwei Brüche werden **multipliziert**, indem jeweils die Zähler und die Nenner miteinander multipliziert werden:

$$\frac{2}{9} * \frac{7}{5} = \frac{2*7}{9*5} = \frac{14}{45}$$

Dividiert (geteilt) werden Brüche, indem mit dem Kehrwert multipliziert wird:

$$\frac{2}{9} \div \frac{7}{5} = \frac{2}{9} * \frac{5}{7} = \frac{2*5}{9*7} = \frac{10}{63}$$

Auch, wenn Brüche dividiert werden, kann natürlich das "Geteilt–Zeichen" durch einen Bruchstrich ersetzt werden:

$$\frac{2}{9} \div \frac{7}{5} = \frac{\frac{2}{9}}{\frac{7}{5}} = \frac{2}{9} * \frac{5}{7} = \frac{2*5}{9*7} = \frac{10}{63}$$

Die **Addition** und **Subtraktion** von Brüchen ist etwas komplizierter. Sollen zwei Brüche addiert oder subtrahiert werden, so müssen sie zunächst auf den **Hauptnenner** gebracht werden. Am besten lässt sich das Verfahren an einem Beispiel verdeutlichen:

$$\frac{2}{9} + \frac{7}{5}$$

Bei dem ersten Ausdruck steht 9 und bei dem zweiten 5 im Nenner. Die Brüche können erst addiert werden, wenn bei beiden das Gleiche im Nenner steht. Hierzu müssen die Brüche erweitert werden. Der erste Bruch kann mit dem Nenner des zweiten und der zweite Bruch mit dem Nenner des ersten erweitert werden:

$$\frac{2}{9} + \frac{7}{5} = \frac{2*5}{9*5} + \frac{7*9}{5*9} = \frac{10}{45} + \frac{63}{45}$$

Nun, da beide Brüche den gleichen Nenner haben, dürfen die Zähler addiert werden:

$$\frac{10}{45} + \frac{63}{45} = \frac{10+63}{45} = \frac{73}{45}$$

Wenn mehr als zwei Brüche addiert oder subtrahiert werden sollen, so muss jeder Bruch mit den Nennern aller anderen Brüche erweitert werden. Z.B.:

$$\frac{2}{a} - \frac{5}{b} + \frac{2}{c} = \frac{2*b*c}{a*b*c} - \frac{5*a*c}{b*a*c} + \frac{2*a*b}{c*a*b} = \frac{2bc - 5ac + 2ab}{abc}$$

Wenn die Nenner gemeinsame Faktoren enthalten, kann man sich allerdings die Arbeit leichter machen. Dies wird anhand des nachfolgenden Beispiels gezeigt:

$$\frac{2}{9} - \frac{5}{3} + \frac{3}{9}$$

Hier reicht es, den zweiten Bruch mit 3 zu erweitern, denn dann haben alle Brüche den gleichen Nenner.

$$\frac{2}{9} - \frac{5}{3} + \frac{3}{9} = \frac{2}{9} - \frac{15}{9} + \frac{3}{9} = -\frac{10}{9}$$

Die Nenner brauchen also zum Addieren oder Subtrahieren nur auf das kleinste gemeinsame Vielfache gebracht zu werden.

Auch die Addition von Brüchen lässt sich "umdrehen". Ein Bruch kann z.B. folgendermaßen in mehrere Brüche aufgespalten werden:

$$\frac{10}{9} = \frac{15-5}{9} = \frac{15}{9} - \frac{5}{9} = \frac{5}{3} - \frac{5}{9}$$

oder auch

$$\frac{x^3+4x^2-2}{x} = \frac{x^3}{x}+\frac{4x^2}{x}-\frac{2}{x} = x^2 + 4x - \frac{2}{x}$$

Es sei angemerkt, dass derartige Aufspaltungen **nur** mit dem Zähler (das was oben steht) und keinesfalls mit dem Nenner (das was unten steht) durchgeführt werden dürfen.

Brüche, deren Wert größer als 1 ist, schreibt man auch als **gemischte Zahl**. Z.B. schreibt man:

$$\frac{10}{9} = 1\frac{1}{9}$$

Den rechten Ausdruck nennt man eine gemischte Zahl. Es handelt sich um eine abkürzende Schreibweise, bei der das Pluszeichen weggelassen wird. Es gilt:

$$1\frac{1}{9} = 1 + \frac{1}{9}$$

Wenn im Zähler oder Nenner Summen oder Differenzen stehen und gekürzt werden soll, so ist zu beachten, dass aus jedem Term gekürzt wird:

$$\frac{2a-5ac+2ab}{abc} = \frac{2-5c+2b}{bc}$$

Abschließend sei angeführt, dass ein Quotient genau dann Null ist, wenn der Zähler Null und der Nenner gleichzeitig ungleich Null ist. Es sei folgendes Beispiel betrachtet:

$$\frac{x^2-4x+4}{x+2} = 0$$

Nun wird der Zähler gleich Null gesetzt:

$$x^2 - 4x + 4 = 0$$

Diese Gleichung kann mittels der pq-Formel gelöst werden:

$$x = \frac{4}{2} \pm \sqrt{\left(\frac{4}{2}\right)^2 - 4} = 2 \pm 0 = 2$$

Wird die 2 in den Nenner eingesetzt, ergibt sich: 2 + 2 = 4. Somit ist der Nenner ungleich Null, und der Bruch wird für x=2 Null.

9.3   Grundlegende Rechenregeln

9.3.1 Wurzeln und Potenzen

Für Wurzeln und Potenzen gelten die gleichen Rechenregeln. Dieses muss schon deshalb so sein, weil sich jede Wurzel als Potenz schreiben lässt:

$$\sqrt[n]{a} = a^{\frac{1}{n}}$$

Besonders wichtig ist, dass bei Summen und Differenzen die Wurzeln oder Potenzen **nicht** einfach auf die einzelnen Terme angewendet werden dürfen:

$$(a + c)^3 \neq a^3 + c^3 \quad \text{bzw.} \quad \sqrt{a - c} \neq \sqrt{a} - \sqrt{c}$$

Bei Produkten oder Quotienten darf die Wurzel oder Potenz dagegen einfach auf die einzelnen Terme angewendet werden.

$$(a * c)^3 = a^3 * c^3 \quad \text{bzw.} \quad \sqrt{a * c} = \sqrt{a} * \sqrt{c}$$

$$\left(\frac{a}{b}\right)^2 = \frac{a^2}{b^2} \quad \text{bzw.} \quad \sqrt{\frac{a}{b}} = \frac{\sqrt{a}}{\sqrt{b}}$$

9.3.2 Multiplizieren von Klammern

Hier muss jeder Term der einen Klammer mit jedem Term der anderen Klammer multipliziert werden. Z.B.:

$$(a + b + c) * (d - e) = ad + bd + cd - ae - be - ce$$

Sollen zwei gleiche oder bis aufs Vorzeichen gleiche Klammern miteinander multipliziert werden, so kann auch auf die Binomischen Formeln zurückgegriffen werden:

1. Binomische Formel $(a + b)^2 = a^2 + 2ab + b^2$

2. Binomische Formel $(a - b)^2 = a^2 - 2ab + b^2$

3. Binomische Formel $(a + b) * (a - b) = a^2 - b^2$

Die Binomischen Formeln lassen sich natürlich leicht durch Multiplizieren der Klammern herleiten.

Pascalsches Dreieck

Wenn eine höhere Potenz einer Klammer berechnet werden soll, so kann die Aufgabe mittels des Pascalschen Dreiecks vereinfacht werden.

Das Pascalsche Dreieck sieht folgendermaßen aus:

$$1$$
$$1 \quad 1$$
$$1 \quad 2 \quad 1$$
$$1 \quad 3 \quad 3 \quad 1$$
$$1 \quad 4 \quad 6 \quad 4 \quad 1$$
$$1 \quad 5 \quad 10 \quad 10 \quad 5 \quad 1$$
$$1 \quad 6 \quad 15 \quad 20 \quad 15 \quad 6 \quad 1$$
$$1 \quad 7 \quad 21 \quad 35 \quad 35 \quad 21 \quad 7 \quad 1$$

Die Zahlen in dem Dreieck entstehen jeweils, indem die links und rechts darüberliegenden Zahlen addiert werden. Natürlich kann dieses Dreieck nach unten beliebig fortgesetzt werden. Angenommen, es soll folgende Klammer berechnet werden:

$$(a + b)^4$$

Wenn diese Klammer 4 mal mit sich selbst multipliziert wird, so ergeben sich im Prinzip folgende Terme: a^4, a^3b, a^2b^2, ab^3 und b^4. Diese Terme kommen aber unterschiedlich oft vor. Wie oft sie vorkommen, gibt gerade die entsprechende Zeile im Pascalschen Dreieck an. Da es hier 5 verschiedene Terme gibt, muss die 5. Zeile des Pascalschen Dreiecks genommen werden, und es ergibt sich:

$$(a + b)^4 = 1a^4 + 4a^3b + 6a^2b^2 + 4ab^3 + 1b^4$$

Entsprechend kann bei anderen Klammern verfahren werden. Taucht ein Minus in der Klammer auf, so hängt das Vorzeichen der Terme davon ab, in welcher Potenz der Term, vor dem das Minus steht, eingeht:

$$(a - b)^5 = 1a^5 - 5a^4b + 10a^3b^2 - 10a^2b^3 + 5ab^4 - b^5$$

9.4 Typische Fehler

Nachfolgend werden typische Fehler, also Fehler, die immer wieder gemacht werden, angeführt. Für die meisten dürfte es nützlich sein, die
Liste auf eigene Fehler zu durchforsten. Nachfolgend wird für die nicht
erlaubten Umformungen das $\neq$ Zeichen benutzt. Hiermit ist gemeint, dass
die angeführten Umformungen im Allgemeinen nicht gestattet sind. In
Spezialfällen können sie natürlich gelten.

1) $(x + y)^n \neq x^n + y^n$

2) $\sqrt{a + c} \neq \sqrt{a} + \sqrt{c}$

3) $\dfrac{2b - 5}{b} \neq 2 - 5$

4) $\dfrac{1}{a} + \dfrac{1}{b} \neq \dfrac{1}{a + b}$

5) $a^n + a^m \neq a^{n+m}$

6) $\log(x+y) \neq \log(x) + \log(y)$

7) $a - (3 + b) \neq a - 3 + b$

8) $\int (x^2 * x)dx \neq \int x^2 dx * \int x\, dx$

Spezielle Fehler bei Matrizen:

9) $A * B \neq B * A$

10) $A*B - A*C \neq (B - C) * A$

11) $A*B - 2A \neq A * (B - 2)$

12) $(A * B)^T \neq A^T * B^T$

13) $(A + B)^2 \neq A^2 + 2AB + B^2$

Spezielle Fehler bei Determinanten: 14) $\det(A+B) \neq \det A + \det B$

15) $\det(2A) \neq 2 * \det(A)$

Bei den angeführten Umformungen wurde häufig die Verknüpfung ”+”
verwendet. Es könnte genauso gut auch ”-” verwendet werden.

Nachfolgend werden Erläuterungen zu einigen der Fehler angeführt:

1) Bei + und − darf eine Potenz nicht einfach in die Klammer gezogen werden, bei $*$ und $\div$ ist dieses hingegen erlaubt, z. B. $(x * y)^n = x^n * y^n$.

2) Wie zuvor bei den Potenzen ist dieses nur bei $*$ und $\div$ erlaubt.

3) Auch die 5 muss durch b geteilt werden.

4) Brüche müssen zum Addieren auf den Hauptnenner gebracht werden, dann können die Zähler der Brüche addiert werden.

6) Es gilt $\log(x*y) = \log(x) + \log(y)$.

7) Beim Auflösen der Klammer ergibt sich ”$-b$”

8) Eine derartige Auflösung ist nur bei + und − erlaubt.

9) Die Matrizenmultiplikation ist nicht kommutativ.

10) A muss nach links ausgeklammert werden.

11) Es muss in der Klammer ”2I” heißen

12) Es gilt: $(A * B)^T = B^T * A^T$

13) Die Binomischen Formeln gelten bei Matrizen nicht, weil die Multiplikation nicht kommutativ ist.

15) Es gilt $\det(2A) = 2^n * \det(A)$, wobei A eine (n, n)−Matrix ist.

9.5 Formeln

Nachfolgend werden wichtige Formeln zusammengefasst. Damit die Übersicht einigermaßen komplett ist, werden auch die im Anhang zuvor besprochenen Formeln noch einmal mit angeführt.

9.5.1 Rechenregeln für Matrizen

1.	$A^{-1^T} = A^{T^{-1}}$	2.	$A^{-1^{-1}} = A$
3.	$A^{T^T} = A$	4.	$A * A^{-1} = I$
5.	$I * A = A * I = A$	6.	$\lambda * A = A * \lambda$ mit $\lambda \in \mathbb{R}$
7.	$A + A*B = A * (I + B)$	9.	$A * (B + C) = A*B + A*C$
9.	$(A + B)^T = A^T + B^T$	10.	$(A * B)^T = B^T * A^T$
11.	$(A*B)^{-1} = B^{-1}*A^{-1}$	12.	$(A+B)^2 = A^2 + AB + BA + B^2$

9.5.2 Rechenregeln für Determinanten

Determinanten existieren nur von quadratischen Matrizen. Daher gelten die angeführten Regeln nur für quadratische Matrizen.

1    $\det(A*B) = \det(A) * \det(B)$

2    $\det(A^{-1}) = \frac{1}{\det(A)}$

3    $\det(A) = \det(A^T)$

4   Werden zwei Zeilen vertauscht, so wechselt das Vorzeichen der Determinante.

5   Wenn zu einer Zeile der Matrix das λ-fache einer anderen Zeile addiert wird, verändert sich der Wert der Determinante nicht.

6   Es kann eine Konstante in eine beliebige Zeile hineinmultipliziert werden:

$$\lambda * \det \begin{pmatrix} 2 & -2 & 0 \\ 1 & -1 & 2 \\ 1 & 1 & 1 \end{pmatrix} = \det \begin{pmatrix} 2 & -2 & 0 \\ \lambda*1 & -\lambda*1 & \lambda*2 \\ 1 & 1 & 1 \end{pmatrix}$$

Hier wurde das λ in die zweite Zeile "hineinmultipliziert". Es hätte natürlich auch in die erste oder dritte Zeile multipliziert werden können.

7 $\det(\lambda * A) = \lambda^n * \det A$ A sei hier eine (n * n) Matrix

8 Eine Determinante wird gerade dann Null , wenn ihre Spaltenvektoren (und damit auch ihre Zeilenvektoren) linear abhängig sind. Also gerade dann, wenn die Matrix singulär ist.

9 Allgemein ergibt sich die Determinante einer Dreiecksmatrix als das Produkt der Elemente der Hauptdiagonalen.

9.5.3 Rechenregeln für den Rang

Es sei für die nachfolgenden Angaben A eine (m, n)–Matrix und B eine (n, n)–Matrix.

1 $\text{rang}(A) = \text{rang}(A^T)$ Wenn man die Zeilen und Spalten einer Matrix vertauscht, ändert sich der Rang der Matrix nicht. Man sagt zu diesem Zusammenhang auch, dass der Zeilenrang einer Matrix gleich ihrem Spaltenrang ist.

2 $\text{rang}(A) \leq \min\{m, n\}$ Der kleinere Wert von der Spaltenzahl und Zeilenzahl einer Matrix entspricht ihrem maximalen Rang.

3 $\text{rang}(B) = n$
 falls $\det(B) \neq 0$ Man sagt in diesem Fall auch, dass die Matrix vollen Rang (den maximal möglichen Rang) hat. Quadratische Matrizen haben also genau dann vollen Rang, wenn ihre Determinante ungleich Null ist.

4 $\text{rang}(A * B) = \text{rang}(A)$
 falls $\det(B) \neq 0$ Wenn die Matrix B eine quadratische Matrix mit vollem Rang ist, entspricht der Rang von A*B also gerade dem Rang von A.

9.5.4 Inverse Matrizen

1) Existenz: Inverse Matrizen existieren nur für reguläre quadratische Matrizen, also Matrizen, deren Determinante ungleich Null ist.

2) (2, 2)-Matrizen: Für die Inverse der Matrix A ergibt sich (falls die Inverse existiert, also für det(A) ≠ 0):

$$A = \begin{pmatrix} a & b \\ c & d \end{pmatrix} \quad \Rightarrow \quad A^{-1} = \frac{1}{a*d-c*b} \begin{pmatrix} d & -b \\ -c & a \end{pmatrix}$$

3) Diagonalmatrizen: Für det(A) ≠ 0 (identisch mit a, b und c ≠ 0) gilt:

$$A = \begin{pmatrix} a & 0 & 0 \\ 0 & b & 0 \\ 0 & 0 & c \end{pmatrix} \quad \Rightarrow A^{-1} = \begin{pmatrix} \frac{1}{a} & 0 & 0 \\ 0 & \frac{1}{b} & 0 \\ 0 & 0 & \frac{1}{c} \end{pmatrix}$$

4) Allgemein: a) Bestimmung über die adjungierte Matrix, siehe Abschnitt 1.4.3.3

b) Bestimmung mit dem Gauß-Algorithmus, siehe Abschnitt 1.4.3.4

9.5.5 Begriffe zu Matrizen

Im Zusammenhang mit Matrizen tauchen verschiedene Begriffe auf, von denen viele das Gleiche bedeuten. Zum Überblick werden diese Zusammenhänge nachfolgend dargestellt.

Folgende Aussagen für eine quadratische Matrix A sind identisch:

A ist regulär	⇔ A ist nicht singulär	⇔ A ist invertierbar
	⇔ det(A) ≠ 0	⇔ A hat vollen Rang

Ebenso sind die folgenden Aussagen identisch:

A ist nicht regulär	⇔ A ist singulär	⇔ A ist nicht invertierbar
	⇔ det(A) = 0	⇔ A hat keinen vollen Rang

9.5.6 Lineare Gleichungssysteme

Es sei das lineare Gleichungssystem

$$A * \vec{x} = \vec{b} \quad \text{gegeben.}$$

1) Lösbarkeit allgemein:

A sei hierbei eine (m, n)–Matrix, also eine Matrix mit m Zeilen und n–Spalten. Dies bedeutet, dass m Gleichungen und n Variable vorliegen. Das Gleichungssystem hat die Koeffizientenmatrix (A) und die erweiterte Koeffizientenmatrix $(A|\vec{b})$. Für die Lösung des Gleichungssystems gilt:

rang(A) = rang(A$|\vec{b}$) ⇒ **lösbar**		rang(A) < rang(A$|\vec{b}$) ⇒ **unlösbar**
rang(A) = rang(A$|\vec{b}$) < n ⇒ **mehrdeutig lösbar**	rang(A) = rang(A$|\vec{b}$) = n ⇒ **eindeutig lösbar**	
Die Dimension des Lösungsraumes entspricht: n - rang(A$|\vec{b}$)		

2) Lösbarkeit speziell bei quadratischer Koeffizientenmatrix:

Wenn das Gleichungssystem **genauso viele Gleichungen wie Variable** enthält, ist A eine quadratische Matrix. In diesen Fällen kann man sich die Berechnungen mittels der **Determinanten** vereinfachen. Nachfolgend wird das Schema mit den entsprechenden Modifikationen dargestellt, hierbei sei A eine (n, n)–Matrix:

	det(A) = 0		det(A) ≠ 0
	rang(A$|\vec{b}$) < n	rang(A$|\vec{b}$) = n ⇒ **unlösbar**	⇒ rang(A) = rang(A$|\vec{b}$) = n ⇒ **eindeutig lösbar**
rang(A) = rang(A$|\vec{b}$) ⇒ **mehrdeutig lösbar**	rang(A) < rang(A$|\vec{b}$) ⇒ **unlösbar**		

Dieses zweite Schema sieht zwar zunächst etwas komplizierter aus, aber bei der konkreten Berechnung ist es in den meisten Fällen deutlich schneller, in vielen Fällen wird det(A) ≠ 0 gelten, so dass man mittels der Berechnung einer einzigen Determinante über die Lösbarkeit des Gleichungssystems Bescheid weiß.

3) Lösungsverfahren:

Ein Schema zum Gauß–Algorithmus findet sich in Abschnitt 1.3.4

Bei eindeutig lösbaren Gleichungssystemen lässt sich auch die Cramersche Regel anwenden, diese ist in Abschnitt 1.4.5.2 dargestellt.

9.5.7 Bruchrechnen

multiplizieren: $\dfrac{a}{b} * \dfrac{c}{d} = \dfrac{a*c}{b*d}$

dividieren $\dfrac{a}{b} \div \dfrac{c}{d} = \dfrac{\frac{a}{b}}{\frac{c}{d}} = \dfrac{a}{b} * \dfrac{d}{c} = \dfrac{a*d}{b*c}$

addieren und subtrahieren (mittels Hauptnenner):

$$\frac{a}{b} \pm \frac{c}{d} = \frac{a*d}{b*d} \pm \frac{c*b}{d*b} = \frac{ad \pm cb}{db}$$

Ein Bruch ist genau dann Null, wenn der Zähler Null und der Nenner ungleich Null ist

$$\frac{f(x)}{g(x)} = 0 \ \Leftrightarrow \ f(x) = 0 \ \wedge \ g(x) \neq 0$$

9.5.8 Rechnen mit Exponenten

1a) multiplizieren $\qquad (a*b)^x = a^x * b^x$

1b) dividieren $\qquad \left(\dfrac{a}{b}\right)^x = \dfrac{a^x}{b^x}$

(Die Regeln für Wurzeln stecken in den angeführten Gleichungen mit drin. Wenn x z.B. $\frac{1}{2}$ ist, so ergibt sich gerade die entsprechende Regel für die 2.Wurzel. Auch bei den nachfolgenden Beziehungen ergeben sich auf diese Weise die entsprechenden Gleichungen für Wurzeln.)

2a) $\qquad a^n * a^m = a^{n+m}$

2b) $\qquad \dfrac{a^{n\,\cdot}}{a^m} = a^{n-m}$

3) $\qquad (a^n)^m = a^{n*m}$

4) $\qquad a^x = e^{\ln a * x}$

9.5.9 Logarithmen

1a) $\log(x*y) = \log(x) + \log(y)$

1b) $\log(\frac{x}{y}) = \log(x) - \log(y)$

2) $\log(x^y) = y*\log(x)$

3) $\log_a(x) = \frac{1}{\ln(a)} \ln(x)$

9.5.10 Wichtige Identitäten

1   $\sqrt[n]{a} = a^{\frac{1}{n}}$

2   $x^{-n} = \frac{1}{x^n}$

3   $f^{-1}(f(x)) = x$

$f(f^{-1}(x)) = x$ (Funktion und Umkehrfunktion heben sich gegenseitig auf, nachfolgend einige Beispiele)

$\Rightarrow \ln(e^x) = x \; ; \; e^{\ln x} = x \; ; \; \sqrt[3]{x^3} = x$ usw.

9.5.11 Ableitungsregeln

Faktoren; $(a*f(x))' = a*f(x)'$

Summen/Differenzen: $(f(x) \pm g(x))' = f'(x) \pm g'(x)$

Kettenregel: $g(h(x))' = g'(h(x)) * h'(x)$
       äußere   innere   Ableitung

Produktregel: $(g(x)*h(x))' = g'(x)*h(x) + g(x)*h'(x)$

Quotientenregel: $f'(x) = \dfrac{g'(x)*h(x) - g(x)*h'(x)}{[h(x)]^2}$

9.5.12 Ableitungsübersicht

Funktion f(x)	Ableitung f´(x)
a	0
x^n $n \in \mathbb{R} \setminus \{0\}$	$n * x^{n-1}$
$\Rightarrow \sqrt{x} = x^{\frac{1}{2}}$	$\frac{1}{2} x^{-\frac{1}{2}}$
$\Rightarrow \frac{1}{x} = x^{-1}$	$-\frac{1}{x^2}$
$\ln(x)$	$\frac{1}{x}$
$\Rightarrow \log_a(x) = \frac{1}{\ln(a)} \ln(x)$	$\frac{1}{\ln(a)} * \frac{1}{x}$
$\sin(x)$	$\cos(x)$
$\cos(x)$	$-\sin(x)$
$\tan(x)$	$\frac{1}{\cos^2 x}$
e^x	e^x
$\Rightarrow a^x = e^{\ln(a)*x}$	$\ln(a) * e^{\ln(a)*x}$

9.5.13 Integrationsregeln

$$\int_a^b f(x)dx = - \int_b^a f(x)dx$$

$$\int_a^b f(x)dx + \int_b^c f(x)dx = \int_a^c f(x)dx$$

Faktoren $\qquad \int (a * f(x))dx = a * \int f(x)dx$

Summen/Differenzen $\qquad \int (f(x) \pm g(x))dx = \int f(x)dx \pm \int g(x)dx$

Partielle Integration $\qquad \int f' * g = f * g - \int f * g'$

Substitution $\qquad$ Es muss eine neue Variable definiert, die alte Variable durch die neue vollständig ersetzt, das Integral gelöst und dann die neue Variable wieder durch die alte ersetzt werden.

bestimmtes Integral   Hier müssen die Grenzen folgendermaßen in die
Stammfunktion eingesetzt werden:

$$\int_a^b f(x)dx = F(b) - F(a)$$

9.5.14 Tabelle wichtiger Stammfunktionen

Funktion f(x)	Stammfunktion F(x)
$x^{-1} = \dfrac{1}{x}$	$\ln|x|$
$\Rightarrow \dfrac{1}{x+a}$	$\ln|x+a|$
$x^n \quad n \in \mathbb{R}\setminus\{-1\}$	$\dfrac{1}{n+1} * x^{n+1}$
$\Rightarrow \sqrt{x} = x^{\frac{1}{2}}$	$\dfrac{2}{3} x^{\frac{3}{2}}$
$\Rightarrow \dfrac{1}{x^3} = x^{-3}$	$-\dfrac{1}{2} x^{-2}$
$\Rightarrow \dfrac{1}{\sqrt[3]{x^5}} = x^{-\frac{5}{3}}$	$-\dfrac{3}{2} * x^{-\frac{2}{3}}$
$\Rightarrow (ax+b)^n \quad n \in \mathbb{R}\setminus\{-1\}$	$\dfrac{1}{a} * \dfrac{1}{n+1} * (ax+b)^{n+1}$
$\sin(x)$	$-\cos(x)$
$\cos(x)$	$\sin(x)$
$\ln(x)$	$x * \ln(x) - x$
$\Rightarrow \ln(a*x) = \ln(a)+\ln(x)$	$\ln(a)*x + x*\ln(x) - x$
e^x	e^x
$\Rightarrow e^{a*x}$	$\dfrac{1}{a} e^{a*x}$
$\Rightarrow a^x = e^{\ln(a)*x}$	$\dfrac{1}{\ln(a)} * e^{\ln(a)*x} = \dfrac{1}{\ln(a)} * a^x$
$a \quad a \in \mathbb{R}$	ax

Viele weitere Integrale können unter Zuhilfenahme der zuvor angeführten Integrationsregeln gelöst werden.

9.6   Mathematische Zeichen

Mengen

$\mathbb{N}$	Menge der natürlichen Zahlen	$\{1,2,3,4,\ldots\ldots\}$
$\mathbb{N}_0$	Menge der natürlichen Zahlen einschließlich der Null	$\{0,1,2,3,4,\ldots\ldots\}$
$\mathbb{Z}$	Menge der ganzen Zahlen	$\{\ldots-3,-2,-1,0,1,2,3,\ldots\}$
$\mathbb{Q}$	Menge der rationalen Zahlen	Menge aller als Bruch ganzer Zahlen darstellbarer Zahlen (Ratio = Verhältnis).
$\mathbb{R}$	Menge der reellen Zahlen	zusätzlich zu $\mathbb{Q}$ sind auch alle irrationalen Zahlen (z.B. $\Pi, e, \sqrt{2}$) enthalten.
$\mathbb{R}^+$	Menge der positiven reellen Zahlen	Für die Elemente x dieser Menge muss gelten: $x \in \mathbb{R}$ und $x > 0$
$\mathbb{R}_0^+$	Menge der nichtnegativen reellen Zahlen	Für die Elemente x dieser Menge muss gelten: $x \in \mathbb{R}$ und $x \geq 0$
$\mathbb{C}$	Menge der komplexen Zahlen	zusätzlich zu $\mathbb{R}$ sind auch alle Wurzeln aus negativen Zahlen (imaginäre Zahlen) enthalten.

Logische Verknüpfungen

$\vee$	oder
$\wedge$	und

Verknüpfungen von Mengen

$\setminus$	ohne
$\cup$	vereinigt
$\cap$	geschnitten
$\in$	ist Element
$\subset$	ist Teilmenge
$\supset$	ist Obermenge (die zweitgenannte Menge ist in diesem Fall Teilmenge der ersten Menge)

Wichtige Konstante

e	Eulersche Zahl	2,71828...
π	Pi	3,14159...

Intervalle

[a, b]	abgeschlossenes Intervall	alle reellen Zahlen zwischen a und b, wobei a und b in dem Intervall mit enthalten sind.
]a, b[	offenes Intervall	alle reellen Zahlen zwischen a und b, wobei a und b in dem Intervall **nicht** mit enthalten sind.
[a, b[bzw.]a, b]	halboffene Intervalle	die eine Grenze ist jeweils in dem Intervall mit enthalten, die andere nicht.

Weitere Zeichen

$\sum$ Summenzeichen

$\prod$ Produktzeichen

∂ Zeichen für partielle Ableitungen

*   In diesem Buch verwendetes "mal" Zeichen

$\Rightarrow$ daraus folgt

$\Leftrightarrow$ Äquivalent (gleichbedeutend), (dieses Zeichen wird bei der Umformung von Gleichungen verwendet, wenn das "daraus folgt"($\Rightarrow$) in beide Richtungen, also auch "rückwärts", gilt.

$\neq$ ungleich

$\exists$ es existiert ein ...

$\forall$ es gilt für alle ...

$\circ$ verknüpft-Zeichen für Funktionen

dx   Differential (unendlich kleines Stück in x-Richtung)

9.7   Griechisches Alphabet

In der Mathematik werden immer wieder griechische Buchstaben verwendet Daher wird nachfolgend ein Überblick über das griechische Alphabet gegeben:

Klein	Groß	Name
α	A	Alpha
β	B	Beta
γ	Γ	Gamma
δ	Δ	Delta
ε	E	Epsilon
ζ	Z	Zeta
η	H	Eta
ϑ	Θ	Theta
ι	I	Jota
κ	K	Kappa
λ	Λ	Lambda
μ	M	My
ν	N	Ny
ξ	Ξ	Xi
ο	O	Omikron
π	Π	Pi
ρ	P	Rho
σ	Σ	Sigma
τ	T	Tau
υ	Υ	Ypsilon
φ	Φ	Phi
χ	X	Chi
ψ	Ψ	Psi
ω	Ω	Omega

Oberstufenmathematik leicht gemacht

Band 1: Differential- und Integralrechnung
Band 2: Lineare Algebra/Analytische Geometrie

„Da

waren nämlich noch diese zwei grünen
Bücher mit dem verheißungsvollen - oder zyni-
schen? - Titel "Oberstufenmathematik leicht gemacht".
Und was soll ich sagen - es war genau das, was ich gesucht
hatte! Die verwendeten Begriffe waren die, die ich aus dem
Unterricht kannte. Jedes Thema war langsam und verständlich aufge-
baut und es schlossen sich Aufgaben an, deren Lösungsweg klar dargestellt war. Schade, daß ich das Buch noch nicht zu Anfang der 11. hatte!
Aber ihr habt ja noch genug Zeit, euch mit dem wohl meistgehassten Fach
zu versöhnen. Mathe nicht zu mögen, ist jedenfalls kein Grund, Mathe
nicht zu verstehen!"

Quelle: Sabine Storm in Stachelschwein, Jugendmagazin am
Gymnasium   Laurentianum zu Arnsberg.,
1999

„Das

Lernen mit diesem Buch fällt auch
deswegen leicht, weil es den Leser nicht
mit Tausenden von Spezialfällen und spitzfin-
digen Rechentricks verwirrt, sondern sich auf das
Grundsätzliche und Wesentliche (im wahrsten Sinne
des Wortes) beschränkt. Wer dieses Buch gelesen hat,
wird zwar nicht gleich ein Einstein werden, zumindest
aber das Wesen und das Prinzipielle der Differential-
und Integralrechnung kennen und vielleicht verstanden haben."

Quelle: Fehlanzeiger 2/98 Schülerzeitung
der IGS Mühlenberg

„Der

Autor ist bemüht, sein Buch
so zu gestalten, daß es von
Schülern wirklich verstanden werden kann. So wird auch der Stoff,
der für die Lösung der Aufgaben dieses
Buches benötigt wird, im Buch und in
einem umfangreichen Anhang über alle wichtigen Rechenregeln (z.B. Bruchrechenregeln,
Logarithmen, verschiedene Gleichungen etc.)
kurz beschrieben. Ich kann das Buch anderen
Schülern empfehlen. Mir hat es gut gefallen
und es war mir auch bei den Hausaufgaben
der 13. Klasse eine Hilfe."

Quelle: Frank Eichinger in Impulz:
Jugendmagazin der FWS Hannover-
Maschsee Nr. 58, November 1997

www.pd-verlag.de

Oberstufenmathematik leicht gemacht

Band 1: Differential- und Integralrechnung, 6. Aufl., 270 S., ISBN 978-3-86707-166-6
Band 2: Lineare Algebra/Analytische Geometrie, 4. Aufl., 318 S., ISBN 978-3-86707-264-9

**"Ein übersichtliches und klares Werk, überzeugend durch recht ausführliche
Erläuterungen und andererseits den Mut zur inhaltlichen Beschränkung."**

Besprechung der Einkaufszentrale für öffentliche Bibliotheken

Stichwortverzeichnis

PD-Verlag im Internet:

Überblick über unsere Titel
www.pd-verlag.de

Spezielle Informationen zu diesem Titel
(Neuauflagen, gefundene Fehler, Buchbesprechungen)
www.pd-verlag.de/buecher/14.html

Lernkurs zum Bruchrechnen
www.bruchrechnen.de